“十二五”普通高等教育本科国家级规划教材

大学计算机

（第6版）（专题版）

主　编　蒋加伏　刘继华　高文莲
副主编　武桂芬　高志娥

本书资源使用说明

北京邮电大学出版社
·北京·

内 容 简 介

本书以专题的形式介绍计算机基础、信息处理与发布等相关技术。本书共分为8个专题，内容包括计算与计算思维、信息表示与逻辑运算、计算系统与原理、算法与程序设计语言、计算机应用操作、数据库与大数据、网络通信与信息安全、计算机新技术等。本书每个专题都设计了相关的习题，并结合配套的实践教程进一步加强实践训练，使读者进一步巩固所学的知识，提高综合实践能力。

图书在版编目(CIP)数据

大学计算机：专题版/蒋加伏，刘继华，高文莲主编. -- 6版. -- 北京：北京邮电大学出版社，2023.8（2024.8重印）

ISBN 978-7-5635-6961-8

Ⅰ.①大…　Ⅱ.①蒋…　②刘…　③高…　Ⅲ.①电子计算机—高等学校—教材　Ⅳ.①TP3

中国国家版本馆CIP数据核字(2023)第138157号

策划编辑：张展华　　**责任编辑**：张展华　　**封面设计**：赫　健

Daxue Jisuanji

出版发行：北京邮电大学出版社
社　　址：北京市海淀区西土城路10号(100876)
电话传真：010－82333010　62282185(发行部)　010－82333009　62283578(传真)
网　　址：www.buptpress3.com
电子信箱：buptpress3@163.com
经　　销：各地新华书店
印　　刷：三河市骏杰印刷有限公司
开　　本：787 mm×1 092 mm　1/16
印　　张：17
字　　数：432千字
版　　次：2023年8月第6版
印　　次：2024年8月第2次印刷

ISBN 978-7-5635-6961-8　　　　定价：56.00元

前　言

随着信息技术革命的日新月异，移动通信、物联网、云计算、大数据、人工智能这些新概念和新技术，使社会经济、人文科学、自然科学的许多领域引发了一系列革命性的突破，无处不在的计算思维成为人们认识和解决问题的基本能力之一。

计算思维是指运用计算机科学的基础概念来求解问题、设计系统和理解人类行为。计算思维应该成为所有大学生都具备的素质和能力，培养计算思维应成为计算机基础教育的核心任务。“大学计算机”是高等学校计算机基础教育中最基础的课程，是后续计算机相关课程的导引，应该担当起培养计算思维“第一课”的重任，发挥引领作用。

党的二十大报告提出“深入实施科教兴国战略、人才强国战略、创新驱动发展战略”。教材是人才培养的重要支撑，也是引领创新发展的重要基础。为了更好地服务于拔尖创新人才的培养，编者对“十二五”普通高等教育本科国家级规划教材《大学计算机》(第 6 版)进行了全面修订升级，使教材内容与时代发展的要求同步。本次修订明确以计算思维为导向的改革方向，积极探索以提高学生计算思维能力为培养目标的教学内容改革，推动计算思维观念的普及。同时，本次修订从计算思维的角度对近年来迅速发展的新的计算技术进行了深入浅出的介绍，以开阔学生的视野。为了在“大学计算机”课程的教学过程中促进学生计算思维能力的培养，本书将非计算机专业的计算机教育从以学习基本知识、掌握基本工具为核心要求，提升到以培养学生计算机文化素养、应用计算机和计算思维解决实际问题的基本能力为核心要求。本书分为 8 个专题。专题 1 介绍计算与计算思维，主要内容包括计算工具、计算模型和计算思维。专题 2 介绍信息表示与逻辑运算，主要内容包括数值信息编码、非数值信息编码和逻辑运算及其应用。专题 3 介绍计算系统与原理，主要内容包括计算机硬件、计算机软件、操作系统和计算机工作原理。专题 4 介绍算法与程序设计语言，主要内容包括算法概述、程序设计语言和程序设计求解问题的步骤。专题 5 介绍计算机应用操作，主要内容包括 Word 2019 文档制作、Excel 2019 电子表格制作、PowerPoint 2019 演示文稿制作和常用工具软件。专题 6 介绍数据库与大数据，主要内容包括数据库系统概述、关系型数据库、结构化查询语言简介和大数据。专题 7 介绍网络通信与信息安全，主要内容包括网络工作原理、因特网的服务、网络安全防护和信息加密技术。专题 8 介绍计算机新技术，主要内容包括人工智能、物联网和其他新技术。

为便于教学，本书配有采用案例方式讲述并按零起点设计的辅助教材和配套的电子教案、教学素材等。

本书为“互联网＋”立体化系列教材，通过助学助教平台手机端 APP 扫描二维码即可查看相应的视频和阅读材料。本书资源的使用说明，请扫描扉页中的二维码查看。

本书由长沙理工大学蒋加伏，吕梁学院刘继华、高文莲任主编，由吕梁学院武桂芬、高志娥任副主编。此外,向蕾、肖玉坤、杨玉梅构思并设计了全套书在线课程教学资源的结构与配置,赵梅、张展华、苏国强编辑了教学资源的内容,刘国辉、范茹婷参与了微课的录制及后期处理。马双武、苏文刚审查了全书配套的在线课程教学资源,李敏、张赞提供了版式和装帧设计方案。在此一并表示感谢。

在党的二十大报告提出的"加强教材建设和管理"精神的指引下,编者在对本书进行修订时,新增了课程思政元素,扫描下方二维码即可查看本书课程思政资源。

由于本书涉及的知识面较广,要将众多的知识很好地贯穿起来,难度较大,书中不足之处在所难免,恳请专家、教师和读者多提宝贵意见。

编　者

2023年2月

课程思政资源

目 录 CONTENTS

专题 4
算法与程序设计语言

专题 5
计算机应用操作

专题 6
数据库与大数据

专题 7
网络通信与信息安全

专题 8
计算机新技术

专题 1
计算与计算思维

专题导读

人类一直在追求实现自动计算的梦想,并做出了不懈努力,但关于自动计算的理论直到20世纪才取得突破性成果。本专题主要从“演化”“模型”“抽象”等计算思维概念出发,讨论计算机的发展历程、计算的理论模型,以及计算思维的基本概念和方法。

知识列表

1.1 计算工具
1.2 计算模型
1.3 计算思维

1.1 计算工具

计算机的诞生和发展经历了漫长的历史进程，在这个过程中，科学家们经过艰难探索，发明了各种各样的计算机器，推动了计算机技术的发展。从总体来看，计算机的发展经历了早期计算工具、机械式计算机、现代电子计算机 3 个历史阶段。

1.1.1 早期计算工具

人类最早使用的计算工具也许是手指和脚趾，因为这些计算工具与生俱来，不需要任何辅助设施，具有天然优势。但是，使用手指和脚趾只能实现计算，不能实现存储，而且局限于 0～20 的计算。目前发现的最古老的计数工具可能是 3 万多年前的列朋波骨，它出土于非洲，是用狒狒的腓骨制成的，上面有 29 条刻痕。

1. 十进制记数法

在古代世界的记数体系中，除巴比伦文明的为六十进制、玛雅文明的为二十进制外，几乎全部为十进制。公元前 3400 年左右，古埃及已有十进制记数法，只不过这些十进制记数体系还没有“位值”（数的位置不同，表示的值也不同）的概念。

我国在商代（前 1600—前 1046）时已经有了比较完备的文字记数系统，在商代甲骨文中，已经有了一、二、三、四、五、六、七、八、九、十、百、千、万这 13 个记数单字。在商代的一片甲骨上，可以看到将“547 天”记为“五百四旬又七日”，这是最早表明中国人使用十进制记数法的典型案例。

图 1-1　西周大盂鼎铭文

周代（前 1046—前 256）的十进制已经有了明显的位值概念。图 1-1 所示为西周早期青铜器大盂鼎，其上的铭文记载：“自驭至于庶人，六百又五十又九夫，易（注：通‘赐’）夷司王臣十又三白（注：通‘伯’）……”另外，西周另一青铜器小盂鼎上的铭文记载：“获馘（注：guó，首级）四千八百又二馘，俘人万三千八十一人，俘马□□匹，俘车卅（注：三十）辆，俘牛三百五十五牛。”这里的三、五等数具有位值记数功能。

2. 算筹

算筹是我国古代最早出现的计算工具之一，成语“运筹帷幄”中的“筹”就是指算筹。南北朝时期的科学家祖冲之（429—500）将算筹作为计算工具，成功地将圆周率计算到小数点后第 7 位。算筹可能起源于周代，在春秋战国时期使用得已经非常普遍了。根据史书记载和考古，古代算筹实际上是一些长短和粗细相当的小棍子。

3. 九九乘法口诀

我国使用九九乘法口诀（简称“九九表”）的时间较早，在《荀子》《管子》《战国策》等古籍中，能找到“三九二十七”“六八四十八”“四八三十二”“六六三十六”等语句。可见，早在春秋战国时期，九九表就已经开始流行了。九九表广泛用于筹算中，以进行乘法、除法、开方等运算，明代(1368—1644)时用在算盘上。如图 1-2 所示,我国现存最古老的九九表实物是湖南湘西出土的秦代(前 221—前 206)木牍,上面详细记录了九九乘法口诀。与今天的九九乘法口诀不同,秦代木牍上的九九表不是从“一一得一”开始,而是从“九九八十一”开始,到“二半而一”结束。

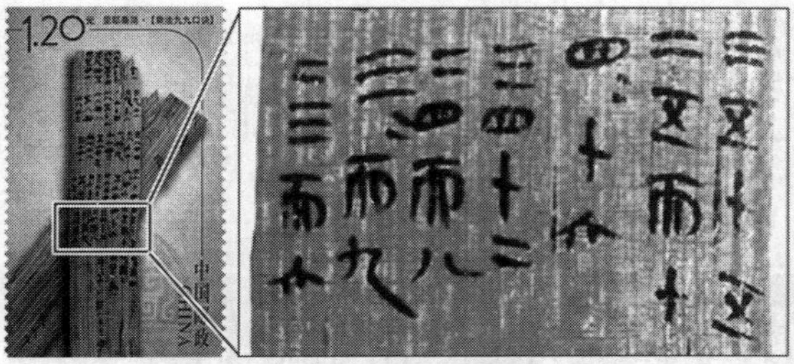

九九表木牍译文:

二	三	二	三	四	二	三
三	三	四	四	四	五	五
而	而	而	十	十	而	十
六	九	八	二	六	十	五

图 1-2 我国现存最古老的九九表——秦代木牍

位值概念和九九表后来一方面传入高丽、日本等国,另一方面经过丝绸之路传到印度、波斯,继而流行全世界。十进制位值的概念和九九表是古代中国对世界文化的重要贡献。

九九表的算法特点是:只用 1~10 这 10 个数字;九九表包含了乘法的可交换性,因此只需要“八九七十二”,不需要“九八七十二”;九九表只有 45 项口诀,而古代玛雅人采用二十进制,理论上乘法表有 190 项(目前无文物佐证)。在 13 世纪之前,欧洲人计算乘法、除法时十分辛苦,能够完成除一个大数的运算的人,就被视为数学家。13 世纪初,我国的计算方法由阿拉伯人传入欧洲,自此欧洲人学到了这种先进的计算技术。

4. 算盘

算盘一词并不专指中国算盘。从文献资料看,许多文明古国都有过算盘。古今中外的各式算盘大致分为三类:沙盘类、算板类、穿珠类。

穿珠算盘是我国古代的重要计算工具,在世界计算工具发展史中也具有非常重要的地位,美国加利福尼亚州的计算机历史博物馆的展厅入口处就有一个大算盘。从计算技术角度看,算盘主要有以下进步:一是建立了一套完整的算法规则,如“三下五去二”;二是具有临时存储功能(类似于内存),能连续运算;三是出现了五进制,如“上挡一珠当五”;四是制作简单,携带方便。2013 年,我国的穿珠算盘被联合国教育、科学及文化组织(简称“联合国教科文组织”)列入人类非物质文化遗产名录。

图 1-3 《清明上河图》中的穿珠算盘

我国的穿珠算盘起源于何时,至今没有定论。“珠算”一词最早见于东汉时期徐岳(? —220)所著的《数术记遗》。如图 1-3 所示,北宋画家张择端的《清明上河图》长卷中,在“赵太丞家”药铺柜台上有一个十五挡的算盘,中日两国珠算专家将画面摄影放大,确认画中之物是与现代使用的算盘形制类似的穿珠算盘。

1.1.2 机械式计算机

算盘作为主要计算工具流行了相当长一段时间。17 世纪,欧洲科学家兴起了计算机器研究热潮。当时,法国数学家 R. 笛卡儿(R. Descartes,1596—1650)预言:“总有一天,人类会造出一些举止与人一样‘没有灵魂的机械’来。”

1. 帕斯卡加法器

计算机的发展

1642 年,法国数学家 B. 帕斯卡(B. Pascal,1623—1662)发明了第一台能进行 6 位十进制数加法运算的机器(见图 1-4),这台机器在巴黎博览会展出期间引起了轰动。加法器发明的意义远远超出了机器本身的使用价值,它证明了以前认为需要人类思维的计算过程,完全能够由机器自动化实现,从此欧洲兴起了制造“思维工具”的热潮。帕斯卡在其著作《静思录》中写道:“算术机器提供了关于哪种方法比动物行为更接近思维的一些印象。”

图 1-4　帕斯卡发明的加法器和它的内部齿轮结构

目前,故宫博物院收藏了 6 台帕斯卡计算机,据估计这些计算机是由清代康熙年间来华的法国传教士与我国数学家共同研制的。清代计算机有很大改进:首先,它可以进行四则运算[与莱布尼茨(Leibniz)计算机相似];其次,它将帕斯卡加法器的 6 位数计算扩展到了 12 位数计算。清代计算机深藏在故宫里,成了皇家的专属玩具,其作用和影响可想而知。

2. 巴贝奇自动计算机器

1)差分机的设计与制造

18 世纪末,法国数学界调集了大批数学家组成人工手算流水线,经过长期的艰苦奋斗,终于完成了 17 卷《数学用表》的编制。但是手工计算的数据出现了大量错误,这件事情强烈刺激了英国著名数学家 C. 巴贝奇(C. Babbage,1791—1871)。经过整整 10 年的研制工作,巴贝奇于 1822 年研制成功了第一台差分机(见图 1-5)。这台差分机由英国政府出资(大约 1.75 万英镑),由工程师 J. 克莱门特(J. Clement)打造,约有 25 000 个零件,质量约为 4 t。

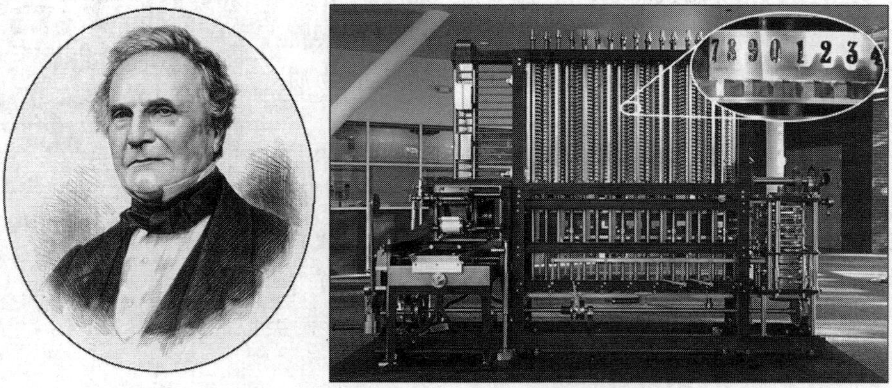

图 1-5　巴贝奇以及他发明的差分机的现代复原模型

巴贝奇的基本想法是利用“机器”将从计算到印刷表格的过程全部自动化,全面消除人为错误(如计算错误、抄写错误、校对错误、印制错误等)。差分机是一种专门用来计算特定多项式函数值的机器,“差分”的含义是将函数表的复杂计算转化为差分运算,用简单的加法代替平方运算,快速编制出对数函数和三角函数的数学用表。

2)分析机的基本结构

1837年,巴贝奇辞去了剑桥大学教授职务,开始专心设计一种由程序控制的通用分析机。巴贝奇先后提出过大约30种不同的分析机设计方案,并对各种方案都绘制出图纸,图纸上的零件数量多达几万个。巴贝奇希望分析机能自动计算有100个变量的复杂算题,每个数为25位,速度达到每秒运算一次。巴贝奇的好友阿达·洛夫莱斯(Augusta Ada Byron,Countess of Lovelace,1815—1852)在描述分析机时说:“我们可以毫不过分地说,分析机编织的代数图案就像雅卡尔(Jacquard)提花机编织的鲜花和绿叶一样。在我们看来,这里蕴涵了比差分机更多的创造性。”

巴贝奇的分析机设计方案已经具备了现代计算机的基本特征。分析机由蒸汽机驱动,大约有30 m长、10 m宽。分析机由三部分构成。第一部分是保存数据的齿轮式寄存器,巴贝奇称它为“堆栈”(store)。分析机具有存储器的概念,它的“内存”大约可以存储1 000个50位的十进制数(大约20.7 KB)。第二部分是对数据进行各种运算的装置,巴贝奇称它为“工厂”(mill),它包含一个算术运算单元,可以进行四则运算、比较运算和求平方根运算。为了加快运算速度,巴贝奇设计了进位装置。第三部分是对操作进行程序控制,并具有对数据及输出结果加以选择的装置。分析机采用十进制计数,使用穿孔卡片作为程序输入,可以运行包含条件、循环等语句的程序,其编程语言类似今天的汇编语言。

3)巴贝奇对计算机发明的贡献

A. 图灵(A. Mathison Turing,1912—1954)在《计算机器与智能》一文中评价道:“分析机实际上是一台万能数字计算机。”巴贝奇以他天才的思想,划时代地提出了类似现代计算机的逻辑结构,因此他被公认为计算机之父。分析机的特征是,它把抽象的代数关系看成可以由机器实现的实体,而且可以机械地操作这些实体,最终通过机器得出计算结果。这实现了最初由亚里士多德和莱布尼茨描述的“形式的抽象和操纵”。

在多年的研究和制造实践中,巴贝奇写出了世界上第一部计算机专著《分析机概论》。分析机的设计理论非常先进,它是现代程序控制计算机的雏形。不幸的是,这台分析机直到巴贝奇去世也没有制造出来,巴贝奇也因此散尽家财,声名败落,贫困潦倒而终。

3. 阿达与程序设计

阿达是英国著名诗人拜伦之女,她对数学有极高的兴趣。1842年,阿达花了9个月时间翻译意大利数学家梅纳布雷亚(Menabrea)论述巴贝奇的著作《分析机概论》时写的备忘录。在阿达的译文里,她附加了许多注释,指出分析机可以像提花机那样进行编程,并详细说明了用机器进行伯努利数运算的过程,这被认为是世界上第一个计算机程序(见图1-6)。因此,阿达也被公认为世界上第一位程序设计师。巴贝奇在他的著作《经过哲学家的人生》中叙述道:“我认为她(注:阿达)为梅纳布雷亚备忘录增加了许多注释,并加入了一些想法。虽然这些想法是由我们一起讨论出来的,但是最后写进注释里的想法确确实实是她自己的构想。我将许多代数运算问题交给她处理,这些工作与伯努利数运算相关。在她送回给我的文件中,修正了我先前在程序里的重大错误。”

阿达协助巴贝奇完善了分析机的设计,发现了编程的基本要素,并建立了循环和子程序的概念。在对分析机进行研究时,阿达先后编写了三角函数程序、级数相乘程序、伯努利函数程序等一大批算法代码,阿达还提出了许多巴贝奇也未曾提到的新构想。例如,阿达曾经预言:“这个机器未来可以用于排版、编曲或各种更复杂的用途。”

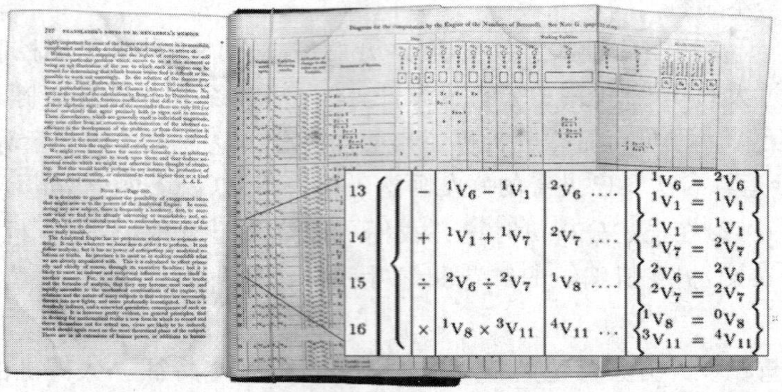

图 1-6　阿达对伯努利数的差分运算过程是世界上第一个计算机程序

1.1.3　现代电子计算机

1. 现代计算机科学先驱

现代计算机是指利用电子技术代替机械或机电技术的计算机。现代计算机经历了 80 多年的发展,其中最重要的代表人物有英国科学家图灵和美籍匈牙利科学家冯·诺依曼(von Neumann,1903—1957),图灵是计算机科学理论的创始人,冯·诺依曼是计算机工程技术的先驱人物(见图 1-7)。美国计算机协会(ACM)于 1966 年设立了“图灵奖”,奖励那些对计算机事业做出重要贡献的个人;电气与电子工程师学会(IEEE)于 1990 年设立了“冯·诺依曼奖”,目的是表彰在计算机科学和技术上具有杰出成就的科学家。

图 1-7　计算机领域的杰出科学家图灵和冯·诺依曼

1936 年,图灵在具有划时代意义的论文《论可计算数及其在判定问题中的应用》中,论述了一种理想的通用计算机,被后人称为图灵机。1950 年,图灵发表了著名论文《计算机器与智能》,论文指出,如果机器对于质问的响应与人类做出的响应完全无法区别,那么这台机器就具有了智能。这一论断称为图灵测试,它奠定了人工智能的基础。

图灵不仅是一位抽象数学家,还是一位擅长电子技术的工程专家。在第二次世界大战期间,他是英国密码破译小组的主要成员。冯·诺依曼生前曾多次谦虚地说:“如果不考虑查尔斯·巴贝奇等人早先提出的有关思想,现代计算机的概念当属于阿兰·图灵。”由此可见,图灵对计算机科学的影响巨大。

2. 第一台现代电子数字计算机 ABC

第一台现代电子数字计算机是 ABC(Atanasoff-Berry computer，阿塔纳索夫-贝瑞计算机，见图 1-8)，它是由美国艾奥瓦州立大学物理系的 J. 阿塔纳索夫(J. Atanasoff)和他的研究生 C. 贝瑞(C. Berry)在 1942 年研制成功的。1990 年，阿塔纳索夫获得了全美最高科技奖“国家科技奖”。

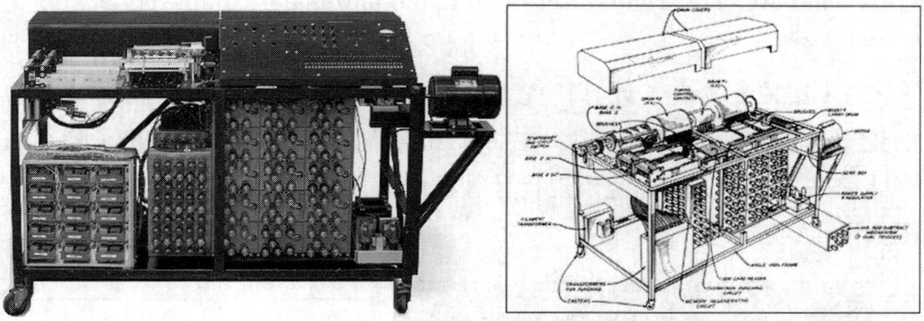

图 1-8　第一台现代电子数字计算机 ABC 复原模型和设计草图

ABC 采用二进制电路进行运算；存储系统采用不断充电的电容器，具有数据记忆功能；输入系统采用 IBM 公司的穿孔卡片；输出系统采用高压电弧烧孔卡片。

阿塔纳索夫提出了现代计算机设计最重要的 3 个基本原则。

(1)以二进制方式实现数字运算和逻辑运算，以保证运算精度。

(2)利用电子技术实现控制和运算，以保证运算速度。

(3)采用计算功能与存储功能相分离的结构，以简化计算机设计。

3. ENIAC

1943 年，美国因新式火炮弹道计算需要运算速度更快的计算机，宾夕法尼亚大学莫尔学院 36 岁的 J. 莫奇利(J. Mauchly)教授和他的学生 J. 埃克特(J. Eckert)，向军方代表 H. 戈德斯坦(H. Goldstine)提交了一份研制计算机的设计方案，军方提供了 48 万美元的经费资助。1946 年，莫奇利成功研制出 ENIAC(electronic numerical integrator and computer，电子数字积分计算机)。ENIAC 采用了约 18 000 个电子管、10 000 多个电容器、约 70 000 个电阻、1 500 个继电器，耗电功率为 150 kW，质量达 30 t，占地面积约为 170 m^2。

莫奇利在设计 ENIAC 之前拜访过阿塔纳索夫，他们一起讨论过 ABC 的设计经验，阿塔纳索夫将 ABC 的设计笔记送给了莫奇利。因此，莫奇利在 ENIAC 的设计中采用了全电子管电路，但是没有采用二进制。ENIAC 的程序采用外插线路连接，以拨动开关和交换插孔等形式实现。ENIAC 采用电子管作为基本电子元件，每个电子管大约有一个灯泡那么大。它没有存储器，只有 20 个 10 位十进制数的寄存器。输入/输出设备有穿孔卡片、指示灯、开关等。ENIAC 做一个 2 s 的运算，需要 2 天时间进行准备工作，为此埃克特与同事们讨论过“存储程序”的设计思想，遗憾的是没有形成文字记录。

ENIAC 的任务是分析炮弹的轨迹，它能在 1 s 内完成 5 000 次加法运算，也可以在 3/1 000 s 内完成 2 个 10 位数乘法运算。美国军方从中尝到了甜头，因为它计算一条炮弹的弹道只需要 20 s,而此前需要 200 人手工计算 2 个月。

4. 冯・诺依曼与 EDVAC

1944 年,冯・诺依曼专程到莫尔学院参观了还未完成的 ENIAC,并参加了为改进 ENIAC 而举行的一系列专家会议。冯・诺依曼对 ENIAC 的不足之处进行了认真分析,并讨论了全新的存储程序通用计算机设计方案。当军方要求设计一台比 ENIAC 性能更好的计算机时,他提出了 EDVAC(electronic discrete variable automatic computer,离散变量自动电子计算机)的设计方案。

1945 年,冯・诺依曼发表了计算机史上著名的论文《EDVAC 报告书的第一份草案》,这篇 101 页的论文又被称为“101 报告”。在“101 报告”中,冯・诺依曼提出了计算机的五大结构,以及“存储程序”设计思想,奠定了现代计算机的设计基础。一份未署名的 EDVAC 系统结构设计草图如图 1-9 所示。

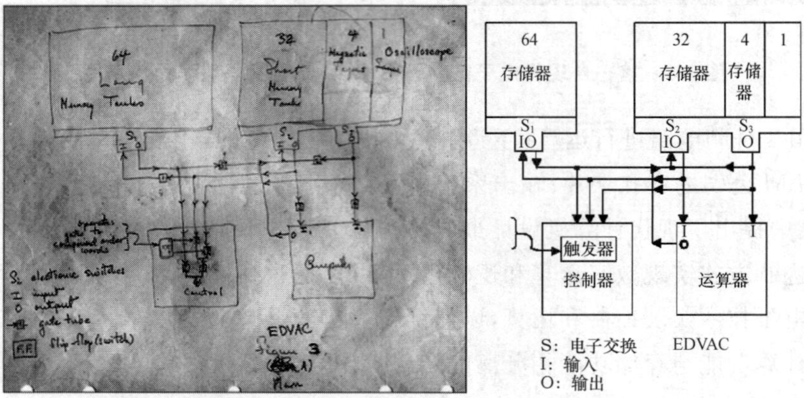

图 1-9　EDVAC 系统结构设计草图

1952 年,EDVAC 投入运行,主要用于核武器的理论计算。相比于 ENIAC,EDVAC 的改进主要有两点:为了充分发挥电子元件的高速性能,采用了二进制;把指令和数据都存储起来,让机器自动地执行程序。EDVAC 使用了大约 6 000 个电子管和 12 000 个二极管,占地面积约为 45.5 m^2,质量达 7.85 t,耗电功率为 56 kW。EDVAC 利用水银延时线作为内存,可以存储 1 000 个 44 位的字,用磁鼓作为辅存,具有加、减、乘和除的功能,运算速度约为 ENIAC 的 240 倍。

5. 现代计算机的发展

现代计算机诞生后,其基本元器件经历了电子管、晶体管、中小规模集成电路、大规模和超大规模集成电路 4 个发展阶段(有些专家认为依此可以将计算机划分为 4 代),计算机的运算速度显著提高,存储容量大幅增加。同时,软件技术也有了较大的发展,出现了操作系统、编译系统、数据库等软件,计算机应用开始进入许多领域。

1.1.4　计算机的类型

计算机工业的迅速发展,引发了计算机类型的进一步分化。从产品组成部件来看,计算机主要采用半导体集成电路芯片；从产品形式来看，市场典型产品为个人计算机（personal computer，PC）和智能手机。

1. 计算机的定义

现代计算机（computer）是一种在程序控制下，自动、高速地进行计算和信息转换工作，并且具有信息存储能力、友好的交互界面的数字化信息处理设备。

计算机由硬件系统和软件系统两大部分组成。硬件系统由一系列电子元器件按照设计的逻辑关系连接而成，是计算机系统的物质基础。软件系统由系统软件和各种应用软件组成，计算机软件管理和控制硬件系统使其按照预定的程序运行和工作。

2. 计算机的分类

IEEE 在 1989 年将计算机分为巨型计算机、小巨型计算机、小型计算机、工作站、个人计算机 5 种类型。这种按计算性能分类的标准会随时代而改变，如 1990 年的巨型计算机并不比目前微型计算机的计算能力强。如果根据计算性能分类，就必须根据计算性能的不断提高而随时改变分类标准，这显然是不合理的。尤其是计算机集群技术的发展，使得大、中、小型计算机之间的界限变得模糊不清，而工作站这种机型也被服务器取代。

计算机产业发展迅速，技术不断更新，性能不断提高，因此很难对计算机进行精确的类型划分。按照目前计算机产品的市场应用情况，大致可以将计算机分为大型计算机、微型计算机、嵌入式计算机等类型（见图 1-10）。

- 计算机类型
  - 大型计算机
    - 大型计算机集群：Summit、Sierra、神威·太湖之光、天河二号等
    - MPP超级计算机：蓝色基因、克雷等
    - PC服务器：浪潮、联想、戴尔、惠普等
  - 微型计算机
    - 个人计算机：联想、惠普、戴尔、神舟等
    - 苹果计算机：Mac Pro系列桌面微机等
    - 笔记本计算机：联想、惠普、戴尔、华硕、神舟等
    - 其他计算机：平板计算机、HTPC、UMPC等
  - 嵌入式计算机
    - 智能手机
      - Android系列：华为、三星、OPPO、小米等
      - iOS系列：iPhone系列
    - 工业计算机
      - PC104/EPCI总线工业计算机
      - CPCI/CPCIE（紧凑型PCI）总线工业计算机
      - ATCA/mTCA（高级电信计算机结构）计算机
      - VPX/VME总线工业计算机
    - 其他计算机
      - 单片机：ARM、80C51系列单片机等
      - POS机（收款系统）、ATM（自动柜员机）等
      - 可穿戴计算机等

计算机的分类与应用

图 1-10　计算机类型

1）大型计算机

大型计算机主要用于科学计算、军事、通信、金融等大型计算项目等。在超级计算机设计领域，计算机集群的价格只有专用大型计算机的几十分之一，因此大型计算机都采用集群结构（占超级计算机数量的 95%以上），只有极少数的大型计算机采用专用系统结构。

（1）大型计算机集群。

计算机集群（cluster）技术是将多台（几台到上万台）独立计算机（PC 服务器），通过高速局

域网组成一个集群(见图 1-11),并以单一系统模式进行管理,使多台计算机像一台超级计算机那样统一管理和并行计算。集群中运行的单台计算机并不一定是高档计算机,但集群系统却可以提供高性能不停机服务。集群中每台计算机都承担部分计算任务,因此整个系统的计算能力非常高。同时,集群系统具有很好的容错功能,当集群中某台计算机出现故障时,系统可将这台计算机进行隔离,并通过各台计算机之间的负载转移机制来实现新的负载均衡,同时向系统管理员发出故障报警信号。

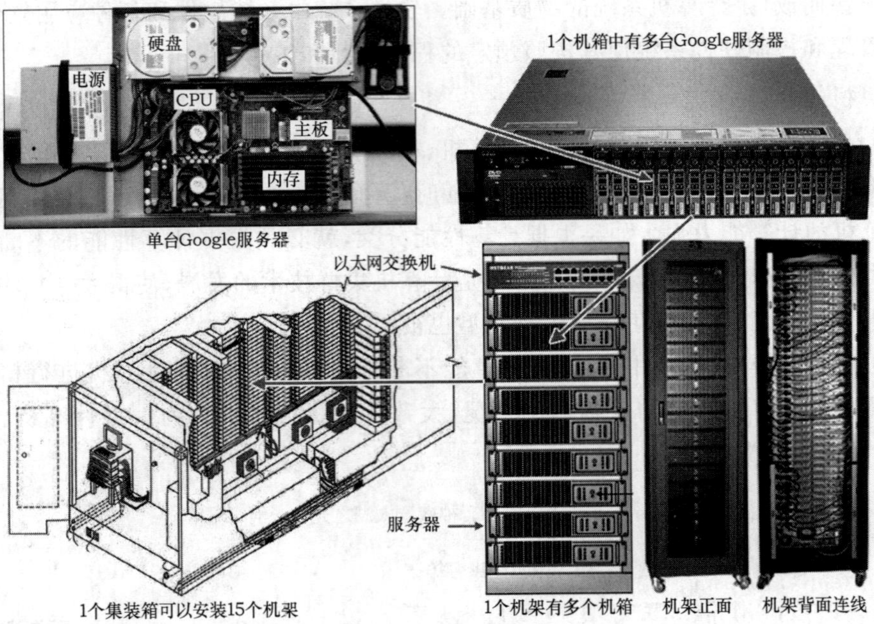

图 1-11 Google 集装箱式计算机集群系统

计算机集群一般采用 Linux 操作系统和集群软件实现并行计算,集群的扩展性很好,可以不断地向集群中加入新计算机。计算机集群提高了系统的稳定性和数据处理能力。

据 2019 年报道,国际超级计算大会公布的全球超级计算机 500 强名单中,来自我国的“神威·太湖之光”(计算能力为每秒 9.3 亿亿次)排在第 3 位,排在第 4 位的是我国的“天河二号”(计算能力为每秒 6.14 亿亿次)。“天河二号”超级计算机造价约为 1 亿美元,整个系统的占地面积达 720 m^2,整机功耗为 17.8 MW。超级计算机应用广泛,如从 2017 年开始,广州的气象预报系统开始由“天河二号”运行,每 12 min“天河二号”就能给出每平方千米内未来 6 h 的天气预报。以 500 人规模的全基因组信息关联性分析为例,利用原有计算机需要 1 年的计算时间,利用“天河二号”只需要 3 h 的计算时间;“天河二号”还可以帮助国产大飞机 C919 做全机气动参数优化设计等大型计算工作。

“天河二号”(见图 1-12)大约有 16 000 个计算节点,安装在 125 个机柜内;每个机柜容纳 4 个机框,每个机框容纳 16 块主板,每块主板有 2 个计算节点;每个计算节点配备 2 颗 Intel Xeon E5 12 核心的 CPU(central processing unit,中央处理器)和 3 个 Xeon Phi 57 核心的协处理器(运算加速卡),累计配备了 3.2 万颗 Xeon E5 主处理器(CPU)和 4.8 万个 Xeon Phi 协处理器,共有 312 万个计算核心。

“天河二号”每个计算节点有64 GB主存，每个协处理器板载8 GB内存，因此每个计算节点共有88 GB内存。硬盘阵列容量为12.4 PB。“天河二号”使用光电混合网络传输技术，由13个大型路由器通过576个连接端口与各个计算节点互连。“天河二号”采用麒麟操作系统（基于Linux）。

图1-12 “天河二号”超级计算机集群系统

(2)PC服务器。

如图1-13所示，PC服务器往往采用机箱或机架等形式，机箱式PC服务器的体积较大，便于扩充硬盘等I/O(输入/输出)设备；机架式PC服务器的体积较小，尺寸标准化，扩充时在机柜中再增加一个机架式服务器即可。PC服务器一般运行在Windows Server或Linux操作系统下，在软件和硬件上都与其他PC兼容。PC服务器的硬件配置一般较高，例如，它们往往采用高性能CPU，如Intel Xeon系列CPU产品，有时甚至采用多CPU结构。PC服务器的内存容量一般较大，而且要求具有ECC(差错校验)功能。硬盘也采用高转速和支持热插拔的硬盘。大部分服务器需要全年不间断工作，因此往往采用冗余电源、冗余风扇。PC服务器主要用于网络服务，因此对多媒体功能几乎没有要求，但是对数据处理能力和系统稳定性有很高的要求。

(a) 机箱式PC服务器　(b) 刀片式PC服务器　(c) 机架式PC服务器

图1-13 各种类型的PC服务器

2)微型计算机

1971年，Intel公司推出400x系列芯片，并将这套芯片称为MCS-4微机系统，最早提出了“微机”这一概念。但是，这仅仅是一套芯片而已，当时并没有组成一台真正意义上的微型计算机。后来，人们将装有微处理器芯片的机器称为“微机”。

目前，个人计算机在各个领域都取得了巨大的成功，个人计算机取得成功的原因是拥有海量应用软件，以及优秀的兼容能力，而低价和高性能在很长一段时间里都是个人计算机的市场竞争法宝。

(1)台式计算机。

大部分个人计算机采用Intel公司的CPU作为核心部件,凡是能够兼容IBM-PC的计算机产品都称为PC。目前,台式计算机基本采用Intel公司和AMD公司的CPU,这两家公司的CPU兼容Intel公司早期的80x86系列CPU,因此也将采用这两家公司的CPU的计算机称为x86系列计算机。

如图1-14所示,台式计算机在外观上有立式机和一体化机两种类型,它们在性能上没有区别。台式计算机主要供企业办公和家庭使用,因此要求有较好的多媒体功能。台式计算机的应用广泛,应用软件较为丰富,具有很高的性价比。

图1-14 x86系列立式计算机和一体化计算机

(2)笔记本计算机。

笔记本计算机(见图1-15)主要用于移动办公,因此具有短小轻薄的特点。以前流行的"上网本"和"超级本"都是笔记本计算机的一种类型。笔记本计算机在软件上与台式计算机完全兼容,在硬件上虽然按照个人计算机设计规范制造,但由于受到体积的限制,不同厂商之间的产品不能互换,硬件兼容性较差。在相同的配置下,笔记本计算机的性能低于台式计算机,价格高于台式计算机。笔记本计算机的屏幕尺寸为10～15 in(英寸,1 in＝25.4 mm),质量为1～3 kg,一般具有无线通信功能。

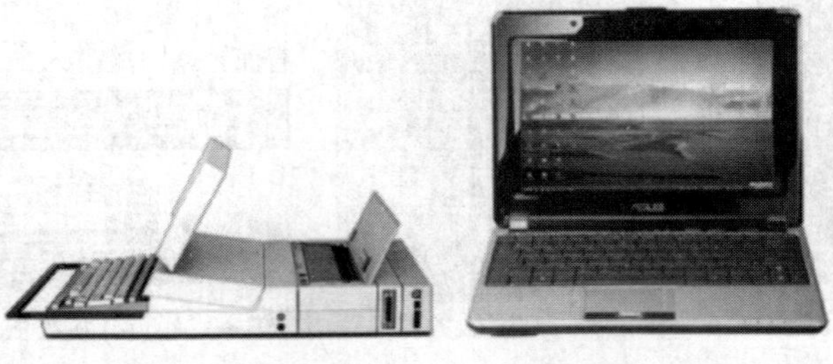

图1-15 早期的笔记本计算机(1984年)和目前的笔记本计算机

(3)平板计算机。

平板计算机(tablet PC)最早由微软公司于2002年推出,是一种方便携带的小型个人计算机。如图1-16所示,目前平板计算机典型的产品有微软公司的平板计算机和苹果公司的iPad。平板计算机在外观上只有杂志大小,目前主要采用iOS和Android操作系统,它以触摸屏作为基本操作设备,所有操作都通过手指或手写笔完成。平板计算机一般用于阅读、上网、玩游戏等。平板计算机的应用软件专用性强,这些软件不能在台式计算机或笔记本计算机上直接运行,普通计算机上的软件也不能在平板计算机上直接运行。

图 1-16　微软公司的平板计算机和苹果公司的 iPad

3)嵌入式计算机

(1)嵌入式系统。

嵌入式系统是为特定应用而设计的专用计算机系统。嵌入是将微处理器设计和制造在某个设备内部的意思。“嵌入式系统”是一个外延极广的名词,凡是与工业产品结合在一起并且由计算机控制的设备,都可以称为嵌入式系统。嵌入式系统在商业和工业领域的应用如图 1-17 所示。

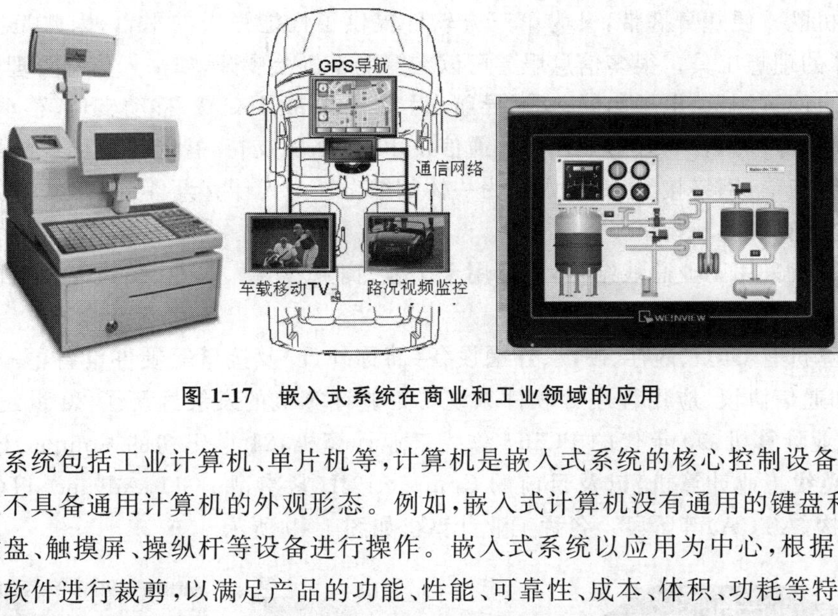

图 1-17　嵌入式系统在商业和工业领域的应用

嵌入式系统包括工业计算机、单片机等,计算机是嵌入式系统的核心控制设备。大部分嵌入式计算机不具备通用计算机的外观形态。例如,嵌入式计算机没有通用的键盘和鼠标,一般通过专用键盘、触摸屏、操纵杆等设备进行操作。嵌入式系统以应用为中心,根据需要对计算机的硬件和软件进行裁剪,以满足产品的功能、性能、可靠性、成本、体积、功耗等特殊要求。嵌入式计算机一般由微处理器(CPU)、硬件设备、嵌入式操作系统和应用程序等组成。嵌入式计算机的工作环境复杂,故要求系统可靠性高。

(2)智能手机。

早期手机是一种通信工具,用户不能安装程序,信息处理功能极为有限。后来出现的智能手机打破了这些限制,它完全符合计算机关于“程序控制”和“信息处理”的定义,而且形成了丰富的应用软件市场,用户可以安装各种应用软件。目前,智能手机是移动计算的最佳终端。智能手机作为一种大众化的计算机产品,其性能越来越强大,应用领域也越来越广泛。

世界公认的第一部智能手机 IBM Simon(西蒙)诞生于 1993 年,由 IBM 公司与 BellSouth 公司合作制造。它集手提电话、个人数字助理(PDA)、传呼机、传真机、日历、行程表、世界时钟、计算器、记事本、电子邮件、游戏等功能于一身。IBM Simon 最大的特点是没有物理按键,完全依靠触摸屏操作,它采用 ROM-DOS 操作系统,只有一款名为 DispatchIt 的第三方应用软件。

智能手机是指具有完整的硬件系统与独立的操作系统,用户可以自行安装第三方服务商提供的程序,并可以实现无线网络接入的移动计算设备。智能手机的名称主要是针对手机功能而言,并不意味着手机有很强大的"智能"。各种智能手机如图 1-18 所示。

Apple Newton　　IBM Simon　　如今的智能手机

图 1-18　各种智能手机

智能手机既方便随身携带,又为第三方软件提供了性能强大的平台,因此是实现移动计算、普适计算的理想工具。很多信息服务可以在智能手机上展开,如个人信息管理(日程安排、任务提醒等)、网页浏览、电子阅读、交通导航、程序下载、股票交易、移动支付、移动电视、视频播放、游戏娱乐等。结合 5G(第 5 代移动通信技术)网络的支持,智能手机已经成为一个功能强大,集通话、短信、网络接入、影视娱乐为一体的综合性个人计算设备。

(3)工业计算机。

工业计算机采用工业总线结构,广泛用于工业、商业、军事、农业、交通等领域的过程控制和过程管理。

工业计算机有 CPU、内存、硬盘、外围设备(简称外设)及接口等硬件设备,并有实时操作系统、网络和通信协议、应用程序等软件系统。工业计算机的发展经历了 20 世纪 80 年代的 STD 总线工业计算机、90 年代的 PC104 总线工业计算机,21 世纪初的 CompactPCI(紧凑型 PCI,CPCI)总线工业计算机,以及目前的 CompactPCI(紧凑型 PCI)、AdvancedTCA(先进电信计算机结构,ATCA)等阶段。各种工业计算机如图 1-19 所示。

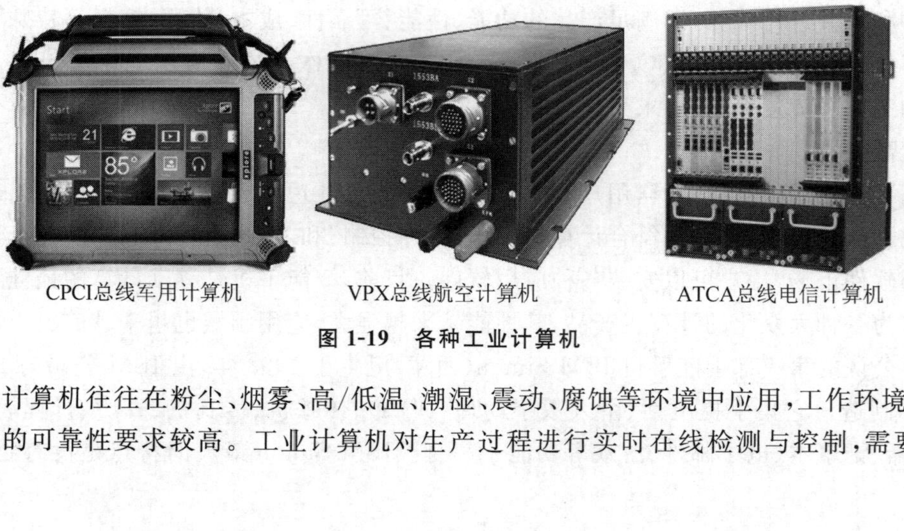

CPCI总线军用计算机　　VPX总线航空计算机　　ATCA总线电信计算机

图 1-19　各种工业计算机

工业计算机往往在粉尘、烟雾、高/低温、潮湿、震动、腐蚀等环境中应用,工作环境恶劣,因此对系统的可靠性要求较高。工业计算机对生产过程进行实时在线检测与控制,需要对工作状况的变化给予快速响应，因此对实时性要求较高。工业计算机有很强的输入、输出功能，可扩充符合工业总线标准的检测卡和控制卡，完成工业现场的参数监测、数据采集、设备控制等任务。早期工业计算机往往采用专用的硬件结构、软件系统、网络系统等技术；而目前工业计算机越来越 PC 化，如采用 Intel Core CPU、采用 PCI-e 总线、采用主流操作系统、采用工业以太网、支持主流编程语言等。

1.2　计算模型

1.2.1　图灵机计算模型

计算模型——图灵机

1. 图灵机的基本结构

图灵机是一种结构十分简单但计算能力很强的计算模型，可以用来计算所有能想象到的可计算函数。

如图 1-20 所示，图灵机主要由控制器、读写头和存储带组成。其中，存储带是一个无限长的带子，可以左右移动，带子上划分了许多单元格，每个单元格中包含一个来自有限字母表的符号。控制器中包含一套控制规则和一个寄存器，控制规则就是一个图灵机程序，寄存器则记录了机器当前所处的状态，以及下一个新状态。读写头指向存储带上的单元格，负责读出和写入存储带上的符号。

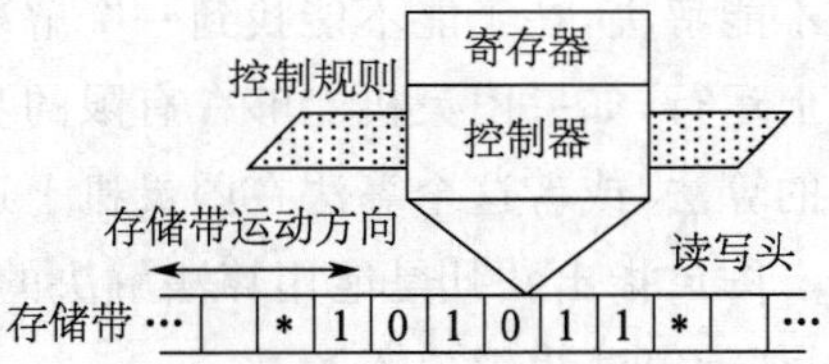

图 1-20　图灵机的基本结构

图灵机的工作原理是：存储带每移动一格，读写头就读出存储带上的符号，然后传送给控制器。控制器根据读出的符号及寄存器中机器当前的状态（条件），查询应当执行程序的哪一条指令，然后根据指令要求，将新符号写入存储带（动作），以及在寄存器中写入新状态。读写头根据程序指令改写存储带上的符号，最终将计算结果保存在存储带上。

图灵机运算过程

2. 图灵机的特点

图灵机使用“0”“1”“＊”等符号，其指令由有限符号构成。

如果图灵机的符号表有 11 个符号，如 0，1，…，9，＊，那么图灵机就可以用十进制来表示整数值。但这时的程序要长得多，确定当前指令要花更多的时间。符号表中的符号越多，用机器表示的困难就越大。

图灵机可以依据程序对符号表要求的任意符号序列进行计算。因此，同一台图灵机可以进行规则相同、对象不同的计算。

如果图灵机的初始状态（读写头的位置、寄存器的状态）不同，那么计算的含义与计算的结果就可能不同。每条指令进行计算时，都要参照当前的机器状态，计算后也可能改变当前的机器状态。状态是计算机科学中非常重要的一个概念。

在图灵机中,虽然程序按顺序来表示指令序列,但是程序并非顺序执行的。因为指令中包含关于下一状态的指定,这说明指令可以不按程序的顺序执行。这意味着程序的3种基本结构——“顺序、判断、循环”在图灵机中得到了充分体现。

专用图灵机将计算对象、中间结果和最终结果都保存在存储带上,将程序保存在控制器中。这意味着程序与数据分离。由于控制器中的程序是固定的,因此专用图灵机只能完成规定的计算(输入可以多样化)。通用图灵机也可以把程序保存在存储带上(程序和数据混合在一起),而控制器中的程序能够将存储带上的指令逐条读进来,再按照要求进行计算。

3. 图灵机的重大意义

图灵机不是一种具体的机器,而是一种理论思维模型。图灵机完全忽略了计算机的硬件特征,考虑的核心是计算机的逻辑结构。它是一个理想的计算模型,或者说是一种理想中的计算机,图灵机本身没有直接带来计算机的发明。通用图灵机与现代计算机的相同之处是:程序可以和数据混合在一起。图灵机与现代计算机的不同之处在于:图灵机的内存无限大,并且没有考虑输入和输出设备(所有信息都保存在存储带上)。

图灵机是对计算本质的体现,它可以分析什么是可计算的,什么是不可计算的。一个问题能不能解决,在于能不能找到一个解决这个问题的算法,然后根据这个算法编制程序并在图灵机上运行,如果图灵机能够在有限的步骤内停机,这个问题就能用计算机解决。如果找不到这样的算法,或者这个算法在图灵机上运行时不能停机,这个问题就无法用计算机解决。

图灵指出:“凡是能用算法解决的问题,也一定能用图灵机解决;凡是图灵机解决不了的问题,任何算法也解决不了。”

1.2.2 冯·诺依曼计算模型

1. 冯·诺依曼体系结构

1947年,冯·诺依曼提出了现代计算机“存储程序”的设计原则,即将计算机指令编码后,存储在计算机存储器中,并按顺序执行程序代码,以控制计算机的运行。冯·诺依曼在著名的“101报告”中提出了计算机结构必须包括运算器、控制器、存储器、输入设备、输出设备五大部件。由于冯·诺依曼在“101报告”中并没有用图形表示计算机的系统结构,因此导致目前各类计算机教材中存在各种各样的冯·诺依曼体系结构图。常见的冯·诺依曼体系结构如图1-21所示。

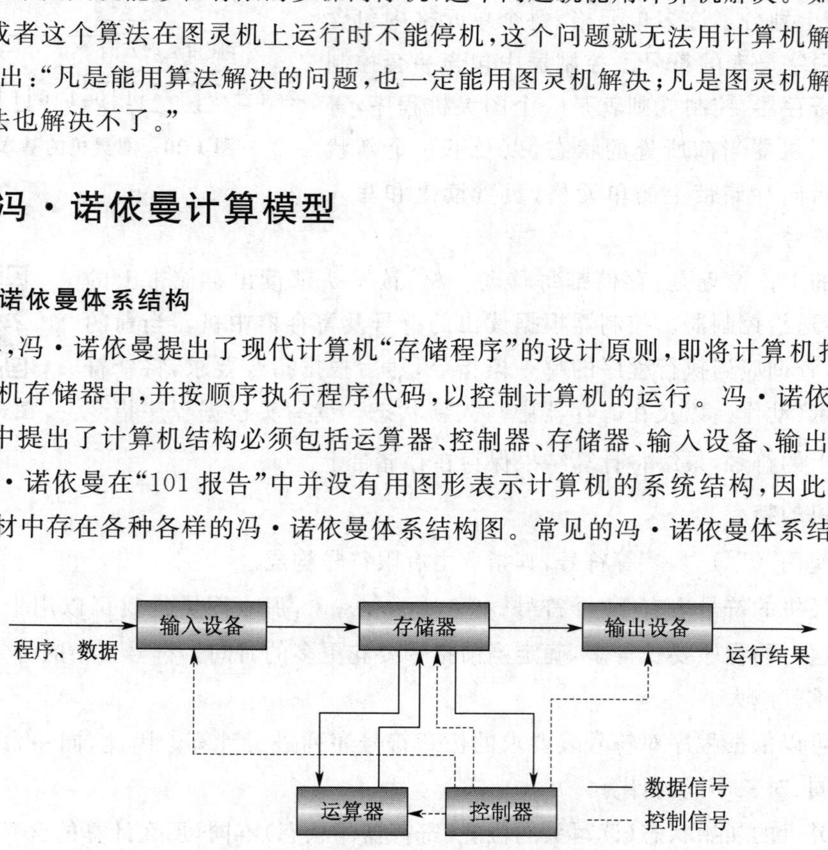

图 1-21 常见的冯·诺依曼体系结构

1)运算器

运算器是计算机进行算术运算和逻辑运算的基本部件。算术运算有加、减、乘、除等,逻辑运算有比较、移位、与、或、非、异或等。在控制器的控制下,运算器从存储器中取出数据进行运算,然后将运算结果写回存储器中。

2)控制器

控制器主要用来控制程序、数据的输入和输出,以及各个部件之间的协调运行。控制器由指令计数器、指令寄存器、指令译码器和其他控制单元组成。控制器工作时,根据指令计数器中的地址,从存储器中取出指令,送到指令寄存器中,再由控制器发出一系列命令信号,送到有关硬件,引起相应动作,完成指令所规定的操作。

3)存储器

存储器的主要功能是存放运行中的程序和数据。在冯·诺依曼体系结构中,存储器是指内存单元。向存储单元存入数据称为写入。从存储单元里取出数据称为读出。对存储器的基本操作是数据的写入或读出,这个过程称为内存访问。为了便于写入或读出数据,存储器中所有单元均按顺序依次编号,每个存储单元的编号称为内存地址,当运算器需要从存储器某单元读出或写入数据时,控制器必须提供存储单元的地址。写入的新数据会覆盖原来存储单元的数据。数据读出后并不破坏原来存储单元内的数据,因此数据可以重复读出,多次利用。

4)输入设备

输入设备的第一个功能是将数据输入计算机,如输入文字、图形、电信号等数据,并且将其转换为计算机使用的二进制编码;第二个功能是由用户对计算机进行操作控制。常见的输入设备有键盘、鼠标、数字照相机等。

5)输出设备

输出设备将计算机处理的结果转换为用户熟悉的形式,如文字、图形、声音、视频等。常见的输出设备有显示器、打印机、音箱等。还有一些设备既可以作为输入设备也可以作为输出设备,如硬盘、U盘等。

2.“存储程序”思想的重要性

1)“存储程序”思想

冯·诺依曼提出的“存储程序”思想非常重要。例如,心算一道简单的两位数加法题,毫不费力就可以算出来;如果计算20个两位数的加法,心算起来肯定很费力;如果有一张草稿纸,也能很快算出来。计算机也是这样,如果让一个没有内部存储器的计算机进行一个复杂的计算,它可能根本没有办法算出来。因为它的存储能力有限,所以无法记住很多中间结果;但是如果给它一些内部存储器当作草稿纸,计算机就可以把一些中间结果临时存储在内部存储器中,然后在需要的时候再把它取出来,进行下一步运算,如此往复,计算机就可以完成很多复杂的计算工作。“存储程序”思想为程序控制计算机、提高运算效率、程序员职业化等提供了理论基础,它的重要性丝毫不亚于图灵的“可计算”理论。

2)程序与数据的统一

早期计算机设计中,人们认为程序与数据是两种完全不同的实体。因此,将程序与数据分离,将数据存放在存储器中,程序则作为控制器的一部分,采用穿孔纸带、外部开关、外接线路等方式输入。冯·诺依曼将程序与数据同等看待，对程序像数据一样进行编码，然后与数据一起存放在存储器中。从对程序和数据的严格区分到同等看待，这个观念的转变是计算机发展史上的一场革命。计算机可以通过调用存储器中的程序，对数据进行操作。

3)程序控制计算机

早期计算机由硬件(控制器)控制整个系统，每执行一个程序都要对控制器进行设置。例如，在ENIAC中，编制一个解决小规模问题的程序，就要在40多块几英尺(1英尺＝0.304 8 m)长的电路板上插上几千个导线插头。显然，这样的计算机不仅计算效率低，且灵活性非常差。"存储程序"思想打破了这些限制，产生了由指令(操作系统程序)控制计算机的设计方案。没有安装软件的计算机称为裸机，连启动都不能进行。

4)提高运算效率

存储程序意味着事先将编制好的程序调入计算机存储器(内存)中，计算机运行时就能自动、连续地从存储器中依次取出指令并执行。这大大提高了计算机的运行效率，减少了硬件连接故障。

5)程序员职业的独立

"存储程序"思想导致了硬件与软件的分离，即硬件设计与程序设计分开进行，这种专业分工直接催生了程序员这个职业。

1.2.3 现代计算机模型

1.早期计算机的局限性

早期的冯·诺依曼机由控制器和程序共同对计算机进行控制。受限于存储单元的容量，如冯·诺依曼当时主持设计的EDVAC的内存只能存储1 000个44位的字，程序的功能也不强大，更谈不上具有操作系统。

因此，控制器是整个计算机的控制核心。目前的计算机的操作系统的功能非常强大，承担了早期控制器的工作。

2.目前计算机的冯·诺依曼结构

计算模型——冯·诺依曼机

目前的计算机基本遵循了冯·诺依曼的设计思想，但是随着技术的进步，计算机结构有了一些变化。例如，连接线路变成了总线，运算器变成了CPU，其中最重要的是"控制器"部件的变化。随着技术的进步，存储单元的容量越来越大，运算器的性能不断提高，计算机变得越来越复杂，这促进了操作系统的诞生。这时，利用控制器对计算机系统进行控制，就产生了硬件复杂、灵活性不够、系统成本高等问题。因此，目前的计算机系统设计中，将控制器中的一小部分功能转移到CPU(如指令计数器)中，而控制器的绝大部分功能则由操作系统实现，也就是由程序控制整个计算机系统，如进行进程管理(处理器管理)、存储管理、设备管理、文件管理等。这种设计思想大大增强了计算机的灵活性和通用性，同时降低了系统的复杂性和成本。由程序控制计算机是"存储程序"思想的必然结果，也是巴贝奇在计算机设计方面的天才思想。目前的计算机的冯·诺依曼结构如图1-22所示。

注意：图1-22中的指令(虚线)只是逻辑控制关系，实际指令通过总线进行传输。

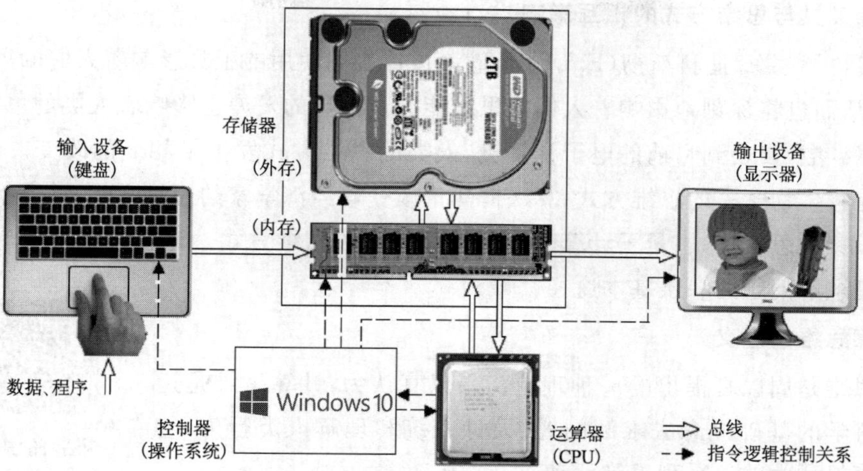

图 1-22 目前的计算机的冯·诺依曼结构

3. 维纳计算机设计五原则

1948 年,控制论创始人 N. 维纳(N. Wiener,1894—1964)在阿塔纳索夫和冯·诺依曼的理论基础上,总结性地提出了计算机设计五原则。

(1)在计算机中心部分,加法和乘法装置应当是数字式的,如同通常的加法机一样,而不是基于模拟量,如同 V. 布什(V. Bush)的微分分析机那样。

(2)这些实质上是开关装置的部件应当由电子管来做,而不要由齿轮或机械开关来做,以保证更快速的动作。

(3)根据贝尔(Bell)电话研究所现有装置采用的方法,加法和乘法采用二进制比采用十进制在装置的成本方面会更经济。

(4)全部运算序列要在机器上自动进行,从把数据放进机器时起到最后把结果拿出来为止,中间应该没有人的干预。为此所需的一切逻辑判断都必须由机器自身完成。

(5)机器中要包含一种用来存储数据的装置,这个装置要迅速地把数据记录下来,并且把数据牢固地保存下来,直到清除掉为止;而且要能够立刻用来存储新的数据。

1.3 计算思维

计算思维通过广义的计算来描述各类自然过程和社会过程。

1.3.1 计算思维的定义与特征

理论科学、实验科学和计算科学作为科学发现的三大支柱,推动着人类文明进步和科技发展。与三大科学方法对应的是三大科学思维:理论思维、实验思维和计算思维。

计算思维

1. 计算工具与思维方式的相互影响

计算机科学家E. 迪科斯彻(E. Dijkstra)说过:“人们使用的工具影响着人们的思维方式和思维习惯,从而也将深刻地影响着人们的思维能力。”计算的发展也影响着人类的思维方式,从最早的结绳计数,发展到目前的电子计算机,人类的思维方式发生了相应的改变。例如,计算生物学改变着生物学家的思维方式;算法博弈论改变着经济学家的思维方式;计算社会科学改变着社会学家的思维方式;量子计算改变着物理学家的思维方式。计算思维已成为各个专业利用计算机求解问题的一条基本途径。

2. 计算思维的定义

拓展阅读:计算思维

计算思维是周以真提出的一种理论。周以真认为,计算思维是运用计算机科学的基础概念去求解问题、设计系统和理解人类行为,它涵盖了计算机科学的一系列思维活动。

2011年,国际教育技术协会(ISTE)和计算机科学教师协会(CSTA)针对计算思维给出了一个可操作性的定义,即计算思维是一个问题解决的过程,该过程包括以下特点。

(1)制定问题,并能够利用计算机和其他工具帮助解决该问题。

(2)要符合逻辑地组织和分析数据。

(3)通过抽象,如模型、仿真等,再现数据。

(4)通过算法思想(一系列有序的步骤),支持自动化的解决方案。

(5)分析可能的解决方案,找到最有效的方案,并且有效结合这些步骤和资源。

(6)将该问题的求解过程进行推广并移植到更广泛的问题中。

3. 计算思维的特征

周以真在《计算思维》一文中,提出了以下计算思维的基本特征。

(1)计算思维是每个大学生必须掌握的基本技能。每个学生在培养解析能力时,不仅要掌握阅读、写作和算术(3R),还要学会计算思维。

(2)计算思维是人的思维方式,不是计算机的思维方式。计算思维是人类求解问题的思维方法,而不是要使人类像计算机那样思考。

(3)计算思维是数学思维和工程思维的相互融合。计算机科学本质上来源于数学思维,但是受计算设备的限制,计算机科学家必须进行工程思考,不能只进行数学思考。

(4)计算思维建立在计算过程的能力和限制之上。需要考虑:哪些事情人类比计算机做得好?哪些事情计算机比人类做得好?最根本的问题是:什么是可计算的?

(5)为了有效地求解一个问题,我们可能要进一步问:一个近似解是否就够了?是否允许漏报和误报?计算思维就是通过简化、转换和仿真等方法,把一个看起来困难的问题,重新阐释成一个人们知道要怎样解决的问题。

(6)计算思维采用抽象和分解的方法,将一个庞杂的任务或设计分解成一个适合计算机处理的系统。计算思维是选择合适的方式对问题进行建模,使它易于处理。在不必理解每一个细节的情况下,就能够安全地使用或调整一个大型的复杂系统。

根据以上周以真的分析可以看到:计算思维以设计和构造为特征。计算思维是运用计算机科学的基本概念,进行问题求解、系统设计的一系列思维活动。

1.3.2 数学思维的方法

周以真认为，计算思维包含数学思维和工程思维两部分。数学思维的基本概念有复杂性、抽象、数学模型、算法、数据结构、可计算性、一致性和完备性等。

1. 复杂性

大问题的复杂性包括二义性（如语义理解等）、不确定性（如哲学家就餐问题、混沌问题等）、关联（如操作系统死锁问题、教师排课问题等）、指数爆炸（如汉诺塔问题、密码破解问题等）、悖论（如罗素理发师悖论、图灵停机问题等）等概念。

1）程序的复杂性

德国科学家 F. 克拉默（F. Cramer，1923—2003）在其经典著作《混沌与秩序——生物系统的复杂结构》一书中，给出了几个简单例子，用于分析程序的复杂性。

例 1-1 序列 $A=\{$ aaaaaaa…$\}$。

这是一个简单系统，相应程序为：在每一个 a 后续写 a。这个短程序使得这个序列得以随意复制，不管多长，都可以编程操作。

例 1-2 序列 $B=\{$ aabaabaabaab…$\}$。

与例 1-1 相比，本例要复杂一些，是一个准复杂系统，但仍可以很容易地写出程序：在 2 个 a 后续写 1 个 b 并重复这一操作。

例 1-3 序列 $C=\{$aabaababbaabaababb…$\}$。

与例 1-2 相似，本例也可以用短程序描述：在 2 个 a 后续写 1 个 b 并重复这一操作，每当第 3 次重写 b 时，将第 2 个 a 替换为 b。这样的序列具有可定义的结构，可用对应的程序表示。

例 1-4 序列 $D=\{$aababbababbbabaaababbab…$\}$。

本例中信息排列毫无规律，如果希望利用编程解决，就必须将字符串全部列出。这就得出一个结论：一旦程序大小与试图描述的系统大小相当，编程就没有意义了。或者说，当系统结构不能描述，或描述它的最小算法与系统本身具有相同的信息比特数时，称该系统为根本复杂系统。在达到根本复杂系统之前，人们仍可以编写出能够执行的程序。

2）语义理解的二义性

人们视为智力挑战的问题，计算机做起来未必困难；而一些人类觉得简单平常的脑力活动，计算机实现起来可能非常困难。例如，速算曾经是人类智力超群的象征，但是计算机无论在速度还是准确率上都毫无争议地超过了人类。但是，“为我做一份西红柿炒鸡蛋”这样简单的问题，计算机理解起来就非常困难。因为这个问题存在太多的二义性，如西红柿要多大，成熟到什么程度，是否要全红色的，用什么品种，“一份”的含义是多少（1 个西红柿还是 1 kg 西红柿），“炒”的含义又是什么，需要用火炒吗，用什么火（柴火、煤火、液化气火、电磁炉等），炒多长时间，等等。

二义性是语法的不完善说明,在计算机应用中应当避免这种情况。解决二义性的方法通常有两种:一是设置一些规则,在出现二义性的情况下利用该规则指出哪一个是正确的;二是将问题改变成一个强制正确的格式,这样就可以利用计算机编程处理了。

3)CAP 理论

著名的布鲁尔(Brewer)猜想指出:对于分布式系统,数据一致性(consistency)、系统可用性(availability)、分区容错性(partitioning)3 个目标(合称 CAP)不可能同时满足,最多只能满足其中两个。CAP 理论给人们以下启示。

(1)事物的多个方面往往是相互制衡的。在复杂系统中,冲突是不可避免的。

(2)凡事都有代价,常常需要在各方面达成某种妥协与平衡。例如,分层会对性能有所损害,但不分层又会带来系统过于复杂的问题。很多时候,结构就是平衡的艺术。明白这一点,就不会为无法找到完美的解决方案而苦恼。

(3)复杂性是由需求决定的。既要求容量大,又要求效率高,这种需求本身就不简单,因此也无法简单地解决。

4)大问题的不确定性

大型网站往往有成千上万台机器,在这些系统上部署软件和管理服务是一项非常具有挑战性的任务。大规模用户服务往往会涉及众多的程序模块和若干个操作步骤。简单性原则就是要求每个阶段、每个步骤、每个子任务都尽量采用最简单的解决方案。这是由于大规模系统存在的不确定性会导致系统的复杂性增加。即使做到了每个环节最简单,但是由于不确定性的存在,整个系统还是会出现不可控的风险。

例 1-5 美国工程院院士 J. 迪恩(J. Dean)介绍了在大规模数据中心遇到的难题:假设一台机器处理请求的平均响应时间为 1 ms,只有 1%的请求响应时间会大于 1 s。如果一个请求需要由 100 个节点机并行处理,就会出现 63%的请求响应时间大于 1 s 的情况,这完全不可接受。

由于不确定性的存在,在计算机项目设计中应当遵循 KISS 原则(keep it simple and stupid,英文直译:事情越简单、越傻瓜化越好)。KISS 原则推崇简单就是美,任何没有必要的复杂都需要避免(奥卡姆剃刀原则)。但是,要做到 KISS 原则并不容易,人们遇到问题时,往往会从各个方面考虑,其中难免包含了问题的各种细枝末节,这种方式会导致问题变得非常复杂。

2. 抽象

抽象是任何一门科学乃至全部人类思维都具有的特性。

1)艺术中的抽象

在美术范畴内,抽象的表现最简单、省力,也最复杂、费力。从理论上讲,抽象体现的是人为的主观意识,因此抽象画最好画,只要画得怪,都可以称为抽象画。有才华的画家视抽象艺术为最美但又最难表示出来,其中包含的艺术内涵太丰富。

例 1-6 如图 1-23 所示,毕加索喜欢画牛,年轻时他画的牛体形庞大,有血有肉,威武雄壮。但随着年龄的增长,他画的牛越来越突显筋骨。到他 80 多岁时,他画的牛只有寥寥数笔,牛外在的皮毛、血肉全部没有了,只剩一副具有牛神韵的骨架。

图 1-23　毕加索画牛的抽象过程

2)计算思维中的抽象

计算思维的本质是抽象和自动化,计算的根本问题是什么能被有效地自动执行。自动化要求对需要计算的事物进行某种程度的抽象。

抽象层次是计算思维中的一个重要概念,人们可根据不同的抽象层次,有选择地忽视某些细节,最终控制系统的复杂程度。

计算思维中的抽象最终要能够利用机器一步步自动执行。为了确保机器的自动化,就需要在抽象过程中进行精确和严格的符号转换,以及建立数学模型。

例 1-7　为了实现程序的自动化计算,需要将问题抽象为一个数学模型。典型的数学模型有牛顿第二定律 $F=ma$、爱因斯坦质能方程 $E=mc^2$、勾股定理(毕达哥拉斯定理)$a^2+b^2=c^2$ 等,这些数学模型都是对现实世界规律的高度抽象。

计算思维中的抽象还与现实世界中的最终实施有关。因此,需要考虑问题处理的边界,以及可能产生的错误。在程序运行中,如出现磁盘已满、服务没有响应、数据类型错误,甚至出现危及设备正常运行的严重状况时,计算机需要知道如何进行处理。

3)抽象的基本原则

抽象是对实际事物进行人为处理,抽取所关心的、共同的、本质特征的属性,并对这些事物及其特征属性进行描述,从而大大降低系统元素的数量。计算思维的抽象方法有分解、简化、剪枝、替代、分层、模型化、公式化、形式化等。抽象的基本原则如下。

(1)有足够简单和易于遵守的规则。

(2)无须知道具体实现的情况就可以理解的行为。

(3)可以预知的功能组合。

(4)可以实现模块化的部件设计。

(5)在现实工作环境下确保行为的有效性等。

为了确保机器的自动化,需要在抽象过程中对问题进行精确描述(如算法)和数学建模(如数学表达式),同时要求计算机系统能够提供各种不同抽象层次的翻译工具(如程序语言和编译程序)。

3. 分解

笛卡儿在《方法论》一书中指出可以将要研究的复杂问题尽量分解为多个比较简单的问

题,一个一个地分开解决。

1)利用等价关系进行系统简化

复杂系统可以看成一个集合,要使集合的复杂程度降低,就要想办法使它有序。使集合有序的最好办法就是按"等价关系"对系统进行分解。通俗地说,就是将一个大系统划分为若干个子系统,使人们易于理解和交流。这样子系统不仅具有某种共同的属性,而且可以完全恢复到原来的状态,从而大大降低系统的复杂程度。

2)利用分治法思想进行分解

分治法是指把一个复杂的问题分解成若干个简单的问题,然后逐个解决。这种朴素的思想来源于人们生活与工作的经验,并且完全适合于技术领域。编程人员采用分治法时,应着重考虑:复杂问题分解后,每个问题能否用程序实现?所有程序最终能否集成为一个软件系统?最后能否解决这个复杂的问题?

3)模块分解原则

可以将一个复杂的大系统分解为多个功能模块。模块分解原则是:既要使模块之间的连接尽可能地少,接口清晰;又要求模块规模合理,便于各个模块独立设计。一些功能相似的模块应当设计成共享的基本模块。对系统功能进行分解后,底层的逻辑块应适合使用基本逻辑电路实现,或采用逻辑语言进行表达。

1.3.3 工程思维的基本概念

工程思维的基本概念有效率、资源、兼容性、硬件与软件、模型和结构、编码(转换)、模块化、复用、安全、演化、折中与结论等。下面仅介绍其中几个主要概念。

1. 效率

效率始终是计算机领域重点关注的问题。例如,为了提高程序执行效率,采用并行处理技术;为了提高网络传输效率,采用信道复用技术;为了提高CPU利用率,采用时间片技术;为了提高CPU处理速度,采用高速缓存技术等。但是,效率是一把双刃剑,美国经济学家A.奥肯(A. Okun)在《平等与效率》中提出:"为了效率就要牺牲某些平等,并且为了平等就要牺牲某些效率。"虽然他讨论的是经济学问题,但是这个原则同样适用于计算机系统。

例1-8 "优先级"技术中的系统进程优先、中断优先、数据存储局部性原理等,体现了效率优先原则;而FIFO(先进先出)算法、队列、网络数据包转发等,体现了平等优先原则。效率与平等的权衡和选择,需要根据实际问题进行分析处理。例如,绝大部分算法都采用效率优先原则,但是也有例外。如在"树"的广度搜索和深度搜索中,采用了平等优先原则,即保证树中每个节点都能够被搜索到,因而搜索效率很低;而启发式搜索采用效率优先原则,它会对树进行"剪枝"处理,因此不能保证树中每个节点都会被搜索到。在实际应用中,搜索引擎同样不能保证因特网中每个网页都被搜索到。

2. 兼容性

计算机硬件和软件产品遵循向下兼容的设计原则。在计算机领域,新一代产品总在老一代产品的基础上进行改进。新设计的计算机软件和硬件,应当尽量兼容过去设计的软件系统,兼容过去的体系结构,兼容过去的组成部件,兼容过去的生产工艺,这就是向下兼容。计算机产品无法做到一些教科书中提出的向上兼容(或向前兼容),因为老一代产品无法兼容未来的系统，只能是新一代产品来兼容老一代产品。

例 1-9 老式阴极射线管(CRT)显示器采用电子束逐行扫描的方式显示图像，而新型液晶显示器(LCD)没有电子束，原理上也不需要逐行扫描，一次就能够显示整屏图像。但是，为了保持与显卡、图像显示程序的兼容性，LCD不得不采用老式的逐行扫描技术。

经验表明，如果在产品开发阶段解决兼容性问题所需的费用为1，那么等到产品定型后再想办法解决兼容性问题，费用可能变为原来的10倍；如果到批量生产后再解决，费用可能变为原来的100倍；如果在用户发现问题后才解决，费用可能变为原来的1 000倍。

兼容性降低了产品成本，提高了产品可用性，同时也阻碍了技术的发展。各种老式的、正在使用的硬件设备和软件技术(如PCI总线、复杂指令系统、串行编程方法等)是计算机领域发展的沉重负担。如果不考虑向下兼容问题，要设计一个全新的计算机，可以使用完全现代的、艺术性的、高性能的结构和产品，如苹果公司的iPad就是典型案例。

3. 硬件与软件

早期计算机中，硬件与软件之间的界限十分清晰。随着技术的发展，软件与硬件之间的界限变得模糊不清。A. S. 特南鲍姆(A. S. Tanenbaum)教授指出："硬件和软件在逻辑上是等同的。""任何由软件实现的操作都可以直接由硬件来完成……任何由硬件实现的指令都可以由软件来模拟。"某些功能既可以用硬件技术实现，也可以用软件技术实现。

例 1-10 硬件软件化。硬件软件化是将硬件的功能由软件实现，它屏蔽了复杂的硬件设计过程，大大降低了产品成本。例如，在x86系列CPU内部，采用微指令的软件形式代替硬件的逻辑电路设计。微指令技术增加了指令设计的灵活性，同时也降低了逻辑电路的复杂性。另外，冯·诺依曼计算机结构中的"控制器"部件，已经由操作系统取代。虚拟仪表、IP电话、软件无线电等，都是硬件软件化的典型案例。

例 1-11 软件硬件化。软件硬件化是将软件实现的功能设计成逻辑电路，然后将这些电路集成到集成电路芯片中，由硬件实现其功能。硬件电路的运行速率大大高于软件，因而软件硬件化能够大大提升系统的运行速率。例如，实现两个符号的异或(如a⊕b)运算时，软件实现的方法是比较两个符号的值，再经过if控制语句输出运算结果；硬件实现的方法是直接利用逻辑门电路实现异或运算。视频数据压缩与解压缩、3D图形的几何建模和渲染、数据奇偶校验等，都是软件硬件化的典型案例。可见，硬件与软件之间的界限是人为划定的，并且经常变化。

例 1-12 软件与硬件的融合。在TCP/IP网络模型中，信息的比特流传输通过物理层硬件设备实现。而网络层、传输层和应用层的功能是控制比特流传输，实现传输的高效性和可靠性等。事实上，应用层的功能主要由软件实现，而传输层和网络层则是软硬件相互融合。如传输层的设备是交换机，网络层的设备是路由器，在这两种硬件设备上都需要加载软件(如数据成帧、地址查表、路由算法等)，以实现对传输的控制。如果只采用硬件设备，会使硬件复杂化，而且不一定能很好地实现控制功能；如果只采用软件，程序也会变得很复杂，而且某些接口功能实现困难，程序运行效率较低，这对具有实时要求的应用(如校园网数据中心)来说是致命的。交换机和路由器是软硬件相互融合、协同工作的例证。

一般来说，采用硬件实现某个功能时，具有速度快、占用内存少、灵活性差、成本高等特点；而采用软件实现某个功能时，具有速度低、占用内存多、灵活性好、成本低等特点。具体采用哪种方案实现功能，需要进行综合考虑。

4. 折中与结论

在计算机产品设计中，经常会遇到性能与成本、易用性与安全性、纠错与效率、编程技巧与可维护性、新技术与兼容性、软件实现与硬件实现、开放与保护等相互矛盾的设计要求。单方面看，每一项指标都很重要，在鱼与熊掌不可兼得的情况下，计算机设计人员必须做出折中与结论。

例 1-13 计算机工作过程中，由于电磁干扰、时序失常等，可能会出现数据传输和处理错误。如果每个步骤都进行数据差错校验，则计算机设计会变得复杂无比。因此，是否进行数据错误校验，数据校验的使用频度如何，需要进行性能与复杂性方面的折中考虑。例如，在个人微机中，性能比安全性更加重要，因此内存条一般不采用奇偶校验和 ECC(差错校验)，以提高内存的工作效率；但在服务器中，一旦系统崩溃，将造成重大损失(如股票交易服务器的崩溃)，因此服务器内存条的安全性要求大于工作效率，奇偶校验和 ECC 是服务器内存必不可少的设计要求。

例 1-14 在无线传感器网络设计中，微型化和电源供给之间彼此制约。一是微型化使节点通信距离变短，数据时延难以预期；二是电能获取(如太阳能)与设备体积成正比，充足的能源和微型化设备之间的矛盾难以调和；三是现有的技术很难做到可降解的绿色设计，给器件回收带来困难。这些相互矛盾的因素在设计中都需要折中考虑。

1.3.4 计算机解题方法

利用计算机解决一个具体的问题时，一般需要经过以下几个步骤：一是理解问题，寻找解决问题的条件；二是对一些具有连续性质的现实问题，进行离散化处理；三是从问题中抽象出一个适当的数学模型，然后设计或选择一个解决这个数学模型的算法；四是按照算法编写程序，并且对程序进行调试和测试，最后运行程序，直至得到最终解答。

1. 理解问题，寻找解决问题的条件

1)界定问题

解决问题前首先要对问题进行界定，即弄清楚问题到底是什么，不要被问题的表象所迷惑。只有正确地界定了问题，才能找准应该解决的“目标”，后面的步骤才能正确地执行。如果找不准目标，就可能劳而无获，甚至南辕北辙。

数学家 G. 波利亚(G. Polya，1887—1985)指出，问题可分为求解问题和求证问题。求解问题的目的是寻找某个对象，即问题的未知量。求证问题的目的是判定某一个结论是对的或是错的，去证明它，或者去否定它。

2)寻找解决问题的条件

在“简化问题，变难为易”的原则下，尽力寻找解决问题的必要条件，以缩小问题的求解范围。当遇到一道难题时，可以尝试从最简单的特殊情况入手，找出有助于简化问题，变难为易的条件，逐渐深入，最终分析归纳出解决问题的一般规律。

例如，在一些需要进行搜索求解的问题中，一般可以采用深度优先搜索和广度优先搜索。如果问题的搜索范围太大(如棋类博弈)，减少搜索量最有效的手段就是“剪枝”(删除一些对结果没有影响的分支问题)，即建立一些限制条件，缩小搜索的范围。如果问题错综复杂，可以尝试从多个侧面分析和寻找必要条件;或者将问题分解后,根据各部分的本质特征,再寻找各种必要条件。

2. 对象的离散化

计算机处理的对象一部分本身就是离散化的,如数字、字母、符号等,但在很多实际问题中,信息都是连续的,如图像、声音、时间、电压等。凡是"可计算"的问题,其处理对象都是离散型的,因为计算机建立在离散数字计算的基础上。所有连续型问题必须转化为离散型问题后(数字化),才能被计算机处理。

例 1-15 在计算机屏幕上显示一幅图片时,计算机必须将图片在水平方向和垂直方向上分解成一定分辨率的像素点(离散化),然后将每个像素点分解成红、绿、蓝(R、G、B)3 种基本颜色,将每种颜色的变化分解为0~255(1 B)个色彩等级,这样计算机就会得到一大批有特定规律的离散化数字,计算机也就能够任意处理这幅图片了,如对图片进行放大、缩小、旋转、变形、变换颜色等操作。

3. 设计或选择解决问题的算法

求解一个问题时,可能会有多种算法可供选择,选择的标准首先是算法的正确性、可靠性、简单性,其次是算法所需要的存储空间要小和执行速度要快等。

1)问题的抽象描述

遇到实际问题时,首先把它形式化,将问题抽象为一个一般性的数学问题。对需要解决的问题先用数学形式描述它,然后通过这种描述来寻找问题的结构和性质,看看这种描述是不是合适,如果不合适,再换一种方式。通过反复尝试、不断修正来达到一个满意的结果。遇到一个新问题时,通常先用各种各样的小例子来不断地尝试,在尝试的过程中,不断地与问题进行各种各样的碰撞,然后发现问题的关键性质。

2)理解算法的适应性

这一步需要观察问题的结构和性质,每一个实际问题都有它相应的结构和性质。每一种算法技术和思想,如分治算法、贪心算法、动态规划、线性规划、遗传算法、网络流等,都有其适宜解决的问题。例如,动态规划适宜解决的问题需要有最优子结构和重复性子问题。一旦观察出问题的结构和性质,就可以用现有的算法来解决它;而用数学形式描述问题,更有利于我们观察出问题的结构和性质。

3)建立算法

这一步需要建立解决问题的算法,即确定问题的数学模型,并在此模型上定义一组运算,然后对这组运算进行调用和控制,根据已知数据导出所求结果。建立数学模型时,找出问题的已知条件、要求的目标,以及已知条件和目标之间的联系。算法的描述形式有数学模型、数据表格、结构图形、伪代码、程序流程图等。

获得了解决问题的算法并不等于问题可解,问题是否可解还取决于算法的复杂性,即算法所需要的时间和空间在数量级上能否被接受。

4. 程序设计

图灵在《计算机器与智能》一文中指出:"如果一个人想让机器模仿计算员执行复杂的操作,他必须告诉计算机要做什么,并把结果翻译成某种形式的指令表。这种构造指令表的行为称为编程。"

算法对问题求解过程的描述比程序粗略,用编程语言对算法进行细化编程后,可以得到程序,而执行程序就是执行用编程语言表述的算法。在设计一些较大程序的过程中,应当考虑以下问题。

1)按功能划分程序模块

划分程序模块的原则是:每个模块要易于理解,模块的功能应当尽量单一,应当尽量减少模块之间的联系。这样,当修改某一程序功能时只涉及一个程序模块。而且,在程序设计过程中,应当充分利用已有的算法和程序模块。

2)按层次结构组织模块

按层次结构组织模块时,主模块只需要指出总任务就可以了。一般由上层模块指出"做什么",由底层模块精确地描述"怎么做"。

3)采用自顶向下、逐步细化的设计过程

将一个复杂问题的求解过程分解和细化成由若干个模块组成的层次结构;将一个模块的功能逐步分解,细化为一系列的处理步骤,直到分解为某种程序设计语言的语句或某种机器指令为止。

习　题

1-1　简要说明计算机发展的历史阶段。

1-2　简要说明九九乘法口诀算法的优点。

1-3　简要说明计算机集群系统的特点。

1-4　简要说明各种类型计算机的主要特点。

1-5　简要说明图灵机的重要意义。

1-6　简要说明冯·诺依曼"存储程序"思想的重要性。

1-7　简要说明计算思维的定义。

1-8　举例说明计算思维的应用案例。

1-9　简要说明用计算机解决问题的主要步骤。

1-10　分析中国古代的算盘没有演变为计算机的原因。

专题 2
信息表示与逻辑运算

专题导读

计算机本质上只能处理二进制的“0”和“1”，因此必须将各种信息转换成计算机能够接收的形式。本专题从编码和转换的计算思维概念出发，讨论数值和字符的编码方法，并且简单讨论逻辑运算的基本方法和应用。

知识列表

2.1 数值信息编码

为了有效地进行信息的传输、存储和处理,需要建立一套信息表示系统,这就需要对信息进行编码。

▶ 编码

2.1.1 二进制编码的特征

1. 信息的二进制数表示

一切信息编码都包括基本符号和组合规则两大要素。信息论的创始人 C. 香农(C. Shannon,1916—2001)指出:**通信的基本信息单元是符号,而最基本的信息符号是二值符号**。最典型的二值符号是二进制数,它以"1"和"0"代表两种状态。香农提出,信息的最小度量单位为比特(bit)。任何复杂信息都可以根据结构和内容,按一定的编码规则,最终变换为一组由"0"和"1"构成的二进制数据。不管是文字、数据、照片,还是音乐或电影,都能用一组二进制数据编码,并能无损地保存信息的含义。

2. 二进制编码的优点

例 2-1 如果计算机采用十进制数作为信息编码的基础,那么做加法运算就需要 10 个运算符号(0~9),而且加法运算规则有 0+0=0,0+1=1,0+2=2,…,9+9=18,共 100 个;如果采用二进制编码,则运算符号只有两个(0 和 1),加法运算规则有 0+0=0,0+1=1,1+0=1,1+1=10,共 4 个。可见,采用二进制编码可以大大降低计算机设计的复杂性。

也许可以指出,由于加法运算服从交换律,0+1 与 1+0 具有相同的运算结果,这样十进制运算规则可以减少到 50 个;但是这对计算机设计来说,结构会更加复杂,因为计算机需要增加一个判断部件,判断运算类型是不是无符号加法运算。

也许还可以指出,十进制 0+1 只需要做一位加法运算;而转换为 8 位二进制数后,需要做 8 位加法运算(如 00000000+00000001)。可见,二进制数增加了计算的工作量,但是目前普通的计算机(4 核 2.0 GHz 的 CPU)每秒可以做 80 亿次以上的 64 位二进制加法运算。可见,计算机最善于做大量的、机械的、重复的高速计算工作。

由以上分析可以看出,用二进制设计计算机结构是比较简单的,但是信息存储量和计算量会大大增加。这符合图灵对计算机设计的思想,即机械的、有限的计算。

3. 计算机中二进制编码的含义

当计算机接收到一系列二进制数据(由 0 和 1 组成的字符串流)时,它并不能直接"理解"这些二进制数据的含义。**二进制数据的具体含义取决于程序对它的解释**。

例 2-2 直接问二进制数"01000010"在计算机内的含义是什么,对这个问题人们无法给出简单的回答。因为这个二进制数的意义要看它在什么地方使用,以及这个二进制数的编码规则是什么。如果这个二进制数是采用原码编码的数值,则表示十进制数+65;如果采用 BCD 编码,则表示十进制数 42;如果采用 ASCII 编码,则表示字符 A。另外,它还可能是一个图形数据、一个视频数据、一条运算指令或者有其他含义。

4. 任意进制数的表示方法

任何一种进制都能用有限个基本数字符号表示所有数。一个进制可使用的基本数字符号的数目称为该进制的基数，如十进制的基数为 10，二进制的基数为 2。任意 R 进制的基本数字符号有 R 个。一个任意进制数可以用式(2-1)表示：

$$N=A_{n-1}\times R^{n-1}+A_{n-2}\times R^{n-2}+\cdots+A_0\times R^0+A_{-1}\times R^{-1}+\cdots+A_{-m}\times R^{-m} \qquad (2\text{-}1)$$

式中，A 为该进制的数字符号；R 为基数；n 为整数的位数和权；m 为小数的位数和权。

5. 二进制数的运算规则

计算机内部采用二进制数进行存储、传输和计算。用户输入的各种信息，由计算机软件和硬件自动转换为二进制数，在数据处理完成后，再由计算机转换为用户熟悉的十进制数或其他信息。二进制数的基本符号为“0”和“1”，运算规则是“**逢 2 进 1，借 1 当 2**”。二进制数的运算规则与十进制数基本相同，四则运算规则如下。

(1)加法运算：0+0=0，0+1=1，1+0=1，1+1=10(有进位)。

(2)减法运算：0−0=0，1−0=1，1−1=0，0−1=1(有借位)。

(3)乘法运算：0×0=0，1×0=0，0×1=0，1×1=1。

(4)除法运算：0÷1=0，1÷1=1(除数不能为 0)。

例 2-3　二进制数与十进制数的四则运算的比较，如图 2-1 所示。

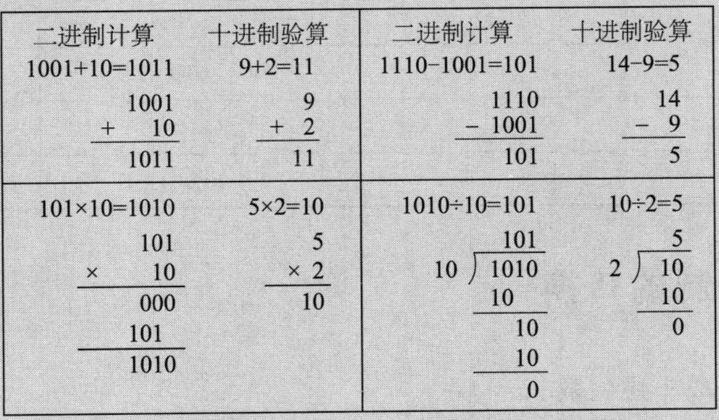

图 2-1　二进制数与十进制数的四则运算的比较

例 2-4　将二进制数 1011.0101 按位权展开表示。

$[1011.0101]_2=1\times2^3+1\times2^1+1\times2^0+1\times2^{-2}+1\times2^{-4}$

二进制数用下标 2 或在数字尾部加 B 表示，如$[1011]_2$ 或 1011B。

6. 十六进制数编码

用二进制表示一个大数时，位数太多，计算机专业人员辨认困难，因此经常采用十六进制数来表示二进制数。十六进制的基本数字符号是 0、1、2、3、4、5、6、7、8、9、A、B、C、D、E、F，运算规则是“逢 16 进 1，借 1 当 16”。计算机内部并不采用十六进制数进行运算，引入十六进制数的原因是计算机专业人员可以很方便地将十六进制数转换为二进制数。

为了便于区分，十六进制数用下标 16 或在数字尾部加 H 表示，如$[18]_{16}$或 18H；更多时候用前置"0x"的形式表示十六进制数,如 0x000012A5 表示十六进制数 12A5。

常用数制之间的关系如表 2-1 所示。

表 2-1 常用数制之间的关系

十进制数	十六进制数	二进制数	BCD 码
0	0	0000	0000
1	1	0001	0001
2	2	0010	0010
3	3	0011	0011
4	4	0100	0100
5	5	0101	0101
6	6	0110	0110
7	7	0111	0111
8	8	1000	1000
9	9	1001	1001
10	A	1010	0001 0000
11	B	1011	0001 0001
12	C	1100	0001 0010
13	D	1101	0001 0011
14	E	1110	0001 0100
15	F	1111	0001 0101

2.1.2 不同数制的转换

▶ 数制及其转换

1. 二进制数转换成十进制数

在将二进制数转换成十进制数的过程中,要频繁地计算 2 的整数次幂。表 2-2 给出了 2 的整数次幂与十进制数值的对应关系。

表 2-2 2 的整数次幂与十进制数值的对应关系

2^n	2^8	2^7	2^6	2^5	2^4	2^3	2^2	2^1	2^0	2^{-1}	2^{-2}	2^{-3}	2^{-4}
十进制数	256	128	64	32	16	8	4	2	1	0.5	0.25	0.125	0.062 5

二进制数转换成十进制数时,可以采用按权相加的方法,这种方法是按照十进制数的运算规则,将二进制数各位的数码乘以对应的权再累加起来。

例 2-5 将$[1101.101]_2$按位权展开转换成十进制数。

二进制数按位权展开转换成十进制数的运算过程如图 2-2 所示。

二进制数	1		1		0		1	.	1		0		1	
位权	2^3		2^2		2^1		2^0	.	2^{-1}		2^{-2}		2^{-3}	
十进制数	8	+	4	+	0	+	1	+	0.5	+	0	+	0.125	=13.625

图 2-2 二进制数按位权展开转换成十进制数的运算过程

2. 十进制数转换成二进制数

十进制数转换成二进制数时，整数部分与小数部分必须分开转换。整数部分采用除 2 取余法，就是将十进制数的整数部分反复除以 2，如果相除后余数为 1，则二进制数的相应位为 1；如果余数为 0，则相应位为 0；逐次相除，直到商小于 2 为止。转换为整数时，第一次相除得到的余数为二进制数的低位（第 K_0 位），最后一次相除得到的余数为二进制数的高位（第 K_n 位）。

小数部分采用乘 2 取整法，就是将十进制数的小数部分反复乘以 2，每次乘以 2 后，所得积的整数部分为 1，相应的二进制数为 1，然后减去整数 1，余数部分继续乘以 2；如果积的整数部分为 0，则相应的二进制数为 0，余数部分继续乘以 2；直到乘以 2 后小数部分等于 0 为止，如果乘积的小数部分一直不为 0，则根据精度的要求截取一定的位数即可。

例 2-6 将十进制数 18.812 5 转换成二进制数。

整数部分除 2 取余，余数作为二进制数，从低到高排列。小数部分乘 2 取整，积的整数部分作为二进制数，从高到低排列。

运算结果为$[18.8125]_{10}=[10010.1101]_2$，运算过程如图 2-3 所示。

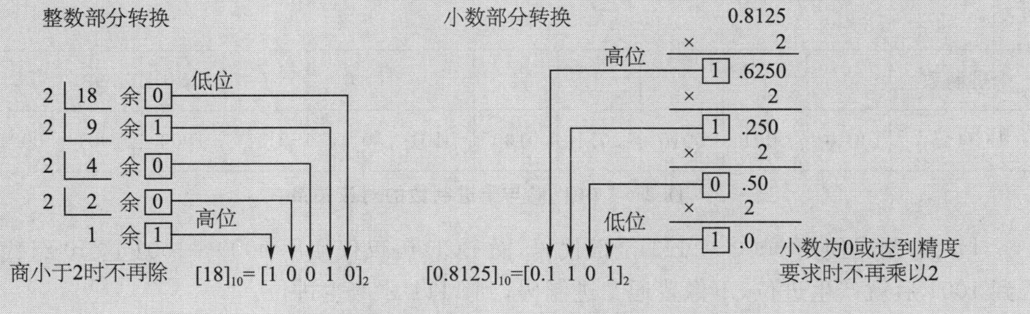

图 2-3 十进制数转换成二进制数的运算过程

3. 二进制数转换成十六进制数

二进制数转换成十六进制数时，对于二进制整数，自右向左每 4 位分为 1 组，当整数部分不足 4 位时，在整数前面加 0 补足 4 位，每组对应 1 位十六进制数；对于二进制小数，自左向右每 4 位分为 1 组，当小数部分不足 4 位时，在小数后面加 0 补足 4 位，每组对应 1 位十六进制数，即可得到十六进制数。

例 2-7 将二进制数 111101.010111 转换成十六进制数。

$[111101.010111]_2=[00111101.01011100]_2=[3D.5C]_{16}$，转换过程如图 2-4 所示。

0011	1101	.	0101	1100
3	D	.	5	C

图 2-4 例 2-7 图

4. 十六进制数转换成二进制数

将十六进制数转换成二进制数非常简单,只要以小数点为界,向左或向右每位十六进制数用相应的4位二进制数表示,然后将其连在一起即可完成转换。

例 2-8 将十六进制数4B.61转换成二进制数。

$[4B.61]_{16}=[01001011.01100001]_2$,转换过程如图2-5所示。

4	B	.	6	1
0100	1011	.	0110	0001

图 2-5 例 2-8 图

5. BCD 码

计算机经常需要将十进制数转换成二进制数,利用以上转换方法存在两方面的问题。一是数值转换需要进行乘法和除法运算,这大大增加了数制转换的复杂性。例如,在计算50+50时,首先要把十进制的50转换成二进制数$[50]_{10}=[110010]_2$。这个过程中要做多次除法,而计算机做除法运算的速度较慢。计算出结果$[1100100]_2$之后,还要再转换成十进制数100,这需要一个做乘法的过程,对计算机来说,虽然乘法比除法简单,但也会降低计算效率。二是小数转换需要进行浮点运算,而浮点数的存储和计算都较为复杂,计算效率低。

BCD码是一种二-十进制编码,用4位二进制数来表示1位十进制数。BCD码有多种编码方式,8421码是最常用的BCD码,它各位的权值为8、4、2、1,与4位自然二进制编码不同的是,它只选用了4位二进制编码中的前10组代码。BCD码与十进制数的对应关系如图2-6所示。

十进制数	0	1	2	3	4	5	6	7	8	9	10
BCD 码	0000	0001	0010	0011	0100	0101	0110	0111	1000	1001	0001 0000

图 2-6 BCD 码与十进制数的对应关系

十六进制码使用0000~1111全部代码,而BCD码仅仅使用0000~1001这10组代码,编码到1001后就产生进位,不像普通二进制码,到1111才产生进位。

例 2-9 将十进制数10.89转换成BCD码。

$[10.89]_{10}=[0001\ 0000.1000\ 1001]_{BCD}$(对应关系如图2-7所示)。

十进制数	1	0	.	8	9
BCD 码	0001	0000	.	1000	1001

图 2-7 例 2-9 图

例 2-10 将BCD码0111 0110.1000 0001转换成十进制数。

$[0111\ 0110.1000\ 0001]_{BCD}=[76.81]_{10}$(对应关系如图2-8所示)。

BCD 码	0111	0110	.	1000	0001
十进制数	7	6	.	8	1

图 2-8 例 2-10 图

例 2-11　将二进制数 111101.101 转换成 BCD 码。

如图 2-9 所示，**二进制数不能直接转换为 BCD 码**，因为编码方法不同，可能会出现非法编码。可以将二进制数$[111101.101]_2$转换成十进制数$[61.61]_{10}$后，再转换成 BCD 码。

二进制数	0011	1101	.	1010
非法 BCD 码	~~0011~~	~~1101~~	.	~~1010~~
正确 BCD 码	0110	0001	.	0110 0001

图 2-9　例 2-11 图

常用数制之间的转换方法如图 2-10 所示。

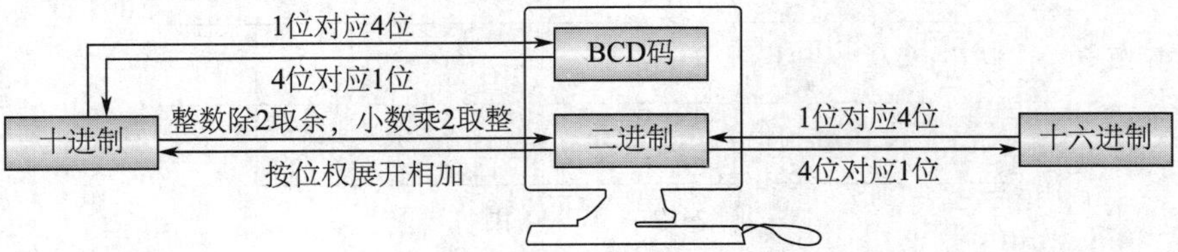

图 2-10　常用数制之间的转换方法

2.1.3　二进制整数编码

计算机以字节(Byte，常简写为 B)组织各种信息，字节是计算机用于存储、传输、计算的基本计量单位，1 字节可以存储 8 位二进制数。

数值的编码

1. 无符号二进制整数编码形式

计算过程中，**如果运算结果超出了数据的表示范围，此时称为"溢出"**。如例 2-12 所示，8 位无符号整数的运算结果大于 255 时，就会产生"溢出"问题。

例 2-12　$[11001000]_2+[01000001]_2=1\ 00001001$(8 位无符号整数运算时最高位 1 溢出)。

数据编码的字节越长，数值表示的范围越大，越不容易产生"溢出"现象。如果小数值(小于 255 的无符号整数)采用 1 字节存储，大数值采用多字节存储，这种变长存储会使计算复杂化，因为需要增加定义数据长度位；更麻烦的是计算机需要对每个数据都进行长度判断。因此，在程序设计时先要定义数据类型，计算机中对同一类型的数据采用统一的存储长度。这样，对小数值的数据虽然会浪费一些存储空间，但是等长存储提高了整体的运算速度，这是一种"以空间换时间"的计算思维方法。

例 2-13　采用不同的存储长度时，无符号十进制数$[86]_{10}$在计算机中的编码形式如图 2-11 所示。

采用 1 字节存储时：	01010110			
采用 2 字节存储时：	00000000	01010110		
采用 4 字节存储时：	00000000	00000000	00000000	01010110

图 2-11　采用不同的存储长度时数据的编码形式

2. 带符号二进制整数编码形式

数值有正数和负数之分,数学中用"+"表示正数(常被省略),用"-"表示负数。但是计算机只有"0"和"1"两种状态,为了区分二进制数"+"和"-"符号,在计算机中符号也被"数字化"了。当用 1 字节表示一个数值时,将该字节的最高位作为符号位,用"0"表示正数,用"1"表示负数,其余位表示数值大小。

"符号化"的二进制数称为机器数或原码,没有符号化的数称为真值。机器数有固定的长度(如 8、16、32、64 位等),当二进制数的位数不够时,整数在左边(最高位前面)用 0 补足,小数在右边(最低位后面)用 0 补足。

例 2-14 $[+23]_{10}=[+10111]_2=[00010111]_2$,如图 2-12 所示,最高位 0 表示正数。

D_7(符号位)	D_6	D_5	D_4	D_3	D_2	D_1	D_0
0	0	0	1	0	1	1	1

图 2-12 例 2-14 图(1)

二进制数+10111 的真值与机器数的区别如图 2-13 所示。

真值	8 位机器数(原码)	16 位机器数(原码)
+10111	00010111	00000000 00010111

图 2-13 例 2-14 图(2)

例 2-15 $[-23]_{10}=[-10111]_2=[10010111]_2$,如图 2-14 所示,最高位 1 表示负数。

D_7(符号位)	D_6	D_5	D_4	D_3	D_2	D_1	D_0
1	0	0	1	0	1	1	1

图 2-14 例 2-15 图(1)

二进制数-10111 的真值与机器数的区别如图 2-15 所示。

真值	8 位机器数(原码)	16 位机器数(原码)
-10111	10010111	10000000 00010111

图 2-15 例 2-15 图(2)

3. 大整数的表示与计算

计算机程序设计中,数据有效位的长度是规定好的(如双精度浮点数 double 的最大有效数为 16 位)。对超过程序设计语言规定表示范围的大整数,必须采用其他方式处理。

例 2-16 在 Excel 2016 中,计算 12 345 000 000 000 000 000+9 999。

计算结果为 12 345 000 000 000 000 000,加数 9 999 完全被忽略。这是因为 Excel 只有 16 位有效数,超出 16 位虽然可以表达和运算,但是超出部分将产生计算误差。

目前,密码学在计算机中应用广泛,而常用密码算法都是建立在大整数运算的基础上的,因此实现大整数的存储和运算是密码学关注的问题。

例 2-17　加密计算中的密钥长度一般大于或等于 512 位，转换成十进制数后大约为 150 位。对一个有 150 个有效位的十进制整数进行存储和运算时，任何编程语言都无法定义这么大的数据类型，也无法直接运算。最简单的方法是将 150 位整数拆分成 75 个 2 位数，然后定义一个有 75 个元素的数组(一种数据存储结构)，每个元素存储一个 2 位整数，利用 75 个元素分别保存这个 150 位数。150 位的大整数也无法直接输入，只能一次输入 2 位。

如何实现两个 150 位的大整数相加呢？如图 2-16 所示，最简单的方法是模拟小学生列竖式做加法。例如，部分和 c[1]＝a[1]＋b[1]，部分和大于或等于 100 时，进位数组 d[2]＝1；部分和小于 100 时，进位数组 d[2]＝0；第 2 个数字计算时，需要将进位数组累加进来，即部分和为 c[2]＝a[2]＋b[2]＋d[2]；最后将所有部分和连接在一起，得到两个大整数的和。以上过程需要编写程序来实现。

例 2-18　求大整数 12 345 678 901 234 567 890＋97 661 470 000 796 256 798。

大整数竖式加法的计算过程如图 2-16 所示。

数组 a[]		12	34	56	78	90	12	34	56	78	90
数组 b[]	＋	97	66	14	70	00	07	96	25	67	98
进位 d[]：	1	1	0	1	0	0	1	0	1	1	0
部分和 c[]：	1	10	00	71	48	90	20	30	82	46	88

图 2-16　大整数竖式加法的计算过程

2.1.4　二进制小数编码

1. 定点数编码方法

定点数是小数点位置固定不变的数。如图 2-17 所示，定点数假设小数点隐含在最低有效位后面。在计算机中，整数用定点数表示，小数用浮点数表示。

例 2-19　十进制整数－73 的二进制数为－1001001，如果用 2 字节存储，则存储格式如图 2-17 所示。

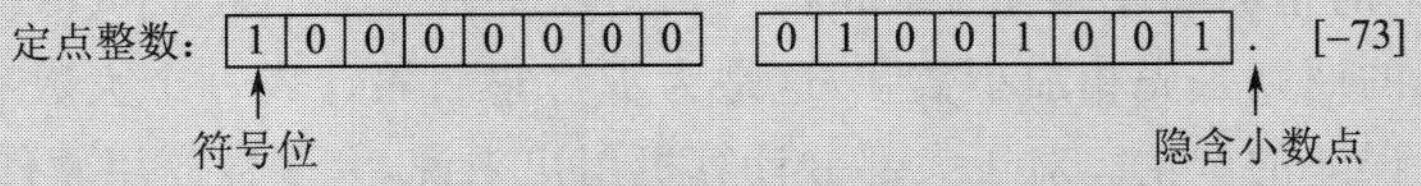

图 2-17　16 位定点整数的表示方法

在 32 位计算机系统中，整型(int)数用 4 字节表示，最高位用于表示数值的符号，其余 31 位表示数据。如果数据运算结果超出了 31 位，就会产生“溢出”问题。

2. 浮点数的表示

实数是最常见的自然数，实数中的小数在计算机中的存储和运算是非常复杂的。目前，已有两位计算机科学家因为研究小数(浮点数)的存储和运算而获得图灵奖。

小数点位置浮动变化的数称为浮点数。浮点数采用指数表示时，原始指数为 E，小数部分称为尾数(M)。任意二进制浮点数的表示公式为

$$N=\pm M\times 2^{\pm E} \tag{2-2}$$

例 2-20 $[1001.011]_2=[0.1001011]_2\times 2^4$。

例 2-21 $[-0.0010101]_2=[-0.10101]_2\times 2^{-2}$。

在浮点数中，**原始指数 E 的位数决定数值的范围，尾数 M 的位数决定数值的精度**。

3. 二进制小数的截断误差

1)浮点数由于存储空间不够引起的截断误差

假设用 1 字节记录和存储浮点数，规定阶符为 1 位，阶码为 2 位，尾符为 1 位，尾数为 3 位。将二进制数 10.101 存储为浮点数时，尾数由于存储空间不够，最右边的 1 位数据(1)就会丢失，如例 2-22 所示。这个现象称为截断误差或舍入误差。尾数空间不够导致部分数值丢失时，可以通过使用较长的尾数域来减少这种误差的发生。

例 2-22

0	10	0	1010

1(存储长度只有 8 位时，最后一位会丢失)。

2)数值转换引起的截断误差

截断误差的另外一个来源是无穷展开式问题。例如，将十进制数 1/3 转换成小数时，无论用多少位数字，总有一些数值不能精确地表示出来。二进制记数法与十进制记数法的区别在于，**二进制记数法中有无穷展开式的数值多于十进制记数法**。

例 2-23 十进制小数 0.8，转换成二进制时为 0.11001100…，后面还有无数个 1100，这说明十进制的有限小数转换成二进制数时，不能保证精确转换；二进制小数转换成十进制数时也会遇到同样的问题。

例 2-24 将十进制数 1/10 转换成二进制数时，也会遇到无穷展开式问题，总有一部分数不能精确地存储。

因此，在十进制小数转换成二进制小数时，整个计算过程可能会无限制地进行下去，这时可以根据精度要求，取若干位二进制小数作为近似值，必要时采用“0 舍 1 入”的规则。

3)浮点数的相加顺序

浮点数加法中的相加顺序很重要，如果一个大数加上一个小数，小数就可能被截断。因此，多个数值相加的原则是先相加小数字，这是为了将它们累计成一个大数字，再与其他大数字相加，避免截断误差的产生。对于大部分计算机用户来说，大多数商用软件提供的计算精度已经足够了。但是，在一些特殊应用领域中(如导航系统)，小误差可能在运算中累加，最终产生严重的后果。

4. 规格化浮点数的表示与存储

计算机中的实数采用浮点数存储和运算。浮点数并不完全按照式(2-2)进行表示和存储。如表 2-3 所示，计算机中的浮点数严格遵循 IEEE 754 标准。

表 2-3　IEEE 754 标准规定的浮点数规格

浮点数规格	码长/位	符号 S/位	阶码 e/位	尾数 M/位	十进制数有效位/位
单精度(float)	32	1	8	23	8
双精度(double)	64	1	11	52	16
扩展双精度数 1	80	1	15	64	20
扩展双精度数 2	128	1	15	112	34

说明：阶码 e 与式(2-2)中的原始指数 E 并不相同；尾数 M 与式(2-2)中的 M 也有所区别。

1)IEEE 规格化浮点数

浮点数的表示方法多种多样，因此 IEEE 对浮点数的表示进行了严格规定：**小数点左侧必须为 1(如 1. xxxxxxxx)，指数采用阶码表示**。按此规定表示的浮点数称为 IEEE 规格化浮点数，简称规格化浮点数。

例 2-25　$[1.75]_{10}=[1.11]_2$，传统的浮点数表示方法约定小数点前一位为 0，即非规格化浮点数为

$$[1.75]_{10}=[1.11]_2=0.111\times 2^1$$

例 2-26　$[1.75]_{10}=[1.11]_2$，规格化浮点数表示方法约定小数点前一位为 1，即规格化浮点数为

$$[1.75]_{10}=[1.11]_2=1.11\times 2^0$$

采用规格化浮点数的目的有两个：一是整数部分恒为 1，这样在存储尾数 M 时，就可以省略小数点和整数 1[与式(2-2)的区别]，从而用 23 位尾数域表达了 24 位尾数；二是尾数域最高有效位固定为 1 后，尾数就能以最大数的形式出现，即使遭遇类似截断的操作，仍然可以保持尽可能高的精度。

2)数据混淆问题

整数部分的 1 舍去后，会不会造成两个不同数据的混淆呢？例如，$A=1.010011$ 中的整数部分 1 在存储时被舍去了，会不会造成 $A=0.010011$(整数 1 已舍去)与 $B=0.010011$ 两个数据的混淆呢？其实不会，仔细观察就会发现，数据 B 不是一个规格化浮点数，数据 B 可以改写成 1.0011×2^{-2} 的规格化形式。所以省略小数点前的 1 不会造成任何两个浮点数的混淆。但在运算时，省略的整数 1 会进行还原，并参与相关运算。

3)浮点数的阶码

实际上原始指数 E 可能为正数或负数，但是 IEEE 754 标准没有定义指数的符号位(见表 2-3)。这是因为二进制数规格化后，纯小数部分的指数必为负数，这给运算带来了复杂性。因此，IEEE 规定指数部分用阶码 e 表示，阶码 e 采用移码形式存储。阶码 e 的移码值等于原始指数 E 加上一个偏移值，32 位浮点数(float)的偏移值为 127；64 位浮点数(double)的偏移值为1 023。经过移码变换后，阶码 e 变成了正数，可以用无符号数存储。

4)规格化浮点数的存储格式

如图 2-18 所示，规格化浮点数的编码方法是：省略整数 1、小数点、乘号、基数 2；从左到右采用符号位 S(1 位，0 表示正数，1 表示负数)＋阶码 e(也称为余 127 码或余 1 023 码)＋尾数 M(规格化小数部分，长度不够时从最低位开始补 0)。

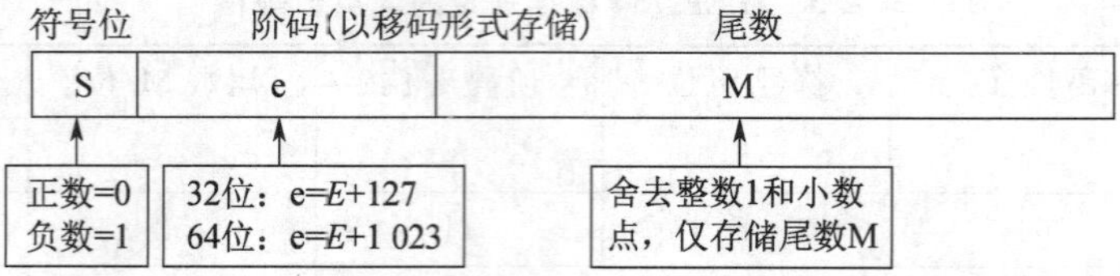

图 2-18　规格化浮点数的存储格式

例 2-27　将十进制实数 26.0 转换成 32 位二进制规格化浮点数。

十进制实数 26.0 的二进制规格化浮点数在计算机中的转换方法和存储格式如图 2-19 所示。

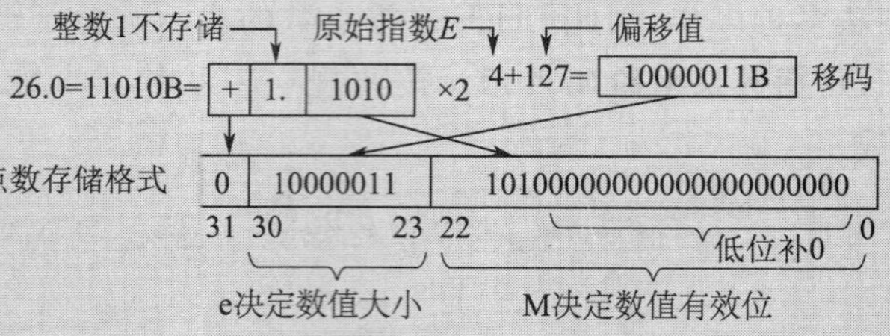

图 2-19　32 位二进制规格化浮点数的转换方法和存储格式

步骤如下。

①将实数转换成二进制数，26.0＝11010B。

②26.0 是正数，因此符号位 S＝0。

③将二进制数转换成规格化浮点数，11010B＝1.1010×2^4。

④计算浮点数移码 e，E＝4，偏移值＝127，e＝4＋127＝131＝10000011B。

⑤浮点数尾数 M＝1010B，低位补 0 后 M＝10100000000000000000000B(注意，尾数省略了整数 1 和小数点，只取小数部分)。

⑥连接符号位－移码－尾数，N＝01000001 11010000 00000000 00000000B。

例 2-28　将浮点数 11000001 11001001 00000000 00000000 B 转换成十进制数。

步骤如下。

①把 32 位浮点数分割成三部分：1 10000011 1001001 00000000 00000000 B，可得符号位 S＝1；阶码 e＝10000011B；尾数 M＝1001001 00000000 00000000B。

②还原实际指数 E：E＝e－127＝10000011B－01111111B＝100B＝4。

③还原尾数 M 为规格化形式：M＝1.1001001B×2^4("1."从隐含位而来)。

④还原为非规格化形式：N＝S1.1001001B×2^4＝S11001.001B(S＝符号位)。

⑤还原为十进制数形式：N＝S11001.001B ＝－25.125(S＝1，说明是负数)。

5)浮点数能表示的最大十进制数

32 位浮点数的尾数 M 为 23 位，加上隐含的 1 个整数位，尾数部分共有 24 位，可以精确地存储 8 位十进制有效数(见表 2-3)。由于阶码 e 为 8 位，IEEE 规定原始指数 E 的表示范围为－127～＋128，这样 32 位浮点数可以表示的最大十进制正数为 2^{128}＝3.4×10^{38}(有效数 8 位)，可表达的最小十进制正数为 2^{-127}＝1.7×10^{-38}(有效数 8 位)。

注意：最大十进制数涉及"溢出"问题；十进制数有效位涉及计算精度问题。

在 32 位浮点数中，原始指数 E 超过 128 怎么处理？浮点数为 0 时怎么处理？十进制有效数(计算精度)为什么是 8 位？自然数转换为浮点数的基本公式是什么？浮点数如何进行四则运算？这些问题将在更深入的课程中讨论。总之，小数的处理非常复杂。

2.2　非数值信息编码

2.2.1　英文字符编码

字符的编码

计算机除了用于数值计算，还要处理大量非数值信息，其中字符信息占有很大的比重。字符信息包括西文字符(字母、数字、符号)和汉字字符。它们需要用二进制编码后，才能存储在计算机中并进行处理。如果每个字符对应唯一的二进制数，这个二进制数就称为字符编码。西文字符与汉字字符由于形式不同，其编码方式也不同。

1. BCDIC 编码

早期计算机的 6 位字符编码系统 BCDIC(二进制与十进制交换编码)从霍列瑞斯(Hollerith)卡片发展而来，后来逐步扩展为 8 位 EBCDIC 编码，并一直是 IBM 大型计算机的编码标准，但没有在其他计算机中使用。

2. ASCII 编码

1)ASCII 编码规则

ASCII(美国信息交换标准代码)制定于 1967 年。由于当时数据存储成本很高，在 ASCII 编码字符表示长度采用 6 位、7 位还是 8 位的问题上产生了很大争议，最终决定采用 7 位字符编码。ASCII 编码表，如表 2-4 所示，它由 26 个小写字母、26 个大写字母、10 个数字、33 个其他符号、33 个控制码组成，总共 128 个编码。

表 2-4　ASCII 编码表(可显示字符部分)

字符	ASCII 编码			字符	ASCII 编码			字符	ASCII 编码		
	二进制	十进制	十六进制		二进制	十进制	十六进制		二进制	十进制	十六进制
回车	0001101	13	0D	?	0111111	63	3F	a	1100001	97	61
Esc	0011011	27	1B	@	1000000	64	40	b	1100010	98	62
空格	0100000	32	20	A	1000001	65	41	c	1100011	99	63
!	0100001	33	21	B	1000010	66	42	d	1100100	100	64
"	0100010	34	22	C	1000011	67	43	e	1100101	101	65
#	0100011	35	23	D	1000100	68	44	f	1100110	102	66
$	0100100	36	24	E	1000101	69	45	g	1100111	103	67
%	0100101	37	25	F	1000110	70	46	h	1101000	104	68
&	0100110	38	26	G	1000111	71	47	i	1101001	105	69
'	0100111	39	27	H	1001000	72	48	j	1101010	106	6A
(	0101000	40	28	I	1001001	73	49	k	1101011	107	6B

续表

字符	ASCII 编码			字符	ASCII 编码			字符	ASCII 编码		
	二进制	十进制	十六进制		二进制	十进制	十六进制		二进制	十进制	十六进制
)	0101001	41	29	J	1001010	74	4A	l	1101100	108	6C
*	0101010	42	2A	K	1001011	75	4B	m	1101101	109	6D
+	0101011	43	2B	L	1001100	76	4C	n	1101110	110	6E
、	0101100	44	2C	M	1001101	77	4D	o	1101111	111	6F
—	0101101	45	2D	N	1001110	78	4E	p	1110000	112	70
.	0101110	46	2E	O	1001111	79	4F	q	1110001	113	71
/	0101111	47	2F	P	1010000	80	50	r	1110010	114	72
0	0110000	48	30	Q	1010001	81	51	s	1110011	115	73
1	0110001	49	31	R	1010010	82	52	t	1110100	116	74
2	0110010	50	32	S	1010011	83	53	u	1110101	117	75
3	0110011	51	33	T	1010100	84	54	v	1110110	118	76
4	0110100	52	34	U	1010101	85	55	w	1110111	119	77
5	0110101	53	35	V	1010110	86	56	x	1111000	120	78
6	0110110	54	36	W	1010111	87	57	y	1111001	121	79
7	0110111	55	37	X	1011000	88	58	z	1111010	122	7A
8	0111000	56	38	Y	1011001	89	59	{	1111011	123	7B
9	0111001	57	39	Z	1011010	90	5A	¦	1111100	124	7C
:	0111010	58	3A	[	1011011	91	5B	}	1111101	125	7D
;	0111011	59	3B	\	1011100	92	5C	~	1111110	126	7E
<	0111100	60	3C	]	1011101	93	5D				
=	0111101	61	3D	^	1011110	94	5E				
>	0111110	62	3E	—	1011111	95	5F				

ASCII 编码采用 7 位二进制数对 1 个字符进行编码，由于计算机存储器的基本单位是字节(8 位)，因此以 1 字节来存放 1 个 ASCII 字符编码，每字节的最高位为 0。ASCII 编码是一个非常可靠的标准，在键盘、显卡、系统硬件、打印机、字体文件、操作系统和 Internet 上，其他标准都不如 ASCII 编码流行，也不如 ASCII 编码那样根深蒂固。

2)ASCII 编码应用案例

例 2-29 "Hello"的 ASCII 编码。

查 ASCII 编码表可知，"Hello"的 ASCII 编码如图 2-20 所示。

H	e	l	l	o
01001000	01100101	01101100	01101100	01101111

图 2-20 例 2-29 图

如图 2-21 所示，用 ASCII 编码保存的文件称为文本文件，文件扩展名为"txt"。

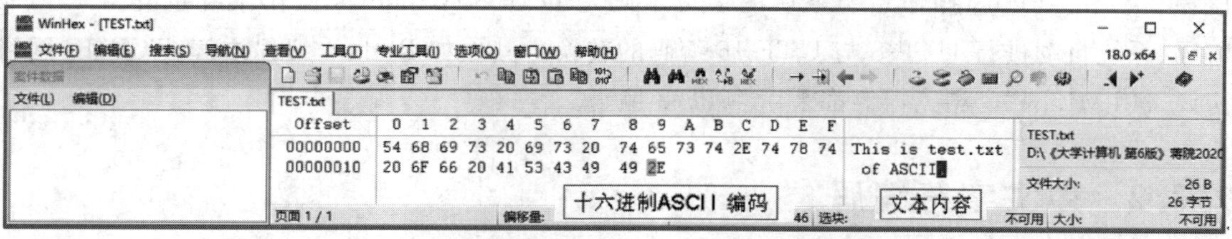

图 2-21　用 ASCII 编码保存的文本文件

3）ASCII 编码规律

0～9 的 ASCII 编码的高 4 位（$b_7b_6b_5b_4$）为 0011，低 4 位（$b_3b_2b_1b_0$）为 0000～1001。当去掉高 4 位时，低 4 位正好是 0～9 的二进制数形式。这样编码既满足正常排序关系，又有利于完成 ASCII 编码与二进制数之间的转换。ASCII 编码中 26 个英文字母的编码是连续的（EBCDIC 编码不连续）；大写英文字母 A～Z 的编码值为 65～90（01000001～01011010），小写英文字母a～z 的编码值为 97～122（01100001～01111010），大、小写英文字母编码的差别表现在第 6 位（b_5）。大写英文字母第 6 位（b_5）的值为 0，小写英文字母第 6 位（b_5）的值为 1，它们之间的 ASCII 编码值的十进制形式相差 32，因此大、小写英文字母之间的编码转换非常便利。ASCII 编码定义了 33 个无法显示的控制码，它们主要用于打印或显示格式控制，进行信息分隔，在数据通信时进行传输控制等，但是目前已经极少使用了。

3. 国际统一字符集 Unicode

国际统一字符集主要有 Unicode 联盟编制的 Unicode 字符集。早期 Unicode 字符集采用 16 位编码，共有 65 536 个码字，发展到 Unicode 5.0 标准时，编码总数共有 25 万个（其中汉字分配了 7 万多个码字）。Unicode 字符集的编码空间如图 2-22 所示。

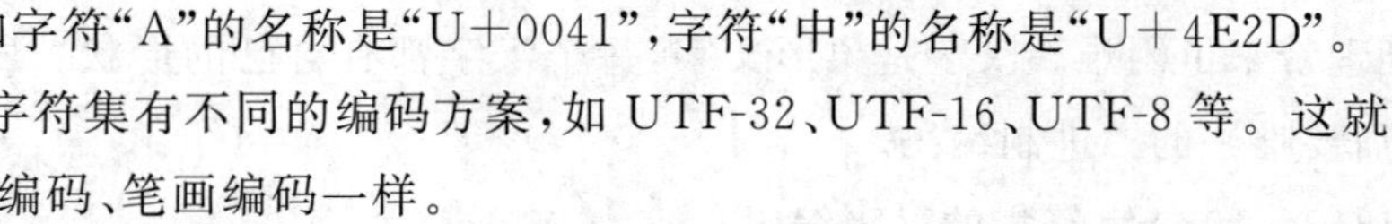

图 2-22　Unicode 字符集的编码空间

Unicode 字符集对每个字符赋予了一个正式名称，方法是在代码点值（十六进制数）前面加上“U＋”，如字符“A”的名称是“U＋0041”，字符“中”的名称是“U＋4E2D”。

Unicode 字符集有不同的编码方案，如 UTF-32、UTF-16、UTF-8 等。这就像《新华字典》对汉字有拼音编码、笔画编码一样。

UTF-32 编码统一用 4 字节表示一个字符，由于占用存储空间较多，应用得很少。

UTF-16 编码早期采用 16 位表示一个字符，共有 $2^{16}=65\,536$ 个编码。如果这些编码全部用来表示汉字，也许可以满足要求；如果要表示世界各种语言中的所有字符，这些编码数远远不够。因此，现在 UTF-16 编码用 2 字节表示常用汉字，用 4 字节表示不常用汉字（增补字符）。Windows 操作系统、Java 编程语言等，都采用 UTF-16 编码。

UTF-8 编码是一种变长编码方法，它用 1～6 字节表示一个字符，其中 ASCII 编码长度为 1 字节，欧洲文字编码长度大部分为 2 字节，常用汉字编码长度为 3 字节，不常用汉字编码长度为4字节。Linux操作系统默认的字符编码是UTF-8，Windows操作系统也支持UTF-8编码(系统自动进行UTF-8与UTF-16编码的转换)，其他如Python编程语言、TCP/IP网络协议、HTML网页、浏览器等都采用UTF-8编码。

2.2.2 中文字符编码

1. 双字节字符集(DBCS)

亚洲国家的常用文字符号有2万多个，如何容纳这些语言的文字而仍保持和ASCII编码的兼容性呢？8位编码无论如何也满足不了需求，解决方案是采用DBCS(双字节字符集)编码。DBCS用2字节定义一个字符，当2字节(16位)的编码值小于128时为ASCII码；当编码值大于128时。为所在国家定义的标准编码。

例2-30 早期双字节汉字编码中，1字节的最高位为0时，表示一个标准的ASCII码；字节的最高位为1时，用2字节表示一个汉字，即有的字符用1字节表示(如英文字母)，有的字符用2字节表示(如汉字)。

双字节字符集虽然解决了亚洲语言码字不足的问题，但是也带来了新的问题。

(1)在程序设计中处理字符串时，指针移动到下一个字符比较容易，但移动到上一个字符就非常危险了，于是程序设计中“s++”或“s--”之类的表达式就不能使用了。

(2)一个字符串的存储长度不能由它的字符数来决定，必须检查每个字符，确定它是双字节字符还是单字节字符。

(3)丢失了一个双字节字符中的高位字节时，后续字符会产生“乱码”现象。

(4)双字节字符在存储和传输中，是高字节在前面还是低字节在前面，没有统一的标准。互联网的出现让字符串在计算机之间的传输变得非常普遍，于是所有的混乱都集中爆发了。非常幸运的是Unicode(统一码)字符集适时而生。

2. 汉字编码

英文为拼音文字，所有英文单词均由52个英文大、小写字母组合而成，加上数字及其他标点符号，常用字符仅95个，因此使用7位二进制数编码就够用了。汉字由于数量庞大，构造复杂，给计算机处理带来了困难。汉字是象形文字，每个汉字都有自己的形状。所以，每个汉字在计算机中都需要唯一的二进制编码。

1)GB/T 2312—1980字符集的汉字编码

1981年，我国颁布了《信息交换用汉字编码字符集·基本集》(GB/T 2312—1980)，简称国标码。GB/T 2312—1980规定：一个汉字用2字节表示，每字节只使用低7位，最高位为0。GB/T 2312—1980共收录6 763个简体汉字、682个符号，其中一级汉字3 755个(以拼音排序)，二级汉字3 008个(以偏旁排序)。GB/T 2312—1980的编码方法如表2-5所示。

表 2-5　GB/T 2312—1980 的编码方法(部分编码)

区码		位码,第 2 字节编码							
		00100001	00100010	00100011	00100100	00100101	00100110	00100111	00101000
第 1 字节	区	位 01	位 02	位 03	位 04	位 05	位 06	位 07	位 08
00110000	16 区	啊	阿	埃	挨	哎	唉	哀	皑
00110001	17 区	薄	雹	保	堡	饱	宝	抱	报
00110010	18 区	病	并	玻	菠	播	拨	钵	波
00110011	19 区	场	尝	常	长	偿	肠	厂	敞
00110100	20 区	础	储	矗	搐	触	处	揣	川

例 2-31　"啊"字的国标码如图 2-23 所示。

00110000	00100001
30H	21H

图 2-23　"啊"字的国标码

2)内码

国标码每字节的最高位为"0",这与国际通用的 ASCII 编码无法区分。因此,在早期计算机内部,汉字编码全部采用内码(也称为机内码)表示。早期内码是将国标码两个字节的最高位设定为"1",这样就解决了国标码与 ASCII 编码的冲突,保持了中英文的良好兼容性。目前,Windows 操作系统的内码为 Unicode 编码,字节高位"0"和"1"兼有。

例 2-32　"啊"字的内码如图 2-24 所示。

10110000	10100001
B0H	A1H

图 2-24　"啊"字的内码

早期在 DOS 操作系统内部,字符采用 ASCII 编码;目前,操作系统内部基本采用 Unicode 字符集的 UTF 编码。为了利用英文键盘输入汉字,还需要对汉字编制一个键盘输入码,主要输入码有拼音码(如微软拼音)、字形码(如五笔字型)等。

3)BIG5 字符集汉字编码

BIG5 编码是我国台湾、香港地区普遍使用的繁体汉字编码标准,它包括 440 个符号、5 401 个一级汉字、7 652 个二级汉字、7 个扩充字,共计 13 060 个汉字。

3. 点阵字体编码

ASCII 编码和 GB/T 2312—1980 汉字编码主要解决了字符信息的存储、传输、计算、处理(录入、检索、排序等)等问题,而字符信息在显示和打印输出时,需要另外对"字形"进行编码。通常将字体(字形)编码的集合称为字库,将字库以文件的形式存放在硬盘中,在字符输出(显示或打印)时,根据字符编码在字库中找到相应的字体编码,再输出到外设(显示器或打印机)中。汉字的风格有多种形式,如宋体、黑体、楷体等,因此计算机中有几十种中、英文字库。由于字库没有统一的标准进行规定,同一字符在不同计算机中显示和打印时,字符形状可能会有差异。字体编码有点阵字体和矢量字体两种类型。

点阵字体是将每个字符分成 16×16(或其他分辨率)的点阵图像,然后用图像点的有无(一般为黑白)表示字体的轮廓。点阵字体最大的缺点是不能放大,放大后字符边缘就会出现锯齿。

例 2-33 图 2-25 是字符"啊"的点阵图和编码,每行用 2 字节表示,共用 16 行、32 字节来表达一个 16×16 点阵的汉字字体信息。

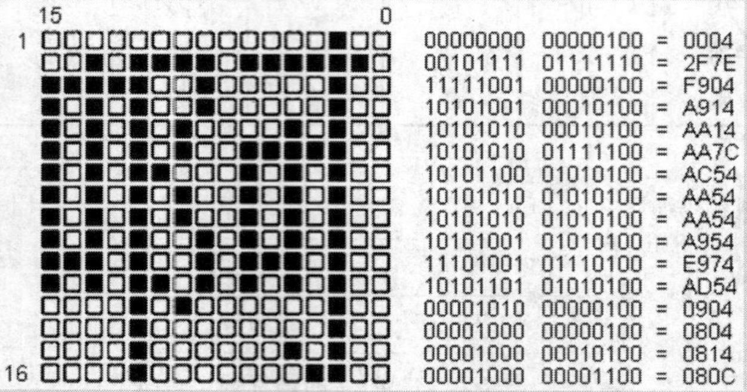

图 2-25 字符"啊"的点阵图和编码

4. 矢量字体编码

矢量字体保存的是每个字符的数学描述信息,在显示和打印矢量字体时,要经过一系列的运算才能输出结果。矢量字体可以无限放大,笔画轮廓仍然保持圆滑。

字体绘制可以通过 FontConfig、FreeType、PanGo 三者协作来完成,其中 FontConfig 负责字体的管理和配置,FreeType 负责单个字体的绘制,PanGo 完成对文字的排版布局。

矢量字体有多种不同的格式,其中 TrueType(字体描述技术)应用得最为广泛。但是 TrueType 只是一个字体,要让字体显示在屏幕上,就需要字体驱动库,如 FreeType 就是一种高效的字体驱动引擎。FreeType 是一个字体函数库,它可以处理点阵字体和多种矢量字体,包括 TrueType 字体。FreeType 代码开源、免费,而且采用模块化设计,很容易扩充和裁减。如果只需要 TrueType 字体,就可以裁减,裁减后的 FreeType 文件大小只有 25 KB 左右。

如图 2-26 所示,**矢量字体最重要的特征是轮廓(outline)和字体精调(hint)控制点**。轮廓是一组封闭的路径,它由线段或贝塞尔(Bezier)曲线(二次或三次贝塞尔曲线)组成。字形控制点有轮廓锚点和精调控制点,缩放这些点的坐标值将缩放整个字体轮廓。

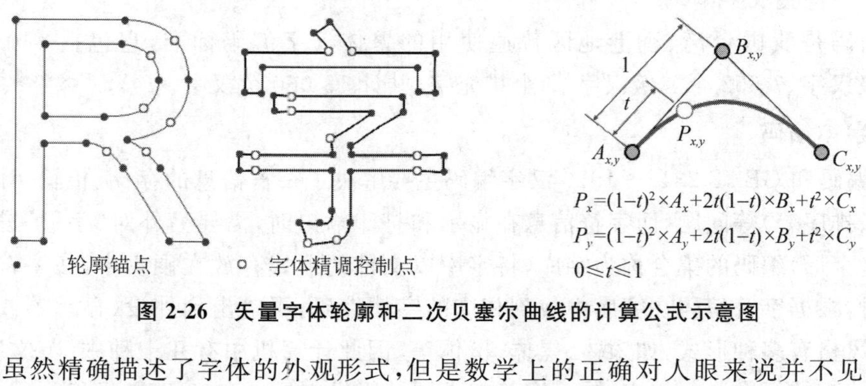

图 2-26 矢量字体轮廓和二次贝塞尔曲线的计算公式示意图

轮廓虽然精确描述了字体的外观形式,但是数学上的正确对人眼来说并不见得合适。特别是字体缩小到较小的分辨率时,字体可能变得不好看或者不清晰。字体精调就是采用一系列技术来精密调整字体,让字体变得更美观、更清晰。

计算机大部分时候采用矢量字体显示和打印。矢量字体尽管可以任意缩放,但缩得太小时仍然存在问题。即使采用字体精调技术,效果也不一定好,或者这样处理太麻烦了。因此,对于小字体,一般采用点阵字体来弥补矢量字体的不足。

矢量字体的显示大致需要以下几个步骤:加载字体→设置字体大小→加载字体数据→字体转换(旋转或缩放)→字体渲染(计算并绘制字体轮廓、填充色彩)等。可见,在计算机屏幕上显示一整屏文字,计算机要做的计算工作量比我们想象的要大得多。

2.2.3　声音的数字化

多媒体信息的数字化

在计算机中,数值和字符都转换成二进制数来存储和处理。同样,声音、图形、视频等信息也需要转换成二进制数后,才能被计算机存储和处理。在计算机中,声音往往用波形文件或压缩音频文件的方式表示;图形主要用位图编码和矢量编码两种方式表示和存储。将模拟声音信号转换成二进制数的过程称为声音的数字化处理。

1. 声音的数字化处理过程

自然声音是连续变化的模拟量。例如,对着话筒讲话时[见图 2-27(a)],话筒根据它周围空气压力的不同变化,输出连续变化的电压值。这种变化的电压值是对讲话声音的模拟,称为模拟音频信号[见图 2-27(b)]。模拟音频信号输入录音机时,电信号转换成磁信号记录在录音磁带上,因而记录了声音。但这种记录声音的方式不利于计算机的存储和处理,要使计算机能存储和处理声音信号,就必须将模拟音频数字化。音频信号的数字化过程如图 2-27 所示。

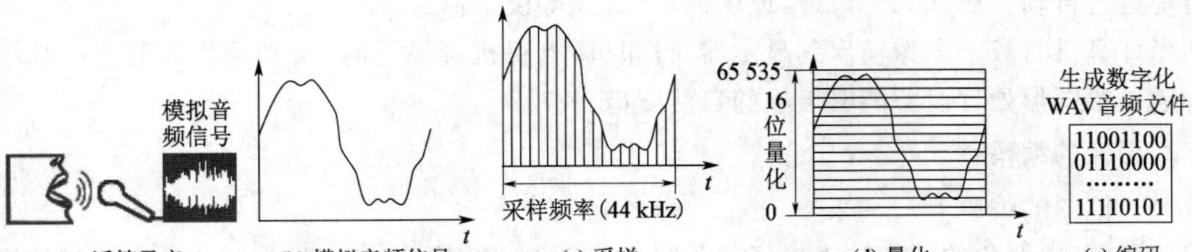

图 2-27　音频信号的数字化过程

1)采样

任何连续信号均可以表示成离散样值的符号序列,并存储在数字系统中。因此,模拟信号转换成数字信号必须经过采样。采样是在每个固定的时间间隔内对模拟音频信号截取一个振幅值[见图 2-27(c)],并用给定字长的二进制数表示,这样即可将连续的模拟音频信号转换成离散的数字音频信号。截取模拟信号振幅值的过程称为采样,所得到的振幅值为采样值。单位时间内采样次数越多(采样频率越高),数字信号就越接近原声。

奈奎斯特(Nyquist)采样定理指出:模拟信号离散化采样频率达到信号最高频率的 2 倍时,可以无失真地恢复原声。人耳听力范围在 20 Hz～20 kHz。声音采样频率达到 20 kHz×2＝40 kHz 时,就可以满足要求。目前,常见的声卡采样频率有 44.1 kHz、48 kHz 等。

2)量化

量化是将信号的连续取值近似为有限多个离散值的过程,音频信号的量化精度(也称为采样位数)一般用二进制数的位数衡量。如声卡量化位数为16位,就有 $2^{16}=65\ 536$ 种量化等级[见图2-27(d)]。目前,声卡大多为24位或32位量化精度。

3)编码

模拟音频采样和量化后得到了一大批原始音频数据,对这些信源数据进行规定编码(如WAV、MP3等)后,再加上音频文件格式的头部,就得到了一个数字音频文件[见图2-27(e)]。这项工作由声卡和音频处理软件(如Adobe Audition)共同完成。

2. 声音信号的输入与输出

数字音频信号可以通过网络、光盘、数字话筒、电子琴MIDI接口等设备输入计算机。模拟音频信号一般通过模拟话筒和音频输入接口(line in)输入计算机,然后由声卡转换为数字音频信号,这一过程称为模数转换(ADC)。需要将数字音频播放出来时,可以利用音频播放软件将数字音频文件解压缩,然后通过声卡或音频处理芯片,将离散的数字量转换为连续的模拟量信号(如电压),这一过程称为数模转换(DAC)。

2.2.4 图像的数字化

1. 图像的数字化处理过程

数字图像(image)可以由数字照相机、数字摄像机、扫描仪、手写笔等设备获取,这些图形处理设备按照计算机能够接收的格式,对自然图像进行数字化处理,然后通过设备与计算机之间的接口传输到计算机,并且以文件的形式存储在计算机中。当然,数字图像也可以直接在计算机中进行自动生成或人工设计,或由网络、U盘等设备输入。

当计算机将数字图像输出到显示器、打印机、电视机等设备时,又必须将离散化的数字图像合成一幅图形处理设备能够接收的自然图像。

2. 图像的编码

1)二值图的编码

只有黑、白两色的图像称为二值图。图像信息是一个连续的变量,数字化的方法是先设置合适的取样分辨率(采样),然后对二值图中的每个像素用1位二进制数表示,就可以对二值图进行编码。一般将黑色点编码为“1”,将白色点编码为“0”(量化),如图2-28所示。

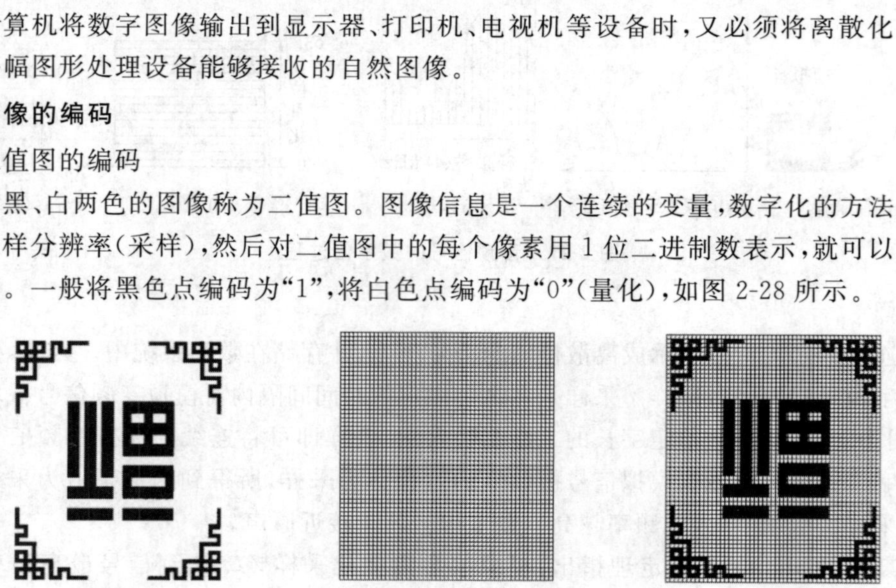

(a) 原图　　(b) 确定分辨率　　(c) 数字化

图2-28　二值图的数字化处理

图像分辨率(采样精度)是指单位长度内包含像素点的数量,分辨率单位有 dpi(点/英寸)等。图像分辨率为 1 024×768 时,表示每一条水平线上包含 1 024 个像素点,垂直方向上有 768 条线。分辨率不仅与图像的尺寸有关,还受到输出设备(如显示器点距等)等因素的影响。分辨率决定了图像细节的精细程度,图像分辨率越高,包含的像素就越多,图像就越清晰,图像的输出质量也越好。同时,太高的图像分辨率会增加文件占用的存储空间。

2)灰度图像的编码

灰度图像的数字化方法与二值图相似,不同的是灰度图像的数字化方法先将白色与黑色之间的过渡(灰色)按对数关系分为若干个亮度等级,然后对每个像素点按亮度等级进行量化。为了便于计算机存储和处理,一般将亮度分为 0～255 个等级(量化精度),而人眼对图像亮度的识别小于 64 个等级,因此对 256 个亮度等级的图像,人眼难以识别出亮度差。图像中每个像素点的亮度值用 8 位二进制数(1 字节)表示(见图 2-29)。

图 2-29　灰度图像的编码方式

3)彩色图像的编码

显示器上的任何色彩都可以用红、绿、蓝(RGB)3 个基色按不同比例混合得到。因此,图像中每个像素点可以用 3 字节进行编码。如图 2-30 所示,红色用 1 字节表示,亮度范围为 0～255 个等级(R＝0～255);绿色和蓝色也做同样处理(G＝0～255,B＝0～255)。

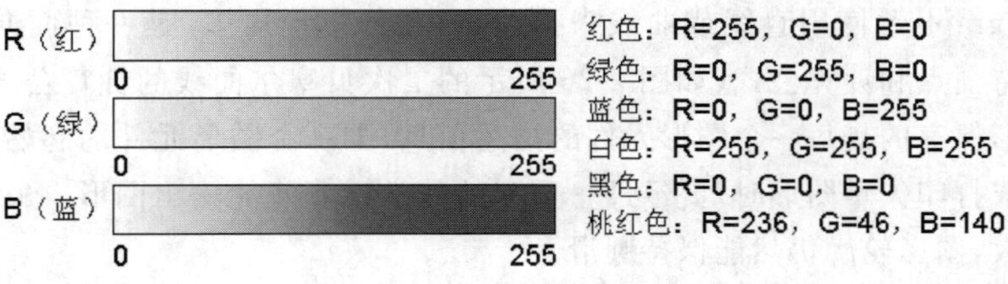

图 2-30　彩色图像的编码方式

例 2-34　如图 2-30 所示,一个白色像素点的编码为 R＝255,G＝255,B＝255;一个黑色像素点的编码为 R＝0,G＝0,B＝0;一个红色像素点的编码为 R＝255,G＝0,B＝0;一个桃红色像素点的编码为 R＝236,G＝46,B＝140 等。

采用以上编码方式,一个像素点可以表达:$2^{24}\approx$1 678 万种色彩,这时人眼已很难分辨出相邻两种颜色的区别了。一个像素点总计用多少位二进制数表示,称为色彩深度(量化精度),

例如上述案例中的色彩深度为24位。目前,大部分显示器的色彩深度为32位,其中,8位记录红色,8位记录绿色,8位记录蓝色,8位记录不透明度(Alpha)值,它们一起构成一个像素的显示效果。

例2-35 对分辨率为1 024×768、色彩深度为24位的图片进行编码。

如图2-31所示,对图片中每一个像素点进行色彩取值(量化精度),其中某一个橙红色像素点的色彩值为R=233,G=105,B=66,如果不对图片进行压缩,则将以上色彩值进行二进制编码就可以了。形成图片文件时,还必须根据图片文件存储格式加上文件头部。

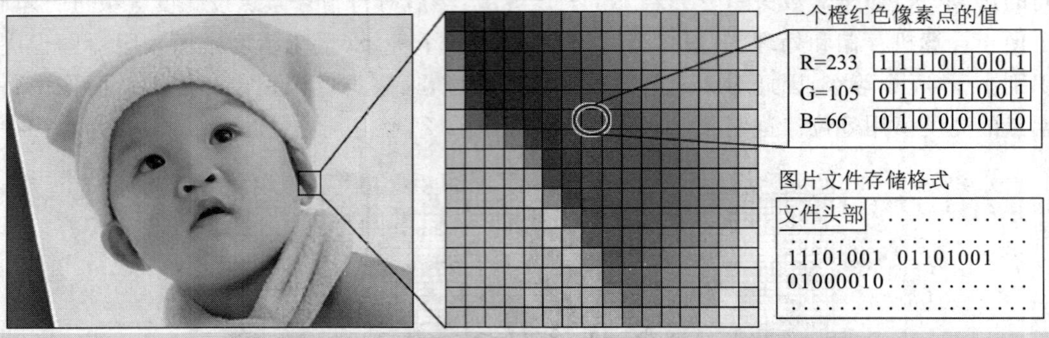

图2-31 24位色彩深度的图片的编码方式(没有压缩时的编码)

3. 点阵图像的特点

点阵图像由多个像素点组成,二值图、灰度图像和彩色图像都是点阵图像(也称为位图),简称图像。图像放大时,可以看到构成整个图像的像素点,由于这些像素点非常小(取决于图像的分辨率),因此图像的颜色和形状看起来是连续的;一旦将图像放大,图像中的像素点会使线条和形状显得参差不齐。缩小图像尺寸时,也会使图像变形,因为缩小图像是通过减少像素点来使整个图像变小的。

大部分情况下,点阵图像由数字照相机、数字摄像机、扫描仪等设备获得,也可以利用图像处理软件(如Photoshop等)创作和编辑图像。

4. 矢量图形的编码

矢量图形(graphic)使用直线或曲线来描述,以几何图形居多,是一种面向对象的图形。矢量图形采用特征点和计算公式(如图2-26所示的二次贝塞尔曲线的计算公式)进行表示和存储。矢量图形保存的是每一个图形元件的描述信息,如一个图形元件的起始、终止坐标,弧度等。在显示或打印矢量图形时,要经过一系列的数学运算才能输出图形。矢量图形在理论上可以无限放大,图形轮廓仍然能保持圆滑。

如图2-32所示,矢量图形只记录生成图形的算法和图形上某些特征点参数。矢量图形中的曲线是由短的直线逼近的(插补),通过图形处理软件,可以方便地将矢量图形放大、缩小、移动、旋转、变形等。矢量图形最大的优点是无论进行哪种操作,如放大、缩小或旋转等,图形都不会失真、变色和模糊。由于构成矢量图形的各个部件(图元)是相对独立的,因而在矢量图形中可以只编辑或修改其中的某一个物体,而不会影响图中其他物体。

矢量图形只保存算法和特征点参数(如分形图),因此占用的存储空间较小,打印输出和放大时图形质量较高。但是,矢量图形也存在以下缺点:一是难以表现色彩层次丰富的逼真图像效果；二是无法使用简单廉价的设备将图形输入计算机并矢量化；三是矢量图形目前没有统一的标准格式，其大部分格式存在不开放和知识产权问题，这导致矢量图形在不同软件中交换时困难，也给多媒体应用带来了极大的不便。

AutoCAD图形　　3ds Max图形　　分形图

图 2-32 矢量图形

矢量图形主要用于线框型图片、工程制图、二维动画设计、三维物体造型、美术字体设计等。大多数绘图软件（如 Visio）、计算机辅助设计软件（如 AutoCAD）、二维动画软件（如 Flash）、三维造型软件（如 3ds Max）等，都采用矢量图形作为基本图形存储格式。矢量图形可以很好地转换为点阵图像，但是，点阵图像转换为矢量图形时效果很差。

2.3 逻辑运算及其应用

2.3.1 基本逻辑运算

逻辑运算

德国数学家莱布尼茨首先提出了用演算符号表示逻辑语言的思想；英国数学家 G. 布尔（G. Boole）于 1847 年创立了布尔代数；香农将布尔代数用于分析电话开关电路。布尔代数为解决工程实际问题提供了坚实的理论基础。

1. 逻辑运算的特点

在布尔代数中，逻辑变量和逻辑值只有“0”和“1”，它们不表示数值的大小，只表示事物的性质或状态。例如，命题判断中的“真”与“假”，程序流程图中的“是”与“否”，工业控制系统中的“开”与“关”，数字电路中的“低电平”与“高电平”等。

布尔代数有 3 种最基本的逻辑运算：与运算（AND）、或运算（OR）、非运算（NOT）。通过这些基本的逻辑运算，可组合出任何其他逻辑关系。在逻辑运算中，非运算的优先级最高，与运算次之，或运算最低。

一个逻辑关系往往有多种不同的逻辑表达式，可以利用布尔代数的基本规律和一些常用的逻辑恒等式，对逻辑表达式进行化简，以简化数字电路的设计。

逻辑运算与算术运算的规律不完全相同，所有逻辑运算都要注意以下问题。

（1）逻辑运算是一种位运算，逐位按规则运算即可。

（2）逻辑运算中不同位之间没有任何关系，当然也就不存在进位或借位问题。

（3）逻辑运算没有进位，因此不存在“溢出”问题。

(4)逻辑运算的数据没有符号问题，因此逻辑值在计算机中以原码形式表示和存储。

(5)逻辑运算由于具有以上特性，因此特别适用于计算机逻辑电路设计。

2. 与运算(AND)

与运算是逻辑乘法运算，它的逻辑表达式为“$Y=A\times B$”。与运算的规则、真值表和与门的表示符号如图2-33所示。**与运算的规则是：全1为1，否则为0**(真真得真)。真值表是描述逻辑关系的直观表格。利用电子元件制造出的符合与运算规则的电子器件，称为与门。与运算的应用是对某位二进制数进行复位(置为0)运算。

与运算规则

$0\times0=0$

$0\times1=0$

$1\times0=0$

$1\times1=1$

与运算真值表

A	B	Y
0	0	0
0	1	0
1	0	0
1	1	1

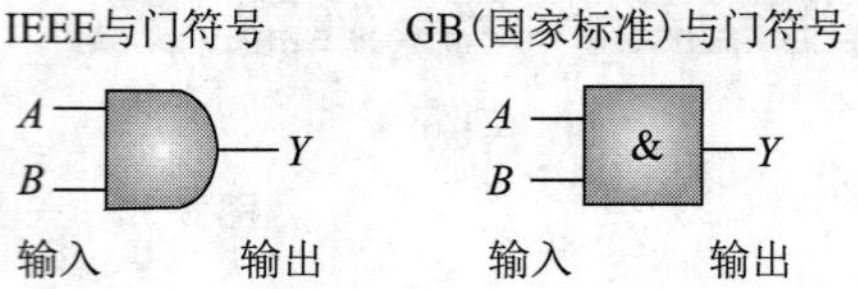

图2-33　与运算的规则、真值表和与门的表示符号

例2-36　10011100 AND 00111001=00011000。

```
     10011100
AND  00111001
-------------
     00011000
```

3. 或运算(OR)

或运算是逻辑加法运算，它的逻辑表达式为“$Y=A+B$”。或运算的规则、真值表和或门的表示符号如图2-34所示。**或运算的规则是：全0为0，否则为1**(假假得假)。利用电子元件制造出的符合或运算规则的电子器件，称为或门。或运算的应用是对某位二进制数进行置位(置为1)运算。

或运算规则

$0+0=0$

$0+1=1$

$1+0=1$

$1+1=1$

或运算真值表

A	B	Y
0	0	0
0	1	1
1	0	1
1	1	1

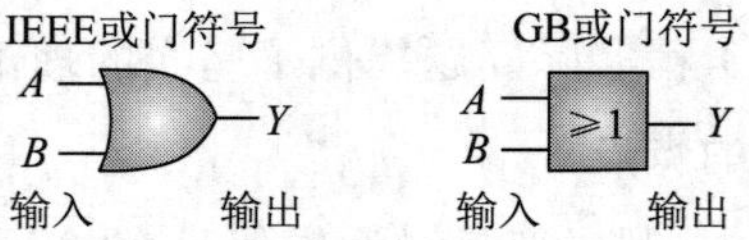

图2-34　或运算的规则、真值表和或门的表示符号

例2-37　10011100 OR 00111001=10111101。

```
     10011100
OR   00111001
-------------
     10111101
```

4. 非运算(NOT)

非运算是逻辑值取反运算，逻辑表达式为“$Y=\overline{A}$”，非运算也称为取反，规定在逻辑运算符上方加上画线“—”表示。非运算的规则、真值表和非门的表示符号如图2-35所示。**非运算可以理解为逻辑值取反**。利用电子元件制造出的符合非运算规则的电子器件，称为非门。在逻辑门符号中，一般用小圆圈表示逻辑值取反。非运算的应用是对某部分(1～n字节)二进制数进行全部反转(求全反)运算。

非运算规则

$\overline{1}=0$

$\overline{0}=1$

非运算真值表

A	Y
0	1
1	0

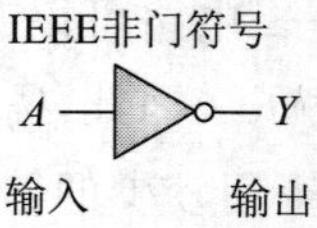

图 2-35 非运算的规则、真值表和非门的表示符号

例 2-38 NOT(10011100)＝01100011。

```
NOT   10011100
--------------
      01100011
```

5. 异或运算(XOR)

异或运算是一种应用广泛的逻辑运算,通常用符号"⊕"表示,异或运算的规则、真值表和异或门的表示符号如图 2-36 所示。**异或运算的规则是:相同为 0,相异为 1**(同假异真)。异或运算的应用是对某位二进制数进行反转(求位反)运算。

异或运算规则

0⊕0＝0

0⊕1＝1

1⊕0＝1

1⊕1＝0

异或运算真值表

A	B	Y
0	0	0
0	1	1
1	0	1
1	1	0

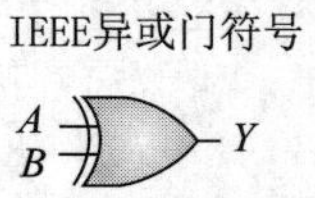

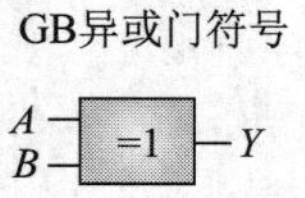

图 2-36 异或运算的规则、真值表和异或门的表示符号

例 2-39 10011100 XOR 00111001＝10100101。

```
      10011100
XOR   00111001
--------------
      10100101
```

2.3.2 逻辑电路

实现基本逻辑运算和复合逻辑运算的单元电路称为逻辑门电路。计算机的基本器件必须完成存储、传输、计算、控制等功能,而这些功能可以用称为逻辑门的基本器件来实现。逻辑运算广泛用于计算机的各个领域,如计算机硬件电路都采用逻辑器件进行设计。

1. 门电路

能够完成数字逻辑运算的电路一般简称门电路。门电路是构成数字电路的基础,它们按照规定的逻辑条件,对数字信号的传输实施开启和关闭(见图 2-37),就像一扇自动开闭的门。

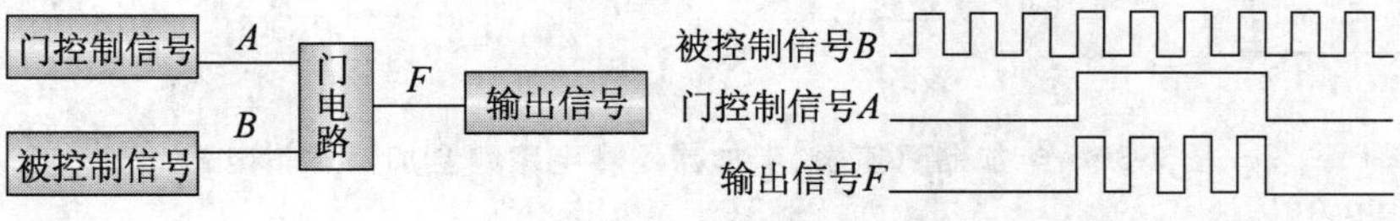

图 2-37 门电路示意图

2. 组合逻辑电路

理论上一个与门、或门、非门逻辑电路可以有任意多个输入信号，但在工程实际中，一个门电路多于 8 个输入信号就难以驱动了。因此，需要将多个门电路进行组合，以解决多个数字信号的输入问题。而且，人们总是希望用较少的器件来实现较多的功能，这也需要用到组合逻辑电路。另外，组合逻辑电路能够实现复杂的逻辑功能。

常见的组合逻辑电路有与非门（NAND）电路、或非门（NOR）电路、异或门（XOR）电路等。商用与非门有 2 输入、3 输入、4 输入和 8 输入等多种类型，或非门也可以有多个输入。为什么要使用与非门、或非门，而不使用与门、或门、非门呢？这是因为许多电路中经常使用反相信号，因此，用与非门实现比用与门实现更加方便。

例 2-40 用与非门实现函数 $f=x'y+xy'+xz$ 的组合逻辑电路，如图 2-38 所示。

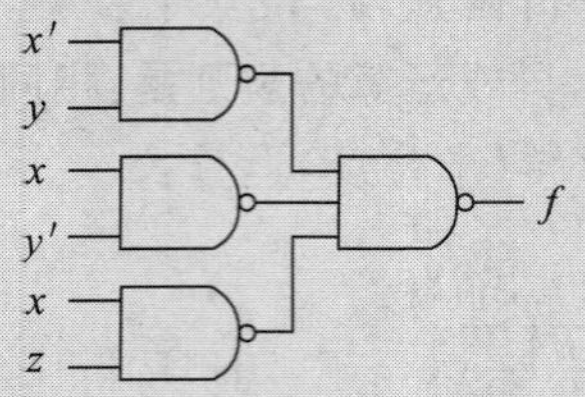

$f = x'y + xy' + xz$

图 2-38 与非门组合逻辑电路

3. 全加器逻辑电路

加法运算是计算机最基本、最常用的运算，因此加法器是 CPU 的核心单元。利用逻辑门电路，设计一个能实现两个 1 位二进制数做算术加法运算的电路，这个电路称为半加器，利用半加器还可以设计出全加器逻辑电路。

1）半加器逻辑电路设计

在半加器中，暂时不考虑低位进位的情况。半加器有两个输入端，即 A、B；两个输出端，即和 S、进位 C；半加器真值表如图 2-39(a)所示；半加器逻辑电路如图 2-39(b)所示，它由一个异或门和一个与门组成。真值表中 C 与 A、B 之间是与的关系，即 $C=A\times B$；S 与 A、B 之间是异或的关系，即 $S=A\oplus B$。因此，可以用与门和异或门来实现真值表的要求。

例 2-41 在如图 2-39 所示的半加器逻辑电路中，验证两个 1 位二进制数的相加结果是否正确。

半加器真值表

A	B	S	C
0	0	0	0
0	1	1	0
1	0	1	0
1	1	0	1

(a)

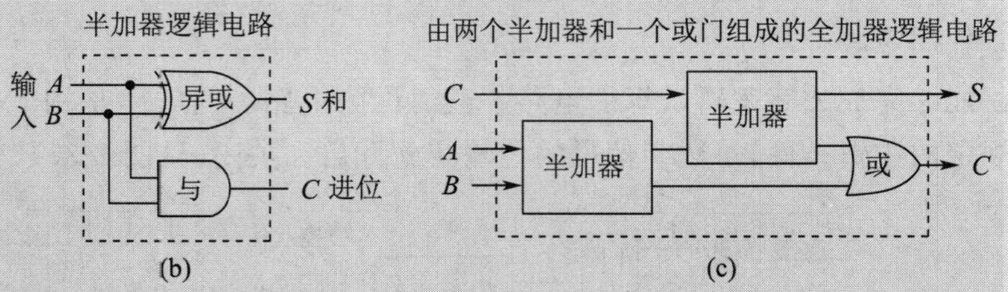

图 2-39 半加器真值表、半加器逻辑电路和全加器逻辑电路

设 $A=0$，$B=0$，$S=A\oplus B=0\oplus 0=0$，$C=A\times B=0\times 0=0$，逻辑电路正确；

设 $A=1, B=0, S=A \oplus B=1 \oplus 0=1, C=A \times B=1 \times 0=0$，逻辑电路正确；
设 $A=0, B=1, S=A \oplus B=0 \oplus 1=1, C=A \times B=0 \times 1=0$，逻辑电路正确；
设 $A=1, B=1, S=A \oplus B=1 \oplus 1=0, C=A \times B=1 \times 1=1$，逻辑电路正确。

2)全加器逻辑电路设计

如图 2-39(c)所示，可以利用两个半加器和一个或门来组成全加器逻辑电路。

3)4 位加法器电路设计

如图 2-40 所示，如果要搭建一个 4 位加法器，只需将 4 个 1 位全加器连接起来即可。

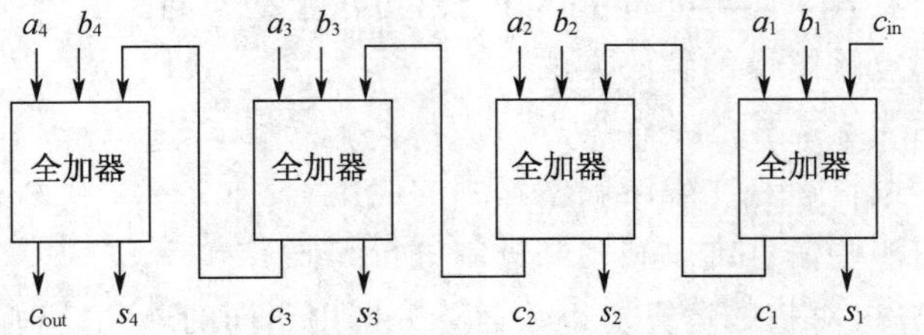

图 2-40　4 位加法器电路设计框图

将 n 个 1 位全加器连接在一起，可以搭建一个 n 位加法器，这种加法器称为行波进位加法器，加法器输出的稳定时间为$(2n+4)\Delta$。目前，CPU 中的整数加法器为 64 位。

4. 集成电路

数字逻辑电路一般采用集成电路进行设计和制造。如图 2-41 所示，集成电路(IC)是一种微型电子器件，它采用半导体工艺，将数字逻辑电路中需要的 MOS(金属-氧化物-半导体)晶体管、二极管、电阻、电容、电感等元件，通过内部布线互连在一起，制作在一小块半导体晶片上，然后封装成一个塑料芯片，成为一个具有所需逻辑功能的微型芯片。

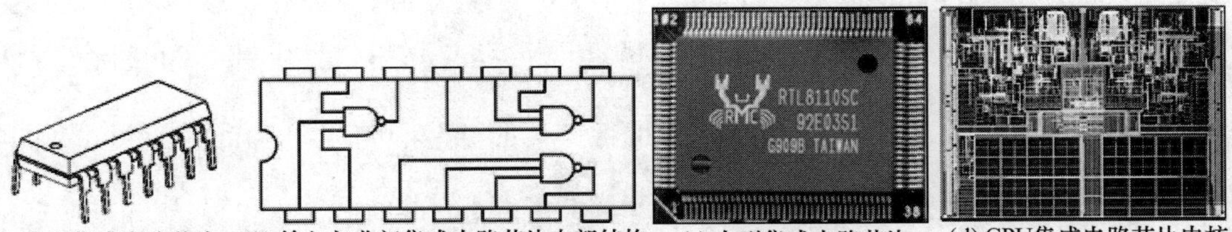

(a) 小型集成电路芯片　(b) 输入与非门集成电路芯片内部结构　(c) 大型集成电路芯片　(d) CPU集成电路芯片内核

图 2-41　集成电路芯片

由于所有电子元件组成了一个整体，因此电路体积大大缩小，信号的引出线和焊接点的数量也大为减少。集成电路具有体积小、功耗低、引出线和焊接点少、寿命长、可靠性高、性能好等优点。同时，集成电路的成本低，便于大规模生产。

按集成电路的规模，可将其分为小规模集成电路(SSI)、中规模集成电路(MSI)、大规模集成电路(LSI)、超大规模集成电路(VLSI)等类型。

习　题

2-1　计算机对同一类型的数据采用相同的数据长度进行存储，如 1 和 12 345 678 都采用 4 字节存储。为什么不对 1 采用 1 字节存储，对 12 345 678 采用 4 字节存储？

2-2　在计算机中采用 BCD 编码有哪些优点？

2-3　为什么在一些软件中有效数字大于 19 位时，需要单独编程处理？

2-4　为什么 Windows 操作系统内部采用 UTF-16 编码，而不使用 ASCII 编码？

2-5　简要说明点阵字体与矢量字体在处理方法上的不同。

2-6　简要说明点阵图像的编码方法。

2-7　简要说明逻辑运算的基本特点。

2-8　举例说明逻辑运算在生活和学习中的应用。

2-9　举例说明哪些信息难以利用二进制进行编码。

2-10　分析计算机对整数运算与小数运算分别用不同的单元处理的原因。

专题3

计算系统与原理

专题导读

计算机是一个复杂的系统，但如果按照层次模型分析，或许可以简单化。本专题主要从模型、层次、结构等计算思维概念方面，讨论计算机的硬件结构、软件系统，以及操作系统的特征、分类和功能。

知识列表

3.1　计算机硬件
3.2　计算机软件
3.3　操作系统
3.4　计算机工作原理

3.1 计算机硬件

3.1.1 系统结构

计算机的硬件组成

1. 计算机体系结构层次模型

计算机系统设计专家 G. 阿姆达尔(G. Amdahl)指出:**计算机体系结构是程序员所看到的计算机的属性**。程序员关心的属性有数据表示、数据存储、数据传输、数据运算、指令集等。计算机的“体系”由指令集规定,计算机的“结构”则是实现指令集的硬件电路。最佳的计算机体系结构是以最好的兼容性、最佳的性能、最低的成本实现程序员需求的计算机属性。

如图 3-1 所示,计算机体系结构层次模型大致可以分为 6 层,顶层是应用软件层,底层是逻辑电路层,**指令系统层是软件与硬件之间的分界层**。

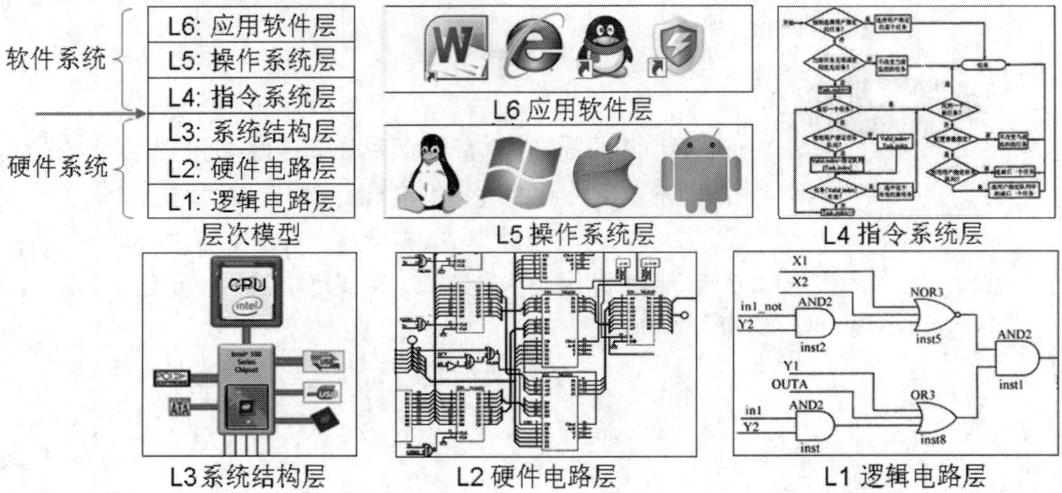

图 3-1 计算机体系结构层次模型

计算机体系结构层次模型有以下优点:一是每个层次的复杂性降低了,便于计算机工程师的理解和设计;二是不同层看到的计算机具有不同的属性,这些属性就是计算机工程师要实现的功能;三是层次越高,抽象程度越高;层次越低,细节越具体。

在计算机体系结构中,不同的层次有不同的抽象模型。例如,不同体系的计算机(如 PC 与苹果机),从操作系统层看,它们具有不同的属性。但是在应用软件层,即使是不同体系结构的计算机,高级语言程序员认为它们之间没有什么差别,具有相同的属性。这种本来存在的事物或属性,但从某个层看好像不存在的概念,称为透明(不可见)。

2. 计算机控制中心结构特征

台式计算机采用以 CPU 为核心的控制中心分层结构。例如,Intel Core i7 第 8 代计算机的控制中心系统结构如图 3-2 所示。计算机系统结构可以用“1-2-3 规则”简要说明,即 1 个 CPU、2 大芯片、3 级结构。

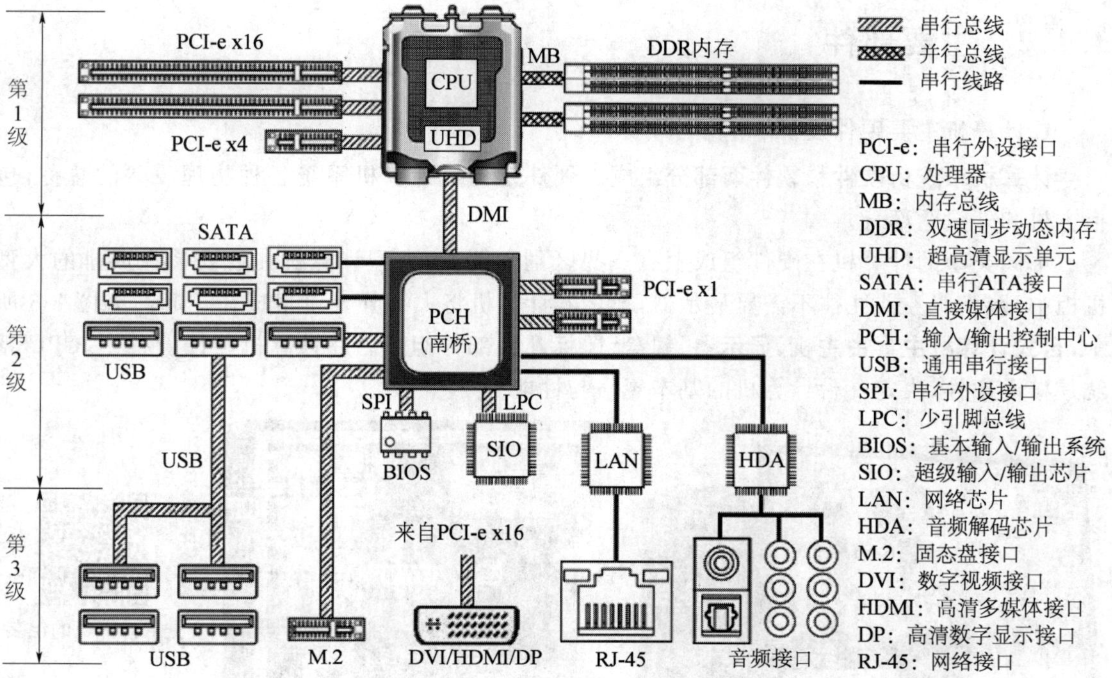

图 3-2　Intel Core i7 第 8 代计算机的控制中心系统结构

1)1 个 CPU

CPU 在系统结构顶层(第 1 级),控制系统的运行状态,下面的数据必须逐级上传到 CPU 进行处理。从系统性能考察,CPU 的运行速度远超其他设备,以下各个总线上的设备越往下走,性能越低;从系统组成考察,CPU 的更新换代将导致 PCH 芯片的改变及内存类型的改变等;从指令系统考察,指令系统改变时,必然引起 CPU 结构的变化,而内存系统不一定改变。目前,计算机系统仍然以 CPU 为中心进行设计。

2)2 大芯片

2 大芯片为 PCH 芯片和 BIOS 芯片。其中,PCH 芯片负责数据的上传与下送,连接着多种外设,它提供的接口越多,计算机的功能扩展性越强。BIOS 芯片主要解决硬件系统与软件系统的兼容问题。

3)3 级结构

控制中心结构分为 3 级,有以下特点:从运行速度考察,第 1 级工作频率最高,然后运行速度逐级降低;从 CPU 访问频率考察,第 3 级最低,然后逐级升高;从系统性能考察,前端总线和 PCH 芯片容易成为系统瓶颈,然后逐级降低;从连接设备多少考察,第 1 级的 CPU 最少,然后逐级增加,在计算机系统结构中,上层设备较少,但是运行速度很快。CPU 和 PCH 芯片一旦出现问题(如发热),必然导致致命性故障。下层接口和设备较多,发生故障的概率也较大(如接触性故障),但是这些设备一般不会造成致命性故障。

3.1.2 主要部件

1. 计算机主要硬件设备

计算机系统由硬件和软件两部分组成。硬件是构成计算机系统各种物理设备的总称,包括主机和外设两部分。

不同类型的计算机在硬件组成上有一些区别。例如,大型计算机往往安装在成排的大型机柜中,网络服务器往往不需要显示器,笔记本计算机将大部分外设集成在一起。如图 3-3 所示,**台式计算机主要由主机、显示器、键盘、鼠标几大部件组成**。在计算机硬件设备中,**CPU 系统是核心部件**,决定一台计算机的基本规格与性能。

计算机的组装

图 3-3 台式计算机硬件组成和主机内部结构

主机的外观虽然五花八门,但其基本功能和结构都是相同的。如图 3-3 所示,主机上部是计算机电源,它的工作是将 220 V 的交流电转换为微型计算机工作需要的+3.3 V、±5 V、±12 V 直流电,电源的功率为 200～400 W。机箱中的主板上安装有 CPU、内存条、显卡等设备。CPU 安装在主板上,它上面有一个铝质散热片和散热风扇。内存条安装在主板的内存插座上。显卡安装在主板的中间位置,有些机箱内部可能看不到显卡,因为它们与 CPU 集成在一起了。目前,大部分主板都集成了声卡、网卡等功能。

台式计算机的硬件设备如表 3-1 和图 3-4 所示。

表 3-1 台式计算机的硬件设备

序号	部件名称	数量/个	说明	序号	部件名称	数量/个	说明
1	CPU	1	必配	9	电源	1	必配
2	散热风扇	1	必配	10	机箱	1	必配
3	主板	1	必配	11	键盘	1	必配
4	内存条	1	必配	12	鼠标	1	必配
5	独立显卡	1	选配	13	音箱	2	选配
6	显示器	1	必配	14	话筒	1	选配
7	硬盘	1	必配	15	ADSL Modem	1	选配
8	光驱	1	选配	16	外接电源盒	1	必配

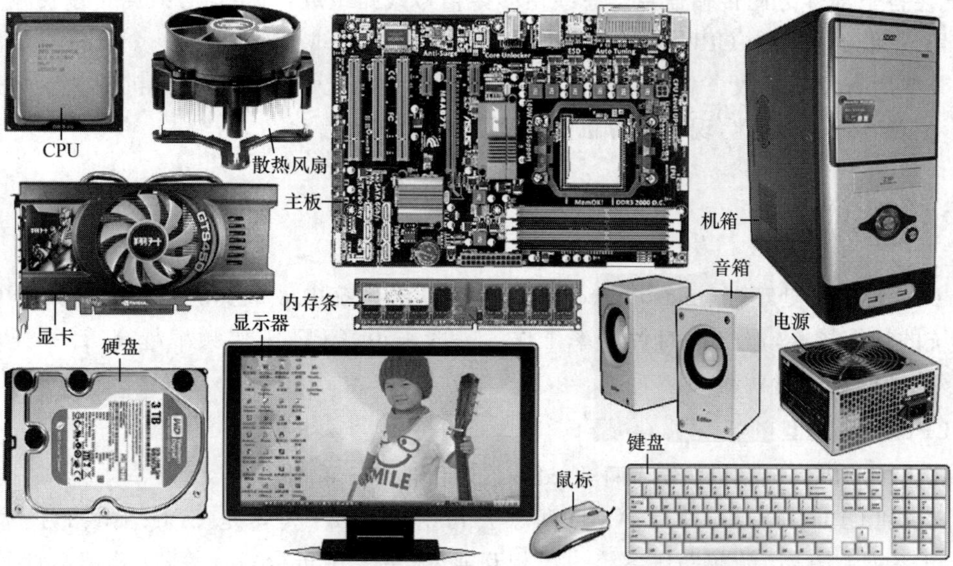

图 3-4　台式计算机的硬件设备(图中省略了连接线缆)

2. 主板

主板为长方形印制电路板(PCB),安装在机箱内部,主要由集成电路芯片、电子元器件、电路系统、各种总线插座和接口组成。目前,主板的标准为ATX。主板的主要功能是传输各种电子信号,部分芯片负责初步处理一些外围数据。不同类型的 CPU,需要不同的主板与之匹配。**主板的功能取决于PCH 芯片和主板上的专用芯片。主板 BIOS 芯片决定主板的兼容性。主板上电子元器件的选择和生产工艺决定主板的稳定性**。图 3-5 所示为目前流行的 ATX 主板的组成。

▶ 主板与 CPU

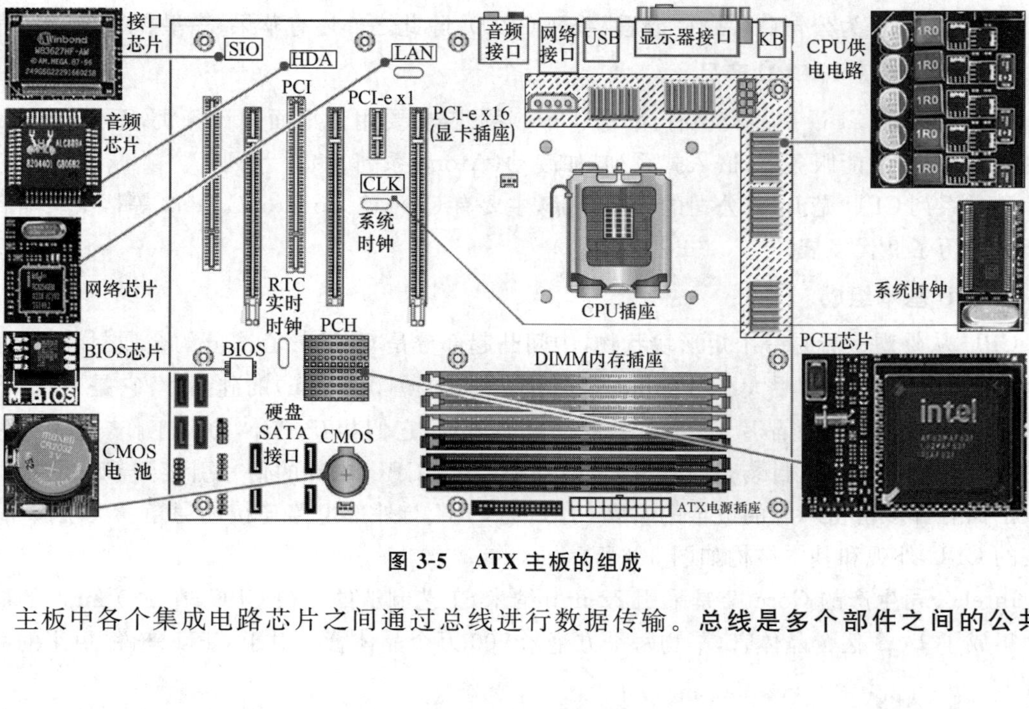

图 3-5　ATX 主板的组成

主板中各个集成电路芯片之间通过总线进行数据传输。**总线是多个部件之间的公共连**

线,用于在各个部件之间传输信息。总线由多条信号线路组成,每条信号线路可以传输一路二进制信号,总线的使用由 CPU 控制。当多个设备连接在总线上时,其中一个设备发出的信号可以被其他所有设备接收。总线结构具有高度的灵活性,允许将各种计算机硬件模块插入总线,以形成各种配置,因此,**现代计算机普遍采用总线结构**。

3.1.3 CPU

CPU 也称为微处理器(microprocessor),是计算机系统中最重要的一个部件。CPU 是计算机系统的计算核心,严格按时钟频率工作。一般来说,CPU 工作频率越高,计算速度就越快,能够处理的数据量就越大。

1. CPU 产品类型

市场上的 CPU 产品主要分为两类:x86 系列和非 x86 系列。

x86 系列 CPU 只有 Intel 和 AMD 两家公司生产,Intel 公司是 CPU 领域的技术“领头羊”。x86 系列 CPU 产品在操作系统一级相互兼容,主要用于台式计算机、笔记本计算机、高性能服务器等领域。

非 x86 系列 CPU 的设计和生产厂商非常多,产品类型有:ARM(安媒)公司的 ARM 系列,IBM 公司的 PowerPC 系列,主要用于军事、航空等工业控制领域;MIPS 系列,如中国的“龙芯”CPU,主要用于工业控制、嵌入式系统、安全等领域。非 x86 系列 CPU 由于指令系统各不相同,因此在硬件和软件方面都不兼容。

随着智能手机的发展,ARM CPU 近年来异军突起,占据了智能手机 95%以上的市场,在工业控制、物联网等领域也攻城略地,风生水起。ARM 公司并不生产 CPU 产品,它只设计 CPU 内核,以知识产权(IP 核)的形式提供 CPU 内核设计图,然后向 CPU 二次开发商和生产厂商收取专利费用。著名的二次开发和生产厂商有美国的高通公司(产品有“骁龙”系列 CPU)和我国的华为公司(产品有“海思”系列 CPU),除此之外还有苹果、三星、联发科等公司。

2. Intel 酷睿系列 CPU 产品

Intel 公司的 CPU 产品类型有:酷睿(Core)系列,主要用于桌面型计算机;至强(Xeon)系列,主要用于高性能服务器;嵌入式系列,如凌动(Atom)系列、8051 系列等。

酷睿系列 CPU 是 Intel 公司的主力产品,主要有 Core i7、Core i5、Core i3 等档次。酷睿系列产品经历了 9 代发展。

3. CPU 基本组成

CPU 从外观上看是一个矩形块状物,中间凸起部分是 CPU 核心部分的金属封装壳,在金属封装壳内部是一块指甲大小(14 mm×16 mm)的、薄薄(0.8 mm)的硅晶片,它是 CPU 内核(die)。在这块小小的硅晶片上,密布着数亿个晶体管,它们相互配合,协调工作,完成各种复杂的运算和操作。金属封装壳周围是 CPU 基板,它将 CPU 内部的信号引接到 CPU 引脚上。基板下面有许多密密麻麻的镀金的引脚,引脚是 CPU 与外部电路连接的通道。无引脚 LGA 封装的 CPU 外观和基本结构如图 3-6 所示。

Intel 公司生产的 Core i7 是采用 22 nm(纳米)工艺制造的 4 核 CPU,在 160 mm^2 的硅核心上集成了 14.8 亿个晶体管,平均每平方毫米 900 万个晶体管。对于 CPU 来说,更小的晶体管制造工艺意味着更高的CPU工作频率、更高的处理性能和更低的功耗。集成电路制造工艺几乎成了CPU每个时代的标志。

(a) CPU正面　　(b) CPU背面　　(c) CPU内部结构

图 3-6　无引脚 LGA 封装的 CPU 外观和基本结构

4. CPU 技术性能

CPU 始终围绕着速度与兼容两个目标进行设计。 CPU 技术指标很多，如系统结构、指令系统、内核数量、工作频率等。

1)多核 CPU

多核 CPU 是在一个 CPU 芯片内部集成多个 CPU 内核。多核 CPU 带来了更强大的运算能力，但是增加了 CPU 的功耗。目前的 CPU 产品中，4 核至 8 核的 CPU 占据主流地位。Intel 公司表示，理论上 CPU 可以扩展到 1 000 核。多核 CPU 及其内核的流水线结构如图 3-7 所示，多核 CPU 使计算机设计变得更加复杂。运行在不同内核的程序为了互相访问、相互协作，需要进行独特设计，如高效进程之间的通信机制、共享内存数据等。程序代码迁移也是需要解决的问题。多核 CPU 需要软件支持，只有基于线程化设计的程序，多核 CPU 才能充分发挥应有的性能。

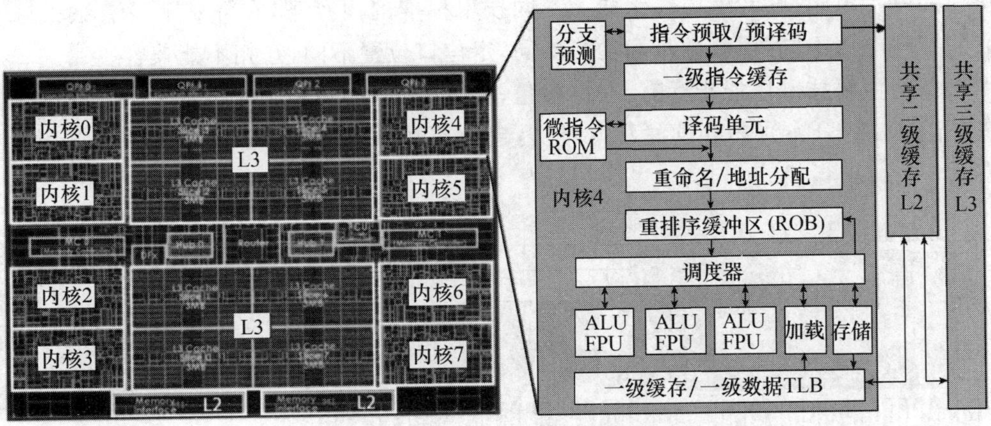

图 3-7　多核 CPU 及其内核的流水线结构

2)CPU 工作频率

提高 CPU 工作频率可以提高 CPU 性能，目前，主流 CPU 工作频率在 2.0 GHz 以上。继续大幅度提高 CPU 工作频率受到了生产工艺的限制。由于 CPU 制造在半导体硅片上，硅片上元件之间需要用导线进行连接，在高频状态下要求导线越细越短越好，这样才能减小导线分布电容等杂散信号的干扰，以保证 CPU 运算正确。

3)CPU 字长

CPU 字长指 CPU 内部的算术逻辑部件(ALU)一次处理二进制数据的位数。目前,CPU 的算术逻辑部件有 32 位和 64 位两种类型,x86 系列 CPU 的字长为 64 位,大多数平板计算机和智能手机的 CPU 的字长为 32 位。由于 x86 系列 CPU 向下兼容,因此,16 位、32 位的软件可以运行在 64 位 CPU 中。

4)CPU 制程线宽

制程线宽指集成电路芯片两个相邻晶体管之间距离(节距)的一半(1/2 节距),以 nm 为单位。制程线宽越小,生产工艺越先进,同一面积下晶体管数量越多,芯片功耗和发热量越小。早在几年前,Intel 公司的 CPU 生产工艺就已经达到了 10 nm 制程线宽,晶体管集成密度达到了每平方毫米 1 亿个晶体管。

5)CPU 高速缓存

高速缓存(cache)是采用静态随机存储器(SRAM)结构的内部存储单元。它利用数据存储的局部性原理,极大地改善了 CPU 的性能。目前,CPU 的高速缓存容量为 1～10 MB,甚至更高。高速缓存结构也从一级发展到三级(L1～L3)。

3.1.4 存储设备

存储器

1. 内存条

目前,计算机内存均采用动态随机存储器(DRAM)芯片安装在专用电路板上的形式,称为内存条。内存条类型有 DDR3、DDR4 等,内存条容量有 2 GB、3 GB 等多种规格。如图 3-8 所示,DDR 内存条由内存芯片(DRAM 芯片)、内存序列检测(SPD)芯片、印制电路板、金手指、散热片、贴片电阻、贴片电容等组成。不同技术标准的内存条,在外观上没有太大区别,但是它们的工作电压不同,引脚数量和功能不同,定位口位置不同,互相不能兼容。

内存条的主要技术性能指标有:存储容量、传输带宽(DDR3-1600 规格内存条的数据传输带宽最高达 12.8 GB/s)、内存读写延迟(延迟越小越好,目前的延迟为 10-10-10,30 个时钟周期左右)。

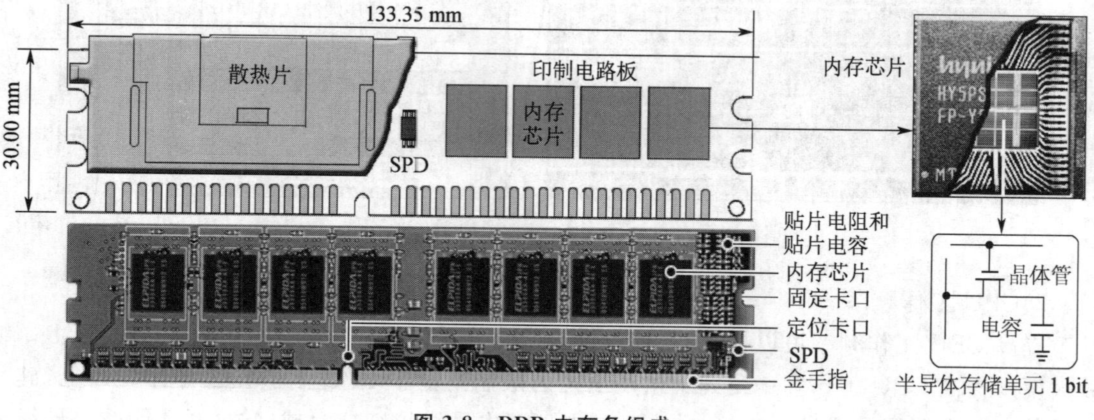

图 3-8 DDR 内存条组成

2. 闪存

闪存(flash memory)具备 DRAM 快速存储的优点,也具备硬盘永久存储的特性。闪存利用现有半导体工艺生产,因此价格便宜。它的缺点是读写速度较 DRAM 慢,而且擦写次数有极限。闪存数据写入以区块为单位,区块大小为 8～128 KB。由于闪存不能以字节为单位进行数据随机写入,因此它目前还不能作为内存使用。

1)U 盘

U 盘是利用闪存芯片、控制芯片和 USB 接口技术的一种小型半导体移动固态盘(见图 3-9)。U 盘容量一般为 16～512 GB;数据传输速度与硬盘基本相当,可达到 30 MB/s 左右。U 盘具有即插即用的功能,用户只需将它插入 USB 接口,计算机就可以自动检测到 U 盘。U 盘在读写、复制及删除数据等操作上非常方便,而且 U 盘具有外观小巧、携带方便、抗震、容量大等优点,因此受到用户的普遍欢迎。

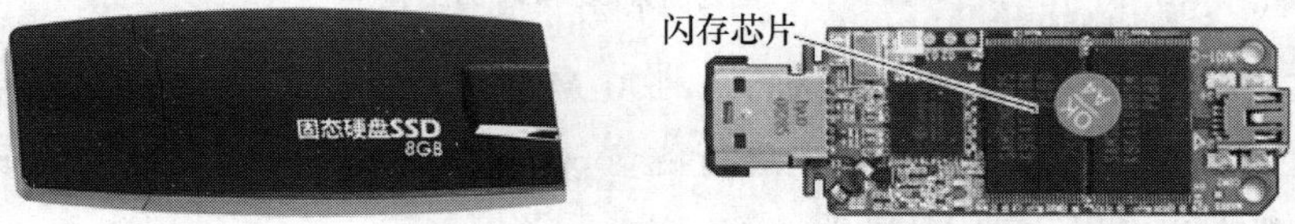

图 3-9　U 盘外观和内部电路

2)闪存卡

闪存卡(flash card)是在闪存芯片中加入专用接口电路的一种单片型移动固态盘。闪存卡一般作为存储介质应用在智能手机、数字照相机等小型数码产品中。如图 3-10 所示,常见闪存卡有 SD(安全数码)卡、TF 卡、MMC 卡、SM 卡、CF 卡、记忆棒、XD 卡等,这些闪存卡虽然外观和标准不同,但其技术原理都相同。

SD 卡是目前传输速度最快、应用最广泛的闪存卡,采用 NAND 闪存芯片作为存储单元,使用寿命在 10 年左右。SD 卡易于制造,成本上有很大优势,在智能手机、数字照相机、GPS 导航系统、MP3 播放器等领域得到了广泛应用。随着技术的发展,SD 卡逐步形成了 Micro SD、mini-SD、SDHC、Micro SDHC、SDXC 等技术规格。

图 3-10　常见闪存卡类型和基本尺寸

3)固态盘

固态盘(SSD)在接口标准、功能及使用方法上,与机械硬盘完全相同,其接口大多采用 SATA、USB 等形式。固态盘没有机械部件,因而抗震性能极佳,同时工作温度很低。如图 3-11 所示,256 GB 固态盘的尺寸和标准的 2.5 in 硬盘完全相同,但厚度仅为 7 mm,低于工业标准的 9.5 mm。

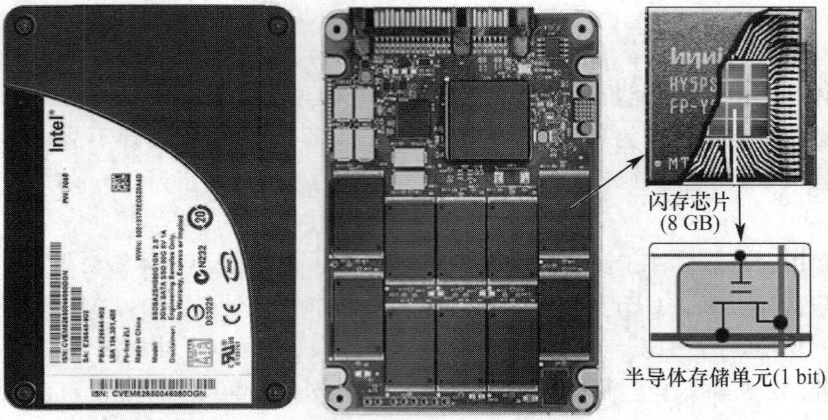

图 3-11　固态盘外观和内部结构

3.5 in 机械硬盘的平均读取速度为 50～100 MB/s,而固态盘的平均读取速度可以达到 400 MB/s 以上。另外,固态盘没有高速运行磁盘,因此发热量非常低。根据测试,256 GB 固态盘的工作功耗为 2.4 W,空闲功耗为 0.06 W。

3. 硬盘

如图 3-12 所示,硬盘(HD)是利用磁介质存储数据的机电式产品。硬盘中盘片由铝质合金和磁性材料组成。盘片中磁性材料没有磁化时,内部磁粒子方向是杂乱的,对外不显示磁性。当外部磁场作用于它们时,内部磁粒子方向会逐渐趋于统一,对外显示磁性。当外部磁场消失后,由于磁性材料的"剩磁"特性,磁粒子方向不会回到原状态,因而具有存储数据的功能。每个磁粒子有南、北两极,可以**利用磁记录位的极性来记录二进制数据位**。可以人为设定磁记录位的极性与二进制数据的对应关系,如用磁记录位的南极(S)表示数字"0",北极(N)则表示数字"1",这就是磁记录的基本原理。

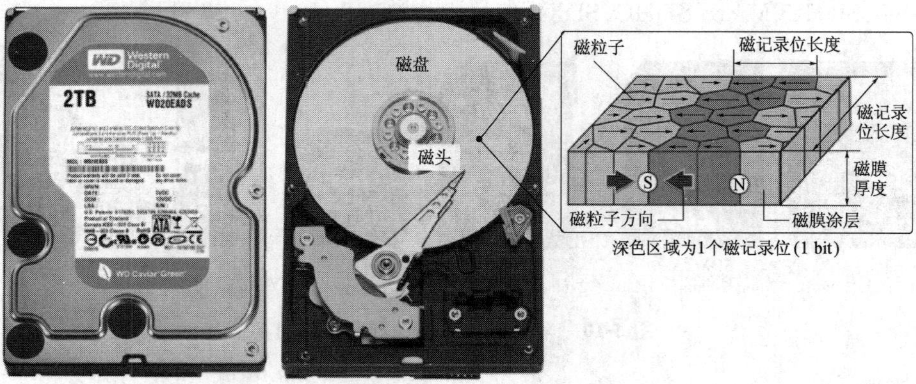

图 3-12　硬盘外观和内部结构

常见的硬盘存储容量为 320 GB、1 TB、2 TB、4 TB 等。硬盘接口有串行接口(SATA)和 USB 接口等。SATA 接口硬盘主要用于台式计算机,USB 接口硬盘主要用于移动存储设备。

光盘

3.1.5 总线与接口

1. 并行总线

总线是计算机中各种部件之间共享的一组公共数据传输线路。

并行总线由多条信号线组成，每条信号线可以传输 1 位二进制的“0”或“1”信号。如 32 位 PCI 总线就需要 32 条信号线，可以同时传输 32 位二进制信号。并行总线可以分为 5 个功能组：数据总线、地址总线、控制总线、电源线和地线。数据总线用来在各个设备或者部件之间传输数据和指令，它们是双向传输的；地址总线用于指定数据总线上数据的来源与去向，它们是单向传输的；控制总线用来控制对数据总线和地址总线的访问与使用，它们大部分是双向传输的。在大部分技术书籍中，为了简化分析，往往省略了电源线和地线。计算机并行总线有内存总线（MB）、外设总线（PCI）等。

并行总线的性能指标有总线位宽、总线频率和总线带宽。总线位宽为一次并行传输的二进制位数，如 32 位总线一次能传送 32 位数据。总线频率用来描述总线的数据传输频率，常见的总线频率有 33 MHz、66 MHz、100 MHz、200 MHz 等。并行总线带宽＝总线位宽×总线频率÷8，如 PCI 总线带宽为 32 bit×33 MHz÷8＝132 MB/s（注：按 1 000 进制计算）。

2. 串行总线

计算机串行总线有图形显示总线（PCI-e）、通用串行总线（USB）等。**串行总线的性能用带宽来衡量**，串行总线带宽的计算较为复杂，它主要取决于总线的信号传输频率和通道数，还与通信协议、传输模式、编码效率、通信协议开销等因素有关。

在 PCI-e 1.0 标准下，基本的 PCI-e ×1 总线有 4 条通信线路，2 条用于输入，2 条用于输出，总线传输频率为 2.5 GHz，总线带宽为 2.5 Gbit/s（单工）；在 PCI-e 2.0 标准下，PCI-e ×1 总线传输频率为 5.0 GHz，总线带宽为 5.0 Gbit/s（单工）；在 PCI-e 3.0 标准下，PCI-e ×1 总线传输频率为 8.0 GHz，总线带宽为 8.0 Gbit/s（单工）。例如，显卡采用 PCI-e ×16 总线 2.0 标准时，总线带宽为 80 Gbit/s（5.0 Gbit/s×16）。

USB 是一种使用广泛的串行总线，USB 2.0 总线带宽为 480 Mbit/s；USB 3.0 总线带宽为 5.0 Gbit/s。USB 总线接口有标准 A 型、标准 B 型、Mini-A 型、Mini-B 型、Mini-AB 型、Micro-B 型、OTG 等形式。

3. 接口

接口是指两个硬件设备之间起连接作用的逻辑电路。接口的功能是在各个组成部件之间进行数据交换。主机与外设之间的接口称为输入/输出接口，简称 I/O 接口。如图 3-13 所示，计算机常用接口有硬盘串行接口 SATA、显示器接口 DVI/VGA、键盘和鼠标接口 USB、音箱接口 Line Out、话筒接口 MIC、网络接口 RJ-45、存储卡接口 SD 等。

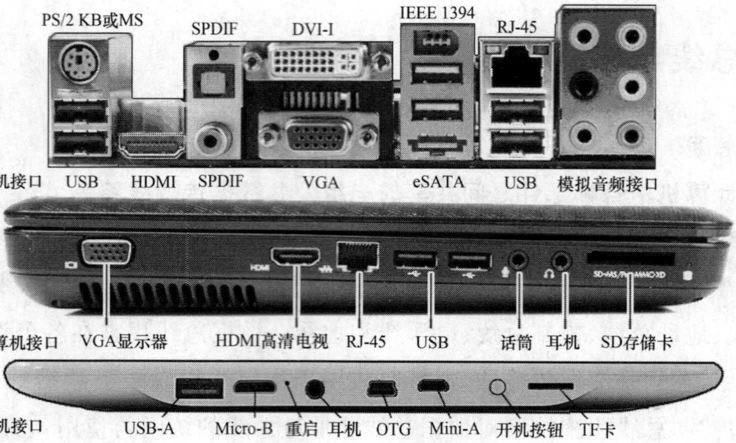

图 3-13　计算机常用接口

3.2　计算机软件

软件是指计算机系统中的程序和文档,是一组能够完成特定任务的二进制代码。没有安装软件的计算机称为裸机,裸机无法进行任何工作。

3.2.1　软件的基本特征

(1)软件是一种逻辑元素。

软件是逻辑的而非物理的系统元素。软件是设计开发的,而不是传统意义上生产制造的。虽然软件开发和硬件制造存在某些相似之处,但二者有本质的区别:硬件产品的主要成本在于制造,软件产品的主要成本在于开发设计。

(2)软件不会磨损。

随着时间的推移,硬件因为灰尘、震动、不当使用、温度超限,以及其他环境问题所造成的损耗,会使失效率提高。简而言之,硬件是会磨损的。软件不会受磨损问题的影响,但是软件存在退化问题。在软件生存周期里,软件将会面临变更,每次变更都可能引入新的错误。因此,不断变更是软件退化的根本原因。磨损的硬件可以用备用部件替换,而软件不存在备用部件。

(3)构件的复用。

目前,大多数软件仍然是根据用户的实际需求定制的(如某高校教务管理系统)。在硬件设计中,构件复用是工程设计中通用的方法;而在软件设计中,大规模的复用刚刚开始尝试。例如,图形用户界面的窗口、下拉菜单、按钮等都是可复用构件。

3.2.2　软件的分类

关于软件的分类,目前并没有达成统一共识,大部分教材将软件分为系统软件和应用软件两部分。计算机专家 R. 普雷斯曼(R. Pressman)在《软件工程:实践者的研究方法》(第 7 版)中,按软件服务对象将计算机软件分为以下 7 大类。

(1)系统软件。

系统软件是一整套服务于其他程序的程序集合。系统软件的作用是协调各部分硬件的工作,并为各种应用软件提供支持,使得计算机使用者和其他软件无须了解底层硬件是如何工作的,即可使用这些硬件实现各种功能。

系统软件的特点是:与计算机硬件大量交互、用户经常使用;需要管理共享资源,调度复杂的进程操作;复杂的数据结构;多种外部接口等。常用的系统软件主要包括操作系统、语言处理程序、数据库管理系统和工具软件。

(2)专业应用软件。

专业应用软件是解决特定业务的独立程序,主要处理商务或技术数据,以协助用户的业务操作和管理。除了传统的数据处理程序,如教务管理系统、订票系统等,专业应用软件也用于业务的实时控制、实时制造过程控制等。

(3)通用商业软件。

通用商业软件为不同用户提供特定功能,它关注有限的特定专业市场(如库存管理),或者大众消费品市场(如文字处理、电子表格、图形处理、多媒体等)。

(4)Web 应用软件。

Web 应用软件是以互联网为中心的应用软件。最简单的 Web 应用软件可以是一组超文本链接文件(如小型网站),仅仅用文本和有限的图片表达信息。然而,随着 Web 2.0 的出现,网络应用正在发展为一个复杂的计算环境,不仅为最终用户提供独立的功能和内容,还与企业数据和商务应用程序相结合。

(5)工程/科学软件。

这类软件通常有数值计算的特征,工程和科学软件涵盖了广泛的应用领域,如从天文学到气象学,从应力分析到飞行动力学,从分子生物学到自动制造业等。目前,科学工程领域的应用软件已不仅局限于数值计算,系统仿真、虚拟实验、辅助设计等交互性应用程序也得到了广泛应用,已经呈现出实时性,甚至具有系统软件的特性。常用工程设计软件如图 3-14 所示。

制造行业三维绘图软件SolidWorks

大型通用有限元分析软件ANSYS

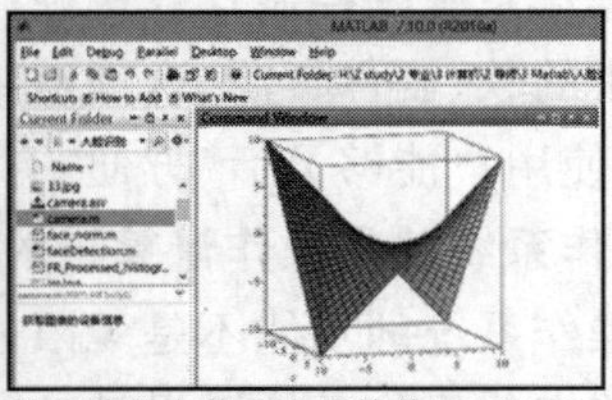
数值计算和仿真分析软件MATLAB

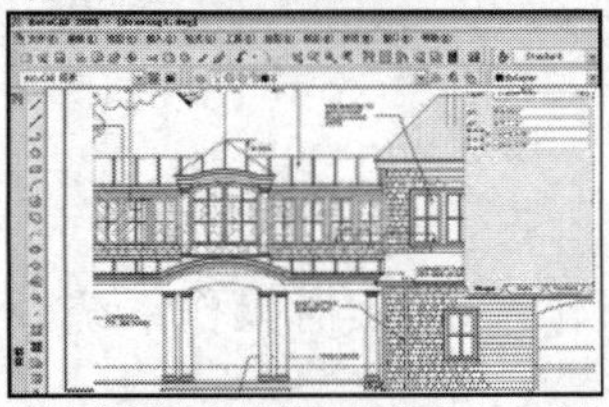
机械建筑行业辅助设计软件AutoCAD

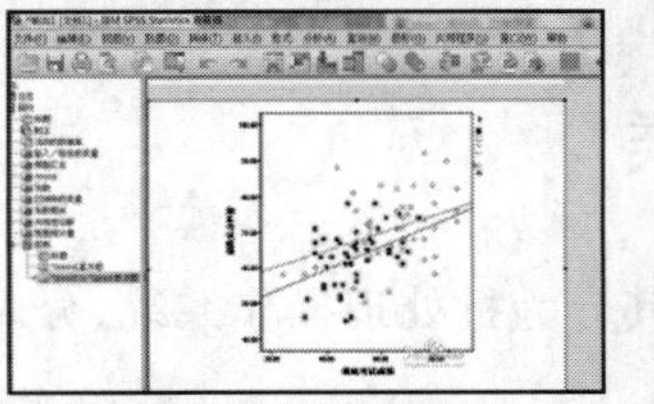
社会科学统计软件包SPSS

三维动画设计软件3ds Max

图 3-14 常用工程设计软件

(6)嵌入式软件。

嵌入式软件存在于某个产品或者系统中,可实现面向最终使用者的特性和功能。嵌入式软件可以执行一些智能设备的管理和控制功能(如微波炉控制),或者提供重要设备的功能和控制能力(如飞机燃油控制、汽车刹车系统等)。

(7)人工智能软件。

人工智能软件是利用非数值算法,解决通过计算和分析无法解决的复杂问题。这个领域的应用程序包括机器人、专家系统、模式识别(图像和语音)、定理证明、博弈计算等。

3.3 操作系统

操作系统是配置在计算机硬件上的第一层软件,是对硬件系统的首次扩充。它在计算机系统中占据了特别重要的地位,而其他系统软件和应用软件,都依赖于操作系统的支持。操作系统已成为现代计算机最基本的必配软件。操作系统与计算机软、硬件的层次关系如图 3-15 所示。

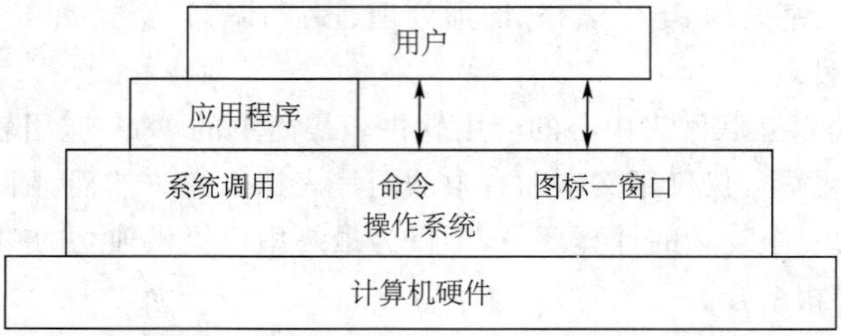

图 3-15 操作系统与计算机软、硬件的层次关系

3.3.1 操作系统的定义

操作系统是控制计算机硬件和软件资源的一组系统程序。操作系统能有效组织和管理计算机中的软、硬件资源,合理组织计算机的工作流程,控制程序的执行,并向用户提供各种服务功能,使用户能够灵活、方便、有效地使用计算机,并使整个计算机系统能高效地运行。简而言之,**操作系统就是操作计算机的系统软件**。

操作系统的功能不是无限的,实际上,计算机的很多功能由应用软件来实现。应用软件都是为特定的操作系统而设计的,它们都必须在操作系统的支持下才能运行。

3.3.2 操作系统的分类

根据操作系统的功能,可将其分为批处理操作系统、分时操作系统、实时操作系统、网络操作系统和嵌入式操作系统等。

1. 批处理操作系统

单道批处理操作系统又称为顺序批处理系统,即用户一次可以提交多个作业,系统一次只处理一个作业，无须人工干预，节省了系统的等待时间，提高了计算机资源的利用率。

多道批处理操作系统是将“多道”和“批处理”结合，把属于同一批的若干个作业同时调入内存，存放在内存的不同区域，内存中的多个作业可以并发执行，从而提高系统资源的利用率。

为了进一步提高资源的利用率和系统吞吐量，在 20 世纪 60 年代中期引入了多道程序设计技术，由此形成了多道批处理系统。在该系统中，用户所提交的作业先存放在外存上，并排成一个队列，称为后备队列，然后由作业调度程序按一定的算法，从后备队列中选择若干个作业调入内存，使它们共享 CPU 和系统中的各种资源。由于同时在内存中装有若干道程序，因此可以在运行程序 A 时，利用其因 I/O 操作而暂停执行时的 CPU 空挡时间，再调度另一道程序 B 运行，同样可以利用程序 B 在 I/O 操作时的 CPU 空挡时间，再调度程序 C 运行，使多道程序交替地运行，这样便可以使 CPU 处于忙碌状态。图 3-16 给出了四道程序运行时的情况。

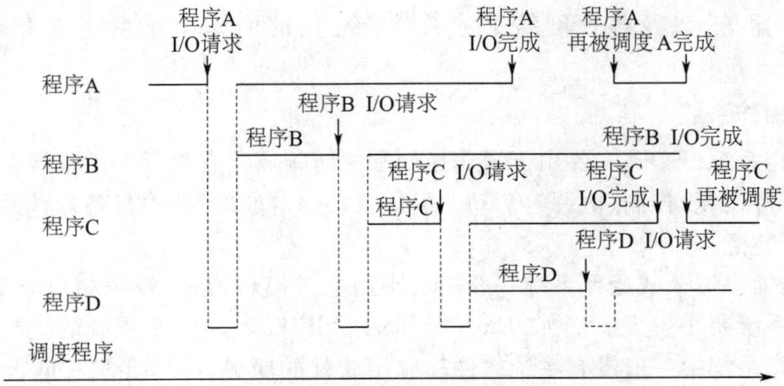

图 3-16　四道程序运行时的情况

2. 分时操作系统

分时操作是指多个程序共享 CPU 的工作方式。操作系统将 CPU 的工作时间划分成若干时间片，以时间片为单位，轮流为每个程序服务。为了使 CPU 为多个程序服务，一般时间片很短，CPU 采用循环方式将这些时间片分配给等待处理的每个程序，由于时间片很短，执行得很快，每个程序都能很快得到 CPU 的响应，好像每个程序都在“独享”CPU。分时操作系统的主要特点是允许多个用户同时在一台计算机中运行多个程序，每个程序都独立操作、独立运行、互不干涉。与批处理操作系统相比，分时操作系统具有非常明显的特性。

(1)多路性。多路性是指系统允许将多台终端同时连接到一台主机上，并按分时原则为每个用户服务。多路性允许多个用户共享一台计算机，显著地提高了资源利用率，降低了使用费用，从而促进了计算机更广泛的应用。

(2)及时性。及时性是指用户的请求能在很短的时间内获得响应。这一时间间隔是根据人们所能接受的等待时间确定的，通常仅为 1～3 s。

(3)交互性。交互性是指用户可通过终端与系统进行广泛的人机对话。其广泛性表现在：用户可以请求系统提供多方面的服务，如进行文件编辑和数据处理、访问系统中的文件系统和数据库系统、请求提供打印服务等。

(4)独立性。独立性是指系统提供了这样的用机环境，即每个用户在各自的终端上进行操作，彼此之间互不干扰。

常见的分时操作系统有 UNIX、Linux、XENIX、Mac OS X。

3. 实时操作系统

实时操作系统是指系统对随机发生的外部事件及时作出响应并在规定的时间内完成对该事件的处理,并控制所有实时任务协调一致地进行,是一种时间性强、响应快的操作系统。

根据具体应用领域的不同,实时操作系统分为实时控制和实时信息处理。实时控制如宇航控制、导弹发射、工业控制、铁路运输控制等;实时信息处理如航班订票、图书管理、银行财务处理等。

4. 网络操作系统

网络操作系统的主要功能是为各种网络后台服务软件提供支持平台。网络操作系统主要运行的软件有:网站服务软件,如 Web 服务器、DNS 服务器等;网络数据库软件,如 Oracle、SQL Server 等;网络通信软件,如聊天服务器、邮件服务器等;网络安全软件,如网络防火墙、数字签名服务器等,以及各种网络服务软件。常见的网络操作系统有 Linux、FreeBSD、Windows Server 等。

5. 嵌入式操作系统

嵌入式操作系统(EOS)主要用于工业控制和国防领域。它负责嵌入系统全部软件和硬件资源的分配、任务调度、控制、协调等活动。目前,嵌入式操作系统除具备操作系统最基本的功能外,还有如下特点。

(1)系统精简。嵌入式操作系统一般用于小型电子设备,系统资源相对有限,所有系统内核比其他操作系统要小得多。例如,Enea 公司的 OSE 嵌入式操作系统的内核只有 5 KB 左右。嵌入式操作系统中一般没有系统软件和应用软件的明显区分,要求功能设计及实现上不要过于复杂,这样一方面利于控制成本,另一方面也利于实现系统安全。

(2)专用性强。嵌入式操作系统与硬件的结合非常紧密,一般要针对硬件进行系统移植,即使在同一品牌、同一系列的产品中,也需要根据硬件的变化对系统进行修改。因此,嵌入式操作系统需要根据不同设备对系统功能模块进行裁减和增加,这需要可伸缩的体系结构。

(3)实时性强。嵌入式操作系统需要对各种设备进行实时控制,因此系统软件和应用软件一般固化在只读存储器(ROM)中,以提高运行速度。嵌入式操作系统和应用软件很少使用辅助存储器。

(4)网络功能强大。支持 TCP/IP,为移动计算设备预留接口。

(5)稳定性强、交互性弱。系统一旦开始运行就不需要用户过多干预,用户接口一般不提供操作命令,通过用户程序提供服务。

3.3.3 操作系统的功能

操作系统并不是与计算机硬件一起诞生的,它是在人们使用计算机的过程中,为了提高计算机系统资源的利用率、增强计算机系统的性能而逐步形成和发展起来的。为此,操作系统应具有处理器管理、存储管理、设备管理和文件管理等基本功能。此外,为了方便用户使用操作系统,还需提供方便的用户接口。

1. 处理器管理

处理器的分配和运行都是以进程为基本单位的,因而对处理器的管理可归结为对进程的管理。进程是程序的执行过程,是对应用程序的抽象。处理器管理的主要功能有:创建和撤销进程,对各进程的运行进行协调,实现进程间的信息交换,以及按照一定的算法把处理器分配给进程。

(1)进程组成。

为了跟踪所有进程,操作系统在内存中建立了一个进程表。每当有程序请求执行时,操作系统就在进程表中添加一个新的表项,这个表项称为进程控制块(PCB)。进程控制块中包含进程的描述信息和控制信息。进程结束后,系统收回进程控制块,该进程便消亡。在 Windows 操作系统中,每个进程都由程序段、数据段和进程控制块 3 部分组成。

(2)进程控制。

在多道程序环境下,为了使作业能并发执行,必须为每道作业创建一个或几个进程,并为其分配必要的资源。当进程运行结束时,应立即撤销该进程,以便能及时回收该进程所占用的各类资源,供其他进程使用。在设置有线程的操作系统中,进程控制还应为一个进程创建若干个线程,以提高系统的并发性。因此,进程控制的主要功能就是为作业创建进程、撤销已结束的进程,以及控制进程在运行过程中的状态转换。

进程的执行分为"就绪—运行—等待"3 个循环进行的状态,如图 3-17 所示。

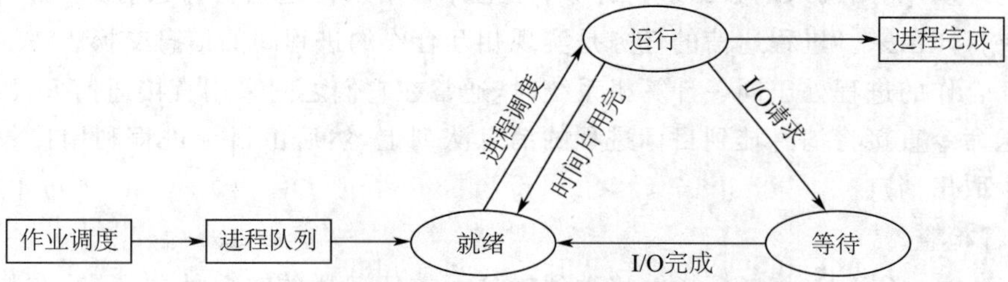

图 3-17 进程的状态及其转换

①就绪状态:进程获得了除 CPU 外的所有资源,准备好后就可以进入就绪状态排队。有多个进程请求运行时,各个进程都进入就绪队列,操作系统按算法(如先来先服务、优先级等)选择下一个要执行的进程,并分配进程一个几十个纳秒的时间片,并为它分配内存空间等资源。

②运行状态:上一个进程退出运行状态后,就绪进程按队列顺序进入运行状态。进程进入运行状态后,在 CPU 中运行。

每个进程在 CPU 中运行的时间很短,一般为几十纳秒,这个时间片是由 CPU 进行分配和控制的。目前,CPU 的工作频率为 GHz 级,因此 1 ns 最少可以执行 1～8 条指令(与 CPU 的频率、内核数量等有关),在几十个纳秒的时间片里,CPU 可以执行数百条指令。

CPU 通过内部硬件中断信号来指示时间片的结束,时间片到点后,进程将控制权交还给操作系统,暂时退出运行状态,进入就绪、等待或完成状态。

在单核 CPU 中,只能有一个进程处于运行状态。在多核 CPU 中,可能有多个进程同时处于运行状态(在不同 CPU 内核中并发运行)。

③等待状态:进程运行结束后,如果不需要再次运行,则进入完成状态。

如果进程还没有结束,只是由于时间片已经用完而退出运行状态,则进程再次进入就绪队列,等待下次运行的机会。

如果进程因等待某个数据或事件而暂停执行(如等待键盘输入的数据),则进程进入等待状态,当进程等待的数据或事件已经准备好时,进程再次进入就绪队列。

进程结束后(如关闭某个应用程序或退出窗口),操作系统就会立即撤销该进程,并及时回收该进程占有的软件和硬件资源。

(3)进程同步。

为使多个进程能有条不紊地运行,系统中必须设置相应的进程同步机制。该机制的主要任务是协调多个进程的运行。常用的协调方式有两种:一是进程互斥方式,指两个或两个以上的进程,不能同时进入关于同一组共享变量的临界区域,否则可能发生与时间有关的错误;二是进程同步方式,指在相互合作来完成共同任务的各进程间,由同步机构对它们的执行次序加以协调。最简单的用于实现进程互斥的机制是为每一个临界资源配置一把锁,当锁打开时,进程可以对该临界资源进行访问;而当锁关上时,则禁止进程访问该临界资源。而实现进程同步时,最常用的机制是信号量机制。

(4)进程通信。

当一组相互合作的进程完成一个共同的任务时,在它们之间往往需要交换信息。例如,有输入进程、计算进程和打印进程 3 个相互合作的进程,输入进程负责将所输入的数据传送给计算进程;计算进程利用输入的数据进行计算,并把计算结果传送给打印进程;最后由打印进程把计算结果打印出来。进程通信的任务是实现相互合作的进程间的信息交换。

当相互合作的进程处于同一计算机系统时,通常在它们之间采用直接通信方式,即由源进程利用发送命令直接将消息挂到目标进程的消息队列上,然后由目标进程利用接收命令从其消息队列中取出消息。

(5)进程检查。

在 Windows 环境下,将鼠标指针移动到屏幕下方任务栏的空白处并右击,在弹出的快捷菜单中选择“任务管理器”命令,在打开的窗口中就可以观察到程序和进程的运行情况,如图 3-18 所示。

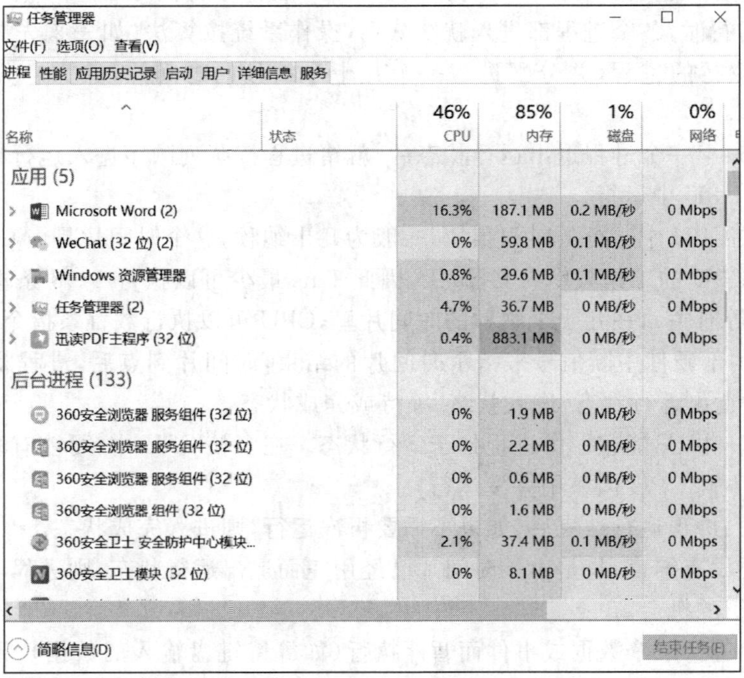

图 3-18 程序和进程的运行情况

2. 存储管理

存储资源通常包括内存和外存，外存通过标准的I/O通道来管理，而内存是CPU直接通过系统总线来访问的。存储管理的主要任务是为多道程序的运行提供良好的环境，提高存储器的利用率，方便用户使用，并能从逻辑上扩充内存。为此，存储管理应具有内存分配、内存保护、地址映射和虚拟内存等功能。

(1)内存分配。

内存分配的主要任务是：为每道程序分配内存空间，使它们“各得其所”；提高内存的利用率，尽量减少不可用的内存空间（碎片）；为正在运行的程序申请附加的内存空间，以适应程序和数据动态增长的需要。

在实现内存分配时，可采取静态分配方式和动态分配方式。

①静态分配方式：每个作业的内存空间是在作业装入时确定的，在作业装入后的整个运行期间不允许该作业再申请新的内存空间，也不允许作业在内存中移动。

②动态分配方式：每个作业所需要的基本内存空间虽然也是在装入时确定的，但作业在运行过程中可继续申请新的附加内存空间，以适应程序和数据的动态增长，也允许作业在内存中移动。

(2)内存保护。

内存保护的主要任务是：确保每道用户程序仅在自己的内存空间内运行，彼此互不干扰。绝不允许用户程序访问操作系统的程序和数据，也不允许用户程序转移到非共享的其他用户程序中执行。

为了确保每道程序只在自己的内存区中运行，必须设置内存保护机制。一种比较简单的内存保护机制是设置两个界限寄存器，分别用于存放正在执行程序的上界和下界。在程序运行时，系统对每条指令所要访问的地址进行检查，如果发生越界，便发出越界中断请求，以停止该程序的执行。

(3)地址映射。

在多道程序环境下，由于每道程序经编译和链接后所形成的可装入程序的地址都是从0开始的，但不可能将它们从“0”地址开始装入内存，这就导致（各程序段的）地址空间内的逻辑地址与其在内存空间中的物理地址并不一致。为保证程序能正确运行，存储管理必须提供地址映射功能，即能够将地址空间中的逻辑地址转换为内存空间中与之对应的物理地址，该功能应在硬件的支持下完成。

(4)虚拟内存。

虚拟内存就是将硬盘空间拿来当内存使用，硬盘空间比内存大许多，有足够的空间用于虚拟内存。但是硬盘的运行速度大大低于内存的运行速度，所以虚拟内存的运行效率是很低的。这也反映了计算思维的一个基本原则——**以时间换空间**。

虚拟存储的理论依据是程序局部性原理：在程序运行的过程中，在时间上，经常运行相同的指令和数据（如循环指令）；在存储空间上，经常运行某一局部空间的指令和数据（如窗口显示）。虚拟内存技术就是将程序所需要的存储空间分成若干页或若干段，然后将常用的段和页放在内存中，将暂时不用的程序和数据放在外存中，当需要用到外存中的页和段时，再把它调入内存。

内存扩充并非从物理上扩大内存的容量，而是借助于虚拟内存技术，从逻辑上扩充内存的容量,使用户感觉到的内存容量比实际内存容量大得多,以便让更多的用户程序能并发运行,这样既能满足用户的需要,又能改善系统的性能。为了能在逻辑上扩充内存,系统必须设置内存扩充机制,用于实现下述功能。

①请求调入功能:系统运行在仅装入部分用户程序和数据的情况下,便能启动该程序运行。在程序运行的过程中,若发现要继续运行时所需的程序和数据尚未装入内存,则可向操作系统发出请求,由操作系统从磁盘中将所需部分调入内存,以便继续运行。

②置换功能:若发现在内存中已无足够的空间来装入需要调入的程序和数据,系统应能将内存中的一部分暂时不用的程序和数据调至磁盘上,以腾出内存空间,然后再将所需调入的程序和数据装入内存。

如图 3-19 所示,32 位 Windows 操作系统的虚拟地址空间为 4 GB,这是一个线性地址的虚拟内存空间,用户看到和接触到的都是该虚拟内存地址,无法看到实际的物理内存地址。利用虚拟地址,不但能起到保护操作系统的作用(用户不能直接访问物理内存),更重要的是用户程序可以使用比实际物理内存更大的内存空间。

在 Windows 操作系统下启动一个应用程序后,Windows 操作系统会为该应用程序创建一个进程,并且分配 2 GB(范围:0～2 GB)的虚拟地址空间,这部分地址空间用来存放程序代码、数据、堆栈、自由存储区;另外 2 GB(范围:3～4 GB)的虚拟地址空间由操作系统控制。由于虚拟内存大于物理内存,因此它们之间需要进行内存页面映射和地址空间转换。

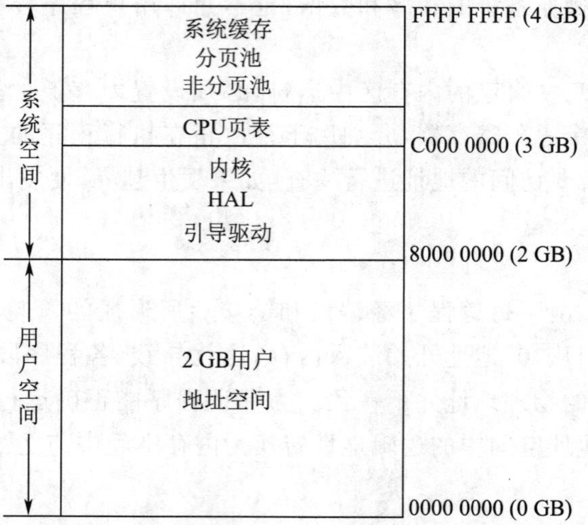

图 3-19　32 位 Windows 操作系统的虚拟地址空间

3. 设备管理

设备管理的主要任务是控制设备和内存之间的数据传送。由于设备种类繁多,功能和传输速率差异巨大,因此需要用多种方法进行设备控制。设备管理系统提供的服务主要有设备调度、数据缓冲与高速缓存、设备分配和回收、设备保护和差错处理等。

1)I/O 设备的类型

设备管理是操作系统设计中最凌乱也最具挑战的部分,它包含很多领域不同的设备,以及与设备相关的应用程序,因此很难有一个通用一致的设计方案。计算机系统中的 I/O 设备有以下类型。

(1)人机交互设备。

人机交互设备是用于计算机与用户之间交互的设备,如打印机、显示器、鼠标、键盘等。这些设备的数据交换速度相对较慢,通常以字节为单位进行数据交换。

(2)外部存储设备。

外部存储设备是用于存储程序和数据的设备,如硬盘、磁盘、存储卡、U盘、光盘等。这些设备的数据交换速度较快,通常以多字节组成的块为单位进行数据交换。例如,硬盘以簇(1簇=4 KB)为单位与操作系统交换数据。

(3)网络通信设备。

网络通信设备是用于计算机与远程通信的设备,如各种网络接口、调制解调器等。这类设备的速度介于前两类设备之间,在使用和管理上与前两类设备有很大不同。

2)设备管理功能

(1)缓冲管理。

如果在I/O设备和CPU之间引入缓冲,则可有效地缓和CPU和I/O设备速度不匹配的矛盾,提高CPU的利用率,进而提高系统吞吐量。因此现在的操作系统中,无一例外地在内存中设置缓冲区,还可通过增加缓冲区容量的方法来改善系统的性能。不同的系统可以采用不同的缓冲区机制。最常见的缓冲区机制有单缓冲机制、能实现双向同时传送数据的双缓冲机制、能供多个设备同时使用的公用缓冲池机制。

(2)设备分配。

设备分配的基本任务是根据用户进程的I/O请求、系统现有的资源情况及按照某种设备的分配策略,分配其所需要的设备。如果在I/O设备和CPU之间还存在设备控制器和I/O通道,则还需要为分配出去的设备分配相应的控制器和通道。为实现设备分配,系统中应设置设备控制表、控制器控制表等数据结构,用于记录设备及控制器等的标识符和状态。根据这些表格可以了解指定设备当前是否可用、是否忙碌,供系统进行设备分配时参考。在进行设备分配时,应针对不同的设备类型采用不同的设备分配方式。对于独占设备的分配,还应考虑该设备被分配出去后系统是否安全。在设备使用完后,应立即由系统回收。

(3)设备处理。

设备处理程序又称为设备驱动程序。其基本任务是用于实现CPU和设备控制器间的通信,即由CPU向设备控制器发送I/O命令,要求它完成指定的I/O操作;反之,由CPU接收从设备控制器发来的中断请求,并给予迅速的响应和相应的处理。

设备处理过程是:首先检查I/O请求的合法性,了解设备状态是否空闲,读取有关的传递参数并设置设备的工作方式。然后向设备控制器发出I/O命令,启动I/O设备完成指定的I/O操作。此外,设备驱动程序还应能及时响应由设备控制器发来的中断请求,并根据该中断请求的类型,调用相应的中断处理程序进行处理。对于设置了通道的计算机系统,设备处理程序还应能根据用户的I/O请求自动构成通道程序,当需要进行I/O操作时,CPU只需启动通道,然后可以继续执行自身程序,通道则执行通道程序,管理并实现I/O操作,实现CPU与外设的并行工作。

4. 文件管理

文件是一组相关信息的集合。在计算机系统中,所有程序和数据都以文件的形式存放在计算机外存上。例如,一个C源程序、一首歌曲、一段视频等都是文件。

1)文件系统

在操作系统中,负责管理和存取文件的程序称为文件系统。在文件系统下,用户可以按照文件名查找文件和访问文件,而不必考虑文件如何保存、硬盘中哪个物理位置有空间可以存放文件、文件目录如何建立、文件如何调入内存等问题。文件系统为用户提供了一个简单、统一的文件管理方法。

2)文件管理的功能

文件管理的主要任务是对用户文件和系统文件进行管理以便用户使用,并保证文件的安全。为此,文件管理应具有对文件存储空间的管理、目录管理、文件的读/写管理和保护等功能。

(1)文件存储空间的管理。

在多用户环境下,若由用户对文件的存储进行管理,不仅非常困难,而且必然十分低效。因而需要由文件系统对诸多文件及文件的存储空间实施统一的管理。其主要任务是:为每个文件分配必要的外存空间,提高外存的利用率,进而提高文件系统的存取速度。为此,系统中应设置相应的数据结构,用于记录文件存储空间的使用情况,供系统分配存储空间时参考。文件管理还应具有对存储空间进行分配和回收的功能。

(2)目录管理。

计算机中的文件有成千上万个,如果把所有文件存放在一起会有许多不便。为了有效地管理和使用文件,大多数文件系统允许用户在根目录下建立子目录(也称为文件夹),在子目录下再建立子目录,如图 3-20 所示。

目录(文件夹)是由文件和子目录组成的,它也是一种文件。操作系统将目录按树形结构管理,用户可以将文件分门别类地存放在不同目录中。这种目录结构像一棵倒置的树,树根为根目录,树中每一个分支为子目录,树叶为文件。在树形结构中,用户可以将相同类型的文件存放在同一个子目录中,同名文件可以存放在不同的目录中。

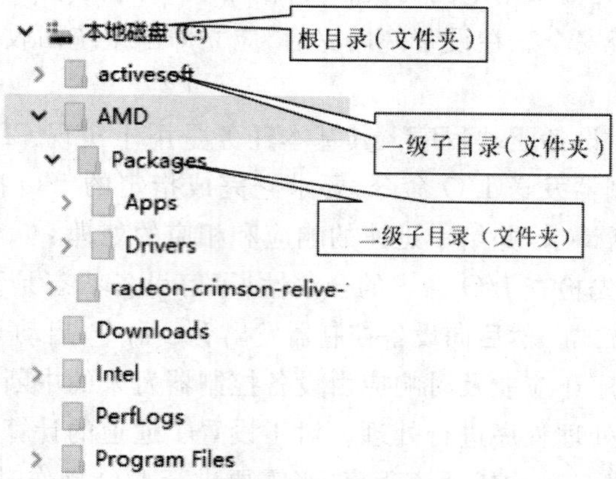

图 3-20　树形结构目录

Windows 操作系统中,每个硬盘的分区(如 C 盘、D 盘、E 盘等)都建立一个独立的目录树,有几个分区就有几个目录树(与 Linux 操作系统不同)。

用户可以对自行建立的目录进行移动、删除、修改名称等操作。操作系统和应用软件在安装时,也会建立一些子目录,如 C:\Windows 等。对这些目录,用户不能进行移动、删除、修改名称等操作，否则将导致操作系统或应用软件不能正常使用。

目录管理的主要任务是为每个文件建立一个目录项，目录项包括文件名、文件属性、文件在硬盘上的物理位置等，并对众多的目录项加以有效的组织，以实现方便的按名存取，即用户只需要提供文件名，便可对该文件进行存取。目录管理还应能实现文件共享，这样，只需要在外存上保留一份该共享文件的副本。此外，目录管理还应能提供快速的目录查询手段，以提高对文件检索的速度。

(3)文件的读/写管理和保护。

①文件的读/写管理。该功能是根据用户的请求，从外存中读取数据或将数据写入外存。在进行文件读/写操作时，系统先根据用户给出的文件名来检索文件目录，从中获得文件在外存中的位置，然后利用文件读/写指针对文件进行读/写，一旦读/写完成，便修改读/写指针，为下一次读/写做好准备。由于读和写操作不会同时进行，故可合用一个读/写指针。

②文件保护。为了防止系统中的文件被非法窃取和破坏，在文件系统中必须提供有效的存取控制功能，以实现下述目标：防止未经核准的用户存取文件，防止冒名顶替存取文件，防止以不正确的方式使用文件。

5. 用户接口

用户在计算机上运行程序的过程中，需要告诉计算机各种运行要求、出错处理方式等，因此操作系统应该向用户提供一系列操作命令，作为计算机和用户的接口。操作系统与用户之间的接口大致有以下两种：一是程序一级接口，操作系统为用户提供一组系统调用命令，可以供用户在程序中直接调用，通过系统调用命令直接向系统提出各种资源请求和服务请求；二是作业控制语言与操作命令，在批处理系统中，由于用户无法在程序运行过程中与系统交互，因此必须在提交运行作业的同时，按系统提供的控制编程语言编写作业说明书，告知系统本作业的运行图及要求的服务。

3.3.4 操作系统的基本特征

前面介绍的多道批处理操作系统、分时操作系统和实时操作系统具有各自不同的特征，如批处理操作系统有较高的资源利用率和系统吞吐量；分时操作系统能获得及时响应；实时操作系统具有实时特征。除此之外，它们都具有**并发**、**共享**、**虚拟**和**异步**4 个基本特征。

(1)并发性。

并发性是指两个或多个事件在同一时间内发生。在多核 CPU 运行环境下，并发性是指在一段时间内有多道程序同时在多个 CPU 中运行。在单核 CPU 系统中，程序被分为多个不同的线程，轮流在 CPU 中运行，由于每个线程的运行时间极短，因此从用户的角度看，这些程序是并行运行的，但是从微观上看，每个时刻仅能执行一个线程，因此微观上这些程序是交替执行的。

(2)共享性。

共享是指系统中的资源可供内存中多个并发执行的进程共同使用。由于资源的属性不同，因此多个进程对资源的共享方式也不同。互斥共享方式适用于具有独享属性的设备资源

(如打印机、显示器等),它们只能以互斥方式使用;同时访问方式适用于具有共享属性的设备资源(如内存、磁盘等),它们允许在一段时间内由多个进程同时使用。

(3)虚拟性。

虚拟性是将一个物理实体变成若干个逻辑上的对应物。通过虚拟技术可以实现虚拟处理器、虚拟存储等。虚拟性是操作系统对硬件的一种抽象。

(4)异步性。

在多道程序运行环境下,系统运行多个进程并发执行。在单处理器环境下,由于系统中只有一台处理器,因而每次只允许一个进程执行,其余进程只能等待。当正在执行的进程提出某种资源要求时,如打印请求,而此时打印机正在为其他进程提供服务,由于打印机属于临界资源,因此正在执行的进程必须等待,并释放出处理器,直到打印机空闲,并再次获得处理器时,该进程才能继续执行。可见,由于系统共享的资源有限,通常进程的执行并非"一气呵成",而是以"走走停停"的方式运行,因此进程何时执行,何时暂停,以怎样的方式向前推进,每个进程总共需要多长时间才能完成,都是不确定的。

由于每个用户程序的性能不同,如有的侧重于计算而较少需要 I/O,有的程序的计算少而 I/O 操作多,因此很可能先进入内存的作业后完成,后进入内存的作业先完成。或者说,进程以人们不可预知的速度向前推进,即进程具有异步性。尽管如此,只要在操作系统中配置完善的进程同步机制,且运行环境相同,进程经过多次运行都会获得相同的结果。因此异步运行方式是被允许的,这是操作系统的一个重要特征。

3.4 计算机工作原理

计算机工作原理是:将现实世界中各种信息转换为计算机能够理解的二进制代码(信息编码),并将其保存在计算机存储器(数据存储)中,在程序控制下由运算器对数据进行处理(指令执行)。在数据存储和计算过程中,需要将数据从一个部件传输到另一个部件(数据传输);数据处理完成后,再将数据转换为人类能够理解的信息形式(数据解码)。在以上工作过程中,信息如何编码和解码,数据存储在什么位置,数据如何进行计算等,都由计算机能够识别的机器语言(指令系统)控制和管理。由以上讨论可以看出,**计算机本质上是一台由程序控制的二进制符号处理机器**。

3.4.1 数据存储

数据存储

计算机存储器分为两大类:内部存储器和外部存储器。内部存储器又称为主存储器,简称内存或主存,通过总线与 CPU 相连,用来存放正在执行的程序和数据;外部存储器又称为辅助存储器,简称外存或辅存,需要通过专门的接口电路与主机相连,用来存放暂时不执行的程序和数据。

1. 存储器的类型

不同存储器的工作原理不同,性能也不同。常用存储器的类型如图 3-21 所示。

- 存储器
  - 内存
    - 动态随机存储器(DRAM)
      - DDR2 SDRAM(第 2 代 DDR):趋于淘汰
      - DDR3 SDRAM(第 3 代 DDR):常用产品
      - DDR4 SDRAM(第 4 代 DDR):市场主流产品
    - 静态随机存储器(SRAM):主要用于高速缓存
  - 外存
    - 半导体存储器
      - 电擦除可编程只读存储器(EEPROM):内存条中的 SPD 芯片
      - 闪存(flash memory)
        - NAND flash(与非型闪存):U 盘、SSD、SD 卡等
        - NOR flash(或非型闪存):BIOS、手机内存等
    - 磁介质存储器:硬盘市场主流外存产品
    - 光介质存储器
      - CD-ROM(光盘):CD-ROM、CD-R、CD-RW、CD-RAM 等(趋于淘汰)
      - DVD-ROM(光盘):DVD-ROM、DVD-R、DVD-RW、DVD-RAM 等
      - BD-ROM(蓝光光盘):BD-ROM、BD-R、BD-RW 等

图 3-21　常用存储器的类型

1)内存

内存是采用 CMOS(互补金属氧化物半导体)工艺制作的半导体存储芯片。断电后,内存中的程序和数据都会丢失。早期将内存分为随机存储器(RAM)和只读存储器(ROM),由于 ROM 使用不方便,性能极低,目前已经淘汰。目前,内存分为动态随机存储器(DRAM)和静态随机存储器(SRAM)。SRAM 存储速度快,只要不掉电,数据就不会丢失,但其结构复杂,一般仅用在 CPU 内部,作为高速缓存(cache)。DRAM 利用电容保存数据,结构简单,成本低,但是由于电容漏电,因此数据容易丢失。为了保证数据不丢失,必须对 DRAM 进行定时(间隔 64 ms)充电(内存动态刷新)。

2)外存

外存的存储材料和工作原理更加多样化。由于外存需要保存大量数据,因此要求容量大,价格便宜,更为重要的是外存中的数据在断电后不会丢失。外存有:采用半导体材料的闪存(flash memory),如电子硬盘(SSD,固态盘)、U 盘(USB 接口闪存)、存储卡(如 SD 接口存储卡)等;采用磁介质材料的硬盘(软盘和磁带机已淘汰);采用光介质材料的光盘,如 CD-ROM、DVD-ROM、BD-ROM 等。

3)存储容量单位

在存储器中,最小存储单位是字节。在实际应用中,字节单位太小,为了方便计算,引入了 KB、MB、GB、TB 等单位,它们的换算关系是:1 KB=1 024 B,1 MB=1 024 KB,1 GB=1 024 MB,1 TB=1 024 GB,1 PB=1 024 TB,1 EB=1 024 PB。

存储容量

4)存储器的性能

存储器的性能由存取时间、存储周期、传输带宽 3 个指标衡量。

存取时间是指启动一次存储操作到完成该操作所需要的全部时间;存取时间越短,存储器的性能越高。例如,内存存取时间通常为纳秒级(1 ns=10^{-9} s),硬盘存取时间通常为毫秒级(1 ms=10^{-3} s)。

存储周期是指存储器连续 2 次独立的存取操作之间所需的最短间隔时间,如寄存器与内存之间的存取时间都在纳秒级,但是寄存器为 1 个存储周期(与 CPU 同步),而 DDR3-1600 内存为 30 个存储周期。

传输带宽是单位时间里存储器能达到的最大数据存取量，或者说是存储器最大的数据传输速度。串行传输带宽的单位为 bit/s(位/秒)，并行传输带宽的单位为 B/s(字节/秒)。

2. 存储器的层次结构

不同存储器的性能和价格不同，不同应用对存储器的要求也不同。对用户来说，要求存储容量大，停电后数据不能丢失，存储设备移动性好，价格便宜，但是对数据读写延时不敏感，在秒级即可满足用户要求。对计算机核心部件 CPU 来说，存储容量要求相对不大，数百个存储单元(如寄存器)即可，数据也不要求停电保存(因为大部分数据为中间计算结果)，对存储器的移动性没有要求，但是 CPU 对数据传输速度的要求极高。为了解决这些矛盾，数据在计算机中分层次进行存储。存储器的层次模型如图 3-22 所示。

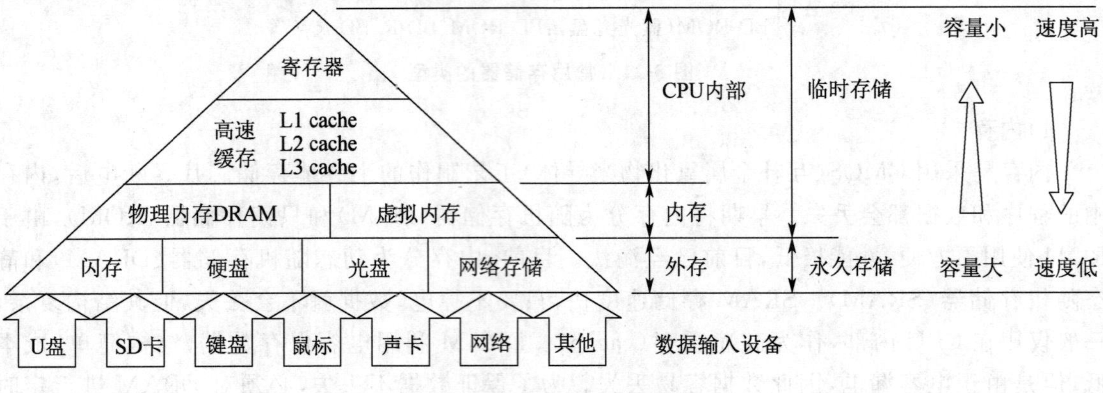

图 3-22 存储器的层次模型

3. 内存数据查找

内存就像一个城市，城市中有大量的房子，每个房子大小一样，都有 8 个房间，每个房间用来存放一个二进制位，每个房子就是一个存放数据的地方，它们称为一个存储单元(1 字节)。这些房子按行、列整齐地排放在城市的街道上，每个房子所处的行号和列号就是房子的地址。计算机内存的结构如图 3-23 所示。

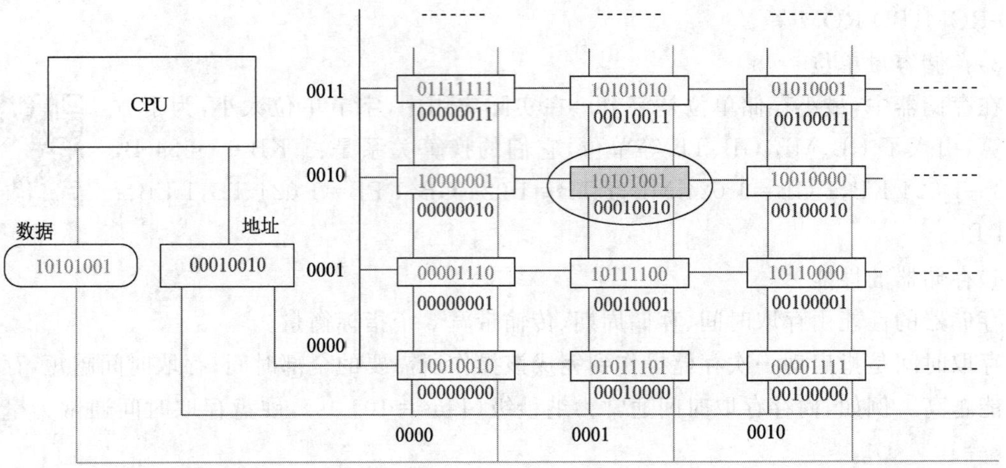

图 3-23 计算机内存的结构

CPU 和其他电路可以从存储单元中得到指定地址的内容(读操作)，或者把某个数据存放到指定地址的存储单元中(写操作)。

计算机工作时,**运行的程序和数据以字节为单位存放在内存中**,每一个内存单元都有一个地址。CPU 运算时按内存地址查找程序或数据,这个过程称为寻址。寻址过程由操作系统控制,由硬件设备(主要是 CPU、内存、总线)执行。

如图 3-24 所示,内存地址采用二进制数表示,早期 8086 计算机的地址采用 20 位(20 条地址线)二进制数表示,CPU 寻址空间为 2^{20} = 1 048 576(1 MB)。也就是说,内存容量大于 1 MB 时,CPU 无法找到它们。目前,微型计算机的 CPU 均为 64 位,可寻址范围达到 2^{64} = 16 EB。如果采用 32 位 Windows 操作系统,内存寻址空间为 2^{32} = 4 GB。因此,对于 32 位操作系统而言,当内存容量大于 4 GB 时,CPU 无法找到内存中的程序和数据。

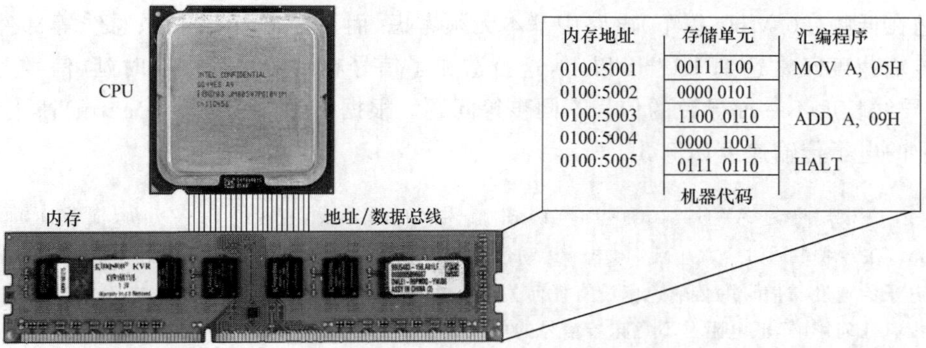

图 3-24　内存数据的字节寻址

4. 外存数据查找

程序和数据没有运行时,存放在外存设备中,如硬盘、U 盘、光盘等。程序运行时,CPU 不直接对外存中的程序和数据进行寻址,而是在操作系统的控制下将程序和数据复制到内存,CPU 在内存中读取程序和数据。操作系统怎样寻找外存中的程序和数据呢?外存数据的查找方法与内存有很大区别,**外存以块为单位进行数据存储和传输**。如图 3-25 所示,硬盘中的数据块称为扇区,存储和查找以扇区为单位;U 盘中的数据按块进行查找;光盘中的数据也按扇区查找,但是其扇区结构与硬盘不同;网络数据在接收缓冲区查找。外存数据的地址编码方式与内存不同,如 Windows 按簇号进行硬盘数据寻址,寻址时不需要地址线,而是将地址信息放在数据包中,利用线路进行串行传输。

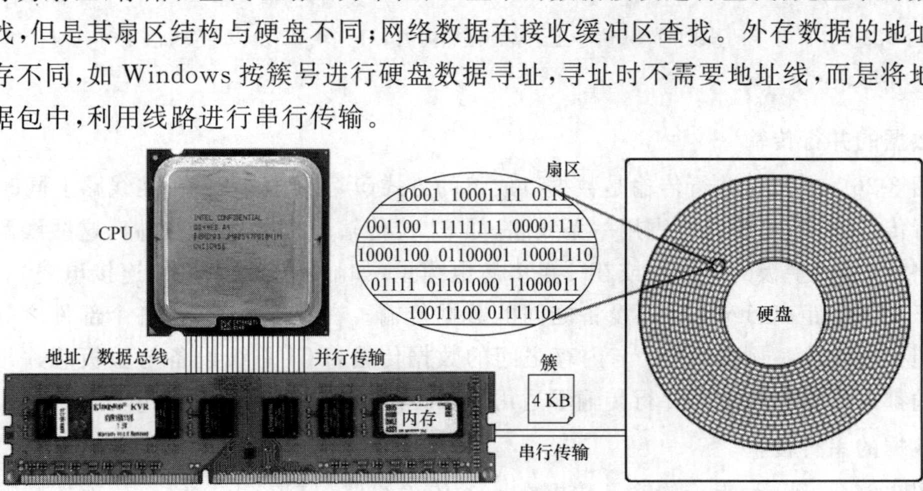

图 3-25　硬盘数据的块寻址

3.4.2 数据传输

数据传输包括：计算机内部的数据传输，如 CPU 与内存之间的数据传输；计算机与外设之间的数据传输，如计算机与显示器之间的数据传输；计算机与计算机之间的数据传输，如两台计算机之间 QQ 聊天信息的传输。

数据传输

1. 信号的传输速度

1)信号在导线中的传输速度

信号在真空中的传输速度大约为 300 000 km/s，那么信号在导线中的传输速度有多快呢？这个问题在低频(50 MHz 以下)电路中基本无须考虑，而目前 CPU、内存、总线等部件的工作频率或传输速度经常达到 1 GHz 以上，这就造成了信号在传输过程中的时延、信号上升沿时间、传输导线长度不一而导致的信号不同步等问题。根据 E. 伯格丁(E. Bogatin)博士的分析，铜导线中的电子传输速度如例 3-1 所示。

例 3-1　一根规格为 AWG18(美国标准线缆 18 号)的圆导线，直径为 1.02 mm，横截面面积约为 0.81 mm^2，在导线中通过 1 A 电流时，电子运动速度约为 8 mm/s，这相当于蚂蚁在地上爬的速度。所以，导线中电子的速度与信号的传输速度没有任何关系。伯格丁博士同时指出，导线的电阻对信号的传输速度几乎没有任何影响，低电阻并不意味着信号的传输速度快。

2)信号在电磁场中的传输速度

是什么决定信号的传输速度呢？导线周围的材料(电路板、塑料包皮等)、信号在导线周围空间(不是导线内部)形成的交变电磁场，以及电磁场的建立速度和传输速度，共同决定了信号的传输速度。根据伯格丁博士的分析计算，在绝大多数线路中，**信号在电路板中的传输速度小于 15 cm/ns**，这是一个非常重要的经验参数。

例 3-2　当信号在 FR4(计算机主板材料)电路板上长度为 15 cm 的互连导线中传输时，时延约为1 ns。这个时间看似很短，但是在 5 GHz(如 PCI-e 总线、USB 3.0 总线等)的信号传输中，一个脉冲信号的时钟周期仅为 0.2 ns，而信号的辨别时间(信号上升沿)更加短暂，只有 0.02 ns。可见，信号时延对计算机的性能有很大影响。

2. 数据的并行传输

如图 3-26(a)所示，并行传输是数据以成组的方式(1 字节至多字节)在线路上同时传输。

并行传输中，每个数据位占用一条线路，如 32 位传输就需要 32 条线路，这些线路通常制造在电路板中(如主板的总线)，或在一条多芯电缆里(如显示器与主机的连接电缆)。并行传输适用于两个短距离(1 m 以下)设备之间的数据传输。在计算机内部，各个部件之间的通信往往采用并行传输。例如，CPU 与内存之间的数据传输，PCI 总线设备与主板芯片组之间的数据传输都采用并行传输。并行传输不适用于长距离(1 m 以上)传输。

3. 数据的串行传输

如图 3-26(b)所示，串行传输是数据在一条传输线路(信道)上一位一位地按顺序传送的通信方式。串行传输时，所有数据、状态、控制信息都在一条线路上传送。这样，通信时所连接的物理线路最少，也最经济。串行传输适用于远距离传输(至数百千米均可)。

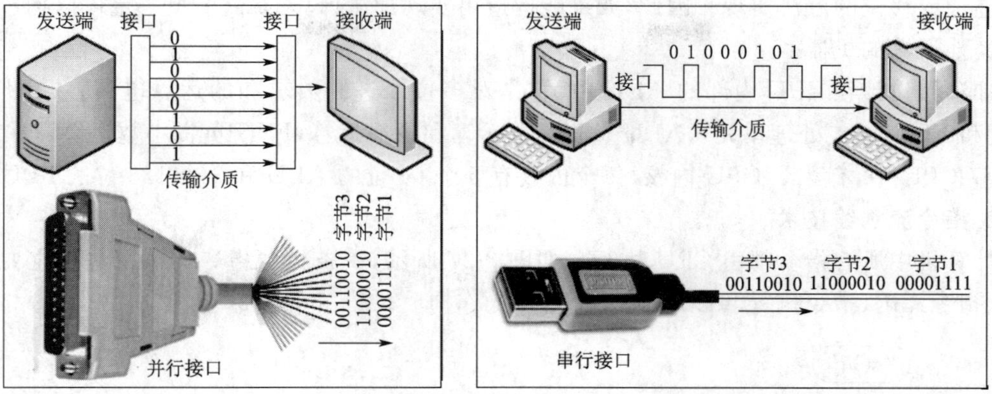

(a) (b)

图 3-26 数据的并行传输与串行传输

4. 并行传输与串行传输的比较

并行传输在一个时钟周期里可以传输多位(如 64 位)数据,而串行传输在一个时钟周期里只能传输一位数据,直观上看,并行传输的数据传输速度大大高于串行传输。

但是,提高并行传输速度存在很多困难。一是并行传输的时钟频率在 200 MHz 以下,而且很难提高。因为时钟频率过高会导致多条线路之间的传输信号相互干扰(高频电信号的集肤效应)。二是高频(100 MHz 以上)信号并行传输时,各个信号之间的同步控制成本很高。三是并行传输距离很短(1 m 以下),长距离传输的技术要求和成本都非常高。四是并行传输(64 位总线)目前能够达到的最高传输带宽为 12 GB/s 左右。

串行传输的时钟频率在 1 GHz 以上,如 USB 3.0 传输的时钟频率为 5.0 GHz;商业化的单根光纤串行传输的时钟频率在 6.4 THz 以上,如果以字节计算,大致为 640 GB/s。2014 年,丹麦科技大学的研究团队在实验室条件下研制成功了单根传输速度为 43 Tbit/s 的光纤。可见,串行传输带宽大大高于并行传输带宽。串行传输信号同步简单,成本很低(线路少),传输距离远,如铜缆传输距离可达 100 m,光纤传输距离可达 100 km 以上。

目前,在计算机内部数据传输中,越来越多地采用串行传输技术。例如,显卡的数据传输采用 PCI-e 串行总线,硬盘的数据传输采用 SATA 串行接口,外部数据传输采用 USB 串行总线等。

3.4.3 指令执行

程序也是一种数据,计算机的工作过程是一种数据计算过程。狭义的计算是指数值计算,如加、减、乘、除等;而广义的计算是指问题的解决方法,即计算机通过数据计算,对某个问题自动进行求解。

指令与指令系统

1. 加法器部件

计算机中的计算建立在算术四则运算的基础上。在四则运算中,加法是最基本的运算。设计一台计算机,首先必须构造一个能进行加法运算的部件(加法器)。减法、乘法、除法,甚至乘方、开方等运算都可以用加法导出。例如,减法运算可以用加一个负数的形式表示,乘法可以用连加或移位的方法实现。因此,如果能构造出实现加法计算的部件,就一定可以构造出能实现其他运算的机器。

加法器设计在CPU内部的ALU中,它是对多位二进制数求和的运算电路。CPU中有ALU和FPU(浮点处理单元),ALU负责整数运算和逻辑运算,FPU负责小数运算。在Intel Core i7 CPU中,有4个CPU内核,每个内核有5个64位的ALU和3个128位的FPU。

2. 指令流水线技术

计算机中所有指令都由CPU执行。如图3-27所示,一条机器指令的执行过程主要由取指令、指令译码、指令执行、结果写回4个基本操作构成。

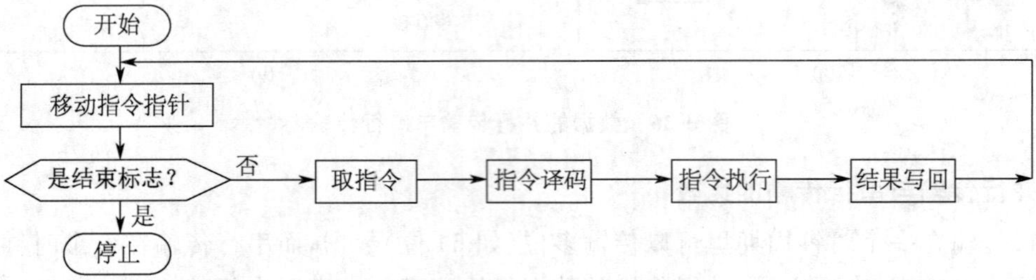

图3-27　一条机器指令的执行过程

如图3-28(a)所示,早期(1990年以前)CPU执行完指令1后,再执行指令2,这个过程不断重复进行。目前,计算机采用流水线技术,执行完指令1的第1个操作(工步)后,指令1还没有执行完,马上就可以执行指令2的第1个操作了。指令流水线技术大大提高了CPU的运算性能。图3-28(b)为4级流水线,如果将指令中的每个操作再进行细分(如将取指令再细分为3个工步),就可以设计成多级流水线。目前,CPU大多为20~30级流水线。

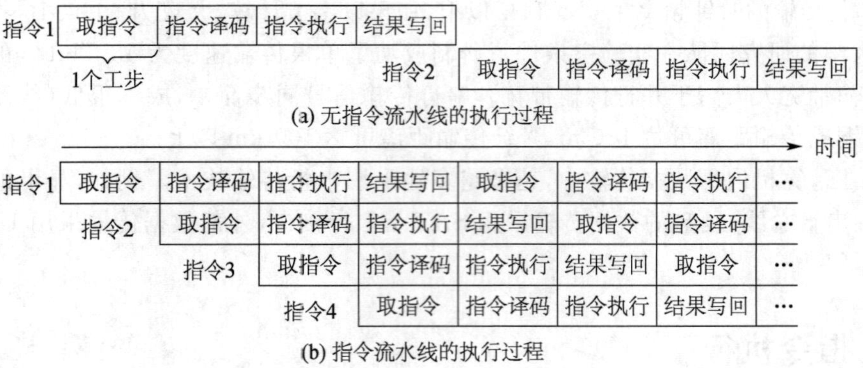

图3-28　计算机指令的执行过程

流水线技术也会遇到一些问题。例如,当遇到转移指令(如if、for等指令)时,流水线中已经载入的指令必须清空,重新载入新指令。因此,在CPU设计中,对转移指令进行了预判,在最大限度上克服了转移指令带来的不利影响。

3. 指令的执行过程

1)取指令(IF)

CPU内部有一个指令寄存器(IR),它保存着当前指令的内存单元地址。当CPU开始工作时,控制单元按照指令寄存器的地址,通过地址总线,找到指令在内存单元中的位置,利用数据总线将内存单元中的指令送到 CPU 的指令高速缓存中。取指令的工作过程如图 3-29 所示。

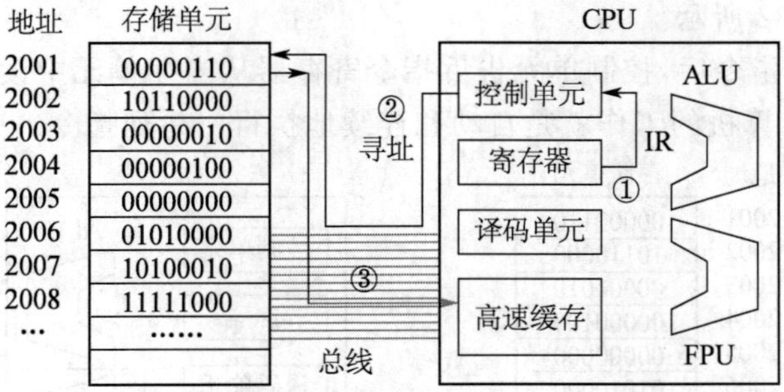

图 3-29　取指令的工作过程

2)指令译码(ID)

CPU 内部的译码单元负责解释指令的类型与内容,判定这条指令的操作对象(操作数),并且将操作数从内存单元读入 CPU 内部的高速缓存。译码实际上就是将二进制指令代码翻译成特定的 CPU 电路微操作,然后由控制单元传送给 ALU。指令译码的工作过程如图 3-30 所示。

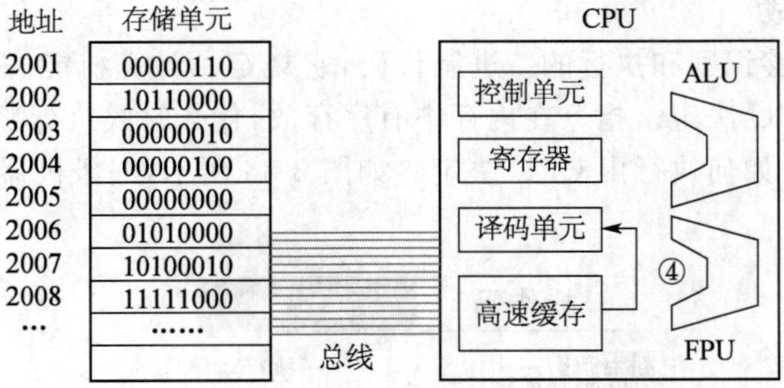

图 3-30　指令译码的工作过程

3)指令执行(IE)

执行单元由 ALU 和 FPU 组成。译码后的指令将送入不同的处理单元。如果操作对象是整数运算、逻辑运算、内存单元存取、一般控制指令等,则送入 ALU 处理;如果操作对象是浮点数据(如三角函数运算),则送入 FPU 处理。如果在运算过程中需要相应的数据,则控制单元先从高速缓存中读取相应数据。如果高速缓存中没有运算单元需要的数据,则由控制单元通过数据通道,从内存中获取必要的数据,然后再进行运算。指令执行的工作过程如图 3-31 所示。

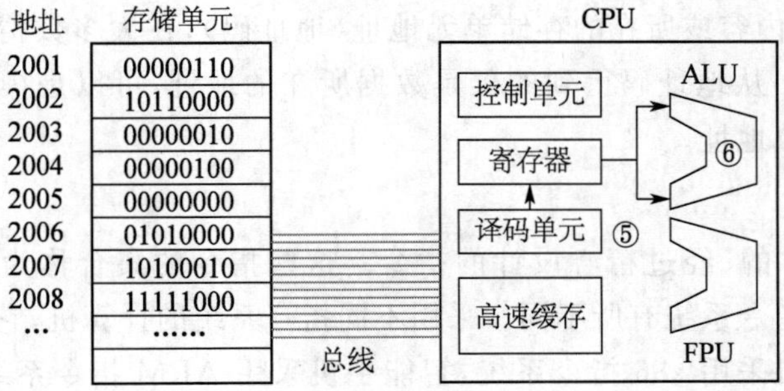

图 3-31　指令执行的工作过程

4)结果写回(WB)

运算完成后,执行单元(ALU 或 FPU)将运算结果写回高速缓存或内存单元中。结果写回的工作过程如图 3-32 所示。

CPU 执行完一条指令后,控制单元告诉指令寄存器从内存单元中读取下一条指令。这个过程不断重复执行,计算机的工作就是自动和连续地执行一系列指令。

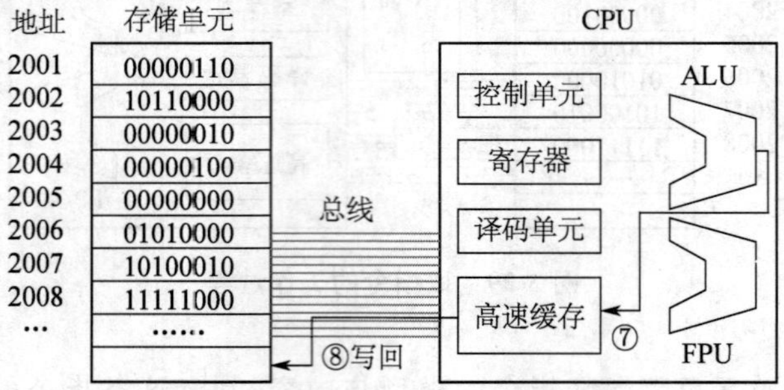

图 3-32 结果写回的工作过程

3.4.4 指令系统

1. 指令的基本组成

指令是计算机能够识别和执行的二进制代码,它规定了计算机能完成的某一种操作。指令的类型与数量由 CPU 决定。指令在内存中有序存放,什么时候执行哪一条指令由应用程序和操作系统控制,指令如何执行由 CPU 决定。如图 3-33 所示,一条机器指令通常由操作码和操作数两部分组成。

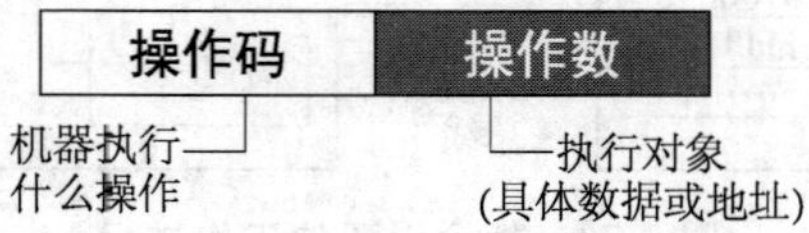

图 3-33 机器指令的组成

例 3-3 8086 汇编语言的某条指令如下:

```
MOV BX, 1234H      // MOV BX 为操作码,1234H 为操作数,将 1234H 存入 BX 寄存器
```

操作码指明该指令要完成的操作类型或性质,如取数、做加法或输出数据等。操作码的二进制位数决定了机器指令的条数。

操作数指明操作对象的内容或所在的存储单元地址(地址码),在大多数情况下操作数是地址码,地址码可以有多个。从地址码得到的仅是数据所在的地址,可以是操作数的存放地址,也可以是操作结果的存放地址。

2. 指令系统包含的指令

CPU 能够执行一些基本的、经过精心设计的指令。这些指令的集合称为计算机指令系统。不同类型的计算机,其指令系统有所不同。采用不同指令系统的计算机,它们之间的软件不能通用。例如,台式计算机采用 x86 指令系统,智能手机采用 ARM 指令系统,它们之间的软件不能通用。

无论哪种类型的计算机，其指令系统都应包含以下功能的指令。

(1)数据传送指令：将数据在内存与 CPU 之间进行传送。

(2)数据处理指令：对数据进行算术、逻辑或关系运算。

(3)程序控制指令：用来实现如条件转移、无条件转移、调用子程序、返回、停机等。

(4)输入/输出指令：用来实现外设与主机之间的数据传输。

(5)其他指令：对计算机的硬件和软件进行管理等。

3. CISC 与 RISC 指令系统

1)CISC 指令系统

早期计算机部件比较昂贵，主频低，运算速度慢。为了提高运算速度，人们不得不将越来越多的指令加入指令系统，以提高计算机的处理效率，这就逐步形成了 CISC(复杂指令集计算机)指令系统。Intel 公司的 x86 系列 CPU 就是典型的 CISC 指令系统。每个新一代 CPU 都会有自己的新指令，为了兼容以前 CPU 平台上的软件，必须保留旧指令集，这就使指令系统变得越来越复杂。

2)RISC 指令系统

RISC(精简指令集计算机)的设计思想是：尽量简化计算机指令的功能，将较复杂的功能用一段子程序实现，减少指令的数量，所有指令的格式一致，所有指令在一个周期内能够完成，采用流水线技术等。目前，绝大多数的智能手机和平板计算机采用 ARM 架构的 CPU，ARM 架构的 CPU 采用 RISC 指令系统。

4. x86 指令集

1978 年，Intel 公司发布了 8086 指令集。这些指令分为两部分，一部分为标准 8086 指令，另一部分为 8087 浮点处理指令。如图 3-34 所示，Intel 公司以后又逐步发展了 MMX 指令集、SSE 指令集、AVX 指令集，这些指令集都是向下兼容的，统称为 x86 指令集。

x86 指令集的指令长度为 1～15 B 不等，大部分指令在 5 B 以下，没有太明显的规律。从 Pentium Pro CPU 开始，Intel 公司将长度不同的 x86 指令在 CPU 内部译码成长度固定的 RISC 指令，这种技术称为微指令。

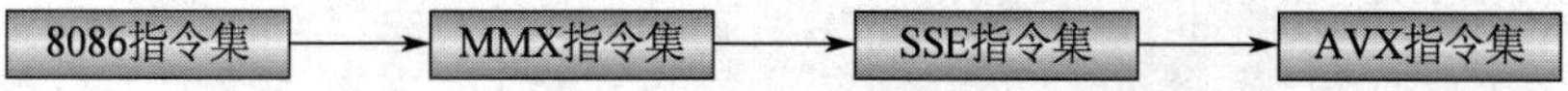

图 3-34　Intel x86 指令集的发展

习　题

3-1　什么是软件？

3-2　简要说明操作系统的作用。

3-3　处理器管理有哪些主要功能？其主要任务是什么？

3-4　存储管理有哪些主要功能？其主要任务是什么？

3-5　设备管理有哪些主要功能？其主要任务是什么？

3-6　文件管理有哪些主要功能？其主要任务是什么？

3-7　简述操作系统的基本特征。

专题 4
算法与程序设计语言

专题导读

利用计算机解决现实世界中的问题主要通过软件实现，而软件的核心就是算法。本专题主要介绍算法的概念、描述方法、复杂度分析，结构化程序的概念及设计方法、语言处理程序及组成等。

知识列表

4.1 算法概述

▶ 算法基础知识

4.1.1 算法及其表示

1. 什么是算法

在生产生活中，人们做任何事情都有一定的步骤。例如，参加计算机等级考试的步骤为：报名—选择科目—缴费—打印准考证—参加考试—查询成绩—领取合格证书。再如，某高校大一新生报到流程为：报到登记—领取校园一卡通—安排住宿—采购生活必需品—入学前教育—军训。这些步骤就好比一个解决问题的算法。当使用计算机解决某个问题时，需要先设计解决方法或步骤，然后据此编写程序。此处提到的方法或步骤即为算法。瑞典计算机科学家 N. 沃思(N. Wirth)提出了以下公式：

程序＝数据结构＋算法

从这个公式可以看出，一个面向过程的程序一般包括两部分。

①数据结构：描述数据，且指出其组织形式。

②算法：描述操作，即要求计算机进行操作的步骤。

那么，什么是算法呢？简而言之，**算法就是为解决一个具体问题而采取的确定的、有限的操作步骤**。

注意：此处提到的算法仅指计算机算法，包括数值运算和非数值运算。

2. 算法的属性

对于某个问题，可能有多种解决方法，即会有多种执行步骤，一个好的且有效的算法应该包括以下特性。

(1)有穷性。算法包括的步骤是有限的，且每个步骤在有限的时间内完成。

(2)确定性。算法中的每个步骤必须有确切的含义，不能产生多义性。

(3)可行性。可行性也称为有效性，算法中的每个步骤应当能有效执行，且得到确定的结果。

(4)有 0 个或多个输入。执行算法时，有些不需要从外界取值，有些需要输入数据。

(5)有一个或多个输出。算法的输出用来反映对输入的数据进行加工后的结果，没有输出的算法是无意义的。

4.1.2 算法的描述方法

可以用不同的方法表示一个算法，常用的方法有自然语言、流程图、伪代码、计算机语言等。

1. 自然语言

自然语言(natural language)就是人们日常使用的语言，可以是汉语、英语等，符合人们日常的思维习惯，通俗易懂；但描述烦琐，尤其在描述含有选择结构和循环结构的算法时，容易出现疏漏,在理解上可能会产生歧义。因此,该方法仅适用于比较简单的问题。

例 4-1 求三个数 x、y、z 中的最大值并输出。用自然语言描述该算法如下:

①输入任意三个数 x、y、z;

②从 x、y、z 中找出最大值并赋给 max;

③输出 max。

2. 流程图

流程图(flow chart)使用特定的图形符号表达算法的执行步骤。由于流程图能直观、形象地表示工作过程,因此曾在程序工作者中风靡一时。美国国家标准学会规定了一些常用的程序流程图符号,如图 4-1 所示。

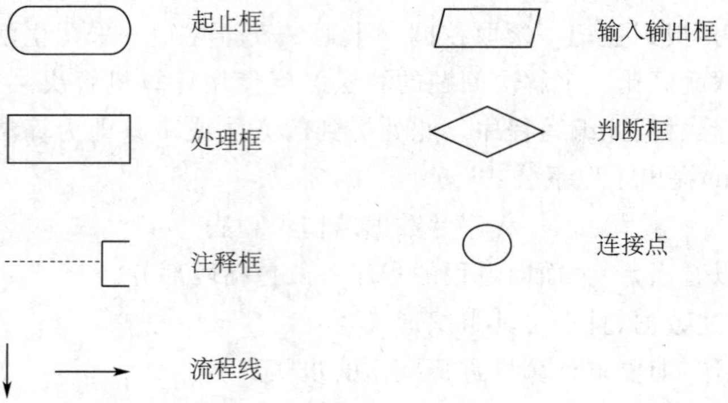

图 4-1　常用的程序流程图符号

例 4-2 将例 4-1 用流程图表示,如图 4-2 所示。

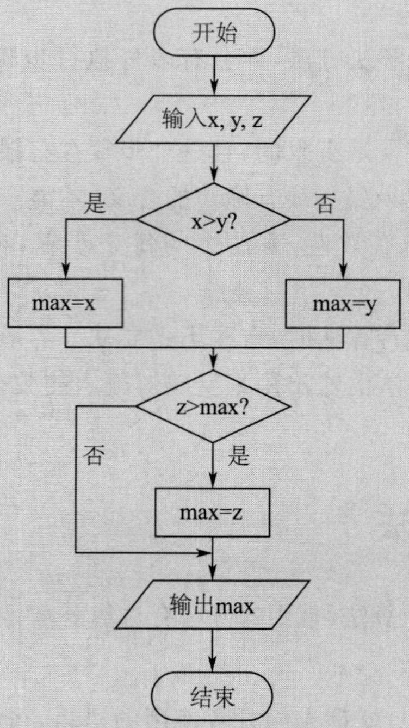

图 4-2　求最大值流程图

虽然流程图直观、形象，能清晰地表示算法各步骤之间的逻辑关系，但其占用的篇幅较多，尤其当算法比较复杂时，设计流程图费时且不方便，降低了程序的可读性和可维护性。

3. 伪代码

伪代码使用介于自然语言和计算机语言之间的文字和符号描述算法。它如同一篇文章一样，自上而下地写下来，每一行或几行表示一个基本操作。伪代码不用图形符号表示，因此书写方便、格式紧凑、简单易懂，便于将算法改写成计算机的程序源代码，适用于设计过程中需要反复修改的流程描述。

4. 计算机语言

计算机一般无法直接执行用流程图或伪代码等描述的算法。只有用计算机语言编写的程序才能被计算机执行。因此用流程图或伪代码描述一个算法后，还要将其转化为计算机能够识别的语言程序。用计算机语言表示算法，必须严格遵守所用语言的语法规则。目前使用的程序设计语言有两大类：面向过程程序设计语言（如C）和面向对象程序设计语言（如C++、Java）。下面用C语言程序来表示算法。

例 4-3 用C语言程序描述例4-1的算法。

①调用scanf()函数，从键盘输入三个数x、y、z；

②设计f_max()函数求最大值；

③调用printf()函数，输出最大值。

C语言程序如下：

```
#include <stdio.h>
int f_max(int x,int y,int z)                    //定义 f_max()函数
{
    int m;
    if(x>y)
        m=x;
    else
        m=y;
    if(z>m)
        m=z;
    return m;
}
int main ()
{
    int x,y,z,max;
    scanf("%d%d%d",&x,&y,&z);    //调用 scanf()函数,从键盘输入三个数 x、y、z
    max=f_max(x,y,z);
    printf("最大值 max=%d",max);    //调用 printf()函数,输出最大值
    return 0;
}
```

程序运行结果为

```
7 8 9
最大值 max=9
```

解决一个实际问题时,首先通过抽象、分解、归纳等分析手段将问题转化为数学模型,并找到求解方法,然后将求解方法用算法描述出来,进一步分析是否存在效率更高的求解方法,最后根据算法编码实现。在上述算法描述方法中,流程图是初学者最容易掌握的描述方法,且在流程图上排错比直接在代码上查找更快、更有效。因此,初学者需要熟练掌握流程图的绘制。

4.1.3 算法设计的基本方法

1. 穷举法

1)定义

穷举法又称为枚举法或暴力破解法,指列举出所有可能的情况,逐个判断哪些符合问题所要求的条件,从而得到问题的解。

2)基本思想

采用搜索的方法,根据题目的部分条件确定答案的大致搜索范围,在此范围内对所有可能的情况逐一验证。若某个情况符合题目的条件,则为问题的一个解;若全部情况验证完后均不符合题目的条件,则问题无解。

3)基本步骤

第一步:预先确定解的个数 n。

第二步:确定每个解变量的取值范围。

$A_1 \in \{x_{11}, \cdots, x_{1p}\}$

…………

$A_i \in \{x_{i1}, \cdots, x_{ip}\}$

…………

$A_n \in \{x_{n1}, \cdots, x_{np}\}$

第三步:穷举各种情况,用判断语句找出满足条件的解。

例 4-4 百钱买百鸡问题。假定小鸡 1 元 3 只,公鸡每只 5 元,母鸡每只 3 元。现在有 100 元,要求买 100 只鸡,列出所有可能的购鸡方案。

分析:

(1)假设 x, y, z 分别代表公鸡、母鸡和小鸡的数量。

(2)x 的取值范围为 $\{x \in \mathbf{N}, 0 \leqslant x \leqslant 20\}$,$y$ 的取值范围为 $\{y \in \mathbf{N}, 0 \leqslant y \leqslant 33\}$,则 z 的值为 $100-x-y$。

(3)在 x, y, z 的所有取值范围中,如果 $5x+3y+z/3=100$,则得到一组解。

2. 递推法

1)定义

递推法又称为迭代法,是序列计算中的一种常用算法。它是按照一定的规律来计算序列中的每项,通常是通过计算相邻的一些项来得出序列中指定项的值。

2)基本思想

从初值出发,利用特定关系得出中间推论,直至得到最后的结果,从而把一个复杂的计算过程转化为简单过程的多次重复,每次重复都从旧值的基础上递推出新值,并由新值代替旧值。

3)基本步骤

第一步：由题意给出初始值，并确定递推关系。

第二步：由初始值开始反复推理，直到达到最终结果为止。

第三步：输出推理结果和推理过程。

例 4-5　一个数列的第 0 项为 0，第 1 项为 1，以后每项都是前两项的和，这个数列就是著名的斐波那契数列，求斐波那契数列的第 N 项。

分析：

(1)根据题意，确定初始值 $f_0=0$，$f_1=1$，则递推关系式如下：

$$f_n=\begin{cases}0 & (n=0)\\ 1 & (n=1)\\ f_{n-1}+f_{n-2} & (n\geqslant 2)\end{cases}$$

(2)从第 2 项开始，逐项推算，直到第 N 项为止。

(3)输出推理结果和推理过程。

3. 递归法

1)定义

递归法是指一个过程或函数在其定义或说明中有直接或间接调用自身的一种方法。

2)基本思想

通常把一个规模为 N 的问题层层转化为一个与其相似的规模较小的问题来求解，递归策略只需少量的程序就可描述出解题过程所需要的多次重复计算，大大减少了程序的代码量。递归的能力在于用有限的语句来定义对象的无限集合。一般来说，递归需要有边界条件、递归前进段和递归返回段。当边界条件不满足时，递归前进；当边界条件满足时，递归返回。

3)基本步骤

第一步：由题意给出递归的边界条件。

第二步：不断将原问题 F_n 转化为 $g(F_{n-1})$ 来求解。

第三步：当边界条件不满足时，递归前进；当边界条件满足时，递归返回并输出结果。

例 4-6　求 $N!$。

分析：

(1)根据题意，确定边界条件为 $0!=1$ 和 $1!=1$。

(2)将求 $N!$ 转化为求 $N\times(N-1)!$。

(3)当 $N=0$ 或 $N=1$ 时，递归返回并输出结果；否则令 $N=N-1$，转(2)继续递归前进。

4. 分治法

1)定义

分治法指将问题分而治之，把一个复杂的问题分成两个或多个相同或相似的子问题，再把子问题分成更小的子问题，直到最后的子问题可以简单地直接求解，原问题的解为子问题解的合并。

2)基本思想

常常要借助递归的结构，逐层求解，当问题的规模达到某个简单情况时，解容易直接得出，而不必继续分解。

3)基本步骤

第一步:判断问题是否可分。如果可分,则转第二步,否则转第三步。

第二步:将问题划分为多个子问题,并分别递归调用分治法过程,求出多个解,并将多个子问题的解进行合并。

第三步:直接求解,并返回问题的解。

例 4-7 归并排序。某数列存储在序列 A[1],A[2],…,A[n]中,现采用分治思想进行排序。

分析:根据分治法的分隔原则,原问题应该分为多少个子问题才适宜?大量实践表明,在用分治法设计算法时,最好是子问题的规模大致相同。通常可以采取二分法,因为这样划分既简单又均匀,使子问题规模相等的做法出自平衡子问题的思维,一般情况下总是比子问题规模不等的做法更有效。

(1)当 $n \geqslant 2$ 时,则问题可分,转(2),否则转(3)。

(2)先将 n 个元素分成两个各含 $\lceil n/2 \rceil$ 或 $\lfloor n/2 \rfloor$ 个元素的子序列,再用归并排序法对两个子序列进行递归排序,最后合并两个已排序的子序列,得到最终排序结果。

(3)在对子序列排序时,当其长度为 1 时递归结束。

对序列(2,5,1,7,10,6,9,4,3,8)进行归并排序,如图 4-3 所示。

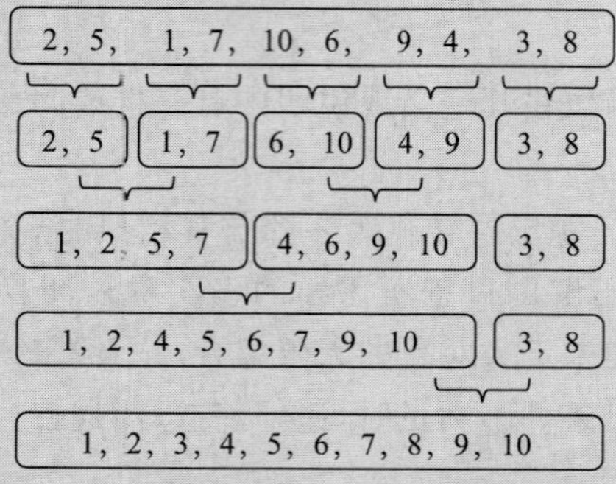

图 4-3 归并排序示例图

5. 贪心法

1)定义

贪心法是一种对某些求最优解问题的更简单、更迅速的设计技术。求解问题时总是做出在当前看来是最好的选择,也就是说,贪心法不从整体最优上加以考虑,所做出的仅是某种意义上的局部最优解。它采用自顶向下,以迭代的方法做出相继的贪心选择,每做一次贪心选择就将所求问题简化为一个规模更小的子问题,通过每一步贪心选择,可得到问题的一个最优解,虽然每一步都要保证能获得局部最优解,但由此产生的全局解有时不一定是最优的。

2)基本思想

选取一种量度标准,然后将多个输入排成这种量度标准所要求的顺序,按这种顺序一次输入一个量,如果这个输入和当前已构成在这种量度意义下的部分最优解加在一起不能产生一个可行解,则不把该输入加到这部分解中。

3)基本步骤

第一步:根据题意,选择一种量度标准。

第二步:将多个输入排成这种量度标准所要求的顺序。

第三步：对于每个输入，如果该输入下的一次取值能和前面产生部分最优解加在一起构成可行解，则选择该值，否则选择该输入下的其他值。

第四步：考虑完所有输入后，便得到问题的解。

4.1.4　算法的复杂度分析

获得了问题的算法并不等于问题可解决，问题的解还取决于算法的复杂度。分析算法的复杂度主要定量分析算法需要多少计算时间和存储空间，这样不仅可以预计算法能否有效完成任务，而且可以知道算法在最坏、最好和平均情况下需要的计算时间和存储空间，对解决同一问题的不同算法的优劣做出比较。

1. 时间复杂度

一个算法的时间复杂度是指算法的时间耗费，用 $T(n)$表示。

1)算法耗费的时间和语句的频度

一个算法所耗费的时间＝算法中每条语句的执行时间之和。

每条语句的执行时间＝语句重复执行次数×语句执行一次所需要的时间

一个语句重复执行的次数称为语句的频度，用 $f(n)$表示。

算法的时间复杂度 $T(n)$表示为

$$T(n) = \sum_{\text{语句i}} [t_i \times f_i(n)]$$

其中，t_i表示语句 i 执行一次的时间，$f_i(n)$表示语句 i 的频度。

算法转换为程序后，每条语句执行一次所需的时间取决于机器的指令性能、速度及编译所产生的代码质量等难以确定的因素。若要独立于机器的软、硬件系统来分析算法的时间耗费，则设每条语句执行一次所需的时间均是单位时间，$T(n)$可以简单表示为各语句的频度之和：

$$T(n) = \sum_{\text{语句i}} f_i(n)$$

2)渐进时间复杂度评价算法时间性能

通常精确计算 $T(n)$是困难的，很多算法的时间复杂度难以给出解析式，或者解析式非常复杂。当问题的规模较大时，$T(n)$表达式中有些项占主导地位，其他项可忽略不计。一般主要采用一些简单的函数来近似评价算法时间性能，这就是渐进时间复杂度。

下面举例说明如何求算法的时间复杂度。

例 4-8　交换变量 i 和 j 的内容。

```
temp=i;
i=j;
j=temp;
```

以上三条语句的频度均为 1，该程序段的执行时间是一个与问题的规模 n 无关的常数。算法的时间复杂度为常数阶，记作 $T(n)=O(1)$。

注意：如果算法的执行时间不随着问题规模 n 的增加而增长，即使算法中有上千条语句，其执行时间也不过是一个较大的常数。此类算法的时间复杂度是 $O(1)$。

例 4-9 变量计数。

```
①x=0;y-0;
②for(k=1;k<=n;k++)
③   x++;
④for(i=1;i<=n;i++)
⑤for(j=1;j<=n;j++)
⑥      y++;
```

一般情况下,对循环语句,只需要循环体中语句的执行次数,可以忽略该语句中步长加1、终值判断、控制转移等成分。因此,以上程序段中频度最大的语句是⑥,其频度为 $f(n)=n^2$,所以该程序段的时间复杂度为 $T(n)=O(n^2)$。

当有若干条循环语句时,算法的时间复杂度是由嵌套层数最多的循环语句中最内层语句的频度 $f(n)$ 来决定的。

3)最坏、最好和平均时间复杂度

最坏、最好和平均情况下的时间复杂度分别称为最坏、最好和平均时间复杂度,它们可以表示为如下形式。

①最坏情况下的时间复杂度

$$T_{\max}(n)=\max\{T(I)\mid \mathrm{size}(I)=n\}$$

②最好情况下的时间复杂度

$$T_{\min}(n)=\min\{T(I)\mid \mathrm{size}(I)=n\}$$

③平均情况下的时间复杂度

$$T_{\mathrm{avg}}(n)=\sum_{i=1}^{n}p(I)T(I)$$

其中 $\mathrm{size}(I)=n$ 表示 I 是规模为 n 的实例,$p(I)$ 是实例 I 出现的概率。

一般不特别说明,讨论的时间复杂度都是最坏情况下的时间复杂度。这样做是因为,最坏情况下的时间复杂度是算法在任何输入实例上运行时间的上界,这就保证了算法的运行时间不会比它更长。平均时间复杂度是指所有可能的输入实例均以等概率出现的情况下,算法的期望运行时间。

常见的时间复杂度按数量级递增排列依次为

$$O(1)<O(\log n)<O(n\log n)<O(n^2)<O(n^3)<O(n^k)<O(2^n)<O(n!)$$

2. 空间复杂度

一个算法的空间复杂度 $S(n)$ 定义为该算法所耗费的存储空间,它也是问题规模 n 的函数。渐进空间复杂度也常常简称为空间复杂度。算法的时间复杂度和空间复杂度合称为算法的复杂度。由于近年来计算机硬件快速发展,空间效率要求降低,因此算法的空间复杂度不再是算法设计的主要考虑因素。

4.2 程序设计语言

图灵在《计算机器与智能》论文中指出:“如果一个人想让机器模仿计算机执行复杂的操

作，他必须告诉计算机要做什么，并把结果翻译成某种形式的指令表。这种构造指令表的行为称为编程。”

程序设计语言是一个能完整、准确和规则地表达人们的意图，并用以指挥或控制计算机工作的符号系统。简单地说，程序设计语言就是书写程序用的语言，也称为计算机语言，是人与计算机进行交流的工具。在计算机科学发展的过程中，科学家们先后设计了上千种程序设计语言，有的语言是为了编写系统软件而重在提高效率，如 C 语言；有的语言是为了提高程序设计速度，面向商业应用，如 COBOL；还有些语言则用于教学，如 BASIC。其中大部分语言已经退出了历史舞台。目前，使用较为广泛的程序设计语言有数百种，且各类程序设计语言具有一定的共性。

4.2.1　程序设计语言的发展历程

程序设计语言的发展是一个不断演化的过程，从发展历程来看，程序设计语言可以分为三类：机器语言、汇编语言和高级语言。

1. 机器语言

计算机作为一种数字化的电子机器，之所以能够完成数据计算，是因为它能够把各种指令和数据转换成电信号，并由物理元器件完成相应的信号处理。这些能够被计算机执行的特定的指令，称为机器语言，在计算机内部被表示为二进制数字的形式。虽然用机器语言编写的程序的执行效率最高，但是这样的程序代码由纯粹的“0”和“1”构成，不方便阅读和修改，也容易出错。所以早期的程序员需要熟记所用计算机的全部指令代码和代码的含义，并把用“0”和“1”编写的程序代码打在纸带或卡片上，再将程序通过纸带机或卡片机输入计算机来运行。

早期的程序员很快就发现了使用机器语言的麻烦，它们难于辨别与记忆，阻碍了行业的发展，于是汇编语言诞生了。

2. 汇编语言

汇编语言为每一条难于记忆的机器指令设定了一个助记符，这样就方便记忆和理解，提高了工作效率。但是采用汇编语言设计程序，仍然要求程序员对于计算机的各种底层硬件设备有足够的了解，学习成本依然很高。同时，汇编语言是一种面向机器的低级语言，通常是为特定系列的计算机专门设计的。也就是说，不同生产商、不同型号的计算机所支持的汇编语言可能是不一样的，这也给学习者和使用者带来了不便。

3. 高级语言

为了更好地与计算机交互，人们发明了比较容易理解、容易学习的高级程序设计语言，如 C 语言、C＋＋等。这里的“高级”是指更加贴近自然语言和数学语言，方便人的理解和认知。高级语言容易学习、容易修改及移植，但是计算机无法直接执行用高级语言编写的程序，必须由特定的程序翻译为机器语言才可以执行，这个翻译过程通常称为编译或者解释。

例如，分别用机器语言、汇编语言、高级语言编写一个 1＋1 的程序代码，比较三者之间的不同。

机器语言	汇编语言	高级语言
10111000 00000001 00000000 00000101 00000001 00000000	MOV AX,1 ADD AX,1	1＋1

在程序设计语言的发展历程中，语言抽象级别不断提高，语言表现力越来越强大，这样就可以用更少的代码来完成更多的工作。随着因特网的发展，网络动态程序语言（如 Java、PHP 等）得到了广泛应用；随着人工智能和大数据的爆发式发展，Python 语言得到了广泛应用，目前这种趋势还在继续发展。

4.2.2 程序设计方法

程序设计是一门技术，需要相应的理论、技术、方法和工具来支撑。程序设计方法在很大程度上决定了程序设计的成败和程序的质量。目前，最常见的程序设计方法有结构化程序设计方法和面向对象程序设计方法。

1. 结构化程序设计方法

结构化程序设计方法

1）结构化程序设计思想

结构化程序设计的基本思想是：采用“自顶向下、逐步求精”的模块化程序设计原则，采用“单入口、单出口”的控制结构，少用或最好不用 goto 语句。

(1) 自顶向下：应该先考虑总体，后考虑细节；先考虑全局目标，后考虑局部目标；不要一开始就过多地追求细节。

(2) 逐步求精：把一个复杂问题分解成几个相对独立的简单模块，再把每个模块的功能逐步分解细化为一系列的具体步骤，直到能用程序设计语言的基本控制语句来实现。

(3) 模块化：把程序分解为不同的功能模块，一个模块可以是一个函数、一段程序或一条语句，使得修改和重新设计软件时可复用的代码增加，可以显著提高软件开发的成功率和生产率。

(4) “单入口、单出口”的控制结构，限制使用 goto 语句：所有的模块仅由顺序、选择和循环三种基本控制结构通过组合、嵌套构成，这就保证了模块是单入口、单出口的。

虽然在一个结构化的程序中只有一个入口和出口，但是不能有永远执行不到的语句，也不能无限制地执行某条语句或某个语句块（即死循环）。

2）结构化程序设计举例

例 4-10 使用结构化程序设计方法，求 $ax^2+bx+c=0$ 的根。

根据结构化程序设计的基本思想，解决思路如下。

(1) 分析问题，抽象出解决问题的数学模型，确定程序的总体结构。

根据数学知识，如果已知 a、b、c，那么一元二次方程 $ax^2+bx+c=0$ 的根为

$$x=\frac{-b\pm\sqrt{b^2-4ac}}{2a}$$

(2) 将原问题分解为若干个相对独立的子问题，确定每个子问题的功能及其相互之间的关系。

根据分析，将原问题分解为三个模块：输入模块、计算模块和输出模块，它们之间是顺序执行的关系。

(3) 细化每个子问题，确定每个子问题的解决方法。

用 C 语言实现每个模块，其中输入模块和输出模块不需要再细化。

```
scanf("%lf,%lf,%lf",&a,&b,&c);                    //输入模块
printf("x1=%6.2lf,x2=%6.2f\n",x1,x2);             //输出模块
```

计算模块的求解可以细化为

```
disc=b*b-4*a*c;                                   //计算语句
```

```
if(disc>=0)                                           //选择结构
{
    x1=(-b+sqrt(disc))/(2*a);
    x2=(-b-sqrt(disc))/(2*a);
}
else
    printf("此方程无实根");
```

至此，根据流畅、清晰、简洁的模块化原则，求一元二次方程 $ax^2+bx+c=0$ 的根的问题的分解已经基本完成。

(4)选择合适的程序设计语言进行描述。

结构化程序设计采用自顶向下、逐步求精和模块化的分析方法，可以有效地将复杂程序设计任务分解成许多易于控制和处理的子模块，每个子模块由基本的控制结构组成，确保了程序结构的流畅、清晰、简洁，从而使得程序易于阅读和理解。

随着计算机应用的日趋广泛，需要开发的软件越来越复杂，结构化程序设计方法在解决“软件危机”的问题上也显得“力不从心”。一方面，结构化程序设计方法是基于功能的，但功能是易变的，因而程序具有不稳定性、易变性，往往功能的变化意味着程序的重新设计；另一方面，结构化程序设计方法是一种面向数据和过程的设计方法。设计中数据和过程分离为相互独立的两部分，数据代表问题空间中的实体，过程体现了处理这些数据的算法。这使得程序模块和数据是松散地耦合在一起的。因此，当程序复杂时，容易出错且难以维护。另外，随着软件的日益庞大和复杂，开发的难度也越来越大。这样就希望设计出的程序具有可复用性，即能够建立一些具有已知特性的部件，应用程序通过部件组装即可得到一个新的系统。然而结构化程序设计方法的基本单元是模块，每个模块只是实现特定功能的过程描述，因此它的可复用单位只能是模块。由于结构化程序设计存在上述弱点，已经不能很好地适应人们对软件开发的更高要求，面向对象程序设计应运而生。

2. 面向对象程序设计方法

面向对象是程序设计的一种思想，是相对于面向过程而言的。面向过程是针对某一个问题单独提出解决方案并设计代码。面向对象是以组件化的形式进行代码设计，最大的特点是这些组件可以重用。例如，以面向过程的思想生产计算机，生产者需要生产计算机的每个零件，一旦零件损坏，没有匹配的零件可用；以面向对象的思想生产计算机，计算机的零件可以由其他的生产者制造，计算机的生产者只要找到与所需功能相匹配的零件即可，无须自己生产每个零件，最大的优点是这些组件可以重复使用，可缩短开发周期。传统的编程语言是以过程为中心，以算法为驱动，而面向对象的编程语言是以对象为中心，以消息为驱动，基于对象的编程语言更符合人们的思维方式，使人们更容易编写程序。

面向对象的基本思想认为世界是由各种各样具有自己功能和内部状态的对象组成的，不同对象之间的相互作用和通信构成了完整的现实世界。因此，软件系统也是由一些具有内部状态和功能的对象组成的，对象之间通过合作（相互间的功能调用）来实现系统功能。换句话说，在面向对象程序设计中，万物皆对象。

1)面向对象程序设计的要素

面向对象程序设计的三大要素是**对象**、**类**和**继承**。

（1）对象。

对象是用来描述客观事物的一个实体，可以是事、物或抽象的概念，比如一部华为手机、一台联想计算机都是现实生活中存在的具体事物，在面向对象程序设计中，手机、计算机就可以用对象来描述。任何对象都具有属性和方法两个要素。属性是用于描述对象的状态特征，方法用来描述对象的功能。例如，华为手机的颜色、大小、像素等，称为其属性，用来描述手机的状态；手机可以打电话，这是它的功能，属于对象的方法。一个对象可以有多项属性和多项方法，其属性和方法结合为一个整体，属性只能由这个对象的方法来存取。

（2）类。

类是具有相同属性和方法的一类对象，是这一类对象的抽象。因而，类是抽象的，对象是具体的。类是生成对象的模板，对象是类的实例。在进行面向对象程序设计时，首先要寻找对象，把对象进行归类，抽取出相同的属性和方法，定义成为类。例如，华为手机是手机，小米手机也是手机，这两个对象属于同一类事物，对它们的品牌、颜色、像素的共同属性进行抽取，定义成这一类事物的共同属性；对它们的通话功能进行抽取，定义成这一类事物的方法。由此，就生成了这类对象共同的类。类中的属性和方法统一称为类的成员，如图 4-4 所示。

类名	phone
属性	Brand Colour pixel
方法	Telephone()

图 4-4　类的成员

在面向对象程序设计中，类是一个独立的程序单位，总是先定义类，再用类生成对象。在程序中，每个对象需要有自己的存储空间，以保存自己的属性值。同类对象具有相同的属性和方法，这是指它们的定义形式相同，而不是说每个对象的属性值都相同。

（3）继承。

继承描述的是类与类之间的关系。有了继承关系以后，一个类可以拥有另一个类的属性和方法，并且可以由一个类派生出很多的子类，形成类的层次关系。这是现实世界中事物的分类问题在计算机中的表现形式。继承使软件复用变得简单、易行，而且可以缩短程序的开发周期。

2）面向对象程序设计的特点

面向对象程序设计方法具有三大特征：**封装性、继承性和多态性**。

（1）封装性。

封装性是保护类的内部定义结构的安全机制。例如，计算机的主机是用主机箱来进行封装的，可以保护内部组件的安全。同理，定义一个类以后，类的属性值只能在类的内部进行修改，以保证数据不被非法修改，产生安全隐患。另外，对于类的方法的实现，需要尽可能隐藏它的内部细节，与外部的联系只能通过外部接口来实现，以保护程序不被恶意修改。

类的封装性反映了事物的相对独立性，用户只需要关心提供了什么功能（即能做什么），至于如何实现这些功能，则不需要关心。例如，对于计算机，用户只需要关心有没有 USB 接口、视频和音频接口、鼠标和键盘接口，至于这些接口如何与主板、CPU 进行通信，则不需要关心。

(2)继承性。

通过继承,可以在已有类的基础上定义新的类。根据继承与被继承的关系,可以将类分为子类和父类。子类可以获得父类所有的属性和方法,并且可以通过继承和改造获得属于自己的一套属性和方法。例如,在学生管理系统中,可以将“人”作为父类,具有姓名、性别等通用属性,而“学生”类可以作为子类从“人”类继承,“学生”类除了具有“人”类所有的属性和方法外,还可以具有学号、班级等属于自己的属性;同时,“学生”类又可以作为父类,进一步派生出“本科生”类和“研究生”类。继承性使得程序员可以只对新类与已有类之间的差异进行编码,从而快速建立新类,有效地支持软件代码的复用,降低编码和维护的工作量。

(3)多态性。

多态性是指允许不同类的对象对同一消息做出响应,也就是当同样的消息被不同的对象接收时,会导致完全不同的行为。例如,一个“几何体”类具有计算面积的方法,如果“矩形”类和“圆形”类分别继承了“几何体”类,它们就都有了计算面积这个方法,但是因为矩形和圆形的面积计算公式不同,尽管这两个方法具有相同的名词,但是仍然会根据不同的公式来进行不同的运算。利用多态性,可以在父类和子类中使用同样的函数名,定义不同的操作,从而实现“一个接口,多种方法”,可大大提高软件的可重用性和可扩充性,有利于程序的开发和维护。

3)面向对象程序设计的思路

在进行面向对象程序设计时,首先要对系统进行建模,通俗地说就是抽取类,一般情况下需求中出现的名词就是需要定义的类;其次要给每一个类定义属性,用来描述对象状态的内容就是类的属性;最后是要定义类的功能,也就是方法,一般用动词来描述的就是对象的方法。在定义方法时,需要解决两个问题:是否需要接收类以外的数据,是否需要把结果告诉调用者。下面通过举例来说明使用面向对象程序设计思想进行建模的思路,不考虑代码的实现。

例 4-11　使用面向对象程序设计方法,分析某校成绩管理系统的设计。

根据面向对象程序设计方法的基本思想,面向对象方法的重点是对象以及它们在问题中的交互作用。因此,面向对象的问题求解方法需要把问题中的实体抽象为类,类的实例(对象)之间通过发送消息(调用其他对象的子程序)进行通信。类由数据(属性)和处理数据的操作(方法)构成,一旦收集到问题中所有的类,它们就构成了问题的解决方案。某校成绩管理系统的分析与设计过程如下。

(1)分析待求解问题的问题域,抽象出问题中的主要类和对象。

简单地说,学校成绩管理系统的用户主要是学生和教师,学生可以使用系统查询自己本学期选修的课程、授课教师以及各门课程的成绩等,教师可以使用系统查询本人开设的课程、选修课程的学生情况,以及输入学生的考试成绩等。

根据分析,学生和教师是系统的主要参与者,因此可以抽象出“学生”类和“教师”类。除此之外,在系统中的活动都围绕课程和成绩来开展,因此可以抽象出“课程”类和“成绩单”类。

(2)识别每个类的属性、方法和类之间的关系等。

对于“学生”类,可以具有学号、姓名、专业、班级等属性;方法可以是查询课程、查询授课教师、查询成绩等。对于“教师”类,可以具有教师工号、姓名、职称等属性;方法可以是查询学生、查询课程、输入成绩等。对于“课程”类,可以具有课程编号、课程名、学时、学分等属性;方法可以是加入选课的学生、加入授课教师等。对于“成绩单”类,应该具有学号、课程编号、成绩等属性;方法可以是生成成绩单、打印成绩单等。

这些类之间的联系很多,如学生可以查询课程、授课教师和成绩,教师可以查询学生、课程,输入成绩等。

(3)选择适当的面向对象程序设计语言,建立类的数据类型,并且用类声明对象,通过对象传递信息,完成程序预定的功能,这里不再详述。

面向对象程序设计以对象和类为核心,其继承、封装等特性使得程序编码的可重用性强,缩短了开发时间,它用符合人类认识世界的思维方式来分析、解决问题,便于人们对软件开发过程的所有阶段进行综合考虑,能够有效地降低软件开发的复杂度,提高软件的质量。

4.2.3 程序控制结构

程序设计语言的种类很多,尽管各种高级程序设计语言的功能、风格、书写格式、语法规则及应用领域各不相同,但它们在语言的构成要素方面大致相同。这些语言都包括一些共同的成分:数据类型、常量和变量、运算符和表达式、语句、控制结构、输入和输出以及过程或函数等。

1. 数据类型

在计算机中,数据就是描述客观事物的数字、字符及所有能够输入计算机,并且能够被计算机处理的符号的集合。为了能够有效地保存、处理数据,各种程序设计语言都会提供若干种数据类型供用户在程序设计中使用。数据类型一般可以分为基本数据类型和构造数据类型两大类。

1)基本数据类型

基本数据类型是程序设计语言系统内置的、不能再分解的类型,一般有整数类型、实型类型、字符类型、逻辑类型等。例如,50是整数类型的数据,3.1415是实数类型的数据。

2)构造数据类型

构造数据类型是由基本数据类型按某种方式组合而成的,可以由程序设计语言系统提供,也可以由用户自定义,一般有数组类型、结构体类型、枚举类型、文件类型等。

数据类型决定了该类型数据的取值形式、范围,以及在计算机中的存储与表示方式。例如,在C语言中,整数类型只能存储整数,在16位的系统中占用2字节的存储空间,取值范围为$-2^{15} \sim 2^{15}-1$。另外,数据类型还决定了该类型数据所能执行的操作种类。例如,对数值(整型、实型)类型的数据可以进行算术、关系运算,对逻辑类型的数据可以进行逻辑运算,对字符类型的数据可以进行连接、比较字符串等运算。

2. 常量和变量

1)常量

常量是在程序执行过程中其值不允许改变的量。常量是有数据类型的,如1是整型常量,1.23是实型常量。常量可以数字和符号两种形式出现。

2)变量

变量是在程序执行过程中其值可以改变的量。在程序设计中,变量可以用执行的标识符来代表,成为变量名,而变量的内容成为变量值。

通常,程序员在编程时并不知道数据和程序会存放在内存的哪个地址,因而在程序中使用变量来代替内存地址,使编程简单。变量名实质上代表了内存单元的地址,而变量值则是存储在内存单元中的数据值。因为数据具有各种类型,因而在定义变量时,不仅要说明变量名,还要说明变量的数据类型。这样在编译时,编译程序就可以为内存中的变量分配相应大小的存储空间,以存放该变量的值。

3. 运算符和表达式

1)运算符

在程序中,对数据的处理主要是通过运算来实现的。而程序设计语言能够提供的运算主要体现在运算符上。不同的程序设计语言提供的运算符种类不同,表示形式也可能不同,但一般都有如下几类,如表 4-1 所示(注意,括号中是 C 语言运算符的中文表述)。

表 4-1　常用的运算符

类型	运算符
算术运算符	+、-、*、/、%
逻辑运算符	&&(逻辑与)、||(逻辑或)、!(逻辑非)
关系运算符	>(大于)、<(小于)、>=(大于或等于)、<=(小于或等于)、==(等于)、!=(不等于)

2)表达式

表达式是由一些运算符将一系列的操作数连接而成的,是程序中进行计算的基本单位。操作数可以是常量、变量、函数调用等。表达式的结果是一个具体的值。例如,5 * a 就是一个表达式,5 是常量,a 是一个变量,当给定 a 的值时,整个表达式的值就可以得到。

4. 语句

语句是程序中具有独立含义的基本单位,通常分为说明性语句和执行性语句。说明性语句通常用来说明程序中的变量和变量的数据类型,执行性语句常见的有赋值语句、输入输出语句等。例如:

```
int a,b;                        //定义变量 a,b,属于说明性语句
a=8;b=a+1;                      //给 a,b 赋值,属于执行性语句
```

5. 控制结构

1966 年,C. 博姆(C. Böhm)和 G. 亚科皮尼(G. Jacopini)提出了三种基本的程序控制结构,即顺序结构、选择结构和循环结构,用这三种控制结构就能表示任何单入口和单出口的程序逻辑。

1)顺序结构

顺序结构是最简单、最常用的 C 语言程序结构,其特点是按照语句出现的先后顺序执行程序。在 C 语言中,赋值操作和输入输出操作都属于顺序结构。如图 4-5(a)所示,虚线框内是一个顺序结构,其中 A 和 B 两个框是顺序执行的。

2)选择结构

选择结构又称为分支结构,在实际问题中,当发生特殊情况时,需要根据不同的判断条件来执行不同的处理步骤。例如:

①a%b,当输入的 a、b 是小数时,是不合法的,应当给出相应的处理步骤;

②根据体脂率,判断某人的体重类型(肥胖、超重体重、低体重、正常体重);

③根据学生的成绩,给出相应的等级(及格、中等、良好、优秀)。

使用 C 语言设计程序解决类似于上述问题时,需要使用选择结构分情况处理。如图 4-5

(b)所示,虚线框内是一个选择结构,包含一个判断框,根据给定的条件 p 是否成立来判断执行 A 还是 B。

3)循环结构

循环结构又称为重复结构,即反复执行某一部分的操作,有两类循环结构。

①while 型(当型)循环结构。该结构如图 4-5(c)所示,当给定的条件 p 成立时,执行 A 操作,然后再判断 p 是否成立,如果成立,则继续执行 A,如此反复执行 A,直到 p 不成立时,退出循环结构,执行后续语句。

②until 型(直到型)循环结构。该结构如图 4-5(d)所示,先执行 A,然后判断给定的条件 p 是否成立,如果不成立,则执行 A,然后再对 p 做判断,如果仍然不成立,则继续执行 A,如此反复执行 A,直到 p 成立时,退出循环结构,执行后续语句。

以上三种基本结构具有以下共同特征。

- 只有一个入口。
- 只有一个出口。
- 无不可达语句,即每一部分都有机会被执行。
- 无死循环,即不存在永远执行不完的循环。

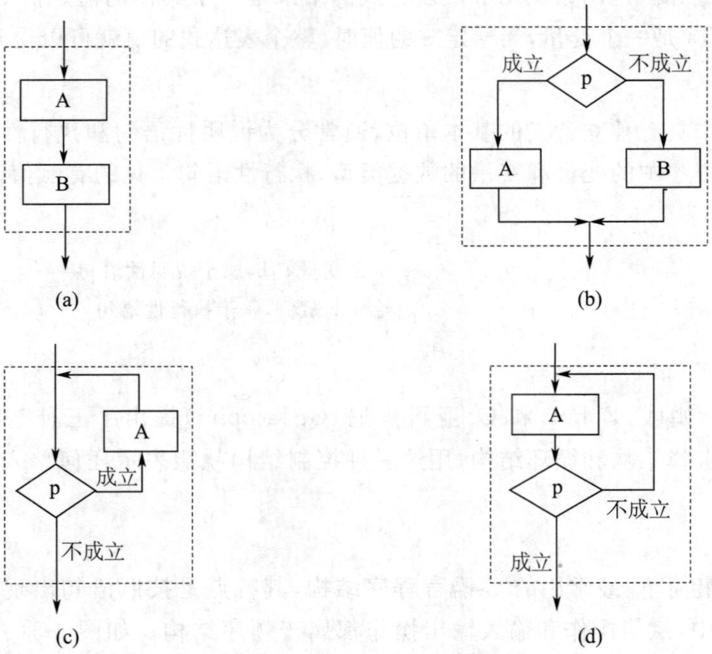

图 4-5 顺序结构、选择结构和循环结构

6. 输入和输出

程序的输入和输出有两种形式:当数据量较大时,可以在程序运行时以文件的形式传送数据;当数据量较小时,可以使用人机交互的方式传送数据。输入和输出在不同的程序设计语言中可由不同的语句或函数来实现。如 C 语言中提供了输入函数 scanf()(可以从键盘为程序输入数据)和输出函数 printf()(可以在屏幕上显示需要的内容)。

7. 过程或函数

为了降低程序的复杂度，使程序在结构上更加清晰，避免程序段的重复书写，将重复处理的程序段或由程序分解的子功能编写成一个逻辑上独立的程序段，将这个程序段称为过程或函数。

过程或函数只有在某个程序中被调用时才执行。高级语言提供了大量的系统函数，程序设计者可以根据需要在程序中直接调用这些函数，可大大提高编程的效率。如例 4-10 在计算 disc 的平方根时，可以调用 C 语言中提供的库函数 sqrt()。

4.3 程序设计求解问题的步骤

实质上，程序设计应该包含利用计算机解决问题的全过程，通常要先针对特定的问题进行分析并建立数学模型，然后考虑数据的组织方式和算法，并选择一种程序设计语言编写程序，最后进行程序的调试，使之产生预期的结果，完成问题的求解。

1. 分析问题

一般来说，一个具体的问题涉及许多方面，在交给计算机处理前必须对问题做出明确的分析、定义，并最终翻译成计算机能够识别的语言。分析问题的方法很多，当问题较复杂时，还要借助一些原则、方法和工具。分析问题一般要明确以下几点。

(1)问题的输入，即已知什么条件，使用什么格式。

(2)期望的输出，即希望得到什么结果，输出什么类型的报告、图表或信息。

(3)数据具体的处理过程和要求，即希望计算机对输入的信息进行何种加工。

例 4-12 简单分析求两个数中的较大数。

首先，需要已知问题的输入条件，比如两个整型数据 a、b，系统的输出结果是要在屏幕上输出较大数。那么，相应的处理过程就要对两个数 a 和 b 进行比较，并找出较大的那个数。

2. 算法设计

通过前面的学习可知，算法是解决问题的步骤及其描述，是不能直接被计算机执行的。

例 4-13 对例 4-12 采用自然语言设计算法。

①输入任意两个数 a、b；

②从 a、b 中找出较大值并赋给 max；

③输出 max。

3. 程序编码

编码就是用计算机能够识别的语言编写源程序的过程。首先选择一种合适的程序设计语言，然后用该语言来描述前两步设计的数据结构和算法。

例 4-14 求两个数中的较大值。

```
#include <stdio.h>
int main ()
{
```

```
    int a,b, max;
    scanf("%d%d ",&a,&b);              //调用 scanf()函数,从键盘输入两个数 a、b
    if(a>b)
        max=a;
    else
        max=b;
    printf("较大值 max=%d",max);      //调用 printf()函数,输出较大值
    return 0;
}
```

程序运行结果为

```
7,8
较大值 max=8
```

4. 调试运行

程序编码可以在计算机上进行,也可以在纸上进行,但最终编写好的程序代码要通过编辑器输入计算机,经过调试,找出语法错误和逻辑错误并进行修正,然后才能正确运行。尽管不同的程序设计语言的运行环境相差很大,但现代的程序设计语言一般都提供一个集成开发环境。所谓集成开发环境,是指将程序的编辑、编译、运行、调试集成在同一个环境下,使程序设计者既能高效地执行程序,又能方便地调试程序,甚至可以逐条调试和执行程序。在集成开发环境下调试程序示例如图 4-6 所示。

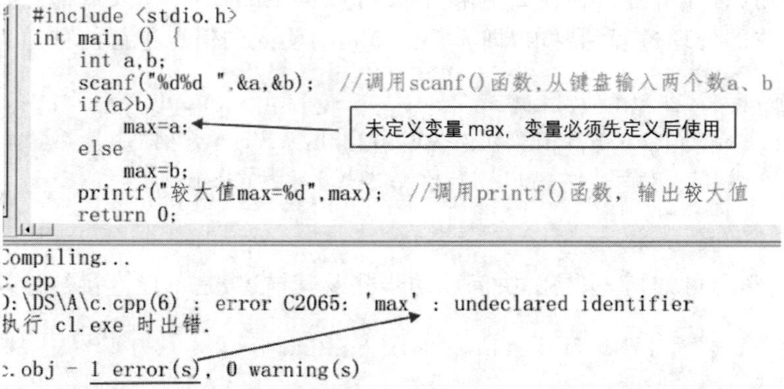

图 4-6　在集成开发环境下调试程序示例

5. 整理文档

文档由程序说明文件和用户操作手册组成。程序说明文件记录程序设计的算法实现及修改的过程等,以保证程序的可读性和可维护性。用户操作手册使用户了解程序的使用方法及正确输入数据。对于小程序来说,有没有文档并不重要,但对于一个需要多人合作,并且开发、维护周期较长的软件来说,文档至关重要。在一个项目的软件开发过程中,各个开发阶段都要编制相应的文档,记录研究成果,指导下一步的工作。

程序中的注释就是一种很好的文档,用以描述程序中各模块的功能、变量及函数的意义等。注释不能被计算机执行,但便于读程序的人理解。C 语言的注释放在"/ * "与" * /"之间或"//"之后。

习　题

4-1　什么是算法？算法有哪些特点？

4-2　算法的描述方法有哪些？

4-3　算法的评价标准有哪些？如何评价？

4-4　程序设计语言分为哪几类？

4-5　简述高级语言的主要构成。

4-6　常用的程序设计方法有哪些？简述每种方法的基本思想。

专题5
计算机应用操作

专题导读

随着计算机技术的发展，计算机办公软件的应用范围日益广泛，特别是在企业的日常办公管理中，经常要用到办公自动化软件。本专题主要介绍微软公司开发的办公软件 Microsoft Office 2019 中的 Word 、Excel 、PowerPoint，以及一些常用工具软件如截图工具、绘图软件等的使用方法。

知识列表

5.1 Word 2019 文档制作
5.2 Excel 2019 电子表格制作
5.3 PowerPoint 2019 演示文稿制作
5.4 常用工具软件

5.1 Word 2019 文档制作

文字处理软件是为利用计算机进行文字处理工作而设计的应用软件，它将文字的输入、编辑、排版、存储和打印融为一体，彻底改变了用纸和笔进行文字处理的传统方式。利用文字处理软件，可以将表格、图形和声音等内容穿插于字里行间，使文章的层次清晰、图文并茂。

本节将介绍 Word 2019 文字处理软件的基本功能和使用方法。

5.1.1 文档的编辑与排版

1. 新建文档

启动 Word 2019 后，系统会自动新建一个空白文档；也可以在 Word 2019 工作窗口中单击“文件”按钮，在“文件”菜单中选择“新建”命令，在打开的“新建”界面中单击“空白文档”按钮来新建文档。新建文档后，可看到如图 5-1 所示的 Word 2019 主界面。该界面主要由标题栏、快速访问工具栏、功能区、文档编辑区和状态栏等组成。

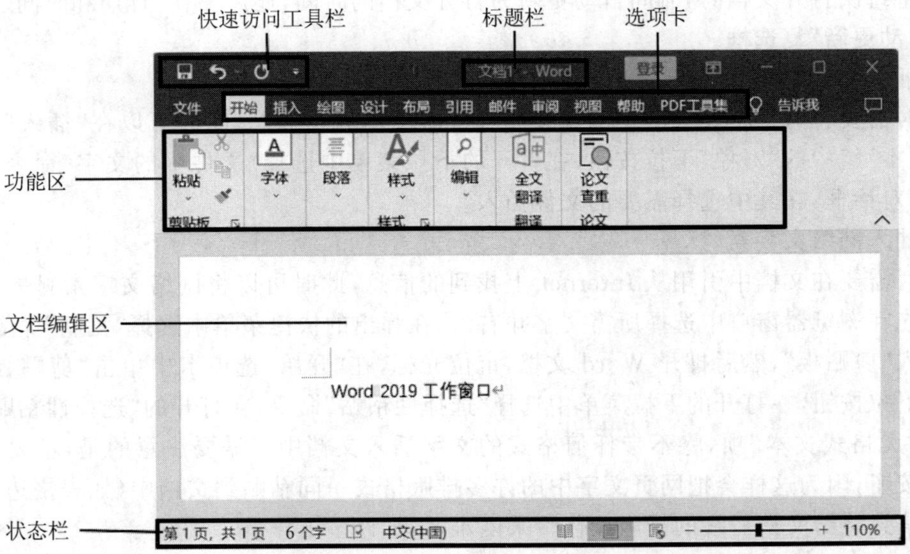

图 5-1 Word 2019 主界面

2. 输入文本

空白文档创建好后，接下来的工作就是输入文本。

1)输入状态

通过键盘输入文本有两种状态：插入和改写。在插入状态下，状态栏中出现“插入”按钮，输入的字符插在光标后；在改写状态下，状态栏中出现“改写”按钮，输入的字符将替代光标后的字符。若要在插入和改写状态间切换，可以单击“插入”(“改写”)按钮或按键盘上的 Insert 键。输入文本一般在插入状态下进行。

2)输入文本的一般步骤

- 光标定位。
- 选择输入法。
- 输入文本。

3)输入符号

除了普通文字外,经常需要输入一些符号。各种符号的输入方法如下。

①输入常用的标点符号。在中文标点符号状态下,直接按键盘上的标点符号按键。若要输入句号"。",则按键盘上的.键;若要输入顿号"、",则按键盘上的\键;若要输入书名号"《"和"》",则按键盘上的＜键和＞键;若要输入省略号"……",则按键盘上的Shift＋^组合键等。

②输入特殊的标点符号、数学符号、单位符号、希腊字母等。可以利用输入法状态条上的菜单输入,以搜狗输入法为例,方法是单击"菜单"按钮,在打开的界面中选择"符号大全"选项,再选中需要的符号。

③输入特殊的图形符号,如☎、🕮等。可以在"插入"选项卡中单击"符号"组中的"符号"下拉按钮,在打开的下拉菜单中选择"其他符号"命令,打开"符号"对话框,进行相应的操作。

4)插入日期和时间

如果需要快速地在文档中插入各种标准的日期和时间,可以在"插入"选项卡中单击"文本"组中的"日期和时间"按钮,打开"日期和时间"对话框,选择需要的日期和时间格式即可。如果希望每次打开文档时,时间自动更新为打开文档的时间,还需要在"日期和时间"对话框中勾选"自动更新"复选框。

5)插入文件

有时需要将另一个文件的全部内容插入当前文档的光标处,此时可以在"插入"选项卡中单击"文本"组中的"对象"下拉按钮,在打开的下拉菜单中选择"文件中的文字"命令,打开"插入文件"对话框,在其中选择需要的文件插入。

6)插入网络文字素材

有时需要在文档中引用从Internet上找到的信息,此时可以将网络文字素材复制到文档中。首先在浏览器窗口中选择所需文字并右击,在弹出的快捷菜单中选择"复制"命令,将所选文字放入"剪贴板",然后打开Word文档,定位光标,在"开始"选项卡中单击"剪贴板"组中的"粘贴"下拉按钮,在打开的下拉菜单中选择"选择性粘贴"命令,在打开的"选择性粘贴"对话框中选择"无格式文本"项,将不带任何格式的文字插入文档中。需要注意的是,不要直接单击"粘贴"按钮,因为这样会把网页文字中的许多排版格式一同粘贴到文档中(如表格边框等),这些格式信息将给文档后续的排版操作带来困难,增加许多工作量。

例5-1 创建一个新文档,然后写一封信,内容如下(要求日期有自动更新功能)。

> 滴滴:你好!
>
> 听说你最近对历史很着迷,特寄给你两本我国古代著名的史书『春秋・左传』和『史记』,希望你能喜欢!
>
> 有空常联系。☎:88888888;📧:diandian@163.com。
>
> 纸短情长,再祈珍重!
>
> 点点
>
> 2022年12月26日星期一晚 🕘

操作步骤如下。

新建一个空白文档，输入文档内容。其中，日期和一些特殊符号使用下面的方法输入。

①插入日期：选择“插入”选项卡，单击“文本”组中的“日期和时间”按钮，打开“日期和时间”对话框，确保“语言(国家/地区)”下拉列表框中是“中文(中国)”，在“可用格式”列表框中选择需要的格式，并勾选“自动更新”复选框。当计算机系统的日期发生变化时，该文档的日期也会进行相应的更改。

②插入『、』、· 符号：单击输入法状态条上的“菜单”按钮，在打开的界面中选择“符号大全”选项，找到相应的符号，单击完成输入，最后单击“关闭”按钮。

③插入☎、🖃、🕘符号：选择“插入”选项卡，单击“符号”组中的“符号”下拉按钮，在打开的下拉菜单中选择“其他符号”命令，弹出“符号”对话框，在“符号”选项卡的“字体”下拉列表中选择“Wingdings”项，然后从相应的符号集中选定需要的字符，单击“插入”按钮或者直接双击符号完成输入，最后单击“关闭”按钮。

3. 文档编辑

对于输入的文本，经常要进行插入、删除、移动、复制、替换、检查拼写和语法等操作，这些操作都可以通过单击“开始”选项卡“剪贴板”组和“编辑”组中的相应按钮来实现。文档编辑遵循的原则是“先选定，后执行”。被选定的文本一般以高亮的形式显示，容易与未被选定的文本区分开来。

1)选定文本

选定文本有两种方法，即基本的选定方法和利用选定区选定。

(1)基本的选定方法。

● 利用鼠标选定：将光标移到欲选取的段落或文本的开头，按住鼠标左键拖曳，经过需要选定的内容后松开鼠标左键。

● 利用键盘选定：将光标移到欲选取的段落或文本的开头，同时按住 Shift 键和方向键来选定内容。

(2)利用选定区选定。

在文本区的左边有一长条形空白区域，称为选定区。将鼠标指针移动到该区域，当鼠标指针变为右向箭头时单击，可选中鼠标指针所指的一整行文字；双击，可选中鼠标指针所在的段落；三击，可选中整个文档。另外，在选定区中按住鼠标左键拖曳可选中连续的若干行。

若要取消选定，在文本窗口的任意处单击或按方向键即可。

2)编辑文本

(1)插入。

在插入状态下，将光标移到要插入字符的位置，输入字符即可。如果要插入一个空行，只需将光标移到要产生空行的行首位置，按 Enter 键即可。

(2)删除。

选定要删除的内容后，按 Backspace 键或 Delete 键。删除段落标记可以实现合并段落的功能。要将两个段落合并，可以将光标定位在第 1 段的段落标记前，然后按 Delete 键，这样两个段落就合并成了一个段落。

(3)移动或复制。

移动或复制文本常用的操作方法是选定文本块并右击，在弹出的快捷菜单中选择“剪切”或“复制”命令(或单击“开始”选项卡“剪贴板”组中的“剪切”或“复制”按钮)，然后将光标移至要插入文本的位置，右击，在弹出的快捷菜单中选择"粘贴选项"命令（或单击"开始"选项卡"剪贴板"组中的"粘贴"按钮）。Word 2019 提供了 4 种粘贴方式：保留源格式（默认方式）、合并格式、粘贴为图片和只保留文本，用户可以根据需要自行选择。

（4）查找和替换。

查找和替换

如果想在一篇长文档中查找某段文字，或者想用新输入的一段文字代替文档中已有的且出现在多处的特定文字，可以使用 Word 2019 提供的查找和替换功能。从网上获取文字素材时，由于网页制作软件排版功能的局限性，文档中经常会出现一些非打印字符，此时，可利用查找和替换功能进行处理。例如，当文档中空格比较多时，可以单击"开始"选项卡"编辑"组中的"查找"下拉按钮，在打开的下拉菜单中选择"高级查找"命令，打开"查找和替换"对话框，切换到"替换"选项卡，在"查找内容"组合框中输入空格符号，在"替换为"组合框中不进行任何字符的输入，单击"全部替换"按钮将多余的空格删除。

（5）检查拼写和语法。

用户输入的文本，难免会出现一些拼写和语法上的错误。Word 2019 提供了自动检查拼写和语法功能，这是由其拼写检查器和语法检查器来实现的。单击"审阅"选项卡"校对"组中的"拼写和语法"按钮，拼写检查器就会使用拼写词典检查文中的每一个词，如果该词在拼写词典中，拼写检查器就认为它是正确的，否则就会在这个词下方添加红色波浪线来报告错词信息，并根据拼写词典中能够找到的词给出修改建议。如果 Word 2019 指出的错误不是拼写或语法错误（如人名、公司或专业名称的缩写等），则可以单击"忽略"或"全部忽略"按钮忽略错误提示，继续文档其余内容的检查工作，也可以把这些词添加到拼写词典中，避免以后再出现同样的问题。语法检查器则会根据当前语言的语法结构，指出文档中潜在的语法错误，并给出参考解决方案，以帮助用户校正句子的结构或词语的使用。

目前，文字处理软件对英文的拼写和语法检查的正确率较高，对中文校对的作用不大。

例 5-2 对例 5-1 中的"一封信"文档进行如下编辑处理。

①在信的最前面插入一行标题"一封信"。

②在"滴滴：你好！"后面插入一段内容。

③将"纸短情长，再祈珍重！"与前一段落合并为一段。

④将文中所有的"你"替换为带着重号的蓝色字"您"。

一封信

滴滴：您好！

我近来在学习《论语》中为人处世的道理，其中"三人行，必有我师焉"让我学会了选择朋友；"不耻下问"让我学会了如何攻克更多难题；"君子成人之美，不成人之恶"让我学会了怎样做一个君子……

听说您最近对历史很着迷，特寄给您两本我国古代著名的史书『春秋·左传』和『史记』，希望您能喜欢！

有空常联系。☎：88888888；✉：diandian@163.com。纸短情长,再祈珍重!

点点

2022年12月26日星期一晚

操作步骤如下。

①将光标置于"滴滴:你好!"段首,按 Enter 键,产生一个空行,然后输入"一封信"。

②将光标置于"滴滴:你好!"段尾,按 Enter 键,产生一个空行,然后输入相应的内容。

③将光标置于"有空常联系。☎:88888888;🖃:diandian@163.com。"这一段的段落标记前,按 Delete键。

④单击"开始"选项卡"编辑"组中的"替换"按钮,打开"查找和替换"对话框,在"查找内容"组合框中输入待查找文字"你",在"替换为"组合框中输入目标文字"您",单击"更多"按钮(此时按钮名称变为"更少"),然后单击"格式"按钮,选择"字体"选项,在"替换字体"对话框中设置字体颜色为"蓝色",选择着重号"."，单击"确定"按钮,再单击"全部替换"按钮,则文档中所有满足条件的文字均被替换成目标文字。若单击"替换"按钮,只是将按默认方向查找到的第1处文字替换成目标文字。

注意:在单击"格式"按钮进行设置前,光标应定位在"替换为"组合框中,如果不小心对"查找内容"组合框中的文字进行了格式设置,可以单击"不限定格式"按钮来取消该格式,重新操作。

4. 文档排版

文档编辑好后,就可以按照要求对文本外观进行修饰了,使其变得美观易读、丰富多彩,这就是文档排版。文档排版包括字符排版、段落排版等,一般在页面视图方式下进行。它与文档编辑一样,都需要遵循"先选定,后执行"的原则。

1)字符排版

字符是指文档中输入的汉字、字母、数字、标点符号和其他各种符号。字符格式化包括设置字符的字体、字号、字形(加粗和倾斜)、字符颜色、下划线、着重号、删除线、上下标、文本效果、字符缩放、字符的间距、字符和基准线的上下位置等。

对字符进行格式化需要先选定文本,否则只对光标处新输入的字符有效。

字符格式化设置主要包括以下几个方面。

● 字体:指文字在屏幕或纸张上呈现的形式。字体包括中文字体和西文字体,西文字体只对西文字符起作用,而中文字体则对汉字、西文字符均起作用。字体的数量取决于计算机中安装的字体的数量。

● 字号:指文字的大小,有用汉字数码表示和用阿拉伯数字表示两种方式。其中,汉字数码越小字体越大,阿拉伯数字越小字体越小。默认状态下,字体为宋体,字号为五号。

● 字形:指常规、倾斜、加粗、加粗倾斜等形式。

● 字符颜色:指字符的颜色。

● 字符缩放:指对字符的横向尺寸进行缩放,以改变字符横向和纵向的比例。

● 字符间距:指两个字符的间隔距离,标准的字符间距为0。当规定了一行的字符数后,可通过加宽或紧缩字符间距来进行调整,保证一行能够容纳规定的字符数。

● 字符位置:指字符在垂直方向上的位置,包括字符提升和降低。

● 特殊效果:指根据需要进行的多种设置,包括删除线、上下标、文本效果等。其中,设置文本效果可以为 Word 文档中的普通文本应用多彩的艺术字效果,使文本更加多样、美观。设置时,可以直接使用 Word 2019 中预设的外观效果,也可以从轮廓、阴影、映像、发光等方面进行自定义设置。

字符格式化一般通过"开始"选项卡"字体"组中的各按钮(见图5-2)及"字体"对话框来实现。单击"字体"组右下角的对话框启动器按钮 ⧉,打开"字体"对话框,其中有"字体"和"高级”两个选项卡,如图5-3所示。

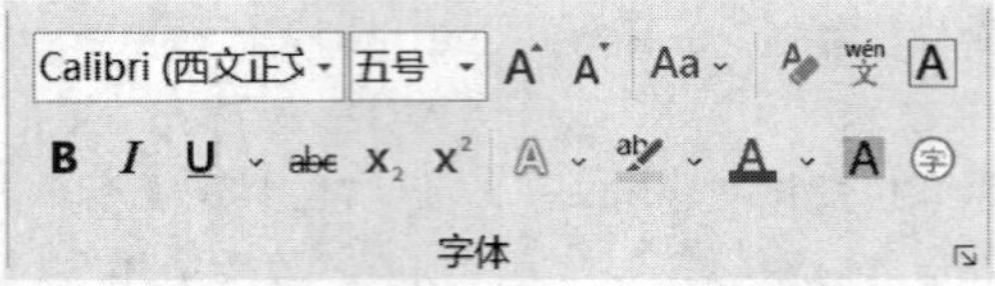

图5-2 “字体”组中的各按钮

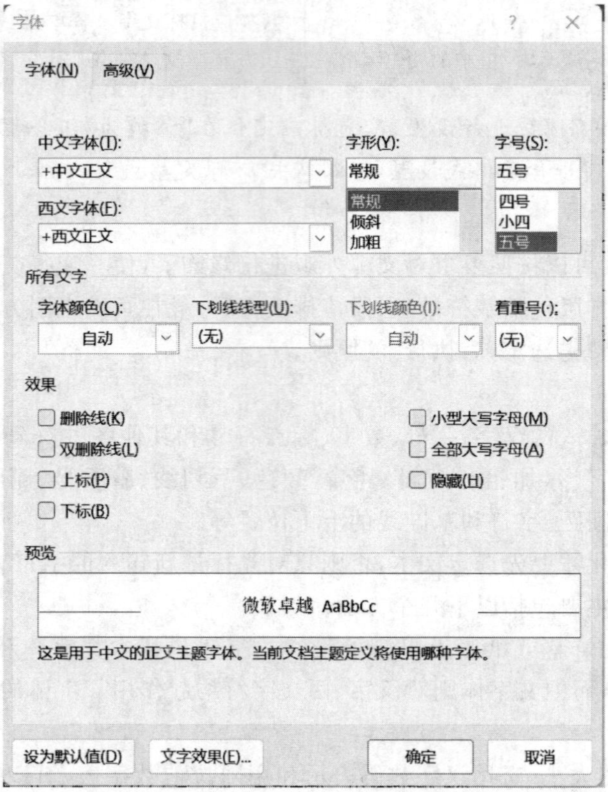

图5-3 “字体”对话框

“字体”选项卡:用于设置字体、字号、字形、字符颜色、下划线、着重号和静态效果等。

“高级”选项卡:用于设置字符的缩放比例、字符间距、字符位置等。

对于中文字符,Word 2019提供了具有中国特色的特殊版式设置功能,如中文简体和繁体的转换、加拼音、加圈、纵横混排、双行合一、合并字符等。其中中文简体和繁体的转换可以通过单击“审阅”选项卡“中文简繁转换”组中的相应按钮来实现,加拼音、加圈可以通过单击“开始”选项卡“字体”组中的“拼音指南”按钮和“带圈字符”按钮来实现,其他设置可以通过单击“开始”选项卡“段落”组中的“中文版式”下拉按钮,在打开的下拉菜单中选择相应的命令来完成。

例5-3 对例5-2中的“一封信”文档进行字符排版。

①将标题“一封信”设置为华文琥珀、三号、倾斜;字符缩放150%,加宽2 pt。

②使用喜欢的文本效果预设样式设置标题“一封信”,并自定义阴影和发光效果。

③为正文第 2 段添加波浪线。

④为“信”字添加菱形圈号。

“一封信”字符排版效果如图 5-4 所示。

一封信

滴滴：您好！

我近来在学习《论语》中为人处世的道理，其中“三人行，必有我师焉”让我学会了选择朋友；“不耻下问”让我学会了如何攻克更多难题；“君子成人之美，不成人之恶”让我学会了怎样做一个君子……

听说您最近对历史很着迷，特寄给您两本我国古代著名的史书『春秋·左传』和『史记』，希望您能喜欢！

有空常联系。☎：88888888；✉：diandian@163.com。纸短情长，再祈珍重！

点点

2022 年 12 月 26 日星期一晚☺

图 5-4 “一封信”字符排版效果

操作步骤如下。

①打开文档，选中标题“一封信”，在“开始”选项卡的“字体”组中分别设置字符格式为“华文琥珀、三号、倾斜”，然后单击该组右下角的对话框启动器按钮，打开“字体”对话框，进行相应设置。

②选中标题“一封信”，单击“开始”选项卡“字体”组中的“文本效果和版式”下拉按钮，在打开的下拉菜单中选择喜欢的样式（如“填充：白色；轮廓：蓝色，主题色 5；阴影”）；再次单击“文本效果和版式”下拉按钮，选择“阴影”命令，在展开的阴影效果库中选择一种效果（如“透视：右上”）；再次单击“文本效果和版式”下拉按钮，选择“发光”命令，在展开的发光效果库中选择一种效果（如“发光：11 磅；金色，主题色 4”）。

③选中正文第 2 段“我近来……”，单击“开始”选项卡“字体”组中的“下划线”下拉按钮，在展开的下划线库中选择“波浪线”命令。

④选中“信”字，单击“开始”选项卡“字体”组中的“带圈字符”按钮，打开“带圈字符”对话框，选择样式为“增大圈号”，选择圈号为“菱形”，单击“确定”按钮。

注意：若要清除文档中的所有样式、文本效果和字体格式，单击“开始”选项卡“字体”组中的“清除所有格式”按钮即可。

2）段落排版

完成字符排版后，应该对段落进行排版。段落由一些字符和其他对象组成，最后是段落标记（↵，按 Enter 键产生）。段落的排版是指整个段落的外观设置，包括对齐方式、段落缩进、段落间距、行距等设置，同时还可以添加项目符号和编号、设置边框和底纹等。

段落排版一般通过单击“开始”选项卡“段落”组中的各按钮（见图 5-5）或单击“段落”组右下角的对话框启动器按钮，打开“段落”对话框（见图 5-6）来完成。

图 5-5 “段落”组中的各按钮

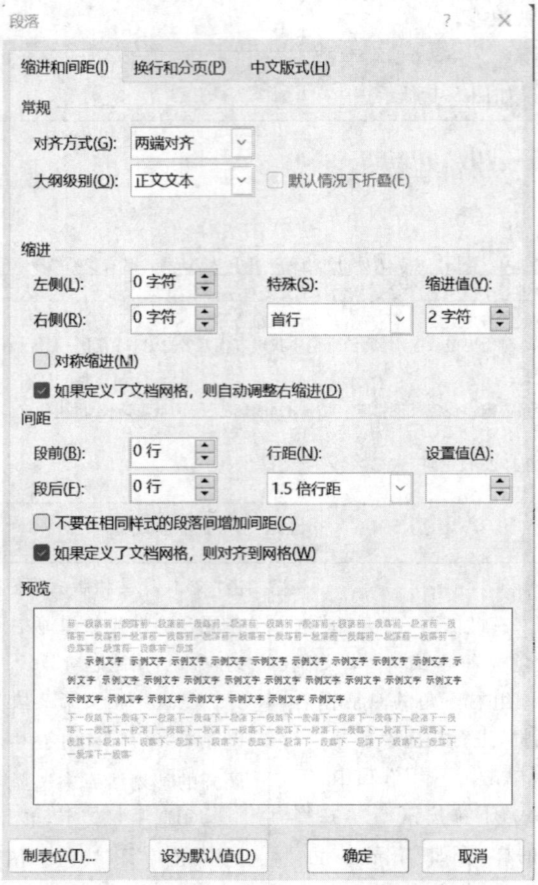

图 5-6 “段落”对话框

段落排版主要是从以下几个方面进行设置的。

● 对齐方式:在文档中,设置对齐文本可以使文本清晰易读。Word 2019 提供了 5 种对齐方式:左对齐、居中、右对齐、两端对齐和分散对齐。其中两端对齐是以词为单位,自动调整词与词间空格的宽度,使正文沿页的左、右边界对齐。这种对齐方式可以防止英文文本中一个单词跨两行的情况出现,但对于中文,其效果等同于左对齐。分散对齐是使字符均匀地分布在一行上。

● 段落缩进:是指段落各行相对于页面边界的距离。通常,段落都规定首行缩进两个字符,为了强调某些段落,可以适当进行缩进。Word 2019 提供了 4 种段落缩进方式:首行缩进、悬挂缩进、左缩进、右缩进。其中首行缩进是指段落第 1 行向右缩进一段距离,其余行不变;悬挂缩进是指段落第 1 行不变,其余行向右缩进一段距离;左缩进是指整个段落向右缩进一段距离;右缩进是指整个段落向左缩进一段距离。

● 段落间距与行距:段落间距是指当前段落与相邻两个段落之间的距离,即段前距离和段后距离,加大段落之间的间距可使文档显示清晰。行距是指段落中行与行之间的距离,有单倍行距、1.5 倍行距等,如果选择“最小值”“固定值”和“多倍行距”选项,则可以在“设置值”数值框中调整磅数。

设置段落缩进和间距时,相应值的单位有“磅”“厘米”“字符”和“英寸”等,单击“文件”按钮，在菜单中选择“选项”命令，打开“Word 选项”对话框，单击“高级”选项卡，在“显示”栏中可以进行度量单位的设置。一般情况下，如果度量单位选择为“厘米”且勾选“以字符宽度为度量单位”复选框，则默认的缩进单位为“字符”，对应的段落间距和行距的单位为“行”；如果取消勾选“以字符宽度为度量单位”复选框，则缩进单位为“厘米”，对应的段落间距和行距的单位为“磅”。

● 项目符号和编号：在文档处理中，为了准确、清楚地表达某些内容之间的并列关系或顺序关系等，经常要用到项目符号和编号。项目符号可以是字符，也可以是图片；编号是连续的数字或字母。Word 具有自动编号功能，当增加或删除段落时，系统会自动调整相关的编号顺序。创建项目符号和编号的方法是：选择需要添加项目符号或编号的段落，单击“开始”选项卡“段落”组中的“项目符号”按钮、“编号”按钮或“多级列表”按钮。

● 边框和底纹：给段落添加边框和底纹，可以起到强调和美观的作用。

简单地添加边框和底纹，可以分别单击“开始”选项卡“段落”组中的“底纹”按钮和“边框”按钮，较复杂的则可以通过“边框和底纹”对话框来完成。选定段落，单击“开始”选项卡“段落”组中的“边框”下拉按钮，在下拉菜单中选择“边框和底纹”命令，打开“边框和底纹”对话框，如图 5-7 所示，其中有“边框”“页面边框”和“底纹”3 个选项卡。

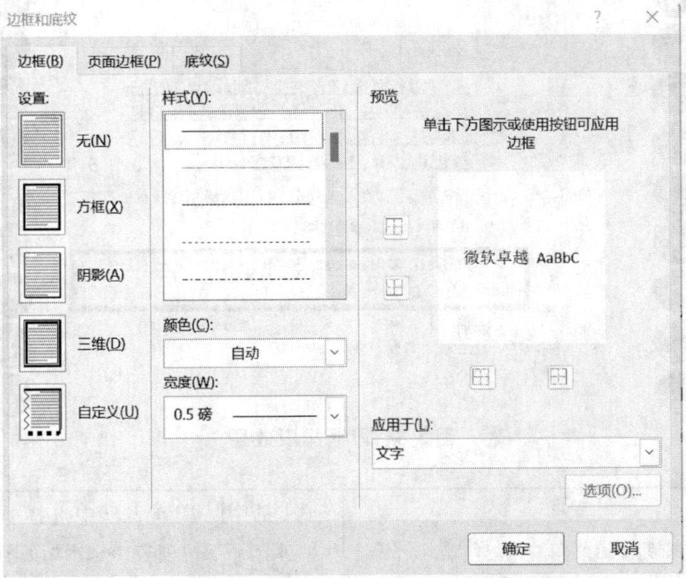

图 5-7　“边框和底纹”对话框

“边框”选项卡：用于对选定的段落或文字添加边框，可以选择边框的类别、样式、颜色和线条宽度等。如果需要对某些边设置边框线，如只对段落的上、下边框设置边框线，可以单击“预览”栏中的左、右边框按钮将左、右边框线去掉。

“页面边框”选项卡：用于对页面或整个文档添加边框。它的设置与“边框”选项卡类似，但增加了“艺术型”下拉列表。

“底纹”选项卡：用于对选定的段落或文字添加底纹。其中“填充”下拉列表用于设置底纹的背景色；“样式”下拉列表用于设置底纹的图案样式（如设置“浅色上斜线”）；“颜色”下拉列表用于设置底纹图案中点或线的颜色。

注意：在设置段落的边框和底纹时，要在“应用于”下拉列表中选择“段落”选项；在设置文字的边框和底纹时，要在“应用于”下拉列表框中选择“文字”选项。

● 格式刷：有时需要对多个段落使用同一格式，可以利用“开始”选项卡“剪贴板”组中的“格式刷”按钮快速地复制格式，提高效率。该按钮也可以用来实现字符格式的快速复制。格式刷的使用方法是：选定要复制格式的文本或段落(如果是段落，在该段落的任意处单击即可)，单击“开始”选项卡“剪贴板”组中的“格式刷”按钮，用鼠标拖曳经过要应用此格式的文本或段落(如果是段落，在该段落的任意处单击即可)。

如果对同一格式要多次复制，可在选定要复制的格式之后，双击“格式刷”按钮。若需要退出多次复制操作，可再次单击“格式刷”按钮或按 Esc 键。

例 5-4 将例 5-3“一封信”中的正文第 2 段设置为左、右各缩进 1 cm，首行缩进 0.8 cm，行距为固定值 15 pt，段后间距为 8 pt。为正文第 4 段添加外粗内细的边框线，为正文第 5 段文字添加“灰色 25%”底纹，为整个页面添加“苹果”页面边框，效果如图 5-8 所示。

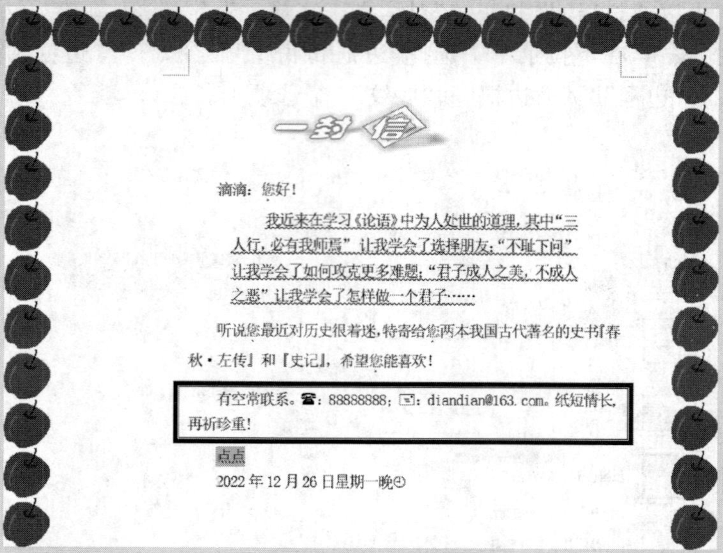

一封信

滴滴：您好！

我近来在学习《论语》中为人处世的道理，其中“三人行，必有我师焉”让我学会了选择朋友；“不耻下问”让我学会了如何攻克更多难题；“君子成人之美，不成人之恶”让我学会了怎样做一个君子……

听说您最近对历史很着迷，特寄给您两本我国古代著名的史书『春秋·左传』和『史记』，希望您能喜欢！

有空常联系。☎：88888888；✉：diandian@163.com。纸短情长，再祈珍重！

点点

2022年12月26日星期一晚☺

图 5-8　段落排版效果

操作步骤如下。

①单击“文件”按钮，在菜单中选择“选项”命令，打开“Word 选项”对话框，单击“高级”选项卡，在“显示”栏中设置度量单位为“厘米”，注意不要勾选“以字符宽度为度量单位”复选框，如图 5-9 所示，单击“确定”按钮。

②选中正文第 2 段，单击“开始”选项卡“段落”组右下角的对话框启动器按钮，打开“段落”对话框，进行相应设置。

③选中正文第 4 段，单击“开始”选项卡“段落”组中的“边框”下拉按钮，在下拉菜单中选择“边框和底纹”命令，打开“边框和底纹”对话框，在“边框”选项卡的“样式”列表框中选择外粗内细的线型，在“应用于”下拉列表中选择“段落”选项(见图 5-10)，然后单击“确定”按钮。

④选中正文第 5 段，如前所述打开“边框和底纹”对话框，在“底纹”选项卡的“样式”下拉列表中选择“灰色 25%”选项，在“应用于”下拉列表中选择“文字”选项，然后单击“确定”按钮。

⑤将光标置于文档中的任意位置，如前所述打开“边框和底纹”对话框，在“页面边框”选项卡的“艺术型”下拉列表中选择“苹果”边框类型，然后单击“确定”按钮。

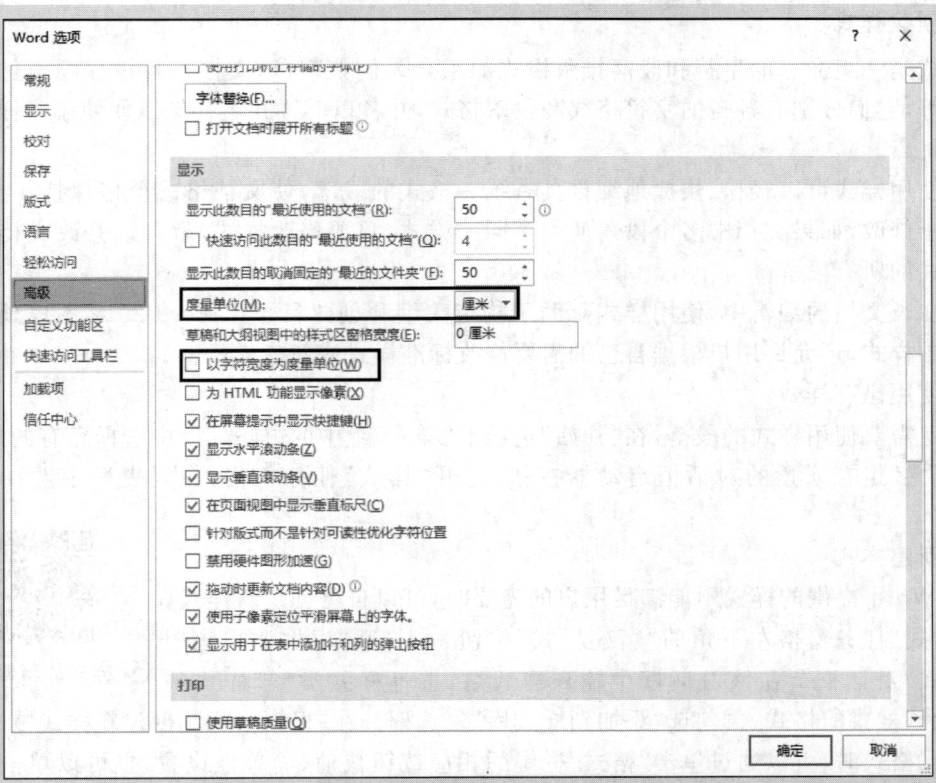

图 5-9　"Word 选项"对话框

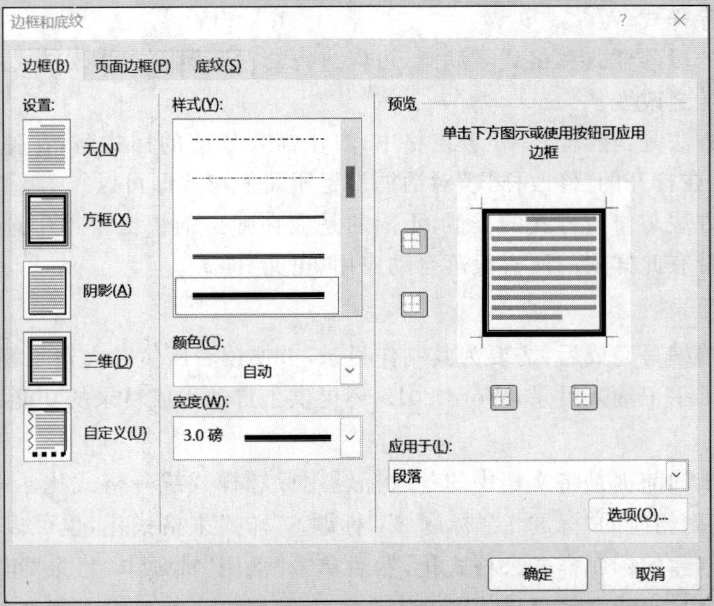

图 5-10　"边框和底纹"对话框

5. 创建样式

样式是一组命名的字符和段落排版格式的组合。例如,一篇文档有各级标题、正文、页眉和页脚等,它们分别有各自的字符格式和段落格式,并各以其样式名存储以便使用。样式有以下两个优点。

①使用样式可以轻松、快捷地编排具有统一格式的段落,使文档格式严格保持一致,而且样式便于修改,如果文档中多个段落使用了同一样式,只要修改样式,就可以修改文档中使用了此样式的所有段落。

②在长文档的编辑中,使用样式有助于构造大纲和创建目录。Word 2019 不仅预定义了很多标准样式,还允许用户根据自己的需要修改标准样式或新建样式。

1)使用已有样式

选定需要使用样式的段落,在“开始”选项卡“样式”组中的“样式”库中选择已有的样式,或单击“样式”组右下角的对话框启动器按钮,打开“样式”任务窗格,在列表框中选择相应的样式。

2)新建样式

样式的新建及使用

当 Word 提供的样式不能满足用户的需要时,可以自己创建新样式。单击“样式”任务窗格左下角的“新建样式”按钮,打开“根据格式化创建新样式”对话框。在该对话框中输入样式名,选择样式类型、样式基准,设置该样式的格式,再勾选“添加到样式库”复选框。在“根据格式化创建新样式”对话框中设置样式格式时,可以通过单击“格式”栏中的相应按钮快速、简单地设置,也可以单击“格式”下拉按钮,在弹出的下拉菜单中选择相应的命令进行详细设置。

新样式建立后,就可以像已有样式一样直接使用了。

3)修改和删除样式

如果对已有的段落样式和格式不满意,可以进行修改和删除。修改样式后,所有应用了该样式的文本都会随之改变。

修改样式的方法是:在“样式”任务窗格中,右击需要修改的样式名,在弹出的快捷菜单中选择“修改”命令,在打开的“修改样式”对话框设置所需的格式即可。

删除样式的方法与修改样式的类似,不同的是应在弹出的快捷菜单中选择删除样式的命令,删除样式后,带有此样式的所有段落自动应用“正文”样式。

6. 自动生成目录

书籍或长文档编写完成后,需要为其制作目录,方便读者阅读和大概了解文档的层次结构及主要内容。除了手工输入目录,Word 2019 还提供了自动生成目录的功能。

1)创建目录

自动生成目录的前提是将文档中的各级标题用标题样式统一格式化。一般情况下,目录分为三级,可以使用相应的“标题 1”“标题 2”“标题 3”样式来格式化,也可以使用其他几级标题样式或者自己创建的标题样式来格式化,然后单击“引用”选项卡“目录”组中的“目录”下拉按钮,在下拉菜单中选择“自动目录 1”或“自动目录 2”命令。如果没有需要的格式,则可以在下拉菜单中选择“自定义目录”命令,打开“目录”对话框进行自定义操作。

注意:Word 2019 默认的目录显示级别为 3,如果需要改变设置,在“目录”对话框的“显示级别”数值框中选择或直接输入相应级别的数字即可。

2)更新目录

如果在编制目录后文档内容发生了变化,利用 Word 2019 可以很方便地对目录进行更新,操作方法是:右击目录,在弹出的快捷菜单中选择“更新域”命令,打开“更新目录”对话框,再单击“更新整个目录”单选按钮即可。也可以通过单击“引用”选项卡“目录”组中的“更新目录”按钮进行操作。

7. 保存和保护文档

对于新建的文档,只有将其保存起来,才可以再次对其进行查看或修改。另外,在编辑文档的过程中,要养成随时保存文档的习惯,这样可以避免因计算机故障而丢失信息。

1)保存文档

保存文档分为保存新建的文档、保存已保存过的文档、将现有的文档另存为其他文档和自动保存 4 种方式。

(1)保存新建的文档。

在首次保存编辑好的文档时,需要指定文件名、保存位置和保存类型等信息。

如果要对新建的文档进行保存,可单击“文件”按钮,在打开的菜单中选择“保存”命令,或单击快速访问工具栏上的“保存”按钮,打开“另存为”界面,选择“浏览”选项,打开“另存为”对话框,设置保存路径、文件名和保存类型,单击“保存”按钮即可。

在保存新建的文档时,如果在文档中输入了一些内容,Word 2019 自动将输入的第 1 行内容作为文件名。

(2)保存已保存过的文档。

要对已保存过的文档进行保存,可单击“文件”按钮,在打开的菜单中选择“保存”命令,或单击快速访问工具栏上的“保存”按钮,就可以按照原有的路径、文件名和保存类型进行保存。

(3)将现有的文档另存为其他文档。

如果文档已保存过,但在进行了一些编辑操作后,需要将其保存下来,并且希望仍能保存以前的文档,这时就需要对文档进行另存为操作。要将当前文档另存为其他文档,可以单击“文件”按钮,在打开的菜单中选择“另存为”命令,然后在打开的选项区域中设定文档另存为的位置,并单击“浏览”按钮,打开“另存为”对话框,指定文档保存的具体路径。

(4)自动保存。

用户若不习惯随时对修改的文档进行保存操作,则可以将文档设置为自动保存。设置自动保存后,无论文档是否进行了修改,系统都会根据设置的时间间隔自动对文档进行保存。

首先打开一个 Word 文档,单击“文件”按钮,在打开的菜单中选择“选项”,打开“Word 选项”对话框,单击“保存”选项卡,勾选“保存自动恢复信息时间间隔”复选框,在其右侧的数值框中输入“5”,表示自动保存的时间间隔设置为“5 分钟”,单击“确定”按钮完成设置。

2)保护文档

对一些文档,为了防止其他用户随便查看,可对其进行加密保护,操作方法是:单击“文件”按钮,在打开的菜单中选择“信息”命令以显示“信息”界面,单击该界面中的“保护文档”下拉按钮,在打开的下拉菜单中选择“用密码进行加密”命令,然后在弹出的“加密文档”对话框中输入设置的密码,单击“确定”按钮,在弹出的“确认密码”对话框中再次输入所设置的密码,单击“确定”按钮即可。如果要取消文档密码保护,其操作与设置密码类似,不同的是在弹出“加密文档"对话框后,要将"密码"文本框中所设置的密码删除。

需要注意的是,上述操作方法只能设置文档的打开密码。如果既需要设置文档的打开密码,又需要设置文档的修改密码(防止他人对此文档误编辑),操作方法是:单击"文件"按钮,在打开的菜单中选择"另存为"命令,选择好保存位置后,打开"另存为"对话框,单击对话框中的"工具"下拉按钮,在下拉菜单中选择"常规选项"命令,打开"常规选项"对话框,在"打开文件时的密码"文本框和"修改文件时的密码"文本框中分别输入密码,单击"确定"按钮,在打开的"确认密码"对话框中再次输入密码并确定,单击"保存"按钮。

8. 打开和关闭文档

打开文档是 Word 的一项基本操作,对于任何文档来说都需要先将其打开,然后才能对其进行编辑。编辑完成后,可将文档关闭。

1)打开文档

找到文档所在的位置后,双击 Word 文档,或者右击 Word 文档,从弹出的快捷菜单中选择"打开"命令,可直接打开该文档。

用户还可在一个已打开的文档中打开另一个文档。单击"文件"按钮,在打开的菜单中选择"打开"命令,然后选择打开文件的位置(如选择"浏览"选项),打开"打开"对话框,选择需要打开的 Word 文档,单击"打开"按钮,即可将其打开。

2)关闭文档

当不需要使用某文档时,应将其关闭,常用的关闭文档的方法如下。

①单击标题栏右侧的"关闭"按钮。

②按 Alt+F4 组合键。

③单击"文件"按钮,在打开的菜单中选择"关闭"命令。

④右击标题栏,从弹出的快捷菜单中选择"关闭"命令。

5.1.2 页面排版

页面排版反映了文档的整体外观和输出效果,主要包括页面设置、页眉和页脚、脚注和尾注、特殊格式设置(分栏、首字下沉、文档竖排、页面背景)等。

1. 页面设置

页面设置通常包括设置页边距、纸张大小、页眉和页脚的位置、每页容纳的行数和每行容纳的字数等,通过"布局"选项卡"页面设置"组中的相应按钮或"页面设置"对话框实现。

"页面设置"对话框通过单击"布局"选项卡"页面设置"组右下角的对话框启动器按钮打开,如图 5-11 所示,该对话框有 4 个选项卡。

"页边距"选项卡:用于设置文档内容与纸张 4 条边的距离,从而确定文档版心的大小。通常,正文显示在页边距以内,包括脚注和尾注,而页眉和页脚显示在页边距上。通过"页面设置"对话框设置页边距的同时,还可以设置装订线的位置或选择纸张打印方向等。其中,页边距还可以通过单击"页面设置"组中的"页边距"下拉按钮快捷设置,它提供了"常规""窄""中等""宽"和"对称"5 种预设方式;纸张方向可以通过单击该组中的"纸张方向"下拉按钮快捷设置。

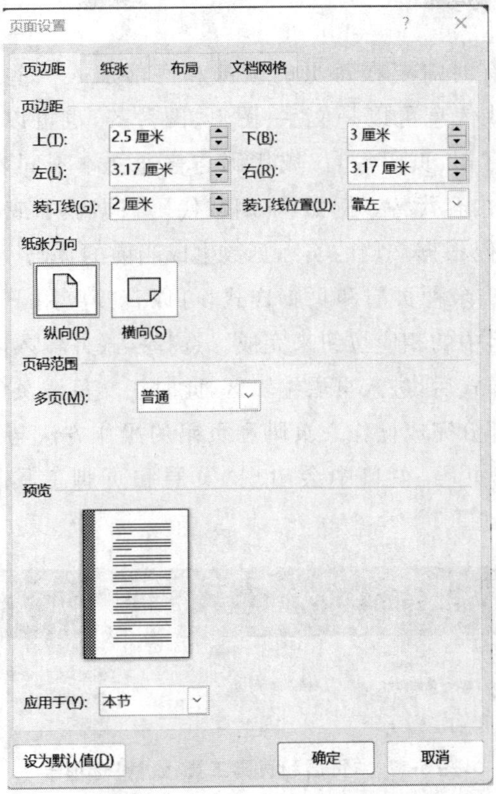

图 5-11　“页面设置”对话框

“纸张”选项卡：用于选择纸张的大小，一般默认值为“A4”。如果当前使用的纸张为特殊规格，可以在“纸张大小”下拉菜单中选择“自定义大小”选项，并通过“宽度”和“高度”数值框来定义纸张的大小。纸张大小也可以通过单击“页面设置”组中的“纸张大小”下拉按钮快捷设置。

“布局”选项卡：用于设置节的起始位置、页眉和页脚的特殊选项（如奇偶页不同、首页不同、与页边界的距离）、页面内容的垂直对齐方式等。

“文档网格”选项卡：用于设置每页容纳的行数和每行容纳的字数，以及文字打印方向和行、列网格线是否要打印等。

通常，页面设置作用于整个文档，如果对部分文档进行页面设置，则应在“应用于”下拉列表中选择页面设置的范围。

例 5-5　对例 5-4 中的“一封信”进行页面设置：上边距为 2.5 cm，下边距为 3 cm，页面左边预留 2 cm 的装订线，纸张方向为纵向，纸张大小为 16 开，设置页眉和页脚奇偶页不同，文档中每页 35 行，每行 30 个字。

操作步骤如下。

①打开文档，单击“布局”选项卡“页面设置”组右下角的对话框启动器按钮，打开“页面设置”对话框，在“页边距”选项卡中进行相应设置，如图 5-11 所示。

②在“纸张”选项卡的“纸张大小”下拉列表中选择“16 开”选项。

③在“布局”选项卡的“页眉和页脚”栏中勾选“奇偶页不同”复选框。

④在“文档网格”选项卡的“网格”栏中单击“指定行和字符网格”单选按钮，在“每行”数值框中选择或输入“30”，在“每页”数值框中选择或输入“35”。

2. 页眉和页脚

页眉和页脚

在文档排版打印时,有时需要在每页的顶部和底部加入一些说明性信息,称为页眉和页脚。这些信息可以是文字、图形、图片等,也可以是用来生成各种文本的域代码(如日期、页码等)。域代码与普通文本不同,它在显示和打印时会被当前的最新内容代替。例如,日期域代码根据显示或打印时系统的时钟生成当前的日期,同样,页码域代码根据文档的实际页数生成当前的页码。

Word 2019 内置了 20 余种页眉和页脚样式,可以直接应用于文档中,可以通过单击“插入”选项卡“页眉和页脚”组中的相应按钮来完成。选择样式并输入内容后,可以双击正文返回文档。插入页眉时,选好样式后,进入页眉编辑区,此时正文呈浅灰色,表示不可编辑。页眉内容输入完毕后,双击正文部分完成操作。页脚和页码的操作方法与此类似。需要编辑页眉和页脚时,双击页眉、页脚或页码,窗口中会出现“页眉和页脚工具|设计”选项卡,如图 5-12 所示。

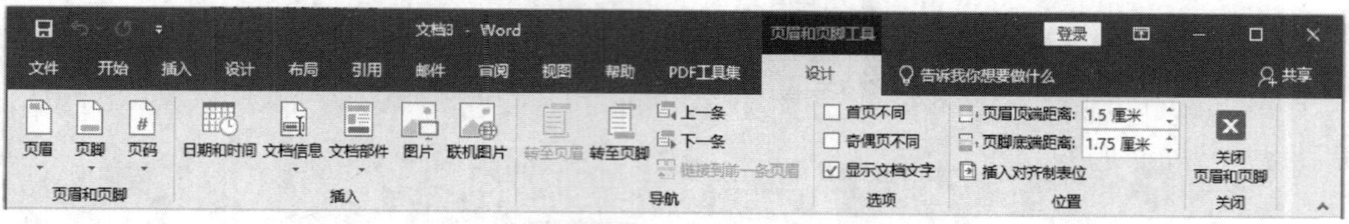

图 5-12 “页眉和页脚工具|设计”选项卡

可以根据需要插入图片、日期或时间、域(单击“插入”选项卡“文本”组中的“文档部件”下拉按钮,在打开的下拉菜单中选择“域”命令)等内容。如果要退出页眉和页脚的编辑状态回到正文,直接单击“页眉和页脚工具|设计”选项卡“关闭”组中的“关闭页眉和页脚”按钮即可。如果要删除页眉和页脚,先双击页眉或页脚,选定要删除的内容,按 Delete 键,或者单击“插入”选项卡“页眉和页脚”组中的“页眉”或“页脚”下拉按钮,在打开的下拉菜单中选择“删除页眉”或“删除页脚”命令。

在文档中,可以自始至终使用同一个页眉或页脚,也可以在文档的不同部分使用不同的页眉和页脚。例如,设置首页不同、奇偶页不同,这需要在“页眉和页脚工具|设计”选项卡的“选项”组中勾选相应的复选框。如果文档被分为多个节,也可以设置节与节之间的页眉和页脚互不相同。

3. 脚注和尾注

脚注和尾注用于给文档中的文本添加注释,一般在页面视图方式下可见。脚注用于对文档某处内容进行注释说明,通常位于页面底端;尾注用于说明引用文献的来源,一般位于文档末尾。在同一个文档中可以同时包括脚注和尾注。

脚注和尾注由两部分组成:注释引用标记和与其对应的注释文本。对于注释引用标记,可以自动为其编号,还可以创建自定义标记。添加、删除或移动自动编号的注释时,Word 将对注释引用标记重新编号。注释文本可以是任意长度,可以像处理其他文本一样设置注释文本格式,还可以自定义注释分隔符,即用来分隔文档正文和注释文本的线条。

设置脚注和尾注可以通过单击“引用”选项卡“脚注”组中的相应按钮进行，也可以通过单击“脚注”组右下角的对话框启动器按钮，在打开的“脚注和尾注”对话框中进行，如图 5-13 所示。

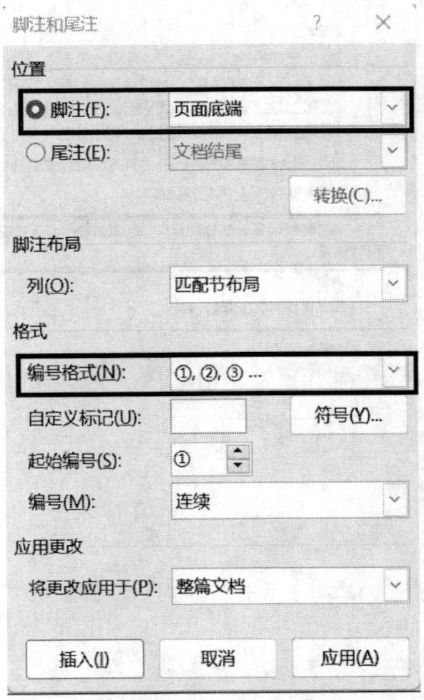

图 5-13 “脚注和尾注”对话框

若要删除脚注和尾注，只需将光标定位在脚注和尾注引用标记前，按 Delete 键即可将引用标记和注释文本同时删除。

例 5-6 打开例 5-5 中的“一封信”文档，设置页眉，内容为“一封信”；选择喜欢的样式插入页码，并为“论语”添加脚注，脚注引用标记是“①”，脚注注释文本是“儒家经典著作”；为文档添加尾注，尾注引用标记是“★”，尾注注释文本是“书信摘选”。效果如图 5-14 所示。

操作步骤如下。

①打开文档，单击“插入”选项卡“页眉和页脚”组中的“页眉”下拉按钮，在展开的页眉库中选择“空白”样式，在页眉编辑区输入文字“一封信”。

②在“页眉和页脚工具|设计”选项卡“页眉和页脚”组中单击“页码”下拉按钮，在下拉菜单中将鼠标指针指向“页边距”选项，在“带有多种形状”区中选择“圆(左侧)”样式，最后双击正文或单击“关闭”组中的“关闭页眉和页脚”按钮。

③将光标定位在“论语”后面，单击“引用”选项卡“脚注”组右下角的对话框启动器按钮，打开“脚注和尾注”对话框，选中“脚注”单选按钮，在“编号格式”下拉列表中选择“①,②,③...”选项(见图 5-13)，再单击“插入”按钮，进入脚注区，输入脚注注释文本“儒家经典著作”。

④将光标定位在标题“一封信”之后，单击“引用”选项卡“脚注”组右下角的对话框启动器按钮，打开“脚注和尾注”对话框，选中“尾注”单选按钮，单击“自定义标记”右侧的“符号”按钮，在打开的“符号”对话框中选择“★”，单击“确定”按钮，再单击“插入”按钮，进入尾注区，输入尾注注释文本“书信摘选”，在尾注区外单击以结束输入。

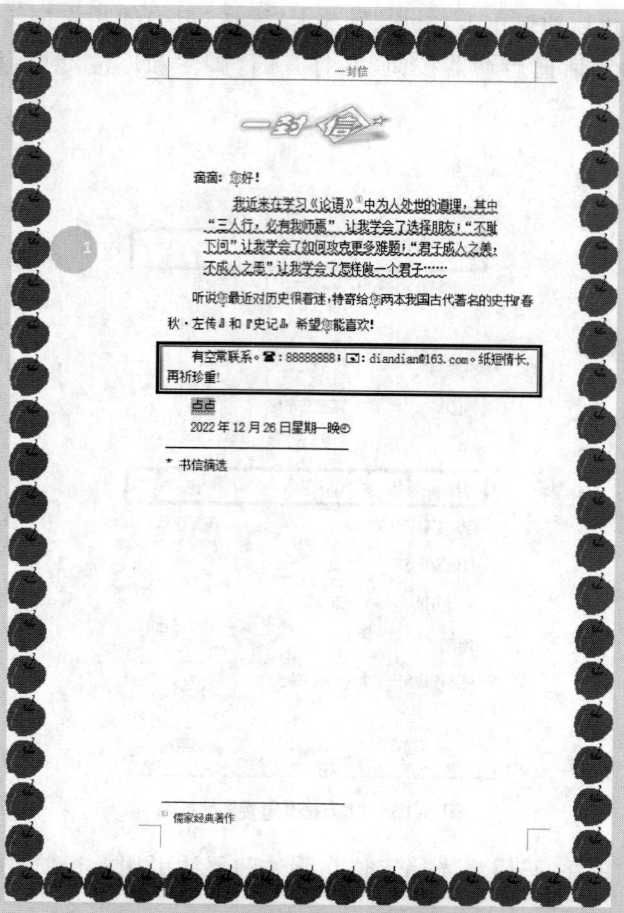

一封信

一封信

滴滴：您好！

我近来在学习《论语》[①]中为人处世的道理，其中“三人行，必有我师焉”让我学会了选择朋友；“不耻下问”让我学会了如何攻克更多难题；“君子成人之美，不成人之恶”让我学会了怎样做一个君子……

听说您最近对历史很着迷，特寄给您两本我国古代著名的史书『春秋·左传』和『史记』，希望您能喜欢！

有空常联系。☎：88888888；✉：diandian@163.com。纸短情长，再祈珍重!

点点

2022年12月26日星期一晚④

* 书信摘选

① 儒家经典著作

图 5-14　添加页眉和页脚、脚注和尾注后的效果图

4. 特殊格式设置

1)分栏

分栏是指将一页纸的版面分为几栏，使得页面更生动、更具可读性。这种排版方式在报纸、杂志中经常用到。分栏排版是通过单击“布局”选项卡“页面设置”组中的“栏”下拉按钮来操作的。如果分栏较复杂，需要在打开的下拉菜单中选择“更多栏”命令，打开“栏”对话框进行设置。该对话框的“预设”栏用于设置分栏方式，可以等宽地将版面分成两栏、三栏。此外，用户可以选择分栏时各栏之间是否带“分隔线”，还可以自定义分栏形式，按需要设置栏数、宽度和间距。

如果要对文档进行多种分栏，只要分别选择需要分栏的段落，执行分栏操作即可。多种分栏并存时，系统会自动在栏与栏之间增加双虚线的“分节符”(草稿视图方式下可见)。分栏排版不满一页时，会出现分栏长度不一致的情况，采用等长栏排版可使栏长一致，操作方法是：首先将光标移到已分栏文本的结尾处，然后单击“布局”选项卡“页面设置”组中的“分隔符”下拉按钮，在打开的下拉菜单中选择“分节符”区中的“连续”命令。若要取消分栏，只要选择已分栏的段落，将其设置为一栏即可。

2)首字下沉

首字下沉是将选定段落的第 1 个字放大数倍,以引导阅读,它也是报纸、杂志中常用的排版方式。

设置首字下沉的操作方法是:选中段落或将光标定位于需要设置首字下沉的段落中,单击"插入"选项卡"文本"组中的"首字下沉"下拉按钮,在打开的下拉菜单中选择需要的形式即可。若选择其中的"首字下沉选项"命令,将打开"首字下沉"对话框。在该对话框中,不仅可以选择"下沉"或"悬挂"位置,还可以设置字体、下沉行数及与正文的距离。若要取消首字下沉,只要选定已设置首字下沉的段落,单击"插入"选项卡"文本"组中的"首字下沉"下拉按钮,在打开的下拉菜单中选择"无"命令即可。

3)文档竖排

通常情况下,文档都是从左至右横排的,但是有时需要设置特殊效果,如古文、古诗需要进行竖排。这时,可以单击"布局"选项卡"页面设置"组中的"文字方向"下拉按钮,在打开的下拉菜单中根据需要选择其中的一种竖排样式(注意:如果把一篇文档中的部分文字进行竖排,则竖排文字会单独占一页进行显示。如果想在一页上既出现横排文字,又出现竖排文字,则需要利用后面介绍的竖排文本框来实现)。

4)页面背景

可以通过为文档添加文字或图片水印、设置文档的颜色或图案填充效果、为页面添加边框等方面来使页面更加美观。相应操作可通过单击"设计"选项卡"页面背景"组中的命令按钮来实现。

例 5-7　将例 5-6 中的"一封信"正文第 3 段分为等宽两栏,栏宽为 4 cm,栏间加分隔线,并设置首字下沉,字体为隶书,下沉行数为 2,距正文 0.3 cm。效果如图 5-15 所示。

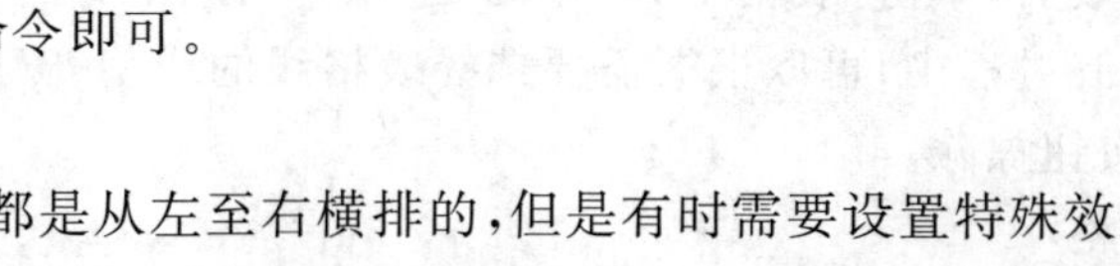

图 5-15　设置分栏、首字下沉效果图

操作步骤如下。

①选定正文第 3 段,单击"布局"选项卡"页面设置"组中的"栏"下拉按钮,在打开的下拉菜单中选择"更多栏"命令,打开"栏"对话框,在"预设"栏中选择"两栏"选项,将宽度设置为"4 厘米",勾选"分隔线"复选框,然后单击"确定"按钮。

②单击"插入"选项卡"文本"组中的"首字下沉"下拉按钮,在打开的下拉菜单中选择"首字下沉选项"命令,在打开的"首字下沉"对话框中进行相应设置,然后单击"确定"按钮。

5.1.3　文档表格的制作

利用 Word 2019 提供的表格处理功能,可以方便地处理各种表格,特别适用于简单表格(如课程表、作息时间安排表、成绩表等)。如果要制作较大型的复杂表格(如年度销售报表),或是要对表格中的数据进行大量、复杂的计算和分析,Excel 2019 则是更好的选择。

1. 创建表格

1)建立规则表格

建立规则表格常用的方法是:单击“插入”选项卡“表格”组中的“表格”下拉按钮,在打开的下拉菜单中选择“插入表格”命令,在打开的“插入表格”对话框中选择或直接输入所需的行数和列数,单击“确定”按钮。

2)建立不规则表格

单击“插入”选项卡“表格”组中的“表格”下拉按钮,在打开的下拉菜单中选择“绘制表格”命令,此时,光标呈铅笔状,可直接绘制表格外框、行列线和斜线(在线段的起点单击并拖曳至终点释放),表格绘制完成后,单击“表格工具|布局”选项卡“绘图”组中的“绘制表格”按钮,取消选定状态。在表格绘制过程中,可以根据需要选择表格线的线型、宽度和颜色等。对多余的线段,可利用“橡皮擦”按钮擦除。

3)将文本转换成表格

按规律分隔的文本可以转换成表格,文本的分隔符可以是空格、制表符、逗号或其他符号等。要将文本转换成表格,需先选定文本,再单击“插入”选项卡“表格”组中的“表格”下拉按钮,在打开的下拉菜单中选择“文本转换成表格”命令即可。

注意:文本分隔符不能是中文或全角状态下的符号,否则转换不成功。

创建表格时,有时需要绘制斜线表头,即将表格中第1行第1个单元格用斜线分成几部分,每一部分对应于表格中行和列的内容。对于表格中的斜线表头,可以单击“插入”选项卡“插图”组中的“形状”下拉按钮,通过选择形状库中“线条”区的“直线”命令和“基本形状”区的“文本框”命令共同完成。

2. 输入表格内容

表格建好后,可以在表格的任意一个单元格中定位光标并输入文字、图片、图形、图表等内容。输入时,按 Tab 键使光标往下一个单元格移动,按 Shift+Tab 组合键使光标往前一个单元格移动,也可以直接单击需要输入内容的单元格。

要设置表格单元格中文字的对齐方式,可以选中文字,在“表格工具|布局”选项卡的“对齐方式”组中选择需要的对齐方式。也可以分别设置文字在单元格中的水平对齐方式和垂直对齐方式。其中水平对齐方式可以利用“开始”选项卡“段落”组中的对齐按钮进行操作,垂直对齐方式则需要在“表格工具|布局”选项卡的“表”组中单击“属性”按钮(也可以右击选定的单元格,在弹出的快捷菜单中选择“表格属性”命令),打开“表格属性”对话框,在“单元格”选项卡中进行设置。

其他设置如字体、缩进等与前面介绍的文档排版操作相同。

例 5-8 创建一个带斜线表头的表格,如图5-16所示。表格中文字的对齐方式为水平居中对齐(水平方向和垂直方向上都是居中对齐方式)。

科目 姓名	语文	数学	英语
张三	85	91	74
李四	89	94	79
王五	89	83	76

图 5-16 带斜线表头的表格

操作步骤如下。

①新建一个文档，单击“插入”选项卡“表格”组中的“插入表格”命令，在弹出的“插入表格”对话框中输入列数“4”和行数“4”，单击“确定”按钮。在表格任意一个单元格中单击，将鼠标指针移至表格右下角的符号□处，当鼠标指针变成双向箭头形状时，按住鼠标左键拖曳可适当调整表格大小。

②单击第 1 个单元格，单击“插入”选项卡“插图”组中的“形状”下拉按钮，在“线条”区选择“直线”命令，在第 1 个单元格左上角顶点按住鼠标左键拖曳至右下角顶点，绘制出斜线；然后单击“插入”选项卡“插图”组中的“形状”下拉按钮，在“基本形状”区中选择“文本框”命令，在单元格的适当位置绘制一个文本框，输入“科”字，右击文本框，在弹出的快捷菜单中选择“设置形状格式”命令，打开“设置形状格式”任务窗格，在“填充”和“线条”栏中分别选中“无填充”和“无线条”单选按钮。用同样的方法制作出斜线表头中的“目”“姓”“名”等字。

③在表格其他单元格中输入相应内容，然后选定整个表格中的文字，在“表格工具|布局”选项卡的“对齐方式”组中单击“水平居中”按钮。

3. 编辑表格

表格的编辑操作同样遵循“先选定、后执行”的原则，选定表格的操作如表 5-1 所示。

表 5-1　选定表格的操作

选取范围	鼠标操作
一个单元格	将鼠标指针指向单元格内左下角处，鼠标指针呈向右上方黑色实心箭头时单击
一行	将鼠标指针指向该行左端边沿处（选定区）时单击
一列	将鼠标指针指向该列顶端边沿处，鼠标指针呈向下黑色实心箭头时单击
整个表格	单击表格左上角的符号⊞

表格的编辑包括缩放表格，调整行高和列宽，增加或删除行、列和单元格，表格计算，表格排序，拆分和合并表格、单元格等。这些操作主要利用“表格工具|布局”选项卡中的各按钮（见图 5-17）或快捷菜单中的相应命令来完成。

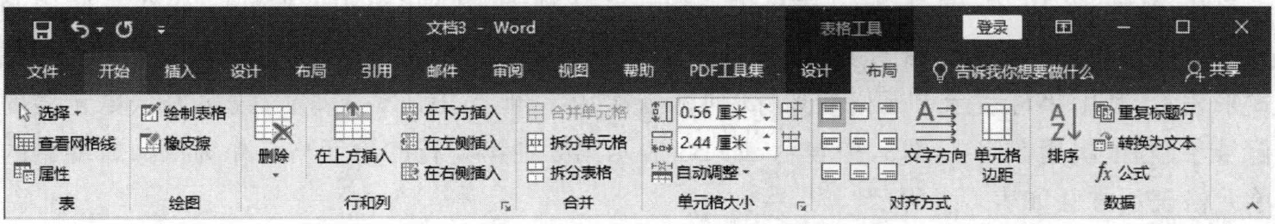

图 5-17　“表格工具|布局”选项卡中的各按钮

1）缩放表格

当鼠标指针位于表格中时，在表格的右下角会出现符号□，称为句柄。将鼠标指针移动到句柄上，当鼠标指针变成双向箭头形状时，按住鼠标左键拖曳可以缩放表格。

2）调整行高和列宽

根据不同情况，调整行高和列宽有以下 3 种方法。

①局部调整：采用拖动标尺或表格线的方法调整。

②精确调整：选定表格，在“表格工具|布局”选项卡“单元格大小”组中的“高度”数值框和“宽度”数值框中设置具体的行高和列宽。或者单击“表”组中的“属性”按钮（或右击表格，在弹

出的快捷菜单中选择“表格属性”命令),打开“表格属性”对话框,在“行”和“列”选项卡中进行相应设置。

③自动调整列宽和均匀分布:选定表格,单击“表格工具|布局”选项卡“单元格大小”组中的“自动调整”下拉按钮,在打开的下拉菜单中选择相应的调整方式。或者右击表格,在弹出的快捷菜单中选择“自动调整”子菜单中的相应命令。

3)增加或删除行、列和单元格

增加或删除行、列和单元格可利用“表格工具|布局”选项卡“行和列”组中的相应按钮或快捷菜单中的相应命令完成。如果选定的是多行或多列,那么增加或删除的也是多行或多列。

例5-9 对例5-8中的表格设置行高为2 cm、列宽为3 cm;在表格最后一行的下方添加“平均分”行,在表格的最右边添加“总分”列。

操作步骤如下。

①选定整个表格,在“表格工具|布局”选项卡“单元格大小”组中的“高度”数值框中选择或输入“2厘米”。同样,在“宽度”数值框中输入“3厘米”,并适当调整斜线表头的大小和位置。

②选中最后一行,单击“表格工具|布局”选项卡“行和列”组中的“在下方插入”按钮,然后在新插入行的第1个单元格中输入“平均分”。

③选中最后一列,单击“表格工具|布局”选项卡“行和列”组中的“在右侧插入”按钮,然后在新插入列的第1个单元格中输入“总分”。设置新增加的行和列中的文字对齐方式为“水平居中”。

4)表格计算

表格计算

在表格中可以完成一些简单的计算,这些操作可以通过Word提供的函数快速实现。这些函数包括求和(SUM)、平均值(AVERAGE)、最大值(MAX)、最小值(MIN)、条件统计(IF)等。但是,与Excel电子表格相比,Word的表格计算自动化能力差,当不同单元格进行同种功能的统计时,必须重复编辑公式或调用函数,效率低。此外,Word表格计算最大的问题是,当单元格的内容发生变化时,结果不能自动重新计算,必须选定结果,然后按F9键,方可更新。

在Word 2019中,通过单击“表格工具|布局”选项卡“数据”组中的“公式”按钮来使用函数或直接输入计算公式。在计算过程中,经常要用到表格的单元格地址,它用字母+数字的方式来表示,其中字母表示单元格的列标,列标依次用字母A,B,C,…表示,数字表示单元格的行号,行号依次用数字1,2,3,…表示,如B3表示第2列第3行的单元格。作为函数自变量的单元格表示方法如表5-2所示。

表5-2 单元格表示方法

函数自变量	含义
LEFT	当前单元格左边的所有单元格
ABOVE	当前单元格上边的所有单元格
RIGHT	当前单元格右边的所有单元格
BELOW	当前单元格下边的所有单元格
单元格1:单元格2	从单元格1到单元格2矩形区域内的所有单元格。例如,A1:B2表示A1,B1,A2,B2共4个单元格
单元格1,单元格2,……	计算所有列出来的单元格1、单元格2……的数据

注意：其中的“:”和“,”必须是半角状态下的标点符号，否则会导致计算错误。

5)表格排序

除计算外，利用 Word 2019，还可以根据笔画、数字、日期、拼音等方式对表格数据按升序或降序排列。表格排序的关键字最多有 3 个：主要关键字、次要关键字和第三关键字。如果按主要关键字排序时遇到相同的数据，则可以根据次要关键字排序；如果次要关键字出现相同的数据，则可以根据第三关键字继续排序。

例 5-10 对例 5-9 中的表格，计算每位学生的总分和每门课程成绩的平均分(要求平均分保留两位小数)，并对表格进行排序(不包括“平均分”行)：首先按总分降序排列，如果总分相同，再按英语成绩降序排列。效果如图 5-18 所示。

科目 姓名	语文	数学	英语	总分
李四	89	94	79	262
王五	89	83	78	250
张三	85	91	74	250
平均分	87.67	89.33	77.00	254.00

图 5-18 表格计算和排序效果图

操作步骤如下。

①计算总分。单击用于存放第 1 位学生总分的单元格，然后单击“表格工具|布局”选项卡“数据”组中的“公式”按钮，打开“公式”对话框，如图 5-19 所示，此时，Word 自动给出的公式是正确的，可以直接单击“确定”按钮。继续单击用于存放第 2 位学生总分的单元格，重复相同的步骤，但这次 Word 自动给出的公式“=SUM(ABOVE)”是错误的，需要将括号中的内容进行更改。最简单的方法是用“LEFT”替换“ABOVE”，也可以输入“B3,C3,D3”或“B3:D3”(注意其中的标点符号必须是半角的)，还可以不使用 SUM 函数，直接在“公式”文本框中输入“=B3+C3+D3”(其中的字母大小写均可)。用同样的方法计算出第 3 位学生的总分。

②计算平均分。计算平均分与计算总分类似，区别在于计算平均分选择的函数是“AVERAGE”。单击用于存放“语文”平均分的单元格，单击“表格工具|布局”选项卡“数据”组中的“公式”按钮，在打开的“公式”对话框中保留“=”号，删除其他内容，然后单击“编号格式”组合框，在其中选择“0.00”(小数点后有几个 0 就表示保留几位小数)，再单击“粘贴函数”下拉列表，在其中选择“AVERAGE”，然后在“公式”文本框中的括号内单击，输入“ABOVE”，如图 5-20 所示。也可以在括号内输入“B2,B3,B4”或“B2:B4”，或者在“公式”文本框中输入“=(B2+B3+B4)/3”，最后单击“确定”按钮，即可计算出语文成绩的平均分。用同样的方法计算出数学成绩和英语成绩的平均分。

图 5-19 总分计算

③表格排序。选定表格前 4 行，单击“表格工具|布局”选项卡“数据”组中的“排序”按钮，在打开

的“排序”对话框中设置“主要关键字”和“次要关键字”及相应的排序方式,如图 5-21 所示,单击“确定”按钮。

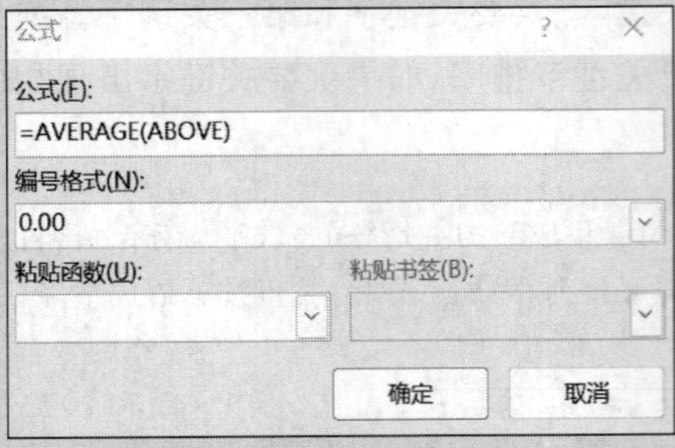

图 5-20　平均分计算

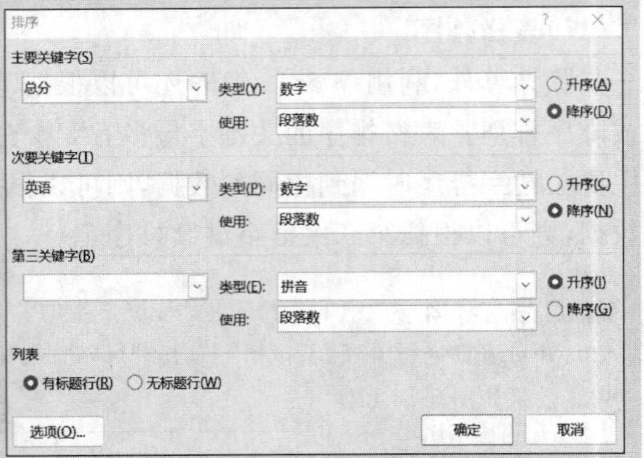

图 5-21　“排序”对话框

6)拆分和合并表格、单元格

拆分表格是指将一个表格分为两个表格。首先将鼠标指针移到表格中将要拆分的位置,即第 2 个表格的第 1 行,然后单击“表格工具|布局”选项卡“合并”组中的“拆分表格”按钮,此时,在定位单元格上方产生一个空白段落,将原表格分为两个表格。在左侧选定区单击选中这个空白段落并按 Delete 键,两个表格又合并为一个表格。

拆分单元格是指将一个单元格分为多个单元格,合并单元格则恰恰相反。拆分和合并单元格可以利用“表格工具|布局”选项卡“合并”组中的“拆分单元格”按钮和“合并单元格”按钮来实现。

4. 格式化表格

1)套用表格样式

Word 2019 提供了百余种表格样式,这些样式包括表格边框、底纹、字体、颜色的设置等,使用它们可以快速格式化表格。套用表格样式可通过单击“表格工具|设计”选项卡“表格样式”组中的相应按钮来实现。

2)设置边框和底纹

自定义表格外观,最常见的是为表格设置边框和底纹。使用边框和底纹可以使每个单元格或每行、每列呈现出不同的风格,使表格更加清晰明了。可以通过单击“表格工具|设计”选项卡“边框”组中的“边框”下拉按钮,在打开的下拉菜单中选择“边框和底纹”命令,打开“边框和底纹”对话框来设置边框和底纹,其设置方法与段落的边框和底纹的设置类似,所不同的是要在“应用于”下拉列表中选择“表格”选项。

5.1.4　插入对象

目前,文字处理软件不仅仅局限于对文字的处理,还能插入各种各样的媒体对象,使文档的可读性、艺术性和感染力大大增强。在 Word 2019 中,可以插入的对象包括各种类型的图片、图形对象(如形状、SmartArt 图形、文本框、艺术字等)、公式和图表等。

要在文档中插入这些对象,通常利用“插入”选项卡“插图”组中的相应按钮、“文本”组中的“文本框”下拉按钮、“艺术字”下拉按钮和“符号”组中的“公式”下拉按钮来实现。

如果要对插入的对象进行编辑和格式化操作，则可以利用各自的快捷菜单和对应的选项卡进行操作。图片对应的是“图片工具”选项卡，图形对象对应的分别是“绘图工具”“SmartArt工具”“公式工具”和“图表工具”等选项卡。选定对象，就会出现相应的工具选项卡。

1. 插入图片

要在文档中插入图片，可以通过单击“插入”选项卡“插图”组中的相应按钮来实现。

对插入文档中的图片，除可以进行复制、移动和删除等常规操作外，还可以调整图片的大小、裁剪图片（按比例或形状裁剪）等；可以设置图片的排列方式（文字对图片的环绕），如嵌入型及其他非嵌入型，其他非嵌入型包括四周型、紧密型等；可以调整图片的颜色（亮度、对比度、颜色设置等）；可以删除图片背景，使文字内容和图片互相映衬；可以设置图片的艺术效果，包括标记、铅笔灰度、铅笔素描、线条图、粉笔素描、画图刷、发光散射、虚化、浅色屏幕、水彩海绵、胶片颗粒等效果；可以设置图片样式（样式是多种格式的总和，包括为图片添加边框、效果的相关内容等）。如果是多张图片，可以进行组合和取消组合操作，多张图片叠放在一起时，还可以通过调整叠放次序得到最佳显示效果（注意：此时图片的文字环绕方式不能是嵌入型）。

以上操作主要利用“图片工具|格式”选项卡和快捷菜单中的相应命令来实现。“图片工具|格式”选项卡如图 5-22 所示。

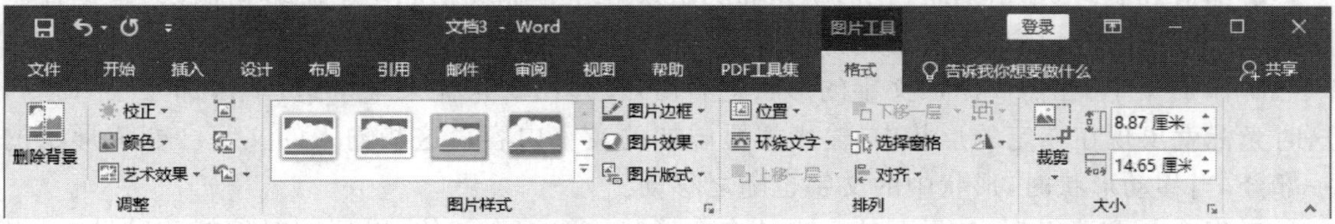

图 5-22　“图片工具|格式”选项卡

图片刚插入文档时往往很大，这就需要调整图片的尺寸，最常用的方法是：单击图片，此时图片四周出现 8 个控制句柄，拖曳它们可以进行图片的缩放。如果需要准确地改变图片尺寸，则可以右击图片，在弹出的快捷菜单中选择“大小和位置”命令，打开“布局”对话框，在“大小”选项卡中完成相应操作。也可以在“图片工具|格式”选项卡的“大小”组中进行设置。

在文档中插入图片后，常常会把周围的文字“挤开”，形成文字对图片的环绕。文字对图片的环绕方式主要分为两类：一类是将图片视为文字对象，与文档中的文字一样占有实际位置，它在文档中与其周围文本的位置始终保持不变，如嵌入型，这是系统默认的文字环绕方式；另一类是将图片视为区别于文字的外部对象处理，如四周型、紧密型、衬于文字下方、浮于文字上方、上下型和穿越型（前 4 种更为常用）。其中，四周型是指文字沿图片四周呈矩形环绕；紧密型的文字环绕形状随图片形状的不同而不同（如图片是圆形，则环绕形状是圆形）；衬于文字下方是指图片位于文字下方；浮于文字上方是指图片位于文字上方。

设置文字环绕方式最快捷的方法是：选中图片，单击图片旁边的“布局选项”按钮，选择合适的环绕方式。

此外，还有两种设置方法：一是单击图片，在“图片工具|格式”选项卡的“排列”组中单击“环绕文字”下拉按钮，在打开的下拉菜单中选择需要的环绕方式；二是右击图片，在弹出的快捷菜单中选择“环绕文字”命令，在打开的子菜单中选择需要的环绕方式。如果在文档中插入图片时出现图片显示不全的情况，此时，只要将文字环绕方式由“嵌入型”改为其他任何一种方式即可。

在非嵌入型文字环绕方式中,衬于文字下方比浮于文字上方更为常用,但图片衬于文字下方后会使字迹不清晰,此时,可以利用图形着色效果使图形颜色淡化,方法是:单击"图片工具|格式"选项卡"调整"组中的"颜色"下拉按钮,在打开的下拉菜单中的"重新着色"区中选择"冲蚀"命令。

2. 插入图形对象

图形对象包括形状、SmarArt 图形和艺术字等。

1)插入形状

Word 2019 中的形状包括线条、矩形、基本形状、箭头总汇、公式形状、流程图、星与旗帜和标注 8 种类型,每种类型又包含若干个图形样式。对插入的形状,还可以添加文字,以及设置阴影、发光、三维旋转等各种特殊效果。

插入形状是通过单击"插入"选项卡"插图"组中的"形状"下拉按钮来完成的。在形状库中单击需要的图标,然后在文档编辑区拖曳鼠标指针,从而形成所需要的形状。编辑和格式化形状时,先选中形状,然后在"绘图工具|形状格式"选项卡或快捷菜单中操作。

常用的编辑和格式化形状的操作包括缩放和旋转、添加文字、组合与取消组合、改变叠放次序、设置形状格式等。

● 缩放和旋转:单击形状,在形状四周会出现 8 个控制句柄和 1 个旋转句柄,拖动控制句柄可以进行图形的缩放,拖动旋转句柄可以进行图形的旋转。

● 添加文字:在需要添加文字的形状上右击,在弹出的快捷菜单中选择"添加文字"命令,这时光标就出现在选定的形状中,输入需要添加的文字内容。这些输入的文字会变成形状的一部分,当移动形状时,形状中的文字也随之移动。

● 组合与取消组合:如果要使画出的多个形状构成一个整体,以便同时编辑和移动,可以用先按住 Shift 键,再分别单击形状的方法来选定所有形状,然后移动鼠标指针,当鼠标指针呈十字形箭头状时右击,在弹出的快捷菜单中选择"组合"→"组合"命令。若要取消组合,右击形状,在弹出的快捷菜单中选择"组合"→"取消组合"命令即可。

● 改变叠放次序:当在文档中绘制了多个重叠的形状时,每个重叠的形状有叠放的次序,这个次序与绘制的顺序相同,最先绘制的形状在最下面。可以利用快捷菜单中的"叠放次序"命令来改变形状的叠放次序。

● 设置形状格式:右击形状,在弹出的快捷菜单中选择"设置形状格式"命令,打开"设置形状格式"任务窗格,在其中完成相应操作。

例 5-11 绘制一个如图 5-23 所示的流程图,要求将流程图各个部分组合为一个整体。

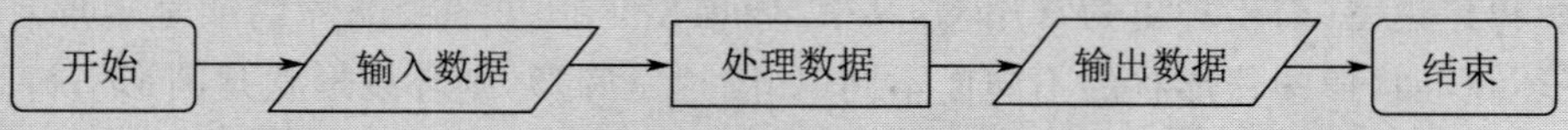

图 5-23 流程图绘制效果

操作步骤如下。

①新建一个空白文档,单击"插入"选项卡"插图"组中的"形状"下拉按钮,在形状库的"流程图"区中选择相应形状。如将圆角矩形插入文档中合适位置,并适当调整大小。右击该圆角矩形,在弹出的快捷菜单中选择"添加文字"命令,在形状中输入文字"开始"。

②在形状库的"线条"区中选择"直线箭头"命令,画出向右的箭头。

③重复步骤①和②,继续插入其他形状,完成流程图的绘制。

④按住 Shift 键,依次单击所有形状,全部选中后右击,在弹出的快捷菜单中选择"组合"→"组合"命令,将多个形状组合在一起。

2）插入 SmartArt 图形

SmartArt 图形是 Word 中预设的形状、文字及样式的集合，包括列表、流程、循环、层次结构、关系、矩阵、棱锥图和图片 8 种类型，每种类型下有多个图形样式，用户可以根据文档的内容选择需要的样式，然后对图形的内容和效果进行编辑。

例 5-12 组织结构图是由一系列图框和连线来表示组织机构和层次关系的图形。绘制一个组织结构图，如图 5-24 所示。

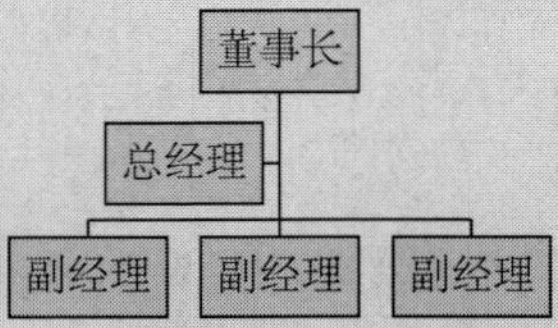

图 5-24 组织结构图绘制效果

插入 SmartArt 图形

操作步骤如下。

①新建一个空白文档，单击“插入”选项卡“插图”组中的“SmartArt”按钮，打开“选择 SmartArt 图形”对话框，在“层次结构”选项卡中选择“组织结构图”，单击“确定”按钮。

②单击各个文本框，从上至下依次输入“董事长”“总经理”和 3 个“副经理”。

③单击文档中其他任意位置，完成组织结构图的绘制。插入 SmartArt 图形后，可以利用“SmartArt 工具”选项卡完成 SmartArt 图形的设计和格式的编辑操作。

3）插入艺术字

艺术字是以普通文字为基础，通过添加阴影、改变文字的大小和颜色、把文字变成多种预定义的形状等来突出和美化文字，常用来创建标志或标题。

在文档中插入艺术字可以通过单击“插入”选项卡“文本”组中的“艺术字”下拉按钮来实现。生成艺术字后，会出现“绘图工具|形状格式”选项卡，可在“艺术字样式”组中进行编辑操作，如改变艺术字样式、设置艺术字效果等。

如果要删除艺术字，则选中艺术字，按 Delete 键即可。

例 5-13 制作效果如图 5-25 所示的艺术字。

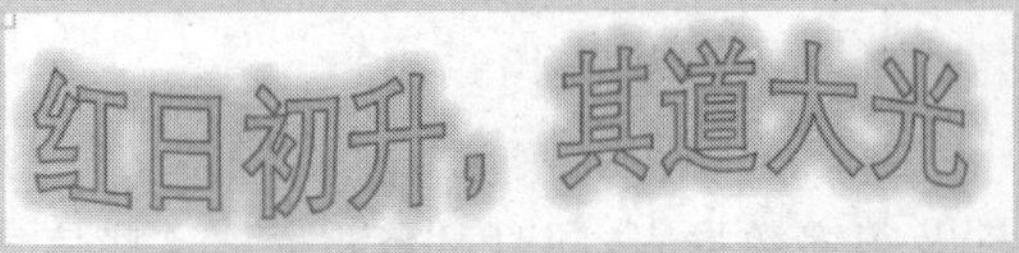

图 5-25 艺术字效果图

操作步骤如下。

①单击“插入”选项卡“文本”组中的“艺术字”下拉按钮，在展开的艺术字样式库中选择“填充：橙色，主题色 2；边框：橙色，主题色 2”样式，输入文字“红日初升，其道大光”。

②选中文字，单击“绘图工具|形状格式”选项卡“艺术字样式”组中的“文本效果”下拉按钮，在打开的下拉菜单中选择“发光”→“发光：11 磅；蓝色，主题色 5”效果。继续在“艺术字样式”组中单击“文本效果”下拉按钮，在打开的下拉菜单中选择“转换”→“波形：上”效果。

3. 创建公式

在编写论文或学术著作时，有时需要处理数学公式，利用 Word 2019 的公式编辑器可以

方便地制作具有专业水准的数学公式。生成的数学公式可以像图形一样进行编辑操作。单击“插入”选项卡“符号”组中的“公式”下拉按钮,在打开的下拉菜单中选择预定义的公式,也可以通过“插入新公式”命令来自定义公式。此时,出现公式输入框和“公式工具|设计”选项卡(见图 5-26),借助该选项卡中的按钮可完成公式的输入。

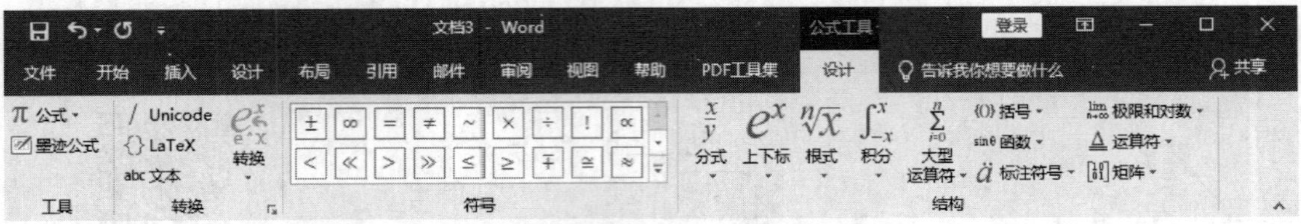

图 5-26 “公式工具|设计”选项卡

注意:在输入公式时,光标的位置很重要,它决定了当前输入的内容在公式中所处的位置,可通过在所需的位置处单击来改变光标的位置。

例 5-14 输入如下公式。

$$s=\sqrt{\sum_{i=1}^{n}x_i^2-n\overline{x^2}}+1$$

操作步骤如下。

①单击“插入”选项卡“符号”组中的“公式”下拉按钮,在打开的下拉菜单中选择“插入新公式”命令。

②在公式输入框中输入“s=”,单击“公式工具|设计”选项卡“结构”组中的“根式”下拉按钮,在“根式”区中选择根号,单击根号中的虚线框,再单击“结构”组中的“大型运算符”下拉按钮,在“求和”区中选择求和符号,然后单击每个虚线框,依次输入相应内容:“n”“i=1”“x”;接着选中“x”,单击“结构”组中的“上下标”下拉按钮,在“下标和上标”区中选择相应按钮,分别单击上标、下标虚线框并输入“2”和“i”;在它后面单击(注意此时的光标位置),输入“-”(应仍然位于根式中),继续输入“n”;单击“上下标”下拉按钮,在“常用的下标和上标”区中选择其中的“x^2”,然后选中“x^2”,再单击“标注符号”下拉按钮,在“顶线和底线”区中选择顶线;在根号后面单击(注意此时的光标位置),依次输入“+”和“1”。

③在公式输入框外单击,结束公式的输入。

5.1.5 邮件合并

在办公过程中可能会涉及很多数据表,同时又需要根据这些信息制作出大量信函、信封或工资条。面对如此繁杂的数据,如果一个一个地复制并粘贴,会费时费力,还很难保证操作过程中不出现错误。利用 Word 2019 提供的邮件合并功能,则可以快速地完成这些任务。

1. 邮件合并的概念

“邮件合并”这个名称最初是在批量处理邮件文档时提出的。具体来说,就是在邮件文档(主文档)的固定内容中,合并与发送相关的一组通信资料(数据源,如 Excel 表、Access 数据表等),从而批量生成需要的邮件文档,这样可大大提高工作效率,邮件合并因此而得名。利用邮件合并,除了可以批量处理信函、信封等与邮件相关的文档,还可以轻松地批量制作标签、工资条、成绩单等。

2. 邮件合并的适用范围

通过最常用的需要批量处理的信函、工资条等文档分析可知，利用邮件合并完成的任务通常都具备两个规律：一是需要制作的数量比较大；二是这些文档内容分为固定不变的内容和变化的内容两部分，比如信封上的寄信人地址和邮政编码、信函中的落款等，这些都是固定不变的内容，而收信人的地址、邮政编码等就属于变化的内容。其中变化的部分由含有标题行的数据记录表表示。

含有标题行的数据记录表通常是指这样的数据表：它由字段列和记录行构成，字段列规定该列存储的信息，每条记录行存储每个对象的相应信息。

3. 邮件合并的步骤

(1)建立主文档。

主文档就是前面提到的固定不变的主体内容，比如信封中的落款、信函中的对每个收信人都固定不变的内容等。

(2)准备好数据源。

数据源就是前面提到的含有标题行的数据记录表，其中包含相关的字段和记录内容。数据源表格可以是 Word、Excel、Access 或 Outlook 中的联系人记录表。实际工作时，常常使用 Excel 制作数据源。

(3)把数据源合并到主文档中。

例 5-15　校学生会定于 2022 年 12 月 12 日在学校大礼堂举办"大学生网络创业交流会"的活动，并邀请一些老师为学生进行指导和培训。请制作一张邀请函，内容包括主题、被邀请人、活动时间、活动地点等，利用邮件合并制作内容相同、被邀请人不同的多份邀请函，被邀请人名单保存在名为"邀请的嘉宾名单. xlsx"的 Excel 文件中，最后生成可以单独编辑的单个文档"邀请函. docx"。

操作步骤如下。

①建立主文档。

根据所给信息，建立如图 5-27 所示格式和内容的主文档。

②准备好数据源。

数据源文档为"邀请的嘉宾名单. xlsx"，如图 5-28 所示。

大学生网络创业交流会

邀请函

尊敬的（老师）：

校学生会兹定于 2022 年 12 月 12 日，在本校大礼堂举办"大学生网络创业交流会"的活动，并设立了分会场主题演讲，特邀请您为我校学生进行指导和培训。

谢谢您对我校学生会工作的大力支持。

校学生会 外联部

2022 年 12 月 8 日

图 5-27　建立主文档

	A	B	C	D	E	F
1	编号	姓名	性别	公司	地址	邮政编码
2	BY001	马巳楠	男	电子工业	北京市太平路23号	100036
3	BY002	严永强	男	中国青年	北京市东城区40条	100007
4	BY003	薛景河	女	天津广电	天津市南开区	300191
5	BY004	王伟志	男	清华大学	北京市海淀区	100083
6	BY005	崔佳昱	男	北京大学	北京市海淀区知春路	100081

图 5-28　数据源文档

③把数据源合并到主文档中。

回到主文档中，单击“邮件”选项卡，在“开始邮件合并”组中单击“选择收件人”按钮，在打开的下拉菜单中选择“使用现有列表”命令，在打开的“选择数据源”对话框中选择数据源文件，本例中的数据源文件名为“邀请的嘉宾名单. xlsx”，然后选择其中的工作表，如图 5-29 所示，将光标放到合适的位置，即“尊敬的”和“(老师)”之间，单击“邮件”选项卡“编写和插入域”组中的“插入合并域”按钮，在打开的下拉菜单中选择“姓名”命令，插入合并域，如图 5-30 所示。单击“邮件”选项卡“完成”组中的“完成并合并”按钮，在打开的下拉菜单中选择“编辑单个文档”命令，选择“全部”单选按钮，单击“确定”按钮，完成邀请函的制作。

图 5-29 选择数据源中合适的工作表

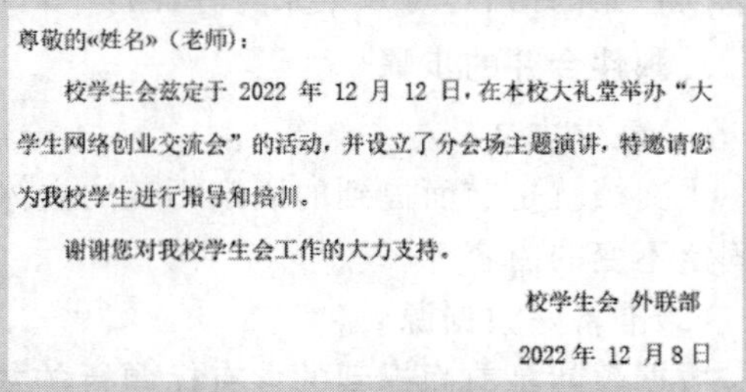

尊敬的«姓名»（老师）：

校学生会兹定于 2022 年 12 月 12 日，在本校大礼堂举办“大学生网络创业交流会”的活动，并设立了分会场主题演讲，特邀请您为我校学生进行指导和培训。

谢谢您对我校学生会工作的大力支持。

校学生会 外联部

2022 年 12 月 8 日

图 5-30 插入合并域

5.2 Excel 2019 电子表格制作

人们在日常生活工作中经常会遇到各种计算问题，如公司进行销售统计，会计人员对工资、报表进行分析，教师计算学生成绩，科研人员分析实验结果等。这些都可以通过电子表格处理软件来实现。

电子表格处理软件是一种专门用于数据计算、统计分析和报表处理的软件，它帮助人们处理乏味、烦琐的重复计算，以图、表形式专注于对计算结果的分析和评价，有助于提高工作效率。本节将介绍 Excel 2019 电子表格处理软件的基本功能和使用方法。

5.2.1 数据的输入与编辑

1. 新建工作簿

启动 Excel 2019 后，系统会自动新建一个空白工作簿；也可以在 Excel 2019 工作窗口中单击“文件”按钮，在打开的菜单中选择“新建”命令，在“新建”界面中单击“空白工作簿”按钮来新建工作簿。新建工作簿后，用户可看到如图 5-31 所示的工作窗口。

Excel 2019 的工作窗口与 Word 2019 的基本相同，不同的主要有以下几个方面。

1)编辑栏

编辑栏是 Excel 窗口特有的，用来显示和编辑数据、公式。在单元格中编辑数据时，其内容同时出现在编辑栏中，如果是较长的数据，由于单元格的默认宽度不够，通常显示不完整，此时，可以在编辑栏中编辑数据。

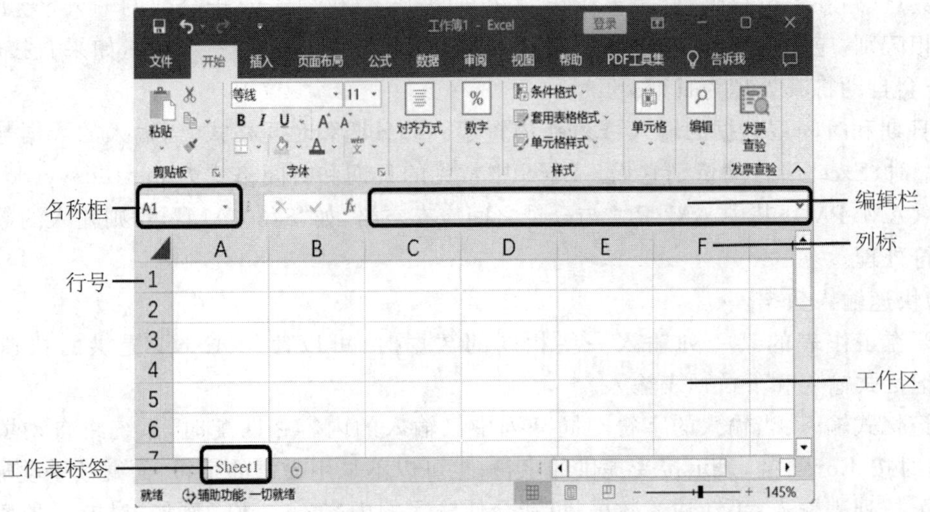

图 5-31　Excel 2019 工作窗口

2）工作簿

Excel 的工作区显示的是当前打开的工作簿。工作簿是指在 Excel 中用来存储并处理数据的文件，其扩展名为“xlsx”。工作簿由若干个工作表组成，Excel 2019 默认有一个工作表，名称为“Sheet1”，可以修改工作表名称，也可以增加或删除工作表。

3）工作表

工作表是一个由 1 048 576 行和 16 384 列组成的表格，行号自上而下为 1～1 048 576，列标从左到右为 A，B，…，Z，AA，AB，…，AZ，BA，BB，…，BZ，…，XFD。每一个工作表都有一个工作表标签，单击工作表标签可以实现工作表间的切换。

4）单元格

行和列的交叉部分称为单元格，它是存放数据的最小单元。单元格中的内容可以是数字、字符、公式、日期、图形或声音文件等。每个单元格都有固定地址，用列标和行号唯一标识，如 D4 指的是第 4 列第 4 行交叉位置上的单元格。为了区分不同工作表的单元格，需要在单元格地址前加上工作表名称，如 Sheet1!A1 表示 Sheet1 工作表的 A1 单元格。当前被选取的单元格称为活动单元格，用粗框线包围。

2. 输入数据

输入数据一般有以下 4 种方法。

数据的录入

（1）直接输入数据。

单击某一单元格，可直接在单元格或编辑栏中输入数据，输入完毕按 Enter 键。输入的数据可以是文本型、数值型、日期和时间型。默认情况下，文本型数据左对齐，数值型、日期和时间型数据右对齐。

● 文本型数据的输入：文本是指键盘上可输入的任何符号。对于数字形式的文本型数据，如编号、学号、电话号码等，应在数字前加英文单引号。例如，输入编号“0101”，应输入“'0101”，此时以“0101”显示，Excel 把它当作字符在单元格内左对齐。

● 数值型数据的输入：除了由数字（0～9）组成的字符串，数值还包括＋、－、/、E、e、$、%

以及小数点(.)和千位分隔符(,)等特殊字符,如$150,000.5。对于分数的输入,为了与日期的输入相区别,应先输入"0"和空格。例如,要输入"1/2",应输入"0 1/2",如果直接输入"1/2",系统会自动将其处理为日期。

● 日期和时间型数据的输入:Excel 内置了一些日期和时间格式,当输入的数据与这些格式相匹配时,Excel 将自动识别它们。Excel 中常见的日期和时间格式为 mm/dd/yy、dd-mm-yy、hh:mm (AM/PM),其中 AM/PM 与分钟之间应有空格,如"8:30 AM",否则输入的数据将被当作字符处理。

(2)快速输入数据。

当要在工作表的某一列输入一些相同的数据时,可以使用 Excel 提供的快速输入方法——记忆式输入和下拉列表输入。

● 记忆式输入:当输入的字符与同一列中已输入的内容相匹配时,系统将自动填写其他字符,这时按 Enter 键,表示接受提供的字符;也可以不采用提供的字符,而继续手动输入。

● 下拉列表输入:手动输入数据,可能会使输入的内容不一致。例如,对同一种商品可能输入不同的名称(如空调、空调器或空调机),这会使得统计结果不准确。为避免这类情况的发生,可以在选取单元格后右击,在弹出的快捷菜单中选择"从下拉列表中选择"命令,或者按 Alt+↓组合键,此时,Excel 会显示一个输入列表,从中选择需要的输入项即可。

(3)利用自动填充功能输入有规律的数据。

有规律的数据是指等差序列、等比序列、系统预定义的序列和用户自定义的序列。自动填充功能根据初始值来决定以后的填充项,用鼠标指针指向初始值所在单元格右下角的小黑方块(称为填充柄),此时鼠标指针变为黑色十字形,然后按住鼠标左键向右(行)或向下(列)拖曳至要填充的最后一个单元格,即可完成自动填充。

自动填充分以下 3 种情况。

● 填充相同的数据(复制数据):单击该数据所在的单元格,沿水平方向或垂直方向拖曳填充柄便会产生相同的数据。

● 填充序列数据:如果是日期型序列,只需要输入一个初始值,然后拖曳填充柄即可;如果是数值型序列,则必须输入前两个单元格的数据,然后选定这两个单元格,拖曳填充柄,系统默认为等差关系,在拖曳到的单元格内依次填充等差序列数据。如果需要填充等比序列数据,则可以在拖曳生成等差序列数据后,选定这些数据,单击"开始"选项卡"编辑"组中的"填充"下拉按钮,在打开的下拉菜单中选择"序列"命令,在打开的"序列"对话框中选择"类型"为"等比序列",并设置合适的步长值(比值)。

● 填充用户自定义的序列数据:在实际工作中,经常需要输入单位部门设置、商品名称、课程科目、公司在各大城市的办事处名称等,可以将这些有序数据自定义为序列,从而减少输入的工作量,提高工作效率。

单击"文件"按钮,在打开的菜单中选择"选项"命令,打开"Excel 选项"对话框,单击"高级"选项卡,在右边的"常规"栏中单击"编辑自定义列表"按钮,打开"自定义序列"对话框,在其中添加新序列有两种方法:一是在"输入序列"列表框中直接输入,每输入一项按一次 Enter 键,输入完毕后单击"添加"按钮;二是从工作表中直接导入,只需在"自定义序列"对话框中单击折叠对话框按钮,然后选中工作表中的一系列数据,再单击展开对话框按钮,返回对话框,单击"导入"按钮,再单击"确定"按钮即可。

(4)获取外部数据。

单击“数据”选项卡“获取外部数据”组中的相应按钮，可以导入其他数据库（如 Access、SQL Server）产生的文件，还可以导入文本文件、XML 文件等。

在输入数据的过程中，可能会输入一些不合要求的数据，即无效数据。为避免这种情况的发生，可以在输入数据前，单击“数据”选项卡“数据工具”组中的“数据验证”下拉按钮，在打开的下拉菜单中选择“数据验证”命令，打开“数据验证”对话框，设置数据的验证条件。例如，在输入学生成绩时，数据应该为 0～100 之间的整数，这就有必要设置数据的验证条件。先选定需要进行验证的单元格区域，单击“数据”选项卡“数据工具”组中的“数据验证”下拉按钮，在打开的下拉菜单中选择“数据验证”命令，在打开的“数据验证”对话框的“设置”选项卡中进行相应设置，如图 5-32 所示。数据验证条件设置好后，就可以避免输入无效数据了。

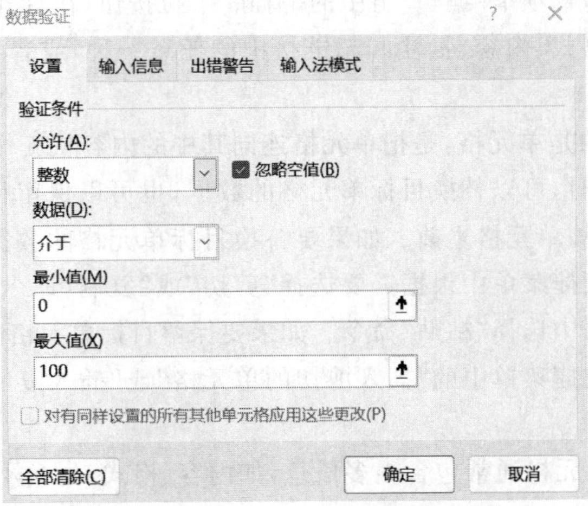

图 5-32　数据验证设置

3. 编辑工作表

工作表的编辑主要包括工作表中数据的编辑，单元格、行、列的插入和删除，以及工作表的插入、移动、复制、删除、重命名等。工作表的编辑遵循“先选定，后执行”的原则。工作表中常用的选定操作如表 5-3 所示。

表 5-3　工作表中常用的选定操作

选取范围	操作
单元格	单击或按方向键（←、→、↑、↓）
多个连续的单元格	从单元格区域左上角拖曳至右下角；或单击选择单元格区域左上角的单元格，按住 Shift 键，单击单元格区域右下角的单元格
多个不连续的单元格	按住 Ctrl 键的同时，用鼠标进行单元格或单元格区域的选择
整行或整列	单击工作表相应的行号或列标
相邻行或列	鼠标拖曳行号或列标
整个表格	单击工作表左上角的“全选框”按钮；或按 Ctrl＋A 组合键
单个工作表	单击工作表标签

续表

选取范围	操作
多个连续的工作表	单击第一个工作表标签,然后按住 Shift 键,单击所要选择的最后一个工作表标签
多个不连续的工作表	按住 Ctrl 键,分别单击需要选择的工作表标签

1)工作表中数据的编辑

在输入数据的过程中,经常需要对数据进行清除、移动和复制等编辑操作。

Excel 中有清除和删除两个概念,它们是有区别的。

● 清除:清除针对的是单元格中的数据,单元格本身仍保留在原位置。选取单元格或单元格区域后,单击“开始”选项卡“编辑”组中的“清除”下拉按钮,在打开的下拉菜单中选择相应命令,可以清除单元格格式、内容、批注和超链接中的任意一种,或者全部清除。按 Delete 键清除的只是内容。

● 删除:删除针对的是单元格,是把单元格连同其中的内容从工作表中删除。

在移动或复制数据时,可以替换目标单元格的数据,也可以保留目标单元格的数据,将移动或复制的单元格插入该单元格之前。如果要替换目标单元格的数据,可以选定源单元格的数据并右击,在弹出的快捷菜单中根据需要选择“剪切”或“复制”命令,再定位到目标单元格,右击,在弹出的快捷菜单中选择“粘贴”命令。如果要保留目标单元格的数据,在执行“剪切”或“复制”命令后,应选择快捷菜单中的“插入剪切的单元格”或“插入复制的单元格”命令来替代“粘贴”命令。

在 Excel 中,一个单元格通常包含很多信息,如内容、格式、公式及批注等。复制数据时可以复制单元格的全部信息,也可以只复制部分信息,还可以在复制数据的同时进行算术运算、行列转置等,这些都是通过“选择性粘贴”命令来实现的。具体操作方法是:先选定数据,右击,在弹出的快捷菜单中选择“复制”命令,再单击目标单元格,右击,在弹出的快捷菜单中选择“选择性粘贴”命令,在打开的“选择性粘贴”对话框中进行相应设置。该对话框的“粘贴”栏列出了粘贴单元格中的部分信息,其中常用的是公式、数值、格式;“运算”栏表示源单元格的数据与目标单元格的数据的运算关系;勾选“转置”复选框,表示将源单元格区域中的数据行列交换后粘贴到目标单元格区域。

2)单元格、行、列的插入和删除

单元格、行、列的插入操作可以通过单击“开始”选项卡“单元格”组中的“插入”下拉按钮完成,也可以利用快捷菜单中的“插入”命令实现。单元格、行、列的删除操作则可以通过单击“开始”选项卡“单元格”组中的“删除”下拉按钮完成,也可以利用快捷菜单中的“删除”命令实现。

3)工作表的插入、移动、复制、删除、重命名

如果一个工作簿中包含多个工作表,则可以使用 Excel 提供的工作表管理功能。常用的方法是:在工作表标签上右击,在弹出的快捷菜单中选择相应命令。Excel 允许将某个工作表在同一个或多个工作簿中移动或复制,如果是在同一个工作簿中操作,只需单击该工作表标签,将它直接拖曳到目标位置可实现工作表的移动,在拖曳的同时按住 Ctrl 键可实现工作表的复制。如果是在多个工作簿中操作,首先应打开这些工作簿,然后右击该工作表标签,在弹

出的快捷菜单中选择“移动或复制”命令，在打开的对话框的“工作簿”下拉列表中选择所需工作簿（如没有出现所需工作簿，说明此工作簿未打开），从“下列选定工作表之前”列表框中选择插入位置来实现工作表的移动。如果是复制操作，还需勾选该对话框底部的“建立副本”复选框。

注意：在删除工作表时一定要慎重，工作表被删除后将无法恢复。如果工作簿中的工作表太多，为了更加清楚地区分工作表，可以利用快捷菜单中的相应命令设置工作表标签的颜色，使之突出显示。

4. 格式化工作表

除了要保证数据正确，还应对工作表的外观进行修饰（格式化），达到整齐、鲜明和美观的目的。

格式化工作表

工作表的格式化主要包括格式化数据、调整工作表的列宽和行高、设置对齐方式、添加边框和底纹、使用条件格式以及套用表格格式等。

1）格式化数据

（1）设置数据格式。

在 Excel 中，可以设置不同的小数位数、货币符号、使用千位分隔符等来表示同一个数，如 1234.56、￥1234.56、1,234.56。这时单元格中显示的是格式化后的数字，编辑栏中显示的是系统实际存储的数据。

要设置数据格式，可以通过单击“开始”选项卡“数字”组中的相应按钮，或单击“数字”组右下角的对话框启动器按钮，打开“设置单元格格式”对话框，在“数字”选项卡中完成，如图 5-33 所示。该对话框也可以通过选择快捷菜单中的“设置单元格格式”命令打开。

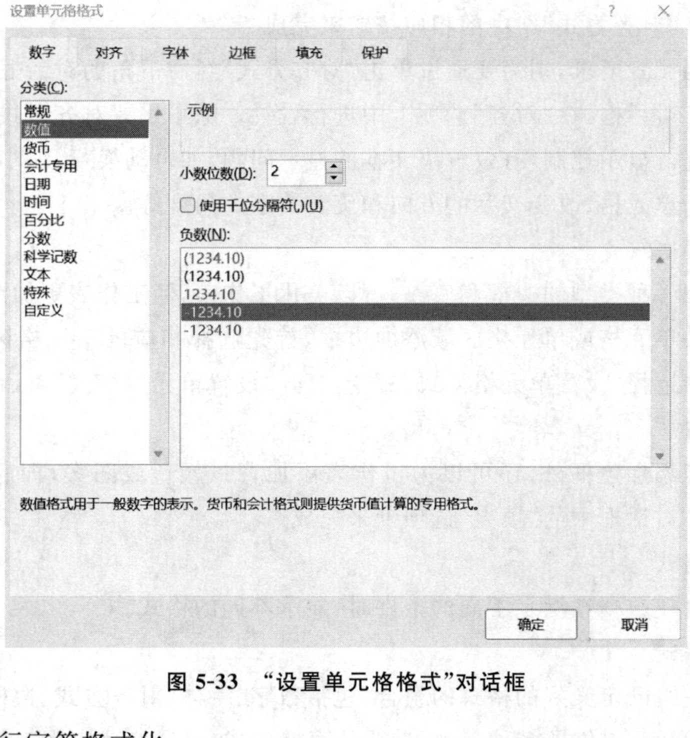

图 5-33　“设置单元格格式”对话框

（2）对数据进行字符格式化。

在 Excel 中，为了美化数据，经常会对数据进行字符格式化，如设置数据的字体、字形和字号,为数据添加下划线、删除线、上下标以及改变数据颜色等。这些操作主要通过单击“开始”选项卡“字体”组中的相应按钮,或单击“字体”组右下角的对话框启动器按钮,打开“设置单元格格式”对话框,在“字体”选项卡中完成。它的操作与Word 2019中的“字体”对话框的操作类似。

注意:要取消数据格式的设置,可以单击“开始”选项卡“编辑”组中的“清除”下拉按钮,在打开的下拉菜单中选择“清除格式”命令。其他工作表格式的取消亦是如此。

2)调整工作表的列宽和行高

调整每列的宽度和每行的高度是改善工作表外观经常用到的手段。比如输入的文字内容太长时将会延伸到相邻单元格中,如果相邻单元格中已有内容,那么该文字内容就会被截断;对于数值型数据,则以一串“#”号提示用户该单元格的列宽不够,无法显示该数值型数据。调整列宽和行高最快捷的方法是:将鼠标指针指向要调整列宽(或行高)的该列(或行)的列标(或行号)右(或底)边框线上,当鼠标指针变成一个带双向箭头的十字形时,拖曳到需要的位置即可。如果要精确调整行高和列宽,可以单击“开始”选项卡“单元格”组中的“格式”下拉按钮,在打开的下拉菜单中选择“行高”和“列宽”命令,将分别显示“行高”和“列宽”对话框,输入需要的高度值或宽度值即可;或者右击要设置行高的行号或列标,在弹出的快捷菜单中选择“行高”和“列宽”命令来设置。

3)设置对齐方式

输入单元格中的数据通常具有不同的数据类型,在Excel中,不同类型的数据在单元格中以某种默认方式对齐。例如,文本型数据左对齐,数值型数据、日期和时间型数据右对齐,逻辑值和错误值居中对齐等。如果对默认的对齐方式不满意,可以改变数据的对齐方式。这通过单击“开始”选项卡“对齐方式”组中的相应按钮来完成。

如果有更高的设置要求,则需要通过单击“对齐方式”组右下角的对话框启动器按钮,打开“设置单元格格式”对话框,在“对齐”选项卡中进行设置。除了设置对齐方式,在“对齐”选项卡中还可以对文本进行显示控制,有效解决文本的显示问题,如自动换行、缩小字体填充、将选定的区域合并为一个单元格、改变文字的方向和旋转文字的角度等。

4)添加边框和底纹

为工作表添加各种类型的边框和底纹,可以美化工作表,使工作表更加清晰明了。

如果要给某一单元格或单元格区域添加边框,首先选择相应的单元格区域,然后右击,在弹出的快捷菜单中选择“设置单元格格式”命令,打开“设置单元格格式”对话框,在“边框”选项卡中进行相应设置。

除了为工作表添加边框外,还可以为工作表添加背景颜色或图案,即底纹。这可以通过“设置单元格格式”对话框中的“填充”选项卡来完成。

5)使用条件格式

条件格式可以使数据在满足不同的条件时,显示不同的格式。

6)套用表格格式

表格格式是一组已定义好的格式的组合,包括数字、字体、对齐方式、边框、颜色、行高和列宽等格式。Excel 2019提供了多种美观、专业的表格格式,可以快速实现工作表格式化。可通过单击“开始”选项卡“样式”组中的“套用表格格式”按钮来自动套用表格格式。

例 5-16 对“公司员工工资表.xlsx”进行格式化：设置“基本工资”“奖金”“扣款额”“实发工资”列小数位数为 2，加千位分隔符(,)和人民币符号(￥)；设置标题行行高为 25，“姓名”列列宽为 10；合并 A1 到 I1 单元格，设置标题内容水平居中对齐；将标题设置为华文彩云、20 pt；工资表外边框为黑色粗线，内边框为黑色细线；设置“编号”所在行的底纹为浅绿色；对工作表设置条件格式，将基本工资大于 6 000 元的单元格设置为“浅红填充色深红色文本”效果，将基本工资小于 5 000 元的单元格设置为蓝色、加双下划线。其效果如图 5-34 所示。

	A	B	C	D	E	F	G	H	I
1	公司员工工资表								
2	编号	姓名	部门	职务	基本工资	奖金	扣款额	实发工资	评价
3	001	刘铁	销售部	业务员	¥7,500.00	¥2,400.00	¥98.00		
4	002	孙刚	销售部	业务员	¥5,400.00	¥1,780.00	¥86.50		
5	003	陈凤	销售部	业务员	¥6,000.00	¥1,560.00	¥66.50		
6	004	沈阳	销售部	业务员	¥5,840.00	¥1,660.00	¥58.00		
7	005	秦强	财务部	会计	¥6,000.00	¥800.00	¥48.50		
8	006	陆斌	财务部	出纳	¥4,450.00	¥580.00	¥78.00		
9	007	邹蕾	技术部	技术员	¥4,380.00	¥1,080.00	¥69.00		
10	008	彭佩	技术部	技术员	¥5,900.00	¥700.00	¥45.50		
11	009	雷曼	技术部	工程师	¥6,600.00	¥1,300.00	¥66.00		
12	010	郑黎	技术部	技术员	¥5,900.00	¥840.00	¥56.00		
13	011	潘越	财务部	会计	¥5,950.00	¥700.00	¥53.50		
14	012	王海	销售部	业务员	¥6,300.00	¥2,000.00	¥88.00		
15	平均值								

图 5-34 公司员工工资表的格式化效果

操作步骤如下。

①选定 E 列至 H 列，右击，在弹出的快捷菜单中选择“设置单元格格式”命令，打开“设置单元格格式”对话框，在“数字”选项卡的“分类”列表框中选择“数值”选项，在“小数位数”数值框中选择或输入“2”，勾选“使用千位分隔符”复选框，再在“分类”列表框中选择“货币”选项，在“货币符号(国家/地区)”下拉列表中选择“￥”选项，单击“确定”按钮。也可以单击“开始”选项卡“数字”组中的相应按钮来完成。

②单击行号 1，选定标题行，单击“开始”选项卡“单元格”组中的“格式”下拉按钮，在打开的下拉菜单中选择“行高”命令，在打开的“行高”对话框中输入“25”；单击列标 B，选定“姓名”列并右击，在弹出的快捷菜单中选择“列宽”命令，打开“列宽”对话框，输入“10”，单击“确定”按钮。

③选中 A1:I1 单元格区域，用前面的方法打开“设置单元格格式”对话框，在“对齐”选项卡中设置水平对齐为“居中”，确认垂直对齐为“居中”，勾选“合并单元格”复选框，单击“确定”按钮。也可以单击“开始”选项卡“对齐方式”组中的“合并后居中”按钮快速完成操作。

④选中标题“公司员工工资表”，在“设置单元格格式”对话框的“字体”选项卡中设置字体为“华文彩云”，设置字号为“20”，单击“确定”按钮。也可以利用“开始”选项卡“字体”组中的相应按钮完成。

⑤选中整个数据区域(A1:I15)，在“设置单元格格式”对话框的“边框”选项卡中先选择线条颜色为“黑色”，选择线条样式为“粗线”，单击“预置”栏中的“外边框”按钮，再选择线条样式为“细线”，单击“预置”栏中的“内部”按钮，单击“确定”按钮，完成工作表外边框和内边框的设置。选中“编号”所在行(A2:I2)，在“设置单元格格式”对话框的“填充”选项卡中选择背景色为“浅绿色”，单击“确定”按钮。

⑥选定要设置条件格式的数据区域 E3:E14(注意不要选中“基本工资”单元格)，单击“开始”选项卡“样式”组中的“条件格式”下拉按钮，在打开的下拉菜单中选择“突出显示单元格规则”→“大于”命令，打开“大于”对话框，在左边的文本框中输入“6000”，在右边的下拉列表中选择“浅红填充色深红色文本”选项，单击“确定”按钮。用同样的方法选择“小于”命令，打开“小于”对话框，在左边的文本框中输入“5000”，在右边的下拉列表中选择“自定义格式”选项，打开“设置单元格格式”对话框，在“字体”选项卡中设置颜色为“蓝色”，在“下划线”下拉列表中选择“双下划线”选项，然后连续单击“确定”按钮。

5.2.2 公式与函数的使用

Excel 的主要功能不在于它能输入、显示和存储数据，更重要的是对数据的计算能力。它可以对工作表某一区域中的数据进行求和、求平均值、计数、求最大值、求最小值以及其他更为复杂的运算。在 Excel 中，数据修改后，公式的计算结果也会自动更新，这是手工计算无法比拟的。在 Excel 中，所有的计算工作都是通过公式和函数来完成的。

1. 使用公式计算数据

公式可以在单元格或编辑栏中直接输入。公式是利用单元格的引用地址对存放在其中的数据进行分析和计算的等式，如“＝A1＋B1＋C1”。公式与普通数据之间的区别在于，公式是由“＝”引导的，等号后面是计算的内容，由常量、单元格引用地址、运算符和函数组成。

● 常量：是一个固定的值，从字面上就能知道该值是什么或它的大小。公式中的常量有数值型常量、文本型常量和逻辑型常量。数值型常量可以是整数、小数、分数、百分数等，如 100、2.8、1/2、15％等。文本型常量是用英文双引号括起来的若干个字符，但其中不能包含英文双引号，如“平均值”“总金额”等。逻辑型常量只有 True（真）和 False（假）两个值。

● 单元格引用地址：在输入公式时，之所以不使用数据本身而使用单元格引用地址，如 A1、B1、C1 等，是为了使计算分析的结果始终能准确地反映单元格的当前数据。只要改变了数据单元格中的内容，公式单元格中的结果也随之改变。如果在公式中直接使用数据，那么一旦单元格中的数据发生变化，公式计算的结果不会自动更新。

● 运算符：Excel 公式中常用的运算符分为 4 类，如表 5-4 所示。

表 5-4 运算符

类型	表示形式	优先级
算术运算符	＋（加）、－（减）、＊（乘）、/（除）、％（百分比）、^（乘方）	优先级从高到低分为 3 个级别：百分比和乘方、乘和除、加和减。优先级相同时，按从左到右的顺序计算
关系运算符	＝（等于）、＞（大于）、＜（小于）、＞＝（大于或等于）、＜＝（小于或等于）、＜＞（不等于）	优先级相同
文本运算符	&（文本的连接）	
引用运算符	：（区域）、，（联合）、空格（交叉）	优先级从高到低依次为区域、联合、交叉

其中，算术运算符用来对数值进行算术运算，结果还是数值。算术运算符的优先级如表 5-4 所示。例如，运算式“1＋2％－3^4/5＊6”的计算顺序是“％、^、/、＊、＋、－”，计算结果是“－9618％”。

关系运算符又称为比较运算符，用来比较两个文本、数值、日期、时间的大小，结果是一个逻辑值。各种数据类型的比较规则为：数值型——按照数值的大小进行比较；日期型——昨天＜今天＜明天；时间型——过去＜现在＜未来；文本型——按照字典顺序比较。

文本运算符用来将多个文本连接为一个组合文本，如“Microsoft”&“Excel”的结果为“Microsoft Excel”。

引用运算符用来将单元格区域合并运算，如表 5-5 所示。

表 5-5 引用运算符

引用运算符	含义	示例
:(区域)	包括两个引用在内的所有单元格的引用	SUM(A1:C3)
,(联合)	将多个引用合并为一个引用	SUM(A1,C3)
空格(交叉)	产生同时隶属于两个引用的单元格区域的引用	SUM(A1:C4 B2:D3)

以上运算符的优先级从高到低依次为引用运算符、算术运算符、文本运算符、关系运算符。当多个运算符同时出现在公式中时，Excel 按运算符的优先级进行运算，优先级相同时，自左向右运算。

当公式输入错误时，可以进行修改，方法是：选择需要修改公式的单元格，然后在编辑栏中修改，最后按 Enter 键即可。为了方便检查公式的正确性，可以设置在单元格中显示公式，方法是：在“公式”选项卡的“公式审核”组中单击“显示公式”按钮。

2. 使用函数计算数据

函数是 Excel 自带的一些已经定义好的公式，格式如下：

函数名称(参数 1,参数 2,……)

其中的参数可以是常量、单元格、单元格区域、公式或其他函数。例如，在求和函数 SUM(A1:A8)中，A1:A8 是参数，指明操作对象是 A1:A8 单元格区域中的数值。

与直接创建公式相比[如公式“=A1+A2+A3+A4+A5+A6+A7+A8”与函数“SUM(A1:A8)”]，使用函数可以减少输入的工作量，减小出错概率。而且，对于一些复杂的运算(如开平方根、求标准偏差等)，如果由用户自己设计公式会很困难。Excel 2019 提供了许多功能完备且易于使用的函数，涉及财务、逻辑、文本、日期和时间、查找与引用、数学与三角函数、统计、工程、多维数据集、信息等多方面。此外，用户还可以通过 VBA(Visual Basic for Applications)自定义函数。

Excel 的 5 个基本函数是 SUM(求和)、AVERAGE(求平均值)、COUNT(计数，注意只有数值型数据才能被计数)、MAX(求最大值)和 MIN(求最小值)。函数的输入有以下两种方法。

SUM 函数

- 直接输入法：直接在单元格或编辑栏中输入函数，适用于输入的函数比较简单的情形。
- 插入函数法：比直接输入法更常用。可以通过单击“公式”选项卡“函数库”组中的“插入函数”按钮或单击编辑栏中的“插入函数”按钮 f_x，打开“插入函数”对话框进行操作。也可以通过单击“公式”选项卡“函数库”组中对应的分类函数下拉按钮，在下拉菜单中选择需要的函数来完成。例如，对于 5 个基本函数，可以单击“公式”选项卡“函数库”组中的“自动求和”下拉按钮，在下拉菜单中选择相应命令来插入公式，Excel 将自动对活动单元格上方或左侧的数据进行这 5 种基本计算。

3. 公式和函数中单元格的引用地址

使用公式和函数计算数据非常简单，只要计算出第 1 个数据，其他的都可以利用公式的自动填充功能完成。公式的自动填充操作实际上就是复制公式。为什么同一个公式复制到不同单元格会有不同的结果呢?究其原因是相对引用地址在起作用。

公式和函数中单元格的引用地址

公式和函数中经常包含单元格的引用地址,它有以下 3 种表示方式。

● 相对引用地址:由列标和行号表示,如 B1、A2、C4 等,是 Excel 默认的引用方式。它的特点是复制或移动公式时,该地址会根据复制或移动的位置自动调节。例如,在"公司员工工资表"中,将公式从 H3 单元格复制到 H4 单元格,列标没变,行号加 1,所以公式从"=E3+F3-G3"自动变为"=E4+F4-G4"。假如将公式从 H3 单元格复制到 I4 单元格,列标加 1,行号也加 1,公式将自动变为"=F4+G4-H4"。相对引用地址常用来快速实现大量数据的同类运算。

● 绝对引用地址:是在列标和行号前都加上符号"$",如 $B$1。它的特点是公式在复制或移动时,该地址始终保持不变。例如,在"公司员工工资表"中,将 H3 单元格的公式改为"=$E$3+$F$3-$G$3",再将公式复制到 H4 单元格,会发现 H4 单元格的结果与 H3 单元格一样,公式没有发生变化,仍然是"=$E$3+$F$3-$G$3"。符号"$"就好像一个"钉子","钉"住了参加运算的单元格,使它们不会随着公式位置的变化而变化。

● 混合引用地址:是在列标或行号前加上符号"$",如 $B1 和 B$1。它是相对引用地址和绝对引用地址的混合使用。如 $B1 是列标不变,行号变化;B$1 是列标变化,行号不变。

例 5-17 对例 5-16 的"公司员工工资表.xlsx",使用公式计算每位员工的实发工资;使用插入函数法统计所有员工的基本工资、奖金、扣款额和实发工资的平均值;计算"评价"列,如果员工的实发工资低于平均值,则显示"低于平均工资",否则不显示任何信息。计算操作结果如图 5-35 所示。

	A	B	C	D	E	F	G	H	I
1	公司员工工资表								
2	编号	姓名	部门	职务	基本工资	奖金	扣款额	实发工资	评价
3	001	刘铁	销售部	业务员	¥7,500.00	¥2,400.00	¥98.00	¥9,998.00	
4	002	孙刚	销售部	业务员	¥5,400.00	¥1,780.00	¥86.50	¥7,266.50	
5	003	陈凤	销售部	业务员	¥6,000.00	¥1,560.00	¥66.50	¥7,626.50	
6	004	沈阳	销售部	业务员	¥5,840.00	¥1,660.00	¥58.00	¥7,558.00	
7	005	秦强	财务部	会计	¥6,000.00	¥800.00	¥48.50	¥6,848.50	低于平均工资
8	006	陆斌	财务部	出纳	¥4,450.00	¥580.00	¥78.00	¥5,108.00	低于平均工资
9	007	邹蕾	技术部	技术员	¥4,380.00	¥1,080.00	¥69.00	¥5,529.00	低于平均工资
10	008	彭佩	技术部	技术员	¥5,900.00	¥700.00	¥45.50	¥6,645.50	低于平均工资
11	009	雷曼	技术部	工程师	¥6,600.00	¥1,300.00	¥66.00	¥7,966.00	
12	010	郑黎	技术部	技术员	¥5,900.00	¥840.00	¥56.00	¥6,796.00	低于平均工资
13	011	潘越	财务部	会计	¥5,950.00	¥700.00	¥53.50	¥6,703.50	低于平均工资
14	012	王海	销售部	业务员	¥6,300.00	¥2,000.00	¥88.00	¥8,388.00	
15	平均值				¥5,851.67	¥1,283.33	¥67.79	¥7,202.79	
16									

图 5-35 计算操作结果

操作步骤如下。

①打开"公司员工工资表.xlsx"(表中为模拟数据),选定第 1 位员工的"实发工资"单元格,在单元格中输入公式"=E3+F3-G3"(或在编辑栏中输入公式"=E3+F3-G3"),按 Enter 键,Excel 自动计算并将结果显示在单元格中,同时将公式内容显示在编辑栏中。输入单元格引用地址更简单的方法是,直接用鼠标依次单击源数据单元格,则该单元格的引用地址会自动出现在编辑栏中,此时按 Enter 键就可以得到计算结果。其他员工的实发工资可利用公式的自动填充功能(复制公式)快速完成。方法是:移动鼠标指针到公式所在单元格右下角的填充柄处,当鼠标指针变成黑色十字形时,按住鼠标左键拖曳经过目标区域,到达最后一个单元格时松开鼠标左键,公式自动填充完毕。

②在"公司员工工资表"中单击用于存放基本工资平均值的 E15 单元格,单击编辑栏中的"插入函数"按钮,打开"插入函数"对话框,在"或选择类别"下拉列表中选择"常用函数"选项,再在"选择函数"列表框中选择"AVERAGE"选项,单击"确定"按钮,弹出所选函数的"函数参数"对话框。此时,系统自动提供的数据区域 E3:E14 正确,直接单击

“确定”按钮即可。如果数据区域不正确，则需要重新选择，方法是：单击“Number1”文本框右侧的折叠对话框按钮，从工作表中重新选定相应的单元格区域，再单击展开对话框按钮返回，最后单击“确定”按钮。其他如奖金、扣款额、实发工资的平均值的计算可利用公式的自动填充功能快速完成。实际上可以使用快捷的方法完成计算，方法是：将光标放在存放平均值的单元格中，单击“公式”选项卡“函数库”组中的“自动求和”下拉按钮，在打开的下拉菜单中选择“平均值”命令，Excel 将自动出现求平均值函数 AVERAGE 及相应的数据区域，检查系统自动给出的数据区域是否正确，这里是 E3:E14 单元格区域，显然正确，按 Enter 键完成。如果数据区域不正确，则需重新用鼠标选择（此时鼠标指针应为白色粗十字形），也可以直接输入正确的数据区域，然后按 Enter 键。

③单击 I3 单元格，输入“=IF(H3＜$H$15,"低于平均工资","")”，按 Enter 键。这是一个条件函数，它表示的含义是如果 H3 单元格的数据小于 H15 单元格的数据（实发工资的平均值），就在当前单元格中显示“低于平均工资”，否则不显示任何信息。利用公式的自动填充功能完成对其他员工工资的评价。

5.2.3 图表的创建与设计

Excel 能够将电子表格中的数据转换成各种类型的统计图表，更直观地揭示数据之间的关系，反映数据的变化规律和发展趋势，便于用户进行数据分析。当工作表中的数据发生变化时，图表会相应地改变，不需要重新绘制。Excel 2019 提供了十余类图表，每类又有若干种子类型，并且有很多二维图表和三维图表可供选择。常用的图表类型有以下几种。

● 柱形图：用于显示一段时间内数据的变化或各项之间的比较情况。柱形图简单易用，是最受欢迎的图表形式。

● 条形图：可以看作横放的柱形图，是一种用来描绘各个项目之间数据差别情况的图表，它强调的是在特定的时间点上进行分类和数值的比较。

● 折线图：是将同一数据系列的数据点在图中用直线连接起来，以等间隔显示数据的变化趋势。

● 面积图：用于显示某个时间阶段总数与数据系列的关系，又称为面积形式的折线图。

● 饼图：能够反映统计数据中各项所占的百分比或某个单项占总体的比例，使用饼图便于查看整体与个体之间的关系。

● *XY* 散点图：通常用于显示两个变量之间的关系。利用散点图可以绘制函数曲线。

● 迷你图：是 Excel 中一个全新的图表制作工具，它是绘制在单元格中的一个微型图表。迷你图可以显示一系列数值的变化趋势（例如，销售数量增加或减少、各品牌的销售情况等），或者可以突出显示最大值和最小值。

1. 创建图表

在 Excel 2019 中，创建图表快速、简便，只需要选择数据源，然后单击“插入”选项卡“图表”组中的相应图表类型的下拉按钮，在打开的下拉菜单中选择具体的类型即可。

创建图表

2. 编辑图表

在创建图表之后，还可以对图表进行编辑，包括更改图表类型及选择图表布局和图表样式等。这些操作可以通过“图表工具”选项卡中的相应功能来实现。该选项卡在选定图表后便会自动出现,它包括两个部分:“设计”和“格式”。其中,利用“设计”部分的命令按钮可以进行如下操作。

- 添加图表元素:显示或隐藏主要横坐标轴与主要纵标轴;显示或隐藏网格线;添加或修改图表标题、坐标轴标题、图例、数据标签和数据表;添加误差线、趋势线、涨/跌柱线和线条等。
- 快速布局:快速套用集中内置的布局样式,更改图表的整体布局。
- 更改颜色:自定义图表颜色。
- 更改图表样式:为图表应用内置样式。
- 切换行/列:将图表的 X 轴上的数据和 Y 轴上的数据对调。
- 选择数据:打开“选择数据源”对话框,在其中可以编辑、修改系列和分类轴标签。
- 更改图表类型:重新选择合适的图表。
- 移动图表:在本工作簿中移动图表或将图表移动到其他工作簿中。

利用“格式”部分的命令按钮可以进行如下操作。

- 设置所选内容格式:在“当前所选内容”组中快速定位图表元素,并设置所选内容的格式。
- 插入形状:在图表中插入形状。
- 编辑形状样式:快速套用形状样式,设置形状填充、形状轮廓和形状效果。
- 插入艺术字:快速套用艺术字样式,设置艺术字颜色、轮廓和艺术效果。
- 排列图表:排列图表元素的对齐方式等。
- 设置图表大小:设置图表的宽度与高度、裁剪图表等。

3. 格式化图表

生成一个图表后,为了获得更理想的显示效果,可以对图表的各个对象进行格式化,相应操作可通过“图表工具|格式”选项卡中的命令按钮来完成。也可以双击要进行格式设置的图表对象,在打开的“设置绘图区格式”任务窗格中进行设置。

例 5-18 根据例 5-17 工作表中的姓名、基本工资、奖金、实发工资等数据,创建一个三维簇状柱形图;将图表标题改为“公司员工工资表”,添加 X 轴标题“员工姓名”,添加 Y 轴标题“元”;为图表标题“公司员工工资表”设置一个喜欢的样式,将绘图区的背景设置为“白色大理石”。图表格式化效果如图 5-36 所示。

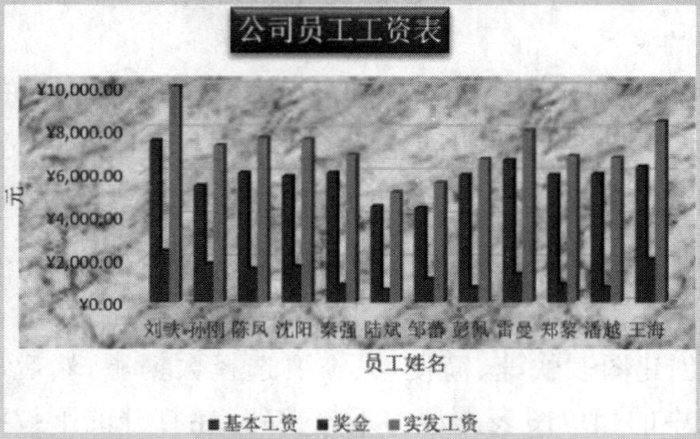

图 5-36 图表格式化效果

操作步骤如下。

①选定创建图表的数据源(这一步非常重要),方法是:先选定“姓名”列(B2:B14),按住 Ctrl 键,再依次选定“基本工资”列(E2:E14)、“奖金”列(F2:

F14）和“实发工资”列（H2：H14），单击“插入”选项卡“图表”组中的“插入柱形图或条形图”下拉按钮，在“三维柱形图”区中选择“三维簇状柱形图”，然后将图表调整至合适位置和大小。

②单击“图表标题”文本框，输入“公司员工工资表”，在“图表工具|设计”选项卡的“图表布局”组中单击“添加图表元素”下拉按钮，在打开的下拉菜单中选择“坐标轴标题”→“主要横坐标轴”命令，在出现的“坐标轴标题”文本框中输入“员工姓名”；用同样的方法选择“主要纵坐标轴”命令，在出现的“坐标轴标题”文本框中输入“元”。

③选定图表标题，在“图表工具|格式”选项卡的“形状样式”组中的快速形状样式库中选择“强烈效果 一蓝色，强调颜色 1”样式。在“图表工具|格式”选项卡的“当前所选内容”组中单击“图表元素”下拉列表，选择“绘图区”选项，或者将鼠标指针移至绘图区（鼠标指针在图表对象中移动时会提示该对象的名称）并双击，打开“设置绘图区格式”任务窗格，在“填充”栏中单击“图片或纹理填充”单选按钮，然后在“纹理”下拉列表中选择“白色大理石”选项，最后单击“关闭”按钮。

5.2.4　数据的管理与分析

Excel 不仅具有数据计算与处理的能力，而且还具有数据库管理的一些功能。利用 Excel 可以方便、快捷地对数据进行排序、筛选、分类汇总、创建数据透视表等统计分析工作。

1. 建立数据清单

如果要使用 Excel 的数据管理功能，必须先将电子表格创建为数据清单。数据清单又称为数据列表，是由 Excel 工作表中的单元格构成的矩形区域，即一个二维表。数据清单是一种特殊的表格，必须包括两部分，即表结构和表记录。表结构是数据清单中的第 1 行，即列标题（又称为字段名），Excel 将利用这些字段名对数据进行查找、排序、筛选等操作。表记录则是 Excel 实施管理功能的对象，该部分不允许有非法数据内容出现。要正确创建数据清单，应遵循以下准则。

①避免在一个工作表中建立多个数据清单，如果工作表中还有其他数据，要在它们与数据清单之间留出空行、空列。

②通常在数据清单的第 1 行创建字段名。字段名必须唯一且每个字段的数据类型必须相同，如字段名是“部门”，则该列存放的必须都是部门名称。

③数据清单中不能有完全相同的两行记录。

2. 数据排序

数据排序

在实际应用中，为了方便查找和使用数据，用户通常按一定的顺序对数据清单进行重新排列。其中，数值按大小排列，时间按先后排列，英文字母按字母（默认不区分大小写）顺序排列，汉字按拼音首字母或笔画排列。

用来排序的字段称为关键字。排序方式分为升序（递增）和降序（递减）两种，排序方向有按行排序和按列排序，还可以采用自定义排序。

数据排序有两种形式：简单排序和复杂排序。

● 简单排序：指对一个关键字（单一字段）进行升序或降序排列。可以通过单击“数据”选项卡“排序和筛选”组中的“升序”按钮、“降序”按钮快速实现，也可以通过单击“排序”按钮，打开“排序”对话框进行操作。

● 复杂排序:指对一个以上的关键字(多个字段)进行升序或降序排列。当排序的字段值相同时,可按另一个关键字继续排序,可以设置多个排序关键字。复杂排序可以通过单击“数据”选项卡“排序和筛选”组中的“排序”按钮,在打开的“排序”对话框中实现。

例 5-19 对“公司员工工资表”(数据清单)排序,按主要关键字“部门”升序排列,部门相同时,按次要关键字“基本工资”降序排列,部门和基本工资都相同时,按第三关键字“奖金”降序排列。排序结果如图 5-37 所示。

	A	B	C	D	E	F	G	H
1	编号	姓名	部门	职务	基本工资	奖金	扣款额	实发工资
2	005	秦强	财务部	会计	6000	800	48.5	6751.5
3	011	潘越	财务部	会计	5950	700	53.5	6596.5
4	006	陆斌	财务部	出纳	4450	580	78	4952
5	009	雷曼	技术部	工程师	6600	1300	66	7834
6	010	郑黎	技术部	技术员	5900	840	56	6684
7	008	彭佩	技术部	技术员	5900	700	45.5	6554.5
8	007	邹蕾	技术部	技术员	4380	1080	69	5391
9	001	刘铁	销售部	业务员	7500	2400	98	9802
10	012	王海	销售部	业务员	6300	2000	88	8212
11	003	陈凤	销售部	业务员	6000	1560	66.5	7493.5
12	004	沈阳	销售部	业务员	5840	1660	58	7442
13	002	孙刚	销售部	业务员	5400	1780	86.5	7093.5

图 5-37 排序结果

操作步骤如下。

①选择数据清单中的任意单元格,单击“数据”选项卡“排序和筛选”组中的“排序”按钮,打开“排序”对话框。

②选择主要关键字为“部门”、排序依据为“单元格值”、次序为“升序”;单击“添加条件”按钮,选择次要关键字为“基本工资”、排序依据为“单元格值”、次序为“降序”;单击“添加条件”按钮,选择次要关键字为“奖金”、排序依据为“单元格值”、次序为“降序”,单击“确定”按钮,如图 5-38 所示。

在该对话框中,勾选“数据包含标题”复选框是为了避免字段名也成为排序对象;“选项”按钮用来打开“排序选项”对话框,在“排序选项”对话框中可以进行一些与排序相关的设置,如排列字母时区分大小写、改变排序方向(按行)或汉字按笔画排序等。

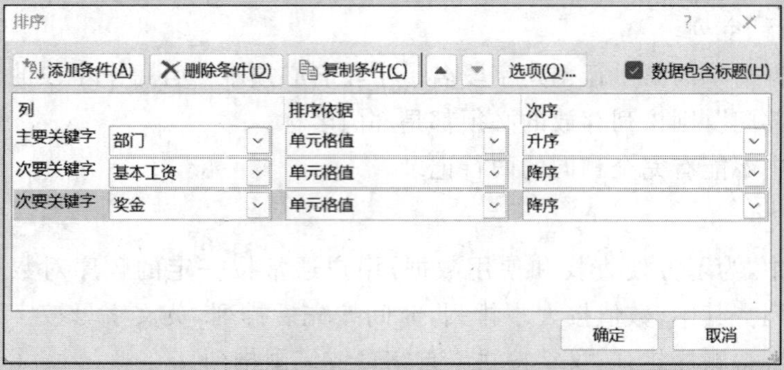

图 5-38 “排序”对话框

3. 数据筛选

数据筛选

当数据列表中的数据非常多,用户却只对其中一部分数据感兴趣时,可以使用 Excel 的数据筛选功能将用户不感兴趣的数据暂时隐藏起来,当筛选条件被清除时,隐藏的数据又恢复显示。

数据筛选有两种:自动筛选和高级筛选。自动筛选可以实现单字段筛选及多字段筛选的

“逻辑与”关系(同时满足多个条件),操作简便,能满足大部分应用需求;高级筛选能实现多字段筛选的“逻辑或”关系,较复杂,需要在数据清单外建立一个条件区域。

● 自动筛选:可通过单击“数据”选项卡“排序和筛选”组中的“筛选”按钮来实现在所需筛选的字段名下拉列表中选择符合的条件,若没有符合的条件,则选择“文本筛选”或“数字筛选”级联菜单中的“自定义筛选”命令,在打开的“自定义自动筛选方式”对话框中输入条件。如果要使数据恢复显示,则单击“排序和筛选”组中的“清除”按钮。如果要取消自动筛选功能,则再次单击“筛选”按钮。

例 5-20 在“公司员工工资表”(数据清单)中筛选出销售部基本工资大于或等于 6 000 元且奖金大于或等于 2 000 元的记录。自动筛选结果如图 5-39 所示。

	A	B	C	D	E	F	G	H
1	编号	姓名	部门	职务	基本工	奖金	扣款额	实发工
9	001	刘铁	销售部	业务员	7500	2400	98	9802
10	012	王海	销售部	业务员	6300	2000	88	8212

图 5-39 自动筛选结果

操作步骤如下。

①选择数据清单中的任意单元格。

②单击“数据”选项卡“排序和筛选”组中的“筛选”按钮,在各个字段名的右边会出现筛选按钮,单击“部门”列的筛选按钮,在下拉列表中仅勾选“销售部”复选框,使筛选结果只显示销售部的员工记录,单击“确定”按钮。

③单击“基本工资”列的筛选按钮,在下拉列表中选择“数字筛选”→“大于或等于”命令,打开“自定义自动筛选”对话框,在“大于或等于”右边的组合框中输入“6000”,单击“确定”按钮,此时,筛选结果只显示销售部员工中基本工资大于或等于 6 000 元的记录。

④用同样的方法进行“奖金”列的筛选。

● 高级筛选:当筛选的条件较为复杂,或出现多字段间的“逻辑或”关系时,使用“数据”选项卡“排序和筛选”组中的“高级”按钮进行筛选更为方便。

在进行高级筛选时,字段名的右边不会出现筛选按钮,而是需要在条件区域中输入筛选条件。条件区域应建立在数据清单以外,用空行或空列与数据清单分隔。输入筛选条件时,首行用于输入条件字段名,从第 2 行起输入筛选条件,在同一行中输入的条件的关系为“逻辑与”,在不同行中输入的条件的关系为“逻辑或”,然后单击“数据”选项卡“排序和筛选”组中的“高级”按钮,在打开的“高级筛选”对话框中进行数据区域和条件区域的选择,筛选结果可在原数据清单中显示,也可在数据清单以外的位置显示。

例 5-21 在“公司员工工资表”(数据清单)中筛选销售部基本工资大于 6 000 元或财务部基本工资小于 6 000 元的记录,并将筛选结果显示在原有区域。高级筛选结果如图 5-40 所示。

	A	B	C	D	E	F	G	H
1	编号	姓名	部门	职务	基本工资	奖金	扣款额	实发工资
2	001	刘铁	销售部	业务员	7500	2400	98	9802
7	006	陆斌	财务部	出纳	4450	580	78	4952
12	011	潘越	财务部	会计	5950	700	53.5	6596.5
13	012	王海	销售部	业务员	6300	2000	88	8212

图 5-40 高级筛选结果

操作步骤如下。

①在数据清单以外选择一个空白区域,在首行输入字段名“部门”和“基本工资”,在第 2 行对应字段下面输入条件“销售部”和“＞6000”,在第 3 行对应字段下面输入条件“财务部”和“＜6000”,如图 5-41 所示。

②选择数据清单中的任意单元格，单击“数据”选项卡“排序和筛选”组中的“高级”按钮，打开“高级筛选”对话框，选中“在原有区域显示筛选结果”单选按钮，再确认系统给出的列表区域是否正确。如果不正确，可以单击“列表区域”文本框右侧的折叠对话框按钮，在工作表中重新选择列表区域后再单击展开对话框按钮返回，然后单击“条件区域”文本框右侧的折叠对话框按钮，在工作表中选择条件区域后再单击展开对话框按钮返回，单击“确定”按钮。

	A	B	C	D	E	F	G	H
1	编号	姓名	部门	职务	基本工资	奖金	扣款额	实发工资
2	001	刘铁	销售部	业务员	7500	2400	98	9802
3	002	孙刚	销售部	业务员	5400	1780	86.5	7093.5
4	003	陈凤	销售部	业务员	6000	1560	66.5	7493.5
5	004	沈阳	销售部	业务员	5840	1660	58	7442
6	005	秦强	财务部	会计	6000	800	48.5	6751.5
7	006	陆斌	财务部	出纳	4450	580	78	4952
8	007	邹蕾	技术部	技术员	4380	1080	69	5391
9	008	彭佩	技术部	技术员	5900	700	45.5	6554.5
10	009	雷曼	技术部	工程师	6600	1300	66	7834
11	010	郑黎	技术部	技术员	5900	840	56	6684
12	011	潘越	财务部	会计	5950	700	53.5	6596.5
13	012	王海	销售部	业务员	6300	2000	88	8212
14								
15		部门	基本工资					
16		销售部	>6000					
17		财务部	<6000					

条件区域

图 5-41　建立条件区域

4. 分类汇总

实际应用中经常用到分类汇总，如仓库的库存管理经常要统计各类产品的库存总量，商店的销售管理经常要统计各类商品的售出总量等。它们的共同特点是首先要进行分类(排序)，将同类数据放在一起，然后进行数据求和等汇总运算。Excel 提供了分类汇总功能。

分类汇总

分类汇总就是对数据清单按某个字段进行分类，将字段值相同的连续记录作为一类，进行求和、求平均值、计数等汇总运算。针对同一个分类字段，可进行多种方式的汇总。需要注意的是，在分类汇总前，必须对分类字段排序，否则将得不到正确的分类汇总结果；在分类汇总时，要清楚对哪个字段分类，对哪些字段汇总及汇总的方式，这些都需要在“分类汇总”对话框中逐一设置。

分类汇总有两种形式：简单汇总和嵌套汇总。

● 简单汇总：是指对数据清单的一个或多个字段仅进行一种方式的汇总。

分类汇总后，默认情况下，数据会分 3 级显示，可以单击分级显示区上方的 1 2 3 按钮控制，单击“1”按钮，只显示清单中的列标题和总计结果；单击“2”按钮，显示各个分类汇总结果和总计结果；单击“3”按钮，显示全部详细数据。

● 嵌套汇总：是指对同一字段进行多种不同方式的汇总。

例 5-22　在“公司员工工资表”(数据清单)中求各部门基本工资、奖金和实发工资的平均值的基础上统计各部门人数。分类汇总结果如图 5-42 所示。

	A	B	C	D	E	F	G	H
1	编号	姓名	部门	职务	基本工资	奖金	扣款额	实发工资
2	001	刘铁	销售部	业务员	7500	2400	98	9802
3	002	孙刚	销售部	业务员	5400	1780	86.5	7093.5
4	003	陈凤	销售部	业务员	6000	1560	66.5	7493.5
5	004	沈阳	销售部	业务员	5840	1660	58	7442
6			销售部 计数	4				
7			销售部 平均值		6185	1850		7957.75
8	005	秦强	财务部	会计	6000	800	48.5	6751.5
9	006	陆斌	财务部	出纳	4450	580	78	4952
10			财务部 计数	2				
11			财务部 平均值		5225	690		5851.75
12	007	邹蕾	技术部	技术员	4380	1080	69	5391
13	008	彭佩	技术部	技术员	5900	700	45.5	6554.5
14	009	雷曼	技术部	工程师	6600	1300	66	7834
15	010	郑黎	技术部	技术员	5900	840	56	6684
16			技术部 计数	4				
17			技术部 平均值		5695	980		6615.88
18	011	潘越	财务部	会计	5950	700	53.5	6596.5
19			财务部 计数	1				
20			财务部 平均值		5950	700		6596.5
21	012	王海	销售部	业务员	6300	2000	88	8212
22			销售部 计数	1				
23			销售部 平均值		6300	2000		8212
24			总计数	12				
25			总计平均值		5851.67	1283.33		7067.21

图 5-42　分类汇总结果

这需要分两次进行分类汇总。先汇总求各部门基本工资、奖金、实发工资的平均值，再在平均值汇总的基础上进行计数汇总，操作步骤如下。

①选择“部门”列任意单元格，单击“数据”选项卡“排序和筛选”组中的“升序”按钮，对“部门”进行升序排列。

②选择数据清单中的任意单元格，单击“数据”选项卡“分级显示”组中的“分类汇总”按钮，打开“分类汇总”对话框，在“分类字段”下拉列表中选择“部门”选项，在“汇总方式”下拉列表中选择“平均值”选项，在“选定汇总项”（汇总字段）列表框中依次勾选“基本工资”“奖金”“实发工资”复选框并取消勾选其余默认复选框，其设置如图 5-43 所示，单击“确定”按钮。在该对话框中，勾选“替换当前分类汇总”复选框的含义是用此次分类汇总的结果替换已存在的分类汇总的结果。

③再在平均值汇总的基础上统计各部门人数，统计人数“分类汇总”对话框的设置如图 5-44 所示。需要注意的是，不能勾选“替换当前分类汇总”复选框。

若要取消分类汇总，在“分类汇总”对话框中单击“全部删除”按钮即可。

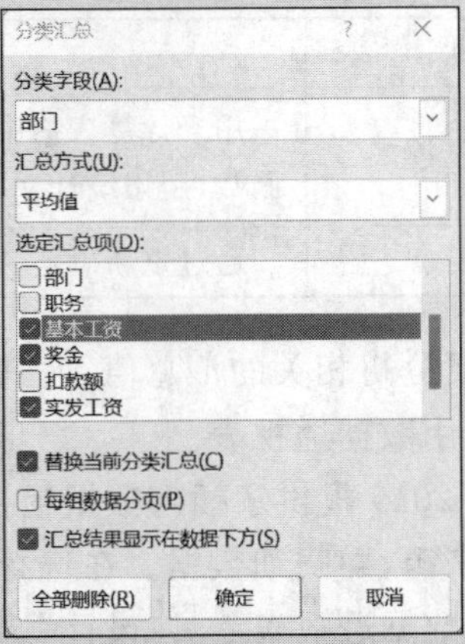

图 5-43 简单“分类汇总”对话框的设置

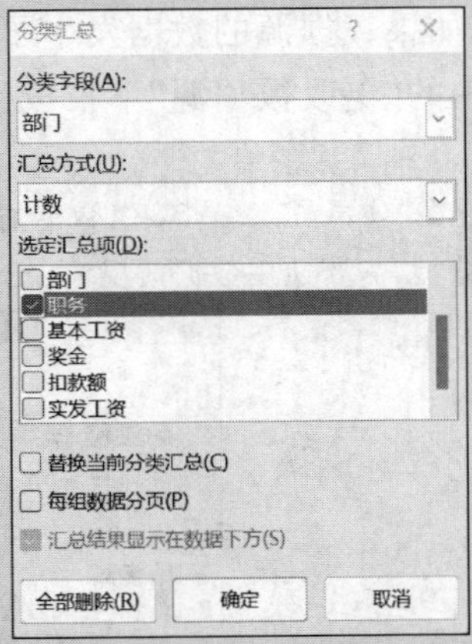

图 5-44 统计人数“分类汇总”对话框的设置

5. 数据透视表

数据透视表

数据透视表是一种可以快速汇总、分析大量数据表格的交互式工具。它不仅能够改变行和列以查看源数据的不同汇总结果，也可以显示不同页面以筛选数据，还可以根据需要显示区域中的明细数据。

数据透视表是通过对源数据表的行、列进行重新排列，提供多角度的数据汇总信息。用户可以旋转行和列以查看源数据的不同汇总，还可以根据需要显示感兴趣的区域的明细数据。在使用数据透视表进行分析之前，首先应掌握数据透视表的常用术语，如表 5-6 所示。

表 5-6 数据透视表的常用术语

名称	含义
坐标轴	数据透视表中的一维，如行、列或页等
数据源	为数据透视表提供数据的数据区域或数据库
字段	数据区域中的列标题
项	组成字段的成员，即某列单元格中的内容

续表

名称	含义
概要函数	用来计算表格中数据的值的函数。默认的概要函数包括用于计算数据和的 SUM 函数、用于统计文本个数的 COUNT 函数
透视	通过重新确定一个或多个字段的位置来安排数据透视表

如果要分析相关的汇总值,尤其是在要汇总较大的数据区域并对每个数据进行多种比较时,可以使用数据透视表。

Excel 2019 提供了插入数据透视表的功能,表中的数据是“活”的,可以“透视”表中各项数据的具体来源,即明细数据。在选择 Excel 内置的数据透视表样式时,首先选定数据透视表,然后单击“数据透视表工具|设计”选项卡“数据透视表样式”组中的“快速样式”下拉按钮,在样式库中选择要应用的样式即可。

另外,如果数据源的数据发生了变化,则单击“数据透视表工具|数据透视表分析”选项卡“数据”组中的“更改数据源”下拉按钮,在打开的下拉菜单中选择“更改数据源”命令即可。

例 5-23 在“公司员工工资表”(数据清单)中,统计各部门各职务的人数。本例既要按“部门”分类,又要按“职务”分类,需要使用数据透视表,统计结果如图 5-45 所示。

	A	B	C	D	E	F	G
1							
2							
3	计数项:职务	列标签					
4	行标签	出纳	工程师	会计	技术员	业务员	总计
5	财务部	1		2			3
6	技术部		1		3		4
7	销售部					5	5
8	总计	1	1	2	3	5	12

图 5-45　使用数据透视表的统计结果

操作步骤如下。

①选择数据清单中的任意单元格。

②单击“插入”选项卡“表格”组中的“数据透视表”按钮,打开“来自表格或区域的数据透视表”对话框,确认选择要分析的数据的范围和放置数据透视表的位置,然后单击“确定”按钮。此时出现“数据透视表字段”任务窗格,把要分类的字段拖曳到“行”区和“列”区,使之成为数据透视表的行、列标题,将要汇总的字段拖曳到“∑值”区,本例将“部门”字段作为行标签,将“职务”字段作为列标签,统计的数据项也是“职务”,如图 5-46 所示。默认情况下,数据项如果是非数值型字段,则对其计数,否则求和。

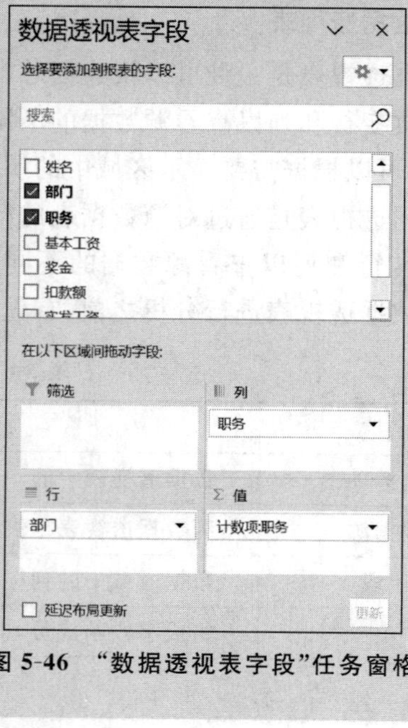

图 5-46　“数据透视表字段”任务窗格

5.3 PowerPoint 2019 演示文稿制作

演示文稿制作软件已广泛应用于会议报告、课程教学、广告宣传、产品演示等方面，成为人们在各种场合下进行信息交流的重要工具。

演示文稿制作软件以幻灯片的形式提供了一种演讲手段，利用它可以制作集文字、图形、声音、动画、电影等于一体的演示文稿。制作的演示文稿可以在计算机或投影屏幕上播放，也可以打印出来展示，还可以生成网页，在网络上展示。

本节将介绍 PowerPoint 2019 演示文稿制作软件的基本功能和使用方法。

5.3.1 演示文稿的创建

1. 新建演示文稿

利用 PowerPoint 创建演示文稿常用的方法有利用模板新建、根据现有内容新建和新建空白演示文稿。

1)利用模板新建

模板包括各种主题和版式。可以利用 PowerPoint 提供的内置模板自动、快速地设置每张幻灯片的外观，以节省格式设计的时间，使用户专注于对具体内容的处理。除了内置模板，还可以联机在 Office.com 上搜索并下载更多的 PowerPoint 模板以满足要求。

2)根据现有内容新建

如果对 PowerPoint 内置模板都不满意，而喜欢某一个现有演示文稿的设计风格和布局，可以直接在该演示文稿上修改内容来创建新的演示文稿。

3)新建空白演示文稿

用户如果希望建立具有自己风格和特色的幻灯片，可以在空白演示文稿上进行设计。新建空白演示文稿的方法是：在 PowerPoint 工作环境中单击“文件”按钮，在“文件”菜单中选择“新建”命令，在“新建”界面中单击“空白演示文稿”按钮，窗口中就会出现一张空白的标题幻灯片，按照占位符中的文字提示来输入内容，也可以通过单击“插入”选项卡中的相应按钮插入需要的各种对象，如表格、图形、图片、链接、文本、符号、媒体等。

一个完整的演示文稿往往由多张幻灯片组成，其默认扩展名为“pptx”。新建幻灯片时，单击“开始”选项卡“幻灯片”组中的“新建幻灯片”下拉按钮，在展开的幻灯片版式库中选择需要的版式，然后开始新幻灯片的制作。PowerPoint 2019 中预设了标题幻灯片、标题和内容、节标题、两栏内容等 11 种幻灯片版式以供选择。若要修改幻灯片的版式，则可以选定幻灯片，单击“开始”选项卡“幻灯片”组中的“版式”下拉按钮，在展开的幻灯片版式库中重新选择。

2. 编辑演示文稿

编辑演示文稿包括两部分：一是对每张幻灯片中的对象进行编辑操作；二是对演示文稿中的幻灯片进行移动、复制、删除等操作。

1)编辑幻灯片中的对象

在幻灯片中添加对象有两种方法:建立幻灯片时,通过选择幻灯片版式为添加的对象提供占位符,在占位符中输入需要的对象;或通过单击“插入”选项卡中的相应按钮(如“图片”“图表”等)来实现。

在幻灯片中添加的对象除了文本框、图片、表格、组织结构图、公式等,还可以是视频、音频、屏幕录制和超链接等。

● 插入视频、音频和屏幕录制:要在幻灯片中插入视频和音频,可以通过单击“插入”选项卡“媒体”组中的相应按钮来实现。视频包括联机视频、PC 上的视频,音频包括 PC 上的音频、录制音频。屏幕录制是录制计算机屏幕和相关音频,然后将录制的内容插入幻灯片。

● 插入超链接:用户可以在幻灯片中插入超链接,利用它能跳转到同一演示文稿的某张幻灯片,或者跳转到其他演示文稿、Word 文档、网页或电子邮箱地址等。超链接只能在幻灯片放映视图方式下起作用。

超链接有以下两种形式。

● 以下划线表示的超链接:通过单击“插入”选项卡“链接”组中的“超链接”按钮来实现。

● 以动作按钮表示的超链接:通过单击“插入”选项卡“插图”组中的“形状”下拉按钮,在打开的下拉菜单的“动作按钮”区中选择各种动作按钮来实现。

对幻灯片中添加的对象,可以进行缩放、修改、移动、复制、删除等编辑操作,操作方法与 Word 相同。

2)编辑幻灯片

幻灯片的删除、移动、复制等操作,通常在幻灯片浏览视图或普通视图方式下的幻灯片浏览窗格中通过选择编辑命令或快捷编辑操作进行。

例 5-24 新建“地球报告”演示文稿,共 3 张幻灯片。为第 1 张幻灯片插入音频文件(雨林之声.mp3);为第 2 张幻灯片的标题文字设置以下划线表示的超链接,在右下角插入以动作按钮表示的超链接,均链接到下一张幻灯片;第 3 张幻灯片由第 2 张幻灯片复制而成,应用“图片与标题”版式,同时插入图片(雨林遭砍伐.jpg)。演示文稿的编辑效果如图 5-47 所示。

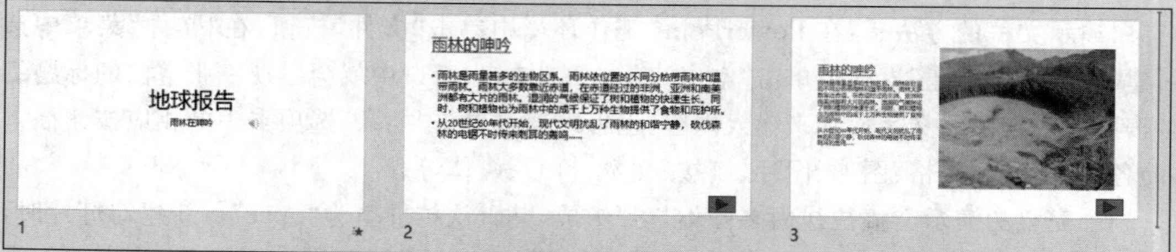

图 5-47 演示文稿的编辑效果

操作步骤如下。

①在 PowerPoint 中单击“文件”按钮,在“文件”菜单中选择“新建”命令,单击“空白演示文稿”按钮。

②第 1 张幻灯片:在标题幻灯片上单击“主标题”占位符,输入文本“地球报告”,再单击“副标题”占位符,输入文本“雨林在呻吟”。单击“插入”选项卡“媒体”组中的“音频”下拉按钮,在打开的下拉菜单中选择“PC 上的音频”命令,在打开的“插入音频”对话框中找到音频文件“雨林之声.mp3”,单击“插入”按钮。插入音频文件后,幻灯片中出现一个声音图标。

③第 2 张幻灯片:单击“开始”选项卡“幻灯片”组中的“新建幻灯片”下拉按钮,在展开的幻灯片版

式库中选择“标题和内容”版式，插入一张幻灯片，在“标题”与“文本”占位符中分别输入如图 5-47 所示的相应内容。

④选定第 2 张幻灯片的标题文字“雨林的呻吟”，单击“插入”选项卡“链接”组中的“链接”按钮，打开“插入超链接”对话框，单击对话框左侧的“本文档中的位置”按钮，在“请选择文档中的位置”列表框中选择“下一张幻灯片”选项，单击“确定”按钮。

⑤单击“插入”选项卡“插图”组中的“形状”下拉按钮，在“动作按钮”区中选择“动作按钮：前进或下一项”选项，将它放在第 2 张幻灯片右下角的合适位置，在出现的“操作设置”对话框中确认超链接到“下一张幻灯片”，单击“确定”按钮。

⑥在普通视图方式下，选定幻灯片浏览窗格中的第 2 张幻灯片缩略图，按住 Ctrl 键拖曳形成第 3 张幻灯片，或利用快捷菜单中相应的编辑命令来实现，然后单击“开始”选项卡“幻灯片”组中的“版式”下拉按钮，在展开的幻灯片版式库中选择“图片与标题”版式，单击该幻灯片右侧图片占位符中的“图片”按钮，打开“插入图片”对话框，在对话框中找到图片文件“雨林遭砍伐.jpg”，单击“插入”按钮。

5.3.2　演示文稿的美化

演示文稿制作完成后，接下来的工作就是修饰演示文稿的外观，以达到最佳的视觉效果。美化演示文稿包括两部分：一是对每张幻灯片中的对象分别进行美化；二是统一设置演示文稿中幻灯片的外观。

1. 美化幻灯片中的对象

在幻灯片中输入标题、文本后，为了使幻灯片更加美观、易读，可以设定文字和段落的格式，这通过单击“开始”选项卡“字体”和“段落”组中的相应按钮来实现。除了对文字和段落进行格式化，还可以对插入的文本框、图片、自选形状、表格、图表等其他对象进行格式化操作。只要单击这些对象，在打开的相应选项卡中设置即可。此外，还可以设置幻灯片的主题和背景等，这通过单击“设计”选项卡“主题”和“自定义”组中的相应按钮来实现。

2. 统一设置幻灯片外观

一个演示文稿由若干张幻灯片组成，为了保持幻灯片风格一致和布局相同，提高编辑效率，可以通过 PowerPoint 提供的母版功能来统一幻灯片风格。母版包括可以出现在每张幻灯片上的显示元素，通过母版可以对整个演示文稿中的幻灯片进行统一调整，避免重复操作。

统一设置幻灯片外观

PowerPoint 的母版分为幻灯片母版、讲义母版和备注母版。幻灯片母版是最常用的，它可以控制当前演示文稿中相同幻灯片版式上输入的标题和文本的格式与类型，使它们具有统一的外观。如果要统一修改多张幻灯片的外观，不必一张张地进行修改，只需在相应幻灯片版式的母版中修改即可。如果用户希望某张幻灯片与幻灯片母版呈现的效果不同，则直接修改该幻灯片即可。

单击“视图”选项卡“母版视图”组中的“幻灯片母版”按钮，进入“幻灯片母版”视图，在左边窗格中列出了 11 种版式。

母版通常有 5 个占位符，即标题、文本、日期、幻灯片编号和页脚。在母版中可以进行下列操作。

①更改标题和文本样式。

②设置日期、页脚和幻灯片编号。

③向母版插入对象等。

在幻灯片母版中操作完毕后,单击“幻灯片母版”选项卡“关闭”组中的“关闭母版视图”按钮,返回普通视图。

讲义母版用于控制幻灯片以讲义形式打印的格式,备注母版主要提供演讲者添加备注内容所用的空间,以及设置备注幻灯片的格式,这些操作可以通过单击“视图”选项卡“母版视图”组中的相应按钮来进行。

例 5-25 将例 5-24 演示文稿中的第 1 张幻灯片的标题文字设置为华文行楷、120 pt,分散对齐;将第 2 张幻灯片的背景设置为预设渐变“顶部聚光灯-个性色 1”;将第 1 张幻灯片的主题设置为“电路”,将第 3 张幻灯片的主题设置为“画廊”;为每张幻灯片添加幻灯片编号,加入页脚“爱护地球”,并在幻灯片母版中设置页脚的字号为 24 pt。演示文稿的美化效果如图 5-48 所示。

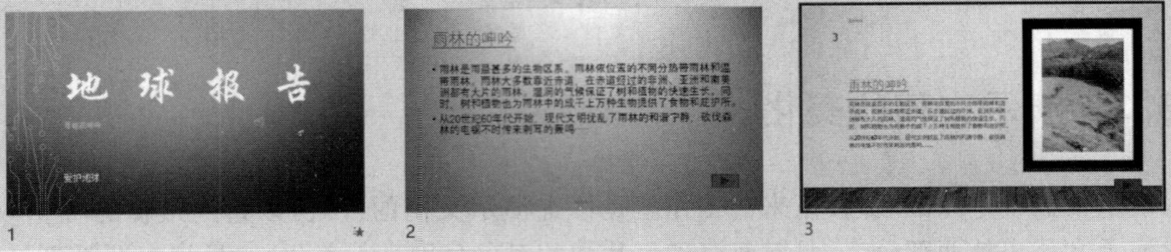

图 5-48 演示文稿的美化效果

操作步骤如下。

①在普通视图方式下单击第 1 张幻灯片,选定标题文字,在“开始”选项卡的“字体”组中设置字体为“华文行楷”、字号为“120”,在“段落”组中设置对齐方式为“分散对齐”。

②选中第 2 张幻灯片,单击“设计”选项卡“自定义”组中的“设置背景格式”按钮,打开“设置背景格式”任务窗格,单击“填充”选项卡,选中“渐变填充”单选按钮,单击“预设渐变”下拉按钮,在打开的预设渐变颜色库中选择“顶部聚光灯-个性色 1”选项。

③选中第 1 张幻灯片,在“设计”选项卡的“主题”组中右击“电路”主题,在弹出的快捷菜单中选择“应用于选定幻灯片”命令,用同样的方法为第 3 张幻灯片设置“画廊”主题。

④单击“插入”选项卡“文本”组中的“页眉和页脚”按钮,打开“页眉和页脚”对话框,在“幻灯片”选项卡下勾选“幻灯片编号”和“页脚”复选框,并在“页脚”文本框中输入“爱护地球”,单击“全部应用”按钮。

⑤单击“视图”选项卡“母版视图”组中的“幻灯片母版”按钮,进入“幻灯片母版”视图,在左边窗格中选择“标题幻灯片”版式,在页脚区选中“爱护地球”,在“开始”选项卡“字体”组的“字号”下拉列表中选择“24”,再单击“幻灯片母版”选项卡“关闭”组中的“关闭母版视图”按钮,返回普通视图。此后,添加的标题幻灯片版式中的页脚的字号均为 24 pt。

5.3.3 演示文稿播放效果的设置

1. 设置动画效果和切换效果

设置动画效果和切换效果包括两部分:一是设置幻灯片中对象的动画效果;二是设置幻灯片间的切换效果。

设置动画效果

1)设置幻灯片中对象的动画效果

在为幻灯片中的对象设置动画效果时,可以分别对它们的进入、强调、退出及动作路径等进行设置。

● “进入”动画效果:是对象进入幻灯片时产生的效果,包括基本、细微、温和和华丽 4 种。

● “强调”动画效果:用于突出对象,引人注目。

● “退出”动画效果:包括飞出、轮子、旋转、弹跳等多种效果,可根据需要进行设置。

● 动作路径:用于自定义动画的运动路线和方向,也可以采用 PowerPoint 中预设的多种动作路径。

添加动画效果可以通过单击“动画”选项卡“动画”组中的相应按钮来完成,PowerPoint 将一些常用的动画效果放置在动画库中。也可以单击该选项卡“高级动画”组中的“添加动画”下拉按钮,在打开的下拉菜单中选择需要的动画效果。如果想使用更多的动画效果,可以选择其中的相应命令,如“更多进入效果”“更多强调效果”“更多退出效果”“其他动作路径”命令等。

动画效果添加完成后,还可以对动画方向、运行方式、顺序、声音、动画长度等内容进行编辑,让动画效果更加符合演示文稿的意图。对有些动画,可以改变其方向,这可以通过单击“动画”选项卡“动画”组中的“效果选项”下拉按钮来完成。动画的运行方式包括“单击时”“与上一动画同时”“上一动画之后”3 种,可在“动画”选项卡“计时”组中的“开始”下拉列表中选择。

要改变动画顺序,可以先选定对象,再单击“计时”组中的“向前移动”或“向后移动”按钮,此时对象左上角的动画序号会相应地发生变化。

要给动画添加声音,可以先选定对象,单击“动画”选项卡“动画”组右下角的对话框启动器按钮,打开相应的动画效果对话框,在“效果”选项卡的“声音”下拉列表中选择合适的声音。在“效果”选项卡中,还可以将文本设置为“一次显示全部”“按词顺序”“按字母顺序”出现。

动画运行的时间长度包括“非常快(0.5 秒)”“快速(1 秒)”“中速(2 秒)”“慢速(3 秒)”“非常慢 (5 秒)”“20 秒(非常慢)”6 种方式,可以在“效果选项”对话框的“计时”选项卡中设置动画的运行时间,还可以设置动画的运行方式和延迟时间。

2)设置幻灯片间的切换效果

幻灯片间的切换效果是指移走屏幕上已有的幻灯片,并以某种效果开始新幻灯片的显示,如形状、揭开、覆盖、闪光等。幻灯片切换效果的设置包括设置切换方式、切换方向、切换声音和换片方式等,可以通过单击“切换”选项卡“切换到此幻灯片”组和“计时”组中的相应按钮来实现,如图 5-49 所示。其中,可以用鼠标单击的方式进行人工切换,或者设置时间间隔来自动切换。如果要将所选的动画效果应用于其他幻灯片,单击“计时”组中的“应用到全部”按钮即可。

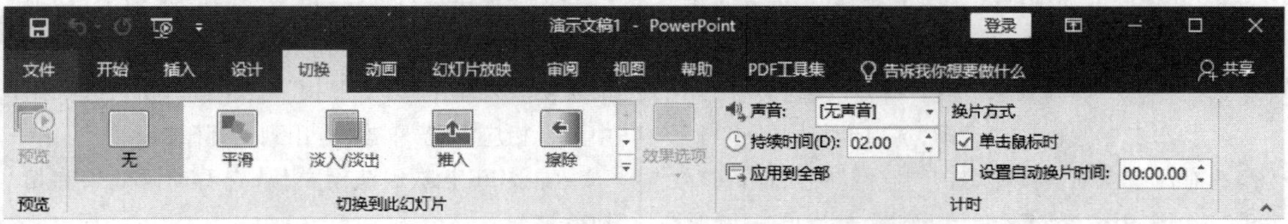

图 5-49 “切换”选项卡

2. 播放演示文稿

在放映幻灯片前,一些准备工作是必不可少的,例如,将不需要放映的幻灯片隐藏、排练计时、设置幻灯片的放映方式等。

1）隐藏幻灯片

在普通视图方式下选定幻灯片浏览窗格中的幻灯片缩略图，右击，在弹出的快捷菜单中选择“隐藏幻灯片”命令，或者选定幻灯片，单击“幻灯片放映”选项卡“设置”组中的“隐藏幻灯片”按钮。

2）排练计时

排练计时是对幻灯片的放映进行排练，对每个动画所使用的时间进行控制。整个演示文稿播放完毕后，系统会提示用户幻灯片放映总共需要的时间并询问是否保留排练时间，单击“是”按钮后，PowerPoint 自动切换到幻灯片浏览视图方式下，并且在每张幻灯片下方显示放映所需要的时间。幻灯片排练计时是通过单击“幻灯片放映”选项卡“设置”组中的“排练计时”按钮来实现的。

3）设置幻灯片的放映方式

在播放演示文稿前，可以根据使用者的不同需要设置不同的放映方式。这可以通过单击“幻灯片放映”选项卡“设置”组中的“设置幻灯片放映”按钮，在打开的“设置放映方式”对话框中进行操作。

有以下 3 种放映方式。

- 演讲者放映（全屏幕）：以全屏幕形式显示，演讲者可以控制放映的进程，可用绘图笔勾画，适用于大屏幕投影的会议、讲课等。
- 观众自行浏览（窗口）：以窗口形式显示，可编辑和浏览幻灯片，适用于人数较少的场合。
- 在展台浏览（全屏幕）：以全屏幕形式在展台上进行演示，按事先预定的或通过“排练计时”按钮设置的时间和次序放映，不允许现场控制放映的进程。

播放演示文稿有多种方式：按 F5 键；单击“幻灯片放映”选项卡“开始放映幻灯片”组中的“从头开始”按钮和“从当前幻灯片开始”按钮；单击快速访问工具栏上的“从头开始”按钮等。其中，按 F5 键是从第 1 张幻灯片开始放映。

例 5-26 为例 5-25 演示文稿中的第 2 张幻灯片的标题设置“空翻”动画效果，速度为“中速（2 秒）”，声音为“风铃”，从上一动画之后延迟 1 s 发生；设置全部幻灯片的切换效果为“形状”，换片方式为“单击鼠标时”换页或每间隔 8 s 换页。

操作步骤如下。

①单击第 2 张幻灯片，选定该幻灯片的标题，单击“动画”选项卡“动画”组中的“动画样式”下拉按钮，在展开的动画样式库中选择“更多进入效果”命令，在打开的“更改进入效果”对话框的“华丽”区中选择“空翻”动画效果，单击“确定”按钮。

②选定标题，单击“动画”选项卡“动画”组右下角的对话框启动器按钮，打开“空翻”对话框，在“效果”选项卡中设置“声音”为“风铃”，然后单击“计时”选项卡，在“开始”下拉列表中选择“上一动画之后”选项，在“延迟”数值框中选择或输入“1”，在“期间”下拉列表中选择“中速（2 秒）”选项，单击“确定”按钮。

③选定任意幻灯片，单击“切换”选项卡“切换到此幻灯片”组中的“切换效果”下拉按钮，在展开的切换效果库中选择“形状”切换效果，在“计时”组中进行相应设置，单击“应用到全部”按钮。

④按 F5 键放映演示文稿，查看动画效果和切换效果。

5.3.4 演示文稿的打印与输出

打印、输出演示文稿

演示文稿的打印可以通过单击“文件”按钮，在“文件”菜单中选择

"打印"命令来实现。

演示文稿制作完毕后，可以输出为不同格式的文件，可以创建 PDF/XPS 文档、创建视频或将演示文稿打包成 CD 等。将演示文稿输出为不同格式的文件可以通过单击"文件"按钮，在"文件"菜单中选择"导出"命令，在"导出"界面中选择相应的按钮来实现。

例 5-27 将例 5-25 中的演示文稿以讲义形式用 A4 纸打印出来，每张纸打印 3 张幻灯片。

操作步骤如下。

①打开演示文稿。

②单击"文件"按钮，在"文件"菜单中选择"打印"命令，在"打印"界面的"设置"栏中单击"整页幻灯片"下拉按钮，在下拉菜单中选择"讲义"区中的"3 张幻灯片"选项，在预览区域即可看到打印效果，若对预览效果满意，则单击"打印"按钮。

5.4 常用工具软件

5.4.1 截图工具

人们在日常的学习、生活中，经常要获取、保存屏幕图像，Windows 操作系统自带的截图工具可以满足这一需求。

1. 打开截图工具

(1)通过"开始"菜单打开截图工具。

若要在 Windows 11 操作系统中启动截图工具，可以单击"开始"按钮，从"开始"菜单的"所有应用"中找到"截图工具"并单击，如图 5-50 所示。

图 5-50 通过"开始"菜单打开截图工具

(2)通过“运行”对话框打开截图工具。

按 Win+R 组合键,打开“运行”对话框,在“打开”组合框中输入“snippingtool”,如图 5-51 所示,单击“确定”按钮或按 Enter 键即可打开截图工具。

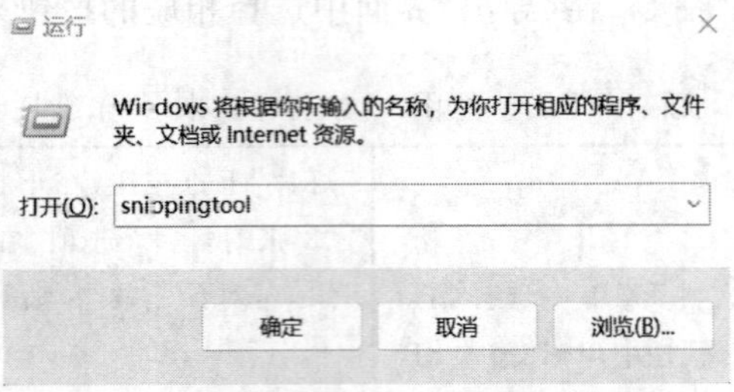

图 5-51　通过“运行”对话框打开截图工具

(3)通过搜索框打开截图工具。

单击 Windows 11 操作系统任务栏上的搜索框,然后输入“截图工具”,在出现的列表中选择“截图工具”选项,如图 5-52 所示。

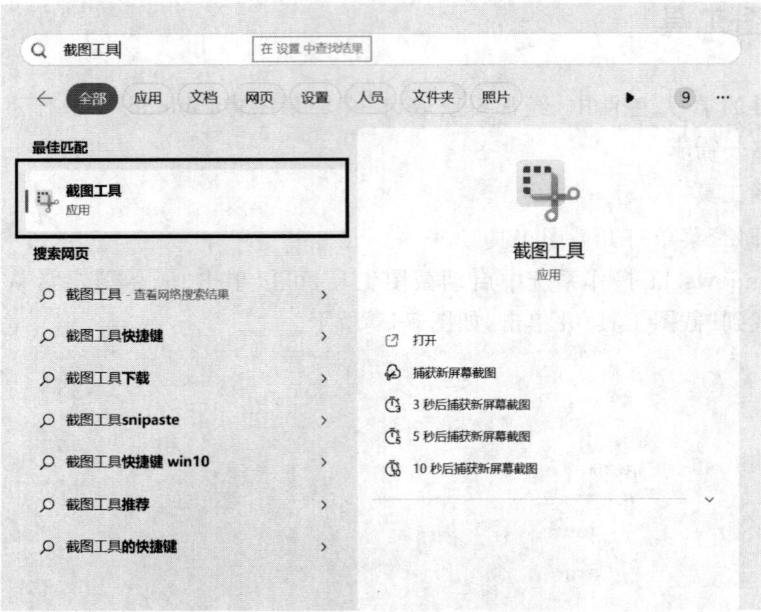

图 5-52　通过搜索框打开截图工具

此外,按 PrintScreen(简写为“PrtSc”)键可以调用系统自带的截图工具,或者按 Win+Shift+S 组合键直接开始截图。

2. 使用截图工具

“截图工具”窗口如图 5-53 所示。截图工具支持矩形模式、窗口模式、全屏模式、自由形状模式;截到的图片默认自动保存至剪贴板中,也可以在自动弹出的窗口中进行编辑处理,处理后的图片自动保存在“此电脑”的“图片”文件夹下的“屏幕截图”文件夹中。

延迟截图:在截图工具中,可以选择新建截图,在新建时,可以设置几秒之后再截图,类似于用手机拍照时的倒计时功能,适用于有变化的截图。

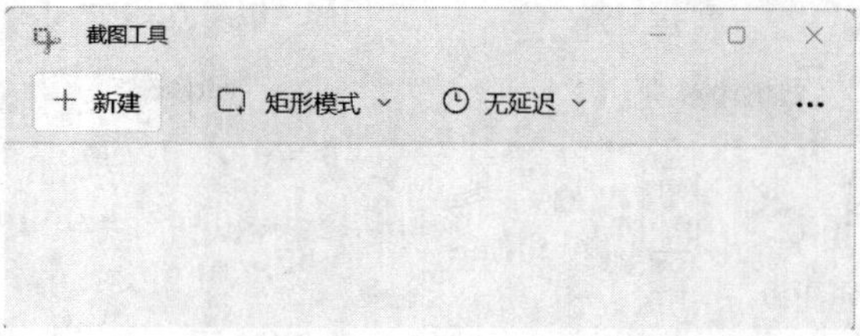

图 5-53 “截图工具”窗口

3. 截图工具的设置

单击“截图工具”窗口右上角的“查看更多”按钮 **•••** ，在下拉菜单中选择“设置”命令，如图 5-54 所示，打开“截图工具”设置窗口，可以设置是否自动保存屏幕截图等，如图 5-55 所示。

图 5-54 单击“查看更多”按钮

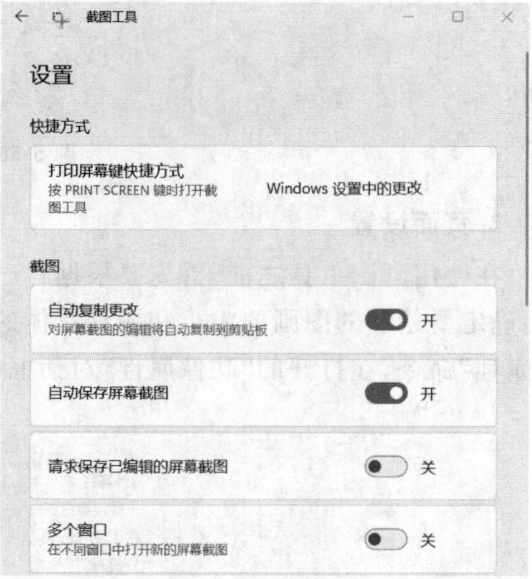

图 5-55 “截图工具”设置窗口

5.4.2 绘图软件

画图工具是一个简单的图像绘画程序，是 Windows 操作系统的预装软件之一。“画图”程序是一个位图编辑器，可以对各种位图格式的图片进行编辑，用户可以自己绘图，也可以对扫描的图片进行编辑修改，编辑完成后，可以 BMP、JPG、GIF 等格式保存，还可以将图片发送到桌面或其他文档中。

1. 打开画图工具

可以按 Win＋R 组合键打开“运行”对话框，在“打开”组合框中输入“mspaint. exe”，打开画图工具，也可以单击“开始”按钮，从“开始”菜单的“所有应用”中选择“画图”选项（Windows 11 操作系统下），还可以在搜索框中输入“画图”，按 Enter 键打开画图工具（Windows 10 操作系统以后版本）。画图工具窗口如图 5-56 所示。

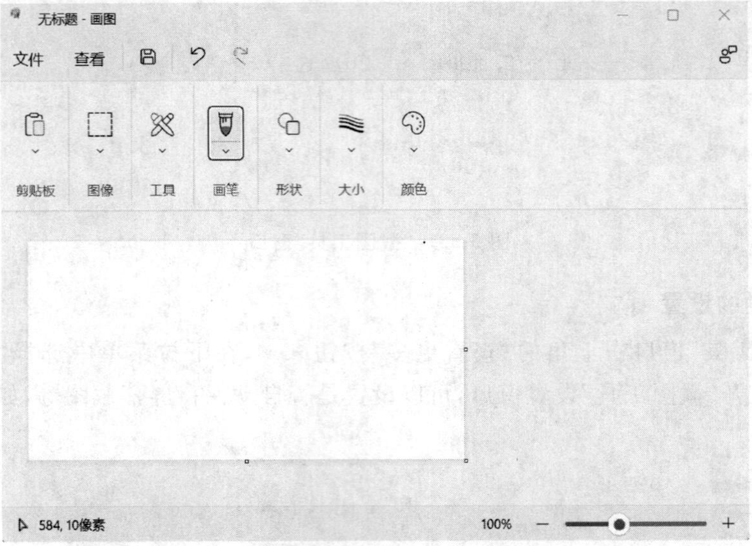

图 5-56　画图工具窗口

2. 页面设置

在使用画图工具之前，首先要根据自己的实际需要进行画布的选择，也就是要进行页面设置，确定要绘制的图画的大小和各种具体的格式。单击“文件”按钮，在“文件”菜单中选择“图像属性”命令，在打开的“映像属性”对话框中可以进行页面设置，如图 5-57 所示。

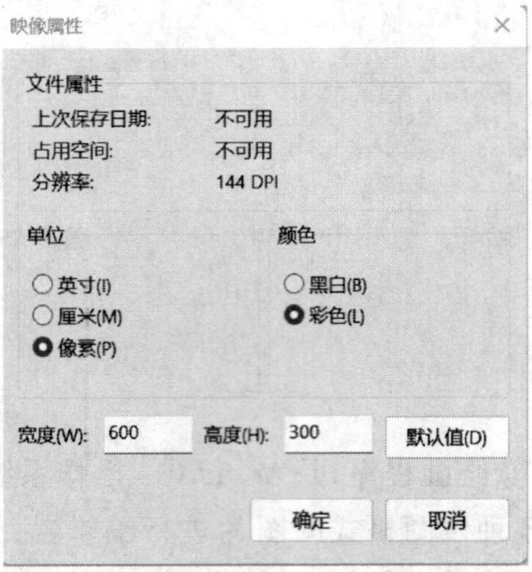

图 5-57　“映像属性”对话框

3. 图像编辑

在画图窗口中，可以打开已有图像进行简单的编辑，也可以自己绘制图像。选择“画笔”工具，再选择一个画笔类型，设置画笔的宽度和颜色，就可以在空白画布中绘图了；选择“形状”工具，可以在画布中快速创建默认的图形；选择“填充”工具，再选择一种颜色，可以为闭合图形快速填充颜色；选择“文本”工具，可以直接在图片中插入文字，然后从新的下拉菜单中选择相应命令来改变文字的对齐方式和字体风格。

实际生活中的颜色是多种多样的，画图工具颜料盒中提供的颜色也许远远不能满足用户的需要，但用户可以在“编辑颜色”对话框中选择更多颜色，执行“颜色”→“编辑颜色”命令，弹出“编辑颜色”对话框，可以在“基本颜色”选项组中选择颜色，也可以调整颜色，再将其添加到“自定义颜色”选项组中，如图 5-58 所示。

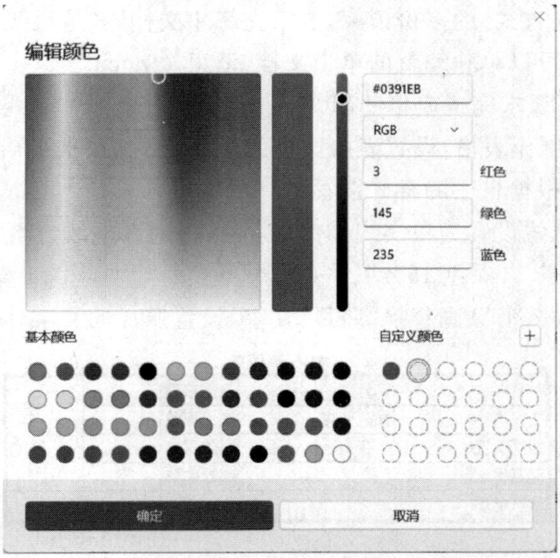

图 5-58 “编辑颜色”对话框

当一幅作品绘制完成后，可以将其设置为桌面背景，还可以将其打印输出，这些操作都是在“文件”菜单中实现的，用户可以直接执行相关的命令并根据提示进行后续操作。

习 题

5-1 请按照以下要求对 Word 文档进行编辑和排版。

(1)文字要求：输入一篇篇幅短小的寓言或散文，不少于 150 个汉字，至少包含 3 个自然段。

(2)将正文各段文字的字体设置为宋体、小四，两端对齐，设置各段行间距为 1.5 倍行距，设置第 1 段首字下沉 3 行，距正文 0 cm。

(3)在第 2 段和第 3 段的段前设置项目符号“ * ”(Times New Roman 字体中的符号)。

(4)在正文中插入一幅剪贴画或图片，设置剪贴画或图片的文字环绕方式为“四周型”。

(5)页面设置：上、下、左、右页边距均为 2 cm，页眉距边界 1.5 cm。页码位于页面底端中部(“普通数字 2”样式)。

(6)在文章最后输入以下公式（单独占一段）：

$$z = xy + \sqrt{\ln A + \frac{x^2}{x^2 + y^2}} + \sqrt{x^2 + y^2 - R^2}$$

5-2 某公司决定于 2023 年 12 月 10 日下午 2:00 在中关村海龙大厦办公大楼五层多功能厅举办一个联谊会，重要客户名录保存在名为“重要客户名录. xlsx”的 Excel 文件中，公司联系电话为 010-66664444。

(1)制作一份请柬,以"董事长:李小龙"的名义发出邀请,请柬中需要包含标题、收件人名称、联谊会时间、联谊会地点和邀请人。

(2)利用邮件合并功能制作内容相同、收件人不同(收件人为"重要客户名录.xlsx"中的每位客户,采用导入方式)的多份请柬,要求先将主文档以"请柬 1.docx"为名进行保存,进行效果预览后生成可以单独编辑的单个文档"请柬 2.docx"。

5-3 请按照以下要求完成表格的制作。

(1)参照图 5-59 制作表格,设置表内文字的对齐方式为"水平居中",插入表格标题并居中对齐,字体、字号根据自己的喜好设置。

(2)将表格外边框线设置为单实线、3 pt、紫色,将内部框线设置为单实线、1 pt、黑色,设置底纹为"白色,背景 1,深色 15%"。

(3)在"照片"处插入剪贴画替换"照片"文字,设置照片的文字环绕方式为"嵌入型"。

个人简历表

姓名		性别		出生日期		照片
民族		文化程度		政治面貌		
婚姻状况		身高		体重		
联系地址				邮政编码		
联系电话				E-mail		

图 5-59 表格样式

5-4 请按照以下要求对 Excel 文件进行编辑、排版和图表制作。

(1)在 Sheet1 工作表中制作如图 5-60 所示的表格。在工作表的第 1 行输入标题"商品销售统计表",将标题设置为华文彩云、加粗、16 pt,要求合并单元格(在一行内合并多列,且两端与数据表对齐),标题居于表的中央(水平方向和垂直方向均居中对齐)。添加表格框线(包括标题),将第 1 列单元格的底纹设置为浅绿色。

(2)统计每种商品在各地销量的合计值,要求必须使用公式或函数计算。

(3)计算出每种商品在各地的平均销量,要求必须使用公式或函数计算,保留 1 位小数。

(4)选定"商品名称""北京""天津""上海""广州"等列的所有内容,绘制簇状柱形图,分类(X)轴标题为"商品名称",图表标题为"商品销售统计表"。

	A	B	C	D	E	F	G
1	商品销售统计表						
2	商品名称	北京	天津	上海	广州	合计	平均销量
3	电视机	6500	3000	5000	4500		
4	洗衣机	2600	1200	2000	1600		
5	冰箱	1800	1000	3000	2000		
6	空调	1600	1400	1550	1520		
7						(单位:台)	

图 5-60 商品销售统计表

5-5 请按照以下要求对 Excel 文件进行数据管理操作。

(1)建立如图 5-61 所示的工作表。

(2)对订阅记录按字段"名称"进行升序排列,"名称"相同时则按"份数"降序排列。

(3)筛选出订阅“读者”的数据记录。

(4)利用 Excel 的高级筛选功能,筛选出订阅“半岛都市报”且份数大于 2 的记录。

(5)按订阅报刊的单位,对所订阅报刊的“总价”进行分类汇总求和。

	A	B	C	D	E	F
1	报刊订阅表					
2	代号	名称	年价（元）	份数	总价（元）	单位
3	RMRB	人民日报	288	2	576	团委
4	DZ	读者	192	1	192	工会
5	DNAHZ	电脑爱好者	360	1	360	团委
6	BDDSB	半岛都市报	252	2	504	党政办
7	DZ	读者	192	2	384	资料室
8	RMRB	人民日报	288	3	864	党政办
9	SCYJ	市场研究	96	2	192	党政办
10	BDDSB	半岛都市报	252	10	2520	生产车间
11	QNWZ	青年文摘	120	6	720	工会
12	BDDSB	半岛都市报	252	5	1260	工会

图 5-61 报刊订阅表

5-6 请按照以下要求对 PowerPoint 演示文稿进行操作。

(1)演示文稿页数为 3;采用“画廊”主题。

(2)第 1 张幻灯片以艺术字作为主标题,字体为华文彩云,字号为 40 pt,内容为“奋斗是人生的基石”;副标题为“永不放弃是成功的保证”;演播顺序:上一动画之后延迟 2 s 以“浮入”方式显示主标题;单击鼠标时以“随机线条”方式显示副标题。

(3)在第 2 张幻灯片中插入一个文本框,文本框内有两段励志格言(内容自定,不少于 20 个汉字)和一幅图片,文字为蓝色,均带有动画效果。演播顺序:单击鼠标时以“弹跳”方式显示两段文字;单击鼠标,延迟 2 s 显示图片,采用自底部“飞入”方式同时伴有“鼓掌”声;添加“动作按钮”中的“动作按钮:转到开头”按钮,单击鼠标时返回第 1 张幻灯片。

(4)在第 2 张幻灯片后插入一张版式为“标题和内容”的幻灯片,在该幻灯片中插入一个 3 行 5 列的表格,并为该表格添加适当的动画效果。

(5)为幻灯片设置适当的切换方式,以丰富放映效果。

专题 6
数据库与大数据

专题导读

数据库技术是随数据管理任务的需求产生的，是数据处理业务中必不可少的共有部分，也是计算机软件技术领域的一个重要分支，本专题主要讨论数据库的相关技术。

知识列表

6.1 数据库系统概述
6.2 关系型数据库
6.3 结构化查询语言简介
6.4 大数据

6.1　数据库系统概述

6.1.1　数据管理技术的发展历程

数据处理(data processing)是对数据(包括数值型数据和非数值型数据)的采集、存储、检索、加工、变换和传输的技术过程,是将数据转换成信息的过程。对于采集阶段得到的信息,首先需要利用编码技术将其转换为计算机能识别的二进制数据;然后针对数据的特性,采用合理的存储结构组织和存储数据;最后根据用户的需求,为用户提供数据的检索和排序等管理功能。数据处理业务中的加工过程因业务的不同而不同,需要根据业务的需要来编写应用程序加以解决,常用的数据处理软件有 Excel、MATLAB、Origin 等。

数据管理作为数据处理业务的基本环节,包括对数据的收集、整理、组织、存储、维护、检索、传送等操作。数据管理技术的发展可以分为 3 个阶段,即人工管理阶段、文件系统阶段和数据库系统阶段。

1. 人工管理阶段

早期的计算机主要用于科学计算,没有统一管理计算机资源的软件(如操作系统),当时的存储设备是磁带、卡片、纸带等外存,这就导致用户需要根据应用编制程序来控制计算机工作,程序工作需要的数据存储在外存中。数据的相互关系和存储结构需要由程序员定义,数据和程序作为不可分割的整体,无法被其他应用程序共享。

2. 文件系统阶段

20 世纪 50 年代到 60 年代后期,计算机逐步被用于信息管理等领域。此时,出现了专门管理数据的软件——文件系统,而数据也能以文件形式长期存储在磁盘、磁鼓等存储设备中。需要注意的是,在文件系统阶段,数据文件是面向具体应用程序的。如果其他应用程序与原应用程序共用相同的数据文件,则这些应用程序可以共享相同的数据文件;如果其他应用程序使用与已有文件部分相同或者完全不同的数据,则必须建立各自的文件。因此,在文件系统阶段,数据的共享程度并不高。另外,由于数据和应用程序相互依赖,如果数据发生变化,就需要改变应用程序和文件结构,数据和应用程序之间缺乏独立性。

3. 数据库系统阶段

随着计算机的应用深入各行各业,需要管理的数据的种类和数量级激增,计算机硬件技术也得到了快速发展,高速、大容量且价格便宜的外存的出现为数据存储创造了外部条件,专门管理数据的软件系统——数据库管理系统(database management system,DBMS)应运而生。不同于前两个阶段,数据库系统阶段利用统一的数据模型来表示复杂的数据结构以及数据之间的相互联系,数据不再面向特定的应用,而是面向整个应用系统,如图 6-1 所示。从文件系统阶段发展到数据库系统阶段标志着数据管理技术的飞跃。

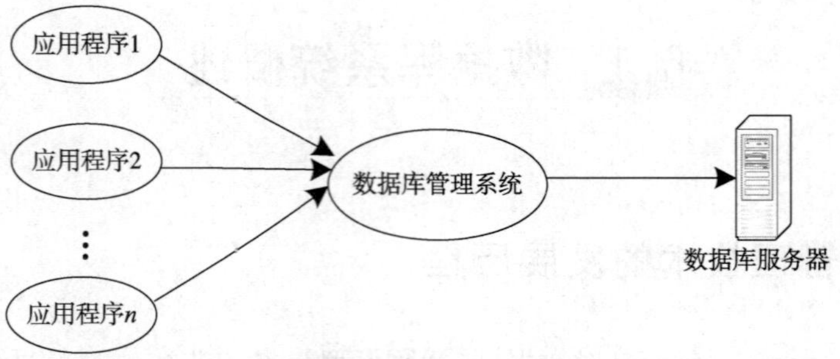

图 6-1　数据库系统阶段应用程序与数据之间的关系

6.1.2　数据模型

人类经常利用模型来抽象和描述客观事物,如汽车模型、航空模型等。为了利用数据库技术对客观事物进行管理,需要抽象出反映客观事物的数据特征,人们把对现实世界数据特征的模拟和抽象称为数据模型(data model)。数据模型按不同的应用层次可以划分成三类:概念数据模型、逻辑数据模型和物理数据模型。概念数据模型是对现实世界的抽象,与具体的 DBMS 无关,是数据库设计人员与用户沟通和交流的手段。常用的概念数据模型有实体-联系模型(简称 E-R 模型)、扩展的 E-R 模型等。逻辑数据模型是对概念数据模型的转换,是某一具体的 DBMS 所支持的数据模型,需要精确描述数据的静态特性(数据结构)、动态特性(数据操作)和完整性约束条件。概念数据模型必须转换成逻辑数据模型,才能在具体的 DBMS 中实现。物理数据模型描述了数据在存储介质上的组织结构,它不但与具体的 DBMS 有关,而且还与操作系统和硬件有关。通常情况下,逻辑数据模型到物理数据模型的转换由 DBMS 自动完成。

由于逻辑数据模型既要面向用户,又要面向 DBMS,因此人们通常说的数据模型指的是逻辑数据模型,简称逻辑模型。数据结构是刻画数据模型最重要的因素,人们习惯用数据结构来命名逻辑模型,数据库的类型也根据其支持的逻辑模型结构进行命名。在数据库技术发展的过程中,根据数据结构的不同,出现了 3 种逻辑模型:层次模型、网状模型和关系模型。

1. 层次模型

层次模型使用二叉树逻辑结构来组织数据。二叉树中只有一个根节点,每个节点最多有两个子节点。采用这种逻辑模型的数据库称为层次数据库。图 6-2 所示为学院教务管理数据库的层次模型。

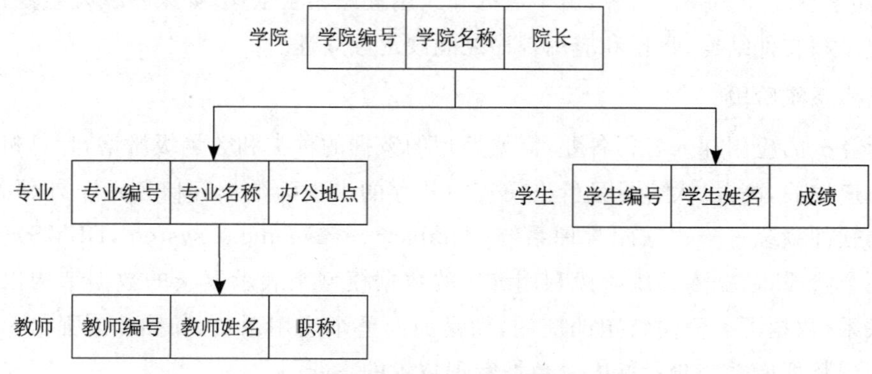

图 6-2　学院教务管理数据库的层次模型

2. 网状模型

网状模型使用网状逻辑结构来组织数据。网状结构允许节点有多个双亲节点，或者没有双亲节点，也允许两个节点之间有多种联系。采用这种逻辑模型的数据库称为网状数据库。图 6-3 所示为学院教务管理数据库的网状模型。

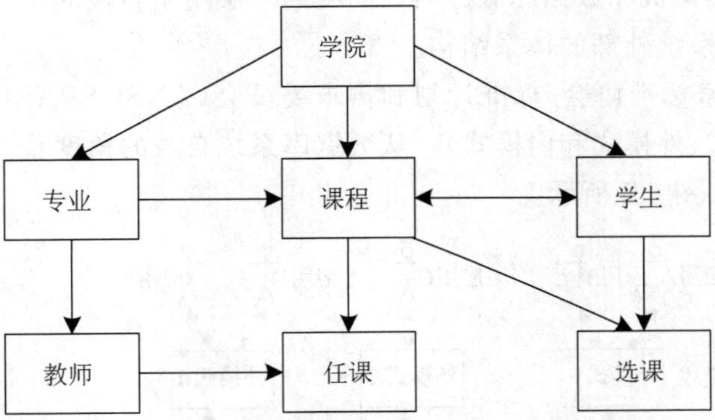

图 6-3　学院教务管理数据库的网状模型

3. 关系模型

关系模型以关系数学理论为基础。从用户的角度看，其逻辑结构由多张二维表联合构成，每张二维表称为关系，数据以行为单位进行存储。采用这种逻辑模型的数据库称为关系数据库，它是目前最流行的结构化数据库。图 6-4 所示为学院教务管理数据库的关系模型。

学院	学院编号	学院名称	院长	
专业	专业编号	专业名称	学院编号	
教师	教师编号	教师姓名	职称	专业编号
学生	学生编号	学生姓名	专业编号	
课程	课程编号	课程名称	任课教师编号	
成绩	学生编号	课程编号	成绩	任课教师编号

图 6-4　学院教务管理数据库的关系模型

数据库应用领域随着计算机网络的发展进一步拓展，如文本、HTML、图像、音频和视频等不便于用关系数据库的二维表结构建模的数据广泛存在，数据模型也向多样化发展，产生了面向特定应用需求的半结构化模型和非结构化模型的数据库产品。

6.1.3　数据库系统的结构

数据库系统的结构决定了系统具有的特性，根据不同的层次或者视角，其结构划分也不尽相同。

从数据库系统的最终用户角度来看,数据库系统的结构受所运行的计算机系统的影响,可分为集中式结构(单用户结构、主从式结构)、分布式结构(数据物理上分布在网络的不同节点,但逻辑上是一个整体)和并行结构等。随着计算机网络中 Web 技术的发展,分布式结构又经历了由客户/服务器(client/server,C/S)两层结构向浏览器/服务器(browser/server,B/S)三层结构的转变,即在客户机和数据库服务器之间增加一层用于转换的 Web 服务器。这种分类方法通常称为数据库系统外部的体系结构。

1975 年,美国国家标准协会/标准计划和需求委员会(ANSI/SPARC)为数据库系统建立了三级模式结构(模式、外模式和内模式)。从数据库系统自身的角度看,这种结构是数据库系统内部的体系结构,如图 6-5 所示。

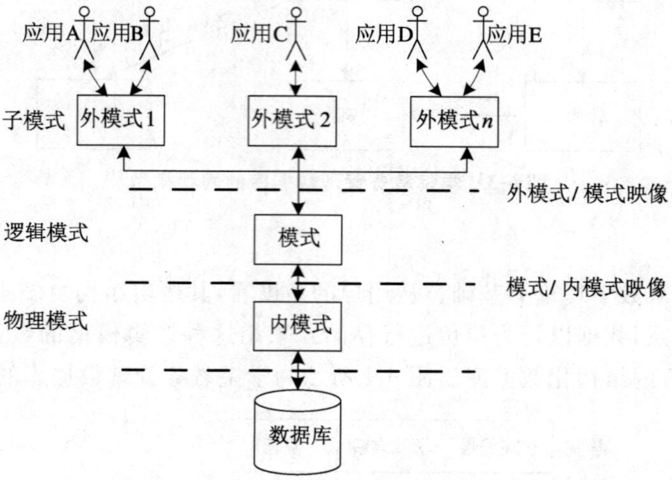

图 6-5 数据库系统的三级模式结构

1. 模式

模式又称为逻辑模式,是所有用户的公共数据视图(全局视图),是数据库中全部数据的逻辑结构和特征的完整描述。一个数据库只能有一个模式。模式位于三级模式结构的中间层,既不涉及数据的物理存储细节和硬件环境,也与应用程序、开发环境及程序设计语言无关。模式是由数据库设计者综合所有用户的数据,按照统一的观点构造的对系统的全局描述,通常包括数据的逻辑结构定义、数据之间联系的定义、允许对数据进行的操作以及数据的安全性、完整性约束等相关方面的规定。

2. 外模式

外模式又称为子模式或用户模式,是用户应用程序所需要的那部分数据视图,是数据库用户能看见的局部数据的逻辑结构和特征的描述。外模式是与某一具体应用相关的数据逻辑表示,是应用程序与数据库系统之间的接口,是从模式导出的一个子集。一个数据库模式可以根据不同的应用定义多个外模式,供不同的用户使用。对于用户而言,只需要根据外模式进行相应的操作,并不需要了解模式和内模式的内部细节,所以外模式是保证数据库安全的一个有效措施。关于外模式与模式对应关系的定义通常包含在各个外模式的描述中,这种对应关系称为外模式/模式映像。由于应用程序依据外模式编写,如果全局数据库的逻辑结构(模式)发生改变,数据库管理员只需要对外模式/模式映像做出相应改变,并不需要修改外模式,相应的应用程序也不需要改变，从而保证了数据与应用程序之间的逻辑独立性，简称数据的逻辑独立性。

3. 内模式

内模式又称为物理模式，它定义了数据在不同存储介质上的存储方式和物理结构，是数据库中对全体数据的内部表示或底层描述。一个数据库只能有一个内模式。关于数据全局逻辑结构与存储结构之间的对应关系的定义包含在模式的描述中，这种对应关系称为模式/内模式映像。如果数据库的存储结构改变，数据库管理员只需要修改模式/内模式映像，这时不需要改变模式，相应的外模式也没有发生变化，从而应用程序也不需要改变，保证了数据与应用程序之间的物理独立性，简称数据的物理独立性。

数据库系统的三级模式结构以及二级映像，实现了将数据的定义和描述从应用程序中分离出去，并把数据的存取交给 DBMS 统一管理，从而保证了数据与应用程序之间的独立性。除非应用需求本身发生变化，否则一般不需要修改应用程序，从而大大减少了对应用程序的维护和修改。数据库系统的三级模式结构的划分体现了计算思维中的抽象、分层的系统分析方法。

6.2 关系型数据库

6.2.1 关系模型的相关概念及组成

关系模型是以集合论中的关系概念为基础发展起来的。1970 年，美国 IBM 公司 San Jose 研究室的研究员 E. F. 科德(E. F. Codd)首次提出了数据库系统的关系模型，开创了关系数据库理论的研究，为数据库技术奠定了理论基础。由于这项杰出的工作，科德于 1981 年获得图灵奖。

1. 关系模型的相关概念

关系模型通过单一的结构(二维表)来表达数据之间的联系。表 6-1 是描述学生信息的关系表，表 6-2 是描述选课信息的关系表。

表 6-1 描述学生信息的关系表

学号	姓名	年龄	所学专业
202201001	李华	19	计算机
202202001	王明	18	通信
202202004	张丽	19	体育

表 6-2 描述选课信息的关系表

学号	课程号	成绩	任课教师
202201001	Z005	85	李明
202201001	X002	85	李明

续表

学号	课程号	成绩	任课教师
202202001	X002	90	赵丽
202202004	Z004	75	朱文

(1)一张二维表对应一个关系(relation),二维表名就是关系名,如学生关系、选课关系。

(2)二维表中的一行,称为一个元组,在概念数据模型中也称为实体,如一个学生实体(202201001,李华,19,计算机)。

(3)二维表中的列,称为属性(列);每一行(元组)对应的列(属性)上的值称为分量;属性的取值范围称为值域。例如,学生关系有4个属性,学生关系中第一个元组在属性"年龄"上的分量为19,属性"年龄"的取值范围为整型。

(4)关系中能唯一标识一个元组(实体)的属性或属性组称为候选码(键),包含在任何一个候选码中的属性称为主属性,如果候选码有多个,则从中选择一个作为主码(键)。关系数据库理论规定,主属性不能取空值,这条规则称为实体完整性规则。例如,在学生关系中,如果假设没有重名的学生,那么学号或姓名都可以唯一标识某一个学生实体,这时称学号或姓名为学生关系的候选码,可以选择其中任意一个作为该关系的主码。对于选课关系,只有同时知道学号和课程号才能唯一标识一个选课实体(只有当某位学生选修了某门课程时,才会有相应课程的成绩),则(学号,课程号)这个属性组就是选课关系的候选码。由于只有一个候选码,那么它同时也是主码,则学号、课程号都是主属性。

(5)对关系的描述称为关系模式,即关于二维表结构的定义,一般表示为关系名(属性1,属性2,……,属性n),如学生(学号,姓名,年龄,所学专业)。这种描述是对所有相同类型实体的统一静态描述,在概念数据模型层次中也称为实体型(同类型实体的统一描述)。由于具有相同属性的实体通常具有共同的特征和性质,所以除特殊说明外,后文中所说的实体指的都是实体型。

(6)如果关系模式R的某个属性A不是该关系的主码,但它却是另外一个关系模式S的主码,则称A为关系模式R的外码(外键)。由于存在这种参照关系,故外码的取值只有两种可能,即取空值或者取与之对应的主码中存在的值,这条规则称为参照完整性规则。例如,在选课关系中,学号不是选课关系的主码,但它是学生关系的主码,则称学号为选课关系的外码。同时,由于学号是选课关系的主属性,根据实体完整性规则,主属性不能取空值,所以学号只能取与之对应的学生关系中存在的值,表示只有该学生存在才能进行选课。

2. 关系模型的组成

关系模型由关系数据结构、关系操作集合和关系完整性约束3个部分组成。

(1)关系模型中数据的逻辑结构是二维表。

(2)关系模型中定义的查询操作有两种:一种是以集合操作为基础的关系代数,另一种是以谓词演算为基础的关系元组演算。

(3)关系完整性约束除了前面介绍过的实体完整性规则和参照完整性规则,还有一个称为用户定义的完整性规则,即用户根据应用环境确定的数据约束。例如,在选课关系中,规定成绩只能在0～100分内取值。

6.2.2　数据库设计

数据库设计(database design)是指对于一个给定的应用场景,设计合理的数据库逻辑模式和物理结构,并据此建立数据库及其应用系统,使之能够有效地存储和管理数据,以满足各种用户的应用需求(信息要求和处理要求)。数据库设计的步骤通常包括需求分析、概念结构设计、逻辑结构设计、物理结构设计、数据库实施以及数据库的运行和维护 6 个阶段。

1. 需求分析

需求分析是数据库设计过程的基础,通过与用户交流,明确用户需求(包括数据需求和围绕这些数据的业务处理需求)。通常采用结构化分析(structured analysis,SA)方法,自顶向下,逐层分解地分析系统。利用数据流图(dataflow diagram,DFD),从数据的视角描述处理过程的业务关系,借助数据字典(data dictionary,DD)描述数据流图中的各个元素,包括数据项、数据结构、数据流、数据存储和数据处理。通过数据流图和数据字典,用户可以看到数据在系统中流动和处理的过程以及系统的逻辑功能。

2. 概念结构设计

概念结构设计是数据库设计的关键,通过对用户需求进行综合、归纳和抽象,形成一个独立于具体 DBMS 的概念数据模型。概念数据模型的表达通常使用一种图形化的方法——实体-联系(entity-relationship,E-R)图。此阶段根据需求分析对系统的描述结果(DFD、DD),抽象出系统包含的各种实体及其属性、实体间的联系以及对信息的制约条件等,并利用 E-R 图表示。

E-R 图用矩形框表示实体型,矩形框内写明实体型名称;用椭圆形框表示实体的属性;用菱形框表示实体之间的联系,在菱形框内写明联系名。实体间的联系有 3 种类型:一对一联系(1∶1)、一对多联系(1∶n)和多对多联系(m∶n)。

例 6-1　实体间 3 种联系的类型。

如图 6-6(a)所示,学院与院长两个实体之间具有一对一联系,该联系表明每个学院只能有一位院长,而一位院长只在一个学院任职。

如图 6-6(b)所示,专业与学生两个实体之间具有一对多联系,该联系表明一个专业中可以有若干名学生,但是每名学生只能选择一个专业学习。

如图 6-6(c)所示,学生与课程两个实体之间具有多对多联系,该联系表明一名学生可以选修多门课程,每门课程又可以有多名学生选修。学生选修某门课程所取得的成绩,既依赖于某名特定的学生,又依赖于某门特定的课程,所以它是学生与课程之间的联系“选修”所具有的属性。

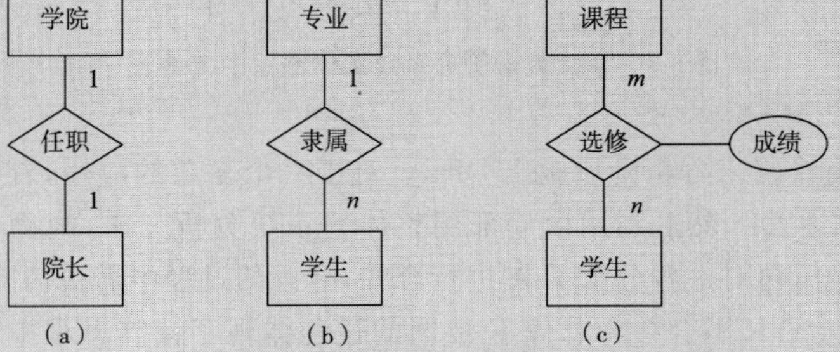

图 6-6　实体间 3 种联系的类型

例 6-2 学院教学管理系统。

在这个应用场景中,学生信息由学号、姓名、性别、入学日期 4 个属性描述。每名学生隶属某一个专业,专业由专业号、专业名、类别 3 个属性描述。一个专业属于一个学院,一个学院可以有多个专业。学院信息要存储学院号、学院名、院长。教学管理需要管理课程表、学生成绩表。课程信息由课程号、课程名、学分 3 个属性描述,每门课程只能由一个学院开设。学生选修的每门课程需要用成绩作为评定标准。教师信息包括教师号、姓名、职称。一名教师只能属于一个学院,一名教师可以讲授若干门课程,一门课程可以由多名教师讲授,每名教师所讲授的每门课程都需要规定一个教室和学时。

由于该系统的业务处理需求比较简单,这里并没有画出 DFD,而是根据需求的文字描述,直接进入概念结构设计阶段,抽象出 5 个实体(型):学生、专业、学院、课程和教师,利用 E-R 图表示,如图 6-7 所示。

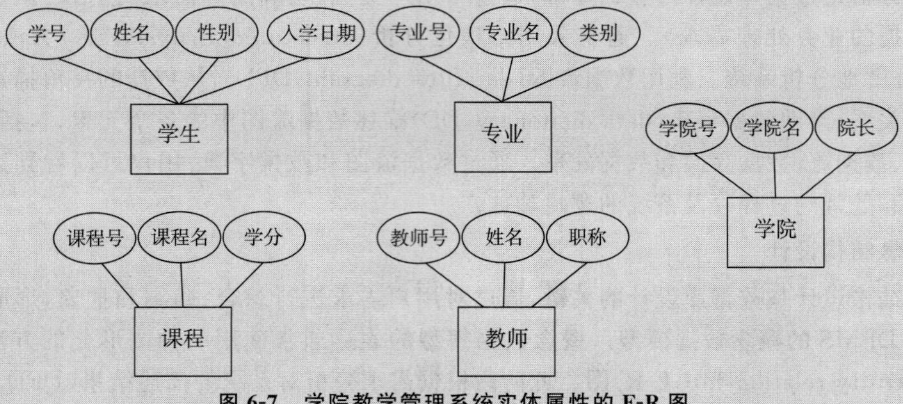

图 6-7 学院教学管理系统实体属性的 E-R 图

为简便起见,利用 E-R 图表示实体间的联系时,只画出实体间联系的类型和联系本身的属性,如图 6-8 所示。

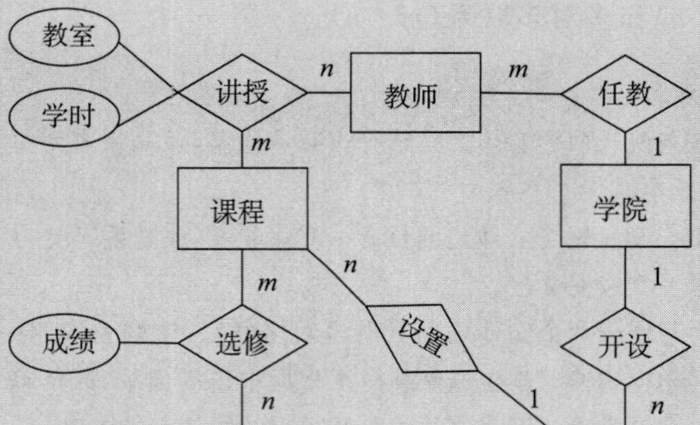

图 6-8 学院教学管理系统实体联系的 E-R 图

例 6-2 中并没有在需求分析阶段画出 DFD。对于一个复杂的应用,首先需要在需求分析阶段画出 DFD 和描述 DD,然后利用由局部到整体的系统分析方法,画出各个局部业务处理对应的分 E-R 图,最后再对这些分 E-R 图进行合并,合并的过程中需要消除属性冲突、命名冲突和结构冲突。将分 E-R 图合并为总体 E-R 图的过程体现了计算思维中由局部到整体的系统设计方法。

3. 逻辑结构设计

数据库设计的前两个阶段都与具体的 DBMS 无关。逻辑结构设计阶段的主要任务是生成特定数据库管理系统所支持的逻辑模型。由于本节研究的是关系型数据库，所以该阶段需要把在概念结构设计阶段得到的 E-R 图转换成对应的关系模式。转换规则如下。

1)实体(型)与关系模式的转换规则

一个实体(型)转换为一个关系模式，实体的属性就是该关系模式的属性，实体的主码就是该关系模式的主码。

2)联系与关系模式的转换规则

1∶1 联系可以转换为一个独立的关系模式，也可以与任意一端的实体合并成一个新的关系模式；1∶n 联系可以转换为一个独立的关系模式，也可以与 n 端实体合并成一个新的关系模式，这时 1 端实体的码作为 n 端实体的外码；m∶n 联系需要转换成一个新的关系模式，两端实体的主码联合作为这个新关系模式的主码，联系本身的属性作为新关系模式的属性。在实际应用中，从减少数据冗余的角度讲，无论 1∶1 联系还是 1∶n 联系，通常采用合并的方法而不是转换成单独的关系模式。

例 6-3 把例 6-1 中的概念数据模型转换为关系模式。

图 6-6(a)中的 1∶1 联系——任职与学院实体进行合并后，可以得到关系模式：学院(<u>学院号</u>，学院名，院长)；学院号为主码，用下划线标识。

图 6-6(b)中的 1∶n 联系——隶属与多端的学生实体进行合并后，可以得到关系模式：学生(<u>学号</u>，姓名，性别，入学日期，专业号)；学号为主码，专业号为该关系模式的外码。

图 6-6(c)中的 m∶n 联系需要转换成一个新的关系模式：选课(<u>学号</u>，<u>课程号</u>，成绩)，联系两端实体的主码——学生实体的主码(学号)和课程实体的主码(课程号)联合作为这个新关系模式的主码，联系本身的属性(成绩)作为这个新关系模式的属性。

利用上述规则，可以对图 6-8 中的实体和联系进行转换，生成相应的关系模式。

学院(<u>学院号</u>，学院名，院长)；

专业(<u>专业号</u>，专业名，学院号)；

课程(<u>课程号</u>，课程名，学分，学院号)；

教师(<u>教师号</u>，姓名，职称，学院号)；

学生(<u>学号</u>，姓名，性别，入学日期，专业号)；

选课(<u>学号</u>，<u>课程号</u>，成绩)；

讲授(<u>教师号</u>，<u>课程号</u>，教室，学时)。

为了使逻辑结构更合理，尽量减少数据冗余，保证插入、删除和更新等操作的正确性和高效率，需要利用数据库设计的规范化理论对关系模式进行优化，只有符合一定范式级别的关系模式才是好的关系模式。

4. 物理结构设计

本阶段的任务是对给定的逻辑模型，根据特定的 DBMS 所提供的存储结构和存取方法等，选取最适合具体应用场景的物理结构来存储数据。目前，主流的 DBMS 都可以自动完成由逻辑模型向物理数据模型的转换，设计人员通常只需要进行索引的设计即可。

5. 数据库实施

在计算机中建立起实际的数据库结构，并载入数据、测试和试运行的过程称为数据库实施。

6. 数据库的运行和维护

数据库系统在运行过程中，仍然需要根据需求的变更或者出现的问题不断地对系统进行修改、调整和维护，主要包括数据库的转储和恢复，维护数据库的安全与完整，监测并改善数据库性能和完成数据库的重组织与重构造等工作。

6.3 结构化查询语言简介

6.3.1 结构化查询语言

结构化查询语言(structured query language，SQL)是一种关系数据库语言标准，包括数据定义、数据操作和数据控制3部分功能。

1. 数据定义

数据定义包括对数据库的三级模式结构的定义、修改和删除功能。在SQL中，外模式又称为视图(view)，内模式由DBMS根据数据库的模式定义自动实现，用户一般无须过问，用户只需要定义索引即可。

2. 数据操作

数据操作包括对数据库中对象(基本表和视图等)中的数据的插入、删除和修改操作，还提供了强大的数据查询功能。

3. 数据控制

通过提供控制用户操作数据库权限的功能来保证数据库系统的安全性。

4. SQL 的特点

(1) SQL是一种高度非过程化的语言，用户无须了解存取路径，只需指出“做什么”，而不需要关注“怎么做”。

(2) 大多数编程语言是面向记录的，SQL采用集合操作方式，操作的对象和得到的结果都是集合。

(3) SQL既可以独立使用，也可以嵌入某种高级语言中使用，并且语法基本一致，为用户提供了极大的灵活性与方便性。

(4)SQL语法简单，核心功能只用了9个关键字：CREATE、ALTER、DROP、SELECT、INSERT、UPDATE、DELETE、GRANT、REVOKE。标准SQL中不区分字母大小写。

说明：主流的DBMS都兼容SQL，但是不同的商用DBMS都在不同程度上扩充了SQL，如Oracle的PL/SQL、SQL Server的T-SQL等。本部分基于通用的ANSI/ISO SQL标准，

SQL 语句没有以分号“;”结束，有些 DBMS 要求 SQL 语句以分号结束，实际应用时请参见具体 DBMS 的语法说明。

6.3.2　SQL 语法

1. 数据定义

可以定义的对象包括模式、基本表、视图和索引，可对这些对象提供创建、修改和删除的定义功能，如表 6-3 所示。

表 6-3　数据定义

对象	创建	修改	删除
模式	CREATE SCHEMA		DROP SCHEMA
基本表	CREATE TABLE	ALTER TABLE	DROP TABLE
视图	CREATE VIEW		DROP VIEW
索引	CREATE INDEX	ALTER INDEX	DROP INDEX

1）数据库模式的定义

创建模式：

```
CREATE SCHEMA ＜模式名＞ AUTHORIZATION ＜用户名＞
```

例 6-4　为用户 Li 创建一个名为 TM(教学管理)的数据库模式。

```
CREATE SCHEMA TM AUTHORIZATION Li
```

删除模式：

```
DROP SCHEMA ＜模式名＞ [CASCADE | RESTRICT ]
```

其中，可选的限定词 CASCADE 表示在该模式下定义的其他对象被一起删除，所以也称为级联删除；RESTRICT 表示只有当该模式中没有任何下属元素时才能删除，所以也称为限制删除。

例 6-5　删除数据库模式 DM。

```
DROP SCHEMA DM CASCADE
```

有些 DBMS 中也称为创建和删除数据库，在 MySQL 中二者是等价的。

```
CREATE DATABASE ＜数据库名＞ AUTHORIZATION ＜用户名＞
DROP DATABASE ＜数据库名＞ [CASCADE | RESTRICT]
```

2）基本表的定义

创建基本表：

```
CREATE TABLE ＜表名＞(＜列名＞ ＜数据类型＞ [列级完整性约束条件]
         [,＜列名＞ ＜数据类型＞ [列级完整性约束条件]]
         …
         [,表级完整性约束定义])
```

注意:上述定义语句中,[ ]中的部分是可选的。

常用的列级完整性约束条件如下。

- NOT NULL:属性列取值非空。
- DEFAULT:给定属性列的默认值。
- UNIQUE:属性列取值是唯一的。
- CHECK:限定属性列的取值范围。
- PRIMARY KEY:指定该属性列为主码。
- FOREIGN KEY:定义某一属性列为引用其他表的外码。

例 6-6 定义一个学生表,包含学号、姓名、性别、年龄、入学日期和所属专业等属性。

```
CREATE TABLE Student(
sno CHAR(9)PRIMARY KEY,
sname VARCHAR(20),
ssex CHAR(2),
sage INT,
endate DATE,
deptno CHAR(5),
FOREIGN KEY(deptno) REFERENCES Dept(deptno))
```

该语句创建了一个 Student 表,其中 sno 为主码,deptno 为外码,需参照专业表中的专业号取值。每个属性列的取值范围通过 SQL 支持的数据类型限定。基本数据类型如表 6-4 所示。

表 6-4 基本数据类型

数据类型	含义
CHAR(n)	长度为 n 的定长字符串
VARCHAR(n)	最大长度为 n 的变长字符串
CLOB	字符串大对象
BLOB	二进制大对象
INT(INTEGER)	长整数(4 字节)
SMALLINT	短整数(2 字节)
BIGINT	大整数(8 字节)
NUMERIC(p,d)	定点数,由 p 位数字(不包括符号、小数点)组成,小数后面有 d 位数字
DOUBLE	取决于机器精度的双精度浮点数
FLOAT(n)	可选精度的浮点数,精度至少为 n 位数字
BOOLEAN	逻辑布尔量
DATE	日期,包含年、月、日,格式为 YYYY-MM-DD
TIME	时间,包含时、分、秒,格式为 HH:MM:SS

例 6-7 定义选课关系表,包含学号、课程号和成绩 3 个属性。

```
CREATE TABLE SC(
        sno CHAR(9),
        cno CHAR(10),
        grade SMALLINT,
        PRIMARY KEY(sno,cno),
        FOREIGN KEY(sno)REFERENCES Student(sno),
        FOREIGN KEY(cno)REFERENCES Course(cno))
```

该语句创建了一个选课关系 SC 表,由于(sno,cno)联合作为主码,所以需要写成表级完整性约束;sno 为外码,需参照 Student 表中的主码 sno 取值;同理,cno 为外码,需参照 Course 表中的主码 cno 取值。

修改表结构:

```
ALTER TABLE<表名>
        [ ALTER COLUMN <列名> <新数据类型>]
        |[ ADD <列名> <数据类型>[约束]]
        |[ DROP COLUMN <列名> ]
        |[ ADD[constraint <约束名>] 约束定义]
        |[ DROP [constraint] <约束名>]
```

可以对基本表中的属性列结构完成增加、删除、修改操作,也可以增加或者删除属性列的约束条件。

例 6-8 为 Student 表增加出生日期列 Birthday,并设置数据类型为 DATE 型。

```
ALTER TABLE Student ADD Birthday DATE
```

删除表结构:

```
DROP TABLE <表名> [ CASCADE | RESTRICT ]
```

例 6-9 删除 Student 表。

```
DROP TABLE Student
```

后面的参数省略,默认为级联删除。

视图是从一个或几个基本表(或视图)中导出的虚表,在系统的数据字典中仅存放了视图的定义,不存放视图对应的数据。视图可帮助用户屏蔽真实表结构的变化带来的影响,保证数据的逻辑独立性。索引提供指向基本表中指定列中的数据值的指针,目的是快速访问数据库表或视图中的数据,需要额外的存储空间。关于视图和索引的定义功能,读者可以参阅相应的 SQL 标准。

2. 对基本表中数据的添加、删除、修改操作

添加数据:

```
INSERT INTO <表名> (column [,column…])
VALUES (value [,value…])
```

例 6-10　向 Student 表中插入一条数据。

```
INSERT INTO Student (sno,sname,deptno)
VALUES ('202201001','李华','cs001')
```

该语句在 Student 表中插入一条数据，sno、sname、deptno 三列取 VALUES 中对应的值，而其他列上的分量取空值。

删除数据：

```
DELETE [FROM] <表名>
[WHERE condition]
```

例 6-11　删除一条学生记录。

```
DELETE FROM Student WHERE sno='202201001'
DELETE Student WHERE sno='202201001'
```

上述两条语句等价，删除学号为 202201001 的学生记录。

修改数据：

```
UPDATE <表名>
SET column = value [,column = value] …
[WHERE condition]
```

例 6-12　修改专业号(完成一个转专业的操作)。

```
UPDATE Student SET deptno='cs002' WHERE deptno='cs001'
```

该语句把 Student 表中的 cs001 专业号统一修改为 cs002。

3. 数据查询操作

数据操作包括对基本表或视图中数据的添加、删除、修改和查询，其中查询是数据库系统实际应用中最频繁的操作，下面介绍 SQL 的查询操作的基本语法。

```
SELECT [ALL|DISTINCT]<目标列表达式>[,<目标列表达式>] …
FROM<表名或视图名>[,<表名或视图名> ]…
[ WHERE<条件表达式> ]
[ GROUP BY<列名 1> [ HAVING <条件表达式> ] ]
[ ORDER BY<列名 2> [ ASC|DESC ] ]
```

SELECT 子句：指定要显示的属性列。

FROM 子句：是 SELECT 语句中必不可少的子句，指定查询对象(基本表或视图)。

WHERE 子句：通过条件表达式描述关系中的查询条件，以“行”为单位，逐个检查每行是否满足条件，将不满足条件的行排除，WHERE 子句中常用的表达条件的运算符如表 6-5 所示。

GROUP BY 子句：对查询结果按照指定列的值进行分组，值相等的元组被分为一个组，通常会在每组中使用聚集函数进一步处理。

HAVING 短语：与分组语句搭配使用，表示对分组的查询条件，只有满足指定条件的组才予以输出。

ORDER BY 子句：对查询结果按指定列值的升序或降序排列。

表 6-5　WHERE 子句中常用的表达条件的运算符

类别	运算符	说明
比较运算符	=、<、>、<=、>=、<>	比较两个表达式
逻辑运算符	AND、OR、NOT	组合两个表达式的运算结果或取反
范围运算符	BETWEEN、NOT BETWEEN	搜索值是否在连续范围内
列表运算符	IN、NOT IN	查询值是否属于给定集合内的值
字符匹配符	LIKE、NOT LIKE	字符串是否匹配
空值	IS NULL、IS NOT NULL	查询值是不是 NULL

在关系数据库基本理论中，建立关系数据模型是一个抽象的过程，而 SQL 的“只需要用户指出做什么，而不需要具体指出怎么做”这一特性也体现了抽象化的思想。运用 SQL 编程实现数据查询、数据修改和数据完整性控制的过程就是一个自动化的过程，体现了计算思维的抽象性和自动化两大特性。

6.4　大　数　据

什么是大数据

6.4.1　大数据概述

美国互联网数据中心指出，互联网上的数据每年增长 50%，每两年翻一番，目前，世界上 90%以上的数据是最近几年才产生的。此外，这些数据并不单纯是人们在互联网上发布的信息，85%的数据由传感器和计算机设备自动生成。全世界的各种工业设备、汽车、摄像头，以及无数的数码传感器，随时都在测量和传递有关信息，由此产生了海量数据。例如，一个计算不同地点车流量的交通遥测设备就会产生大量的数据。

大数据(big data)是一个体量巨大、数据种类特别多的数据集，并且无法通过目前的主流软件在合理的时间内提取、管理、处理并整理成有用的信息。

大数据的特点可概括为 4V：一是数据体量大(volumes)，一般在 TB 级别；二是数据类型多(variety)，由于数据来自多种数据源，因此数据类型和格式非常丰富，有结构化数据(如数组、二维表等)、半结构化数据(如树结构数据、文本文字等)及非结构化数据(如图片、视频、音频、地理位置信息等)；三是数据处理速度快(velocity)，在数据量庞大的情况下，需要做到数据的实时处理；四是数据的真实性高(veracity)，如互联网中的网页访问记录、现场监控信息、环境监测信息、电子交易数据等的真实度都比较高。

大数据并不在于“大”，而在于“有用”。通过购物平台的大数据可以了解客户的消费倾向，他们喜欢什么，每个人的需求有哪些区别，哪些需求可以集合在一起进行分类等。大数据是数据量上的增加，是一个从量变到质变的过程。例如，一个人在骑马，每隔 1 min 拍一张照片，只能得到这个人不同骑马姿态的照片。随着照相机的处理速度越来越快，1 min 可以拍 30 张照片时，就产生了大量的照片。连续播放这些照片就获得了一段视频。

大数据的处理流程如图 6-9 所示,包括数据采集、数据清洗、数据挖掘、数据可视化。

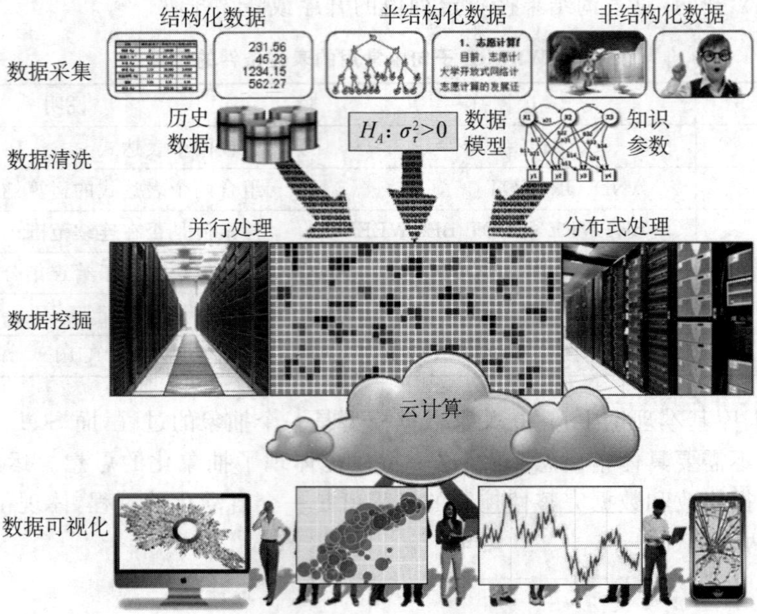

图 6-9　大数据的处理流程

6.4.2　数据获取技术

大数据来源

1. 数据采集

数据采集是大数据处理的第一个环节,采集的数据的质量对于后续数据分析的影响非常大。数据采集的渠道主要有两个:一是内部数据源,如企业内部信息系统、数据库、电子表格等;二是外部数据资源,如互联网资源及物联网自动采集的数据资源等。

数据采集时需要做好以下工作:第一,有针对性地采集数据;第二,尽量拓展数据采集渠道(如文字、图片等);第三,注重多场景(如晴天、雨天等)数据的采集。

(1)互联网数据的采集。利用互联网收集信息是最基本的数据采集方式,虽然互联网数据存在真假难辨等问题,但是从宏观角度看,互联网数据对于行业发展的趋势预测具有重要的意义,所以很多大数据公司都比较注重互联网数据的采集和分析。互联网数据采集是通过网络爬虫或网站公开 API(应用程序接口)等方式,从网站上获取数据的过程。这样可将非结构化数据(如图片)、半结构化数据(如树结构数据)从网页中提取出来,并以结构化的方式(如数组、二维表)存储为本地数据文件。

(2)日志数据的采集。许多公司的业务平台每天都会产生大量的日志数据。日志采集系统要做的事情就是采集业务日志数据,供离线和在线的分析系统使用。

(3)存储数据的采集。一些企业使用关系型数据库软件 MySQL、Oracle 等存储数据。此外,Redis、MongoDB 等 NoSQL(非关系型数据库)软件也常用于保存大量数据。

(4)其他数据的采集。可以通过 RFID(射频识别)、传感器网络、移动互联网等,获取各种类型的结构化、半结构化和非结构化的海量数据。

2. 用网络爬虫获取数据

传统的数据采集机制(如问卷调查、抽样统计等)往往会受到经费、地域、时间等因素的限制,而且其样本容量小、可信度低,会导致采集的数据与实际情况有所偏离,因此有较大的局限性。目前,互联网上的信息几乎囊括了社会、文化、工程、技术、经济、娱乐等所有领域,而且信息量还在爆炸式增长。如何自动获取和分析互联网上的海量信息引起了人们的高度重视。

网络爬虫(也称为网页蜘蛛)是一段计算机程序,它按照一定的步骤和算法规则自动抓取和下载网页。如果将互联网看成一个大型的蜘蛛网,网络爬虫的工作就是在互联网上爬来爬去,获取需要的数据资源。网络爬虫也是网络搜索引擎的重要组成部分,百度搜索引擎之所以能够找到用户需要的资源,就是通过大量的爬虫时刻在互联网上爬来爬去来获取数据。例如,百度爬虫有 Baiduspider(百度网页爬虫)、Baiduspider-image(百度图片爬虫)等。

大数据技术最重要的工作是获取海量数据,从互联网中获取海量数据的需求促进了网络爬虫技术的飞速发展。同时,一些网站为了保护自己宝贵的数据资源,运用了各种反爬虫技术。因此,同黑客攻击技术与防黑客攻击技术一样,爬虫技术与反爬虫技术也一直在相互较量中发展。或者说,某些爬虫技术也是一种黑客技术。

6.4.3　数据清洗技术

大数据技术

数据清洗是对数据进行重新审查和校验的过程,目的在于删除重复的信息、纠正错误的信息,并提供数据一致性。数据清洗一般由计算机完成,而不是由人工完成。

1. 残缺数据

由于在采样、编码、录入等过程中存在误差,数据中可能存在一些无效值和缺失值。另外,一部分数据是从多个业务系统中抽取而来的,而且包含历史数据。这样就不可避免地存在错误数据,以及冲突的数据,这些错误或有冲突的数据称为“脏”数据。按照一定的规则把“脏”数据洗掉就是数据清洗。

2. 数据清洗技术

采用不同的处理方法可能会对分析结果产生影响,因此应当尽量避免出现无效值和缺失值,以保证数据的完整性。

1)估算代替

对于无效值和缺失值,可以用某个变量的样本均值、中位数或众数代替。这种办法简单,但误差可能较大。另一种办法是通过变量之间的相关分析或逻辑推论进行估计。

● 说明 1:中位数是指按从小到大或从大到小的顺序排列的一组数据中,居于中间位置的数。如 1、2、4、7、9 中,中位数是 4;又如 1、3、7、9 中,中位数是(3+7)/2=5。

● 说明 2:众数是指一组数据中,出现次数最多的数。如 1、2、2、3、3、4 中,众数是 2 和 3;又如 1、2、3、4、5 中,没有众数。

2)删除

整列删除含有缺失值的样本数据,可能导致有效样本量大大减少。因此,这种方法只适合关键变量缺失,或者无效值或缺失值的样本比重很小的情况。

如果某一变量的无效值和缺失值很多,而该变量对研究的问题不是特别重要,则可以考虑删除该变量。这样减少了变量数目,但没有改变样本量。

成对删除是用一个特殊码(通常是 9、99、999 等)代表无效值和缺失值,同时保留数据集中的全部变量和样本。

3)去重处理

处理重复记录的基本方法是“排序与合并”。先将数据记录按一定规则排序,然后通过比较邻近记录是否相似来检测记录是否重复。这里包含两个操作,一是排序,二是计算相似度。对重复的样本进行删除处理。

4)噪声处理

大部分数据挖掘方法都将离群点视为噪声而丢弃,然而在一些特殊应用(如欺诈检测)中,会对离群点做异常挖掘。而且有些点在局部属于离群点,但从全局看是正常的。对噪声的处理主要采用分箱法与回归法。

6.4.4 数据挖掘技术

数据挖掘是通过算法从大量数据中搜索隐藏在其中的信息的过程。数据挖掘经常采用人工智能中的机器学习和模式识别技术,以及统计学方面的知识,通过筛选数据库中的大量数据,最终发现有意义的知识。知识发现(KDD)是数据挖掘的一种更广义的说法,即从用各种媒体表示的信息中,根据不同的需求获得知识。数据挖掘的原则是:要全体不要抽样,要效率不要绝对精确,要相关不要因果。

1. 数据挖掘模型

1999 年,欧盟机构联合起草了 CRISP-DM(跨行业数据挖掘标准流程)参考模型(见图 6-10),它描述了数据科学家用来解决问题的主流方法。

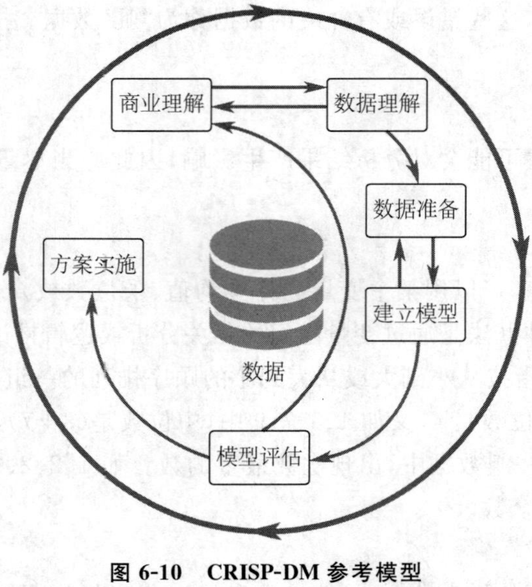

图 6-10 CRISP-DM 参考模型

(1)商业理解阶段的重点是从业务角度理解项目的目标。随后将项目目标定义为一个数据挖掘问题,并进一步设计一个计划来实现这些目标。

(2)数据理解阶段从数据采集开始,主要任务是理解数据,识别数据的质量。

(3)数据准备阶段将一些原始数据输入模型。数据准备任务可能需要多次执行,而不是按规定的顺序执行。数据准备主要包括数据画像、数据清洗、属性选择,以及建模工具的数据转换和清理。

(4)建立模型阶段通过指定的参数,选择一种或多种建模技术。通常,一个数据挖掘问题有多种处理技术,有些技术需要特定格式的数据,因此需要有迭代数据的准备。

(5)模型评估阶段要确认是否存在尚未考虑到的重要业务问题。在此阶段结束时,要根据数据挖掘的结果得出结论。此外,商业验证非常重要,它评估了模型的商业优势。

(6)方案实施阶段将运行验证数据模型。方案实施阶段可以简化为生成报告,也可以在企业中重复数据挖掘的过程。例如,对建立的模型进行实时评分,以便立即做出决策。

2. 数据挖掘算法

如图 6-11 所示,数据挖掘算法包含分类算法、预测算法、聚类分析、关联分析 4 种类型。

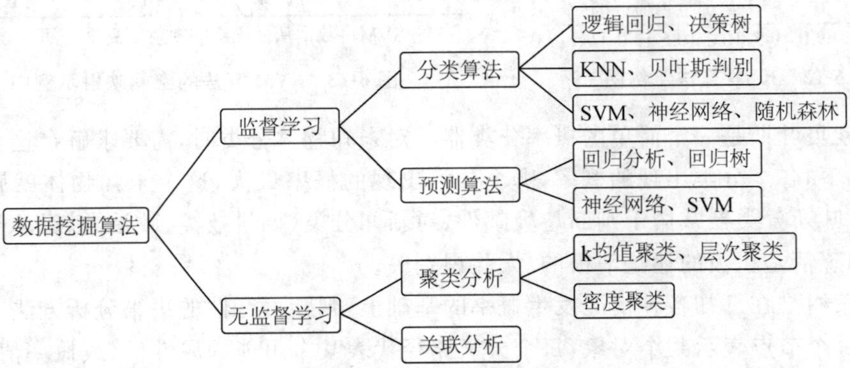

图 6-11　数据挖掘算法

1)分类算法

分类是对样本数据按照种类、等级或属性分别归类。例如,社交网络中的行为是海量的、多种多样的。如果希望预测社交网络中的行为,可以将该问题转化成多标签分类问题,如新闻类、图片类、视频类、商品类、情感类、游戏类等。

分类算法的目标变量是离散型的。离散变量指变量值可以按顺序列举,通常是以整数取值的变量,如职工人数、设备台数、是否逾期、是不是肿瘤细胞、是不是垃圾邮件等。常见的分类算法有 KNN(k 近邻)、SVM(支持向量机)、朴素贝叶斯、决策树、线性回归、随机森林、神经网络等。一般来说,分类器需要进行训练,也就是要告诉分类算法每个类的特征是什么,分类器才能识别新的数据。

例 6-13　手写字识别可以转换成分类问题。如手写 10 个"我"字,对这 10 个"我"字进行特征提取,然后告诉分类算法"我"字有什么样的特征。这时,再手写一个新的"我"字,虽然这个新字的笔画与之前的 10 个"我"字不完全一样,但是它们的特征高度相似,于是分类算法就会把这个字分到"我"这个类中。

(1)KNN 是最简单的机器学习算法。KNN 中的"K"是指新样本数据最接近的邻居数,如图 6-12 所示。实现方法是对每个样本数据都计算相似度,如果一个样本的 k 个最接近的邻居都属于分类 A,那么这个样本也属于分类 A。KNN 的基本要素是 k 值的大小(邻居数的选择)、距离度量(如欧几里得距离)和分类规则(如投票法)。

(2)SVM 是对数据进行二分类的算法。假设在多维平面上有两种类型的离散点,SVM 将找到一条直线(或平面),将这些点分成两种类型,并且这条直线尽可能远离所有这些点。SVM 解决非线性分类问题的思路是通过空间变换 φ,一般将低维空间映射到高维空间[$x \to \varphi(x)$]后实现线性可分。在高维空间里,有些分类问题更容易解决。如图 6-13 所示,通过空间变换,将左图中的曲线分离变换成右图中的平面后可分。SVM 一般用于图像特征检测、大规模图像分类等。

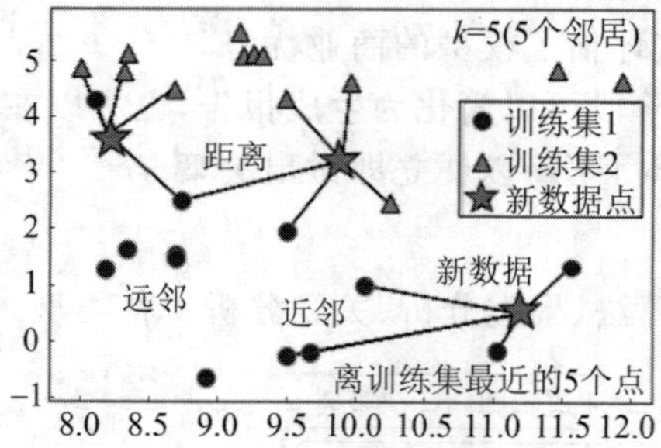

图 6-12 KNN 算法示例图

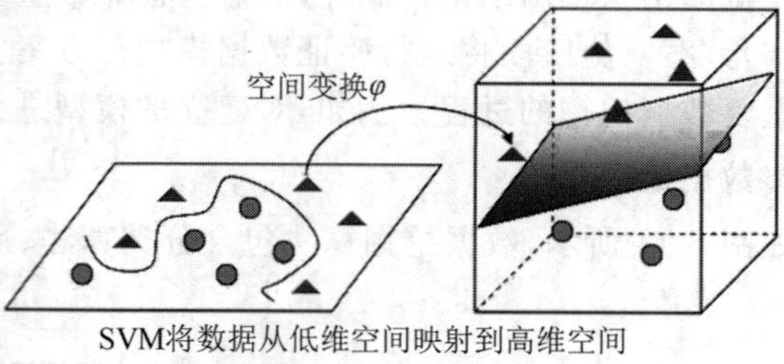

图 6-13 SVM 算法的空间映射示例图

(3)朴素贝叶斯是一个简单的概率分类器。对未知物体分类时,需要求解在这个未知物体出现的条件下,各个分类出现的概率,哪个分类出现的概率最大,这个未知物体就属于哪个分类。朴素贝叶斯分类器常用于判断垃圾邮件、对新闻分类(如科技类、政治类、运动类等)、判断文本表达的感情是积极的还是消极的、人脸识别等。

(4)决策树是在已知各种情况发生概率的基础上,判断可行性的决策分析方法。如图 6-14 所示,树中每个节点表示某个对象,每个分叉路径代表某个可能的属性值(或概率值)。决策树仅有单一输出(是或否、优或差等),如果有多个数据输出,则可以建立不同的决策树进行处理。决策树的优点是决策过程可见,易于理解,分类速度快;其缺点是很难用于多个变量组合发生的情况。决策树擅长处理非数值型数据,特别适用于大数据处理。目前,最流行的决策树算法是 C4.5(在 ID3 算法的基础上改进)。大部分算法生成的决策树非常庞大,有可能出现过拟合(见图 6-15)的情况,因此需要对决策树进行剪枝。剪枝是主动删除一些分支,降低决策树的复杂度,降低过拟合出现的概率。

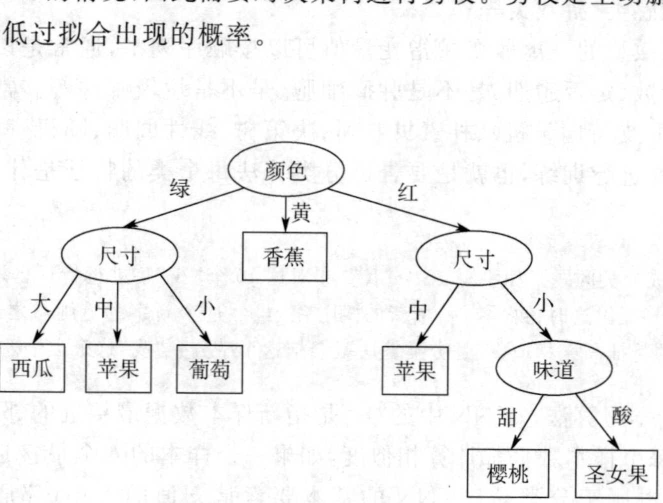

图 6-14 水果的判断决策树

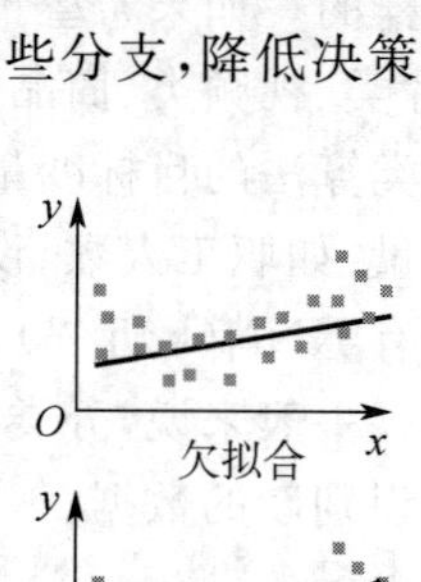

图 6-15 拟合优度

2)预测算法

预测算法的目标变量是连续型的。在一定区间内可以任意取值的变量称为连续变量,连续变量的数值是连续不断的,相邻两个数值之间可取无限个数值。例如,生产零件的尺寸、人的身高和体重、员工工资、企业产值、商品销售额等都为连续变量。

常见的预测算法有线性回归(见图 6-16)、回归树、神经网络、SVM 等。

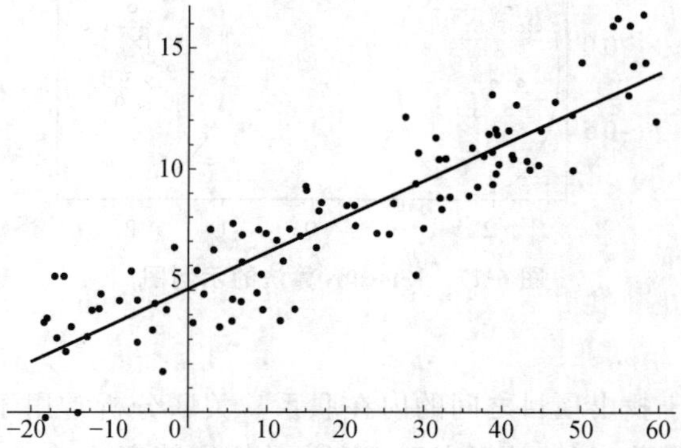

图 6-16 线性回归算法的示例图

3)聚类分析

聚类的目的是实现对样本数据的细分,使得同一簇中的样本特征较为相似,不同簇中的样本特征的差异较大。

聚类对要求划分的类是未知的。例如,有一批人的年龄数据,大致知道其中有一簇是少年儿童,一簇是青年人,一簇是老年人。聚类就是自动发现这三簇人的数据,并把相似的数据聚合到同一簇中。而分类是事先确定少年儿童、青年人、老年人的年龄标准是什么,现在新来了一个人,算法就可以根据他的年龄对他进行分类。聚类是研究如何在没有训练的条件下把样本划分为若干簇。

例 6-14 在商务领域,聚类能帮助市场分析人员从客户基本库中发现不同的客户群,并且用购买模式刻画不同客户群的特征。在生物学领域,聚类可用于推导植物和动物的分类,对基因进行分类,从而获得对种群中固有结构的认识。可以根据房屋的类型、价值和地理位置,对城市中的房屋进行聚类分析。聚类也可以用于对 Web 文档进行分类,以发现信息。

聚类算法有基于层次的聚类算法(如 BIRCH)、基于划分方法的聚类算法[如 k 均值聚类(k-means)]、基于密度的聚类算法(如 DBSCAN)、基于统计网格的聚类算法(如 STING)等。

k-means 算法是最经典也是使用最广泛的聚类算法,是一种基于划分方法的聚类算法。如图 6-17 所示,k-means 算法分为 3 个步骤:第一步是为样本数据点寻找聚类中心(簇的质心);第二步是计算每个点到质心的距离,将每个点聚类到离该点最近的簇中;第三步是计算每个聚类中所有点的坐标平均值,并将这个平均值作为新的质心。反复执行第二步、第三步,直到聚类的质心不再进行大范围移动或者聚类次数达到要求为止。

k-means 算法的优点是简单,处理速度快,当聚类密集时,簇与簇之间的区别明显,效果好;其缺点是 k 值需要事先给定,而且 k 值难以确定(划分成几个簇),对孤立点、噪声敏感,并且结果不一定是全局最优,只能保证局部最优。

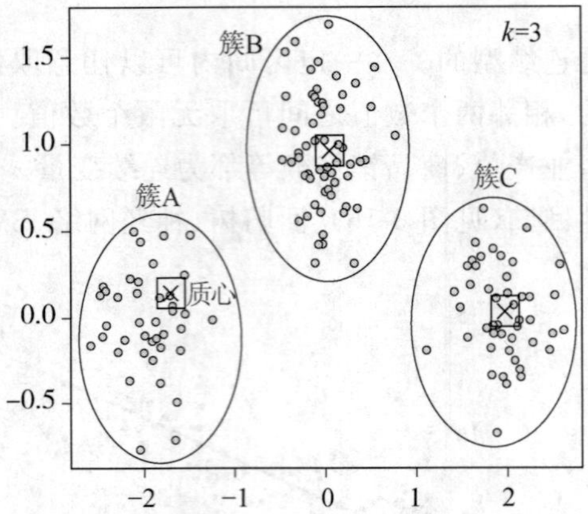

图 6-17　k-means 算法的示例图

4)关联分析

关联分析的目的在于找出项目之间的内在联系。关联分析常用于进行购物分析,即分析消费者通常会同时购买哪些产品,从而有助于商家的捆绑销售。

习　题

6-1　简述文件系统与数据库系统的区别和联系。
6-2　简述数据库系统的特点。
6-3　什么是概念数据模型?简述概念数据模型的作用。
6-4　简述网状数据库和层次数据库的优缺点。
6-5　简述数据库系统的三级模式结构,并说明这种结构的优点。
6-6　简述关系模型的组成部分。
6-7　简述 SQL 的特点。
6-8　什么是基本表?什么是视图?两者的区别和联系分别是什么?
6-9　简述大数据的特点。
6-10　主要有哪几种数据清洗技术?

专题 7
网络通信与信息安全

专题导读

机器之间的通信是一个复杂的过程，它体现了大问题的复杂性。本专题主要从“模型和结构”的计算思维概念出发，讨论网络通信的方法；并且用“安全”的概念，讨论网络攻击的防护方法，以及信息的加密和解密。

知识列表

7.1 网络工作原理
7.2 因特网的服务
7.3 网络安全防护
7.4 信息加密技术

7.1 网络工作原理

7.1.1 网络基本类型

计算机网络概述

1. 互联网的发展

1969 年,美国国防部高级研究计划局(ARPA)制订了一个计划,将加利福尼亚大学洛杉矶分校(UCLA)、加利福尼亚大学圣塔芭芭拉分校(UCSB)、斯坦福研究所(SRI)和犹他大学(U of U)的 4 台计算机连接起来,建设阿帕网(ARPANET)。1969 年 9 月 3 日,UCLA 的 L. 克莱因罗克(L. Kleinrock)教授在实验室内,将两台计算机成功地用一条 5 m 长的电缆连接起来并互通数据。1969 年 10 月 29 日 22:30,在克莱因罗克教授的指导下,阿帕网第 1 个节点 UCLA 与第 2 个节点 SRI 连通,虽然第 1 次实验只传输了“LO”两个字符(计划传输“LOGIN”)就宕机了,但是实现了分组交换技术(包交换)的远程通信,这标志着互联网的正式诞生。

全球互联网已经成为当今世界推动经济发展和社会进步的重要信息基础设施。联合国宽带数字发展委员会发布的报告显示,2013 年全球互联网用户为 28 亿左右。该报告估算,发展中国家每增加 10%的宽带接入,可带来 1.38%的 GDP(国内生产总值)增长。思科公司首席技术官 P. 沃里奥(P. Warrior)表示,2013 年全球互联网数据流量达到了 56 EB,全球大约有 1 万亿台设备接入互联网。互联网如此受欢迎的原因在于它的使用成本低,使用信息价值高。全球互联网主干线路的流量示意图如图 7-1 所示。

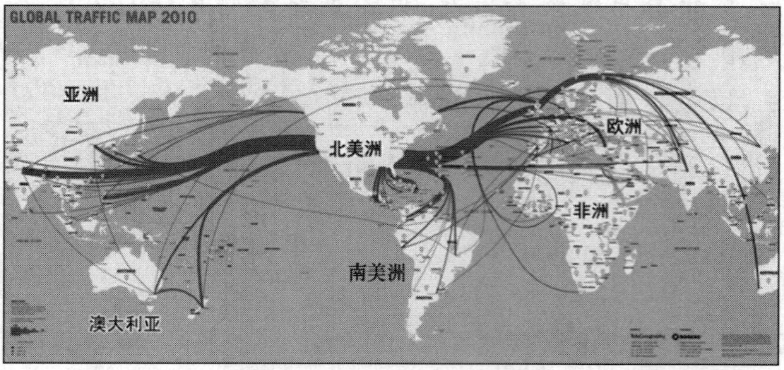

互联网的发展趋势

图 7-1 全球互联网主干线路的流量示意图

2. 网络的定义

计算机网络利用通信设备和传输介质,将分布在不同地理位置上的具有独立功能的计算机连接起来,在网络协议的控制下进行信息交流,实现资源共享和协同工作。

3. 网络的主要类型

计算机网络的分类方法有很多种,最常用的分类方法是 IEEE 根据计算机网络覆盖的地理范围的大小,将网络分为局域网、城域网和广域网。

1)局域网

局域网(LAN)的覆盖范围通常在一幢建筑物内或相邻几幢建筑物之间,如图 7-2 所示。局域网是结构复杂度最低的计算机网络,也是目前应用最广泛的网络。尽管局域网是结构最简单的网络,但并不意味着它们必定是小型网络。由于光通信技术的发展,局域网覆盖范围越来越大,直径达数千米的一个连续的园区网(如大学校园网、智能小区网)往往也被归纳到局域网的范围。

分类与入网方式

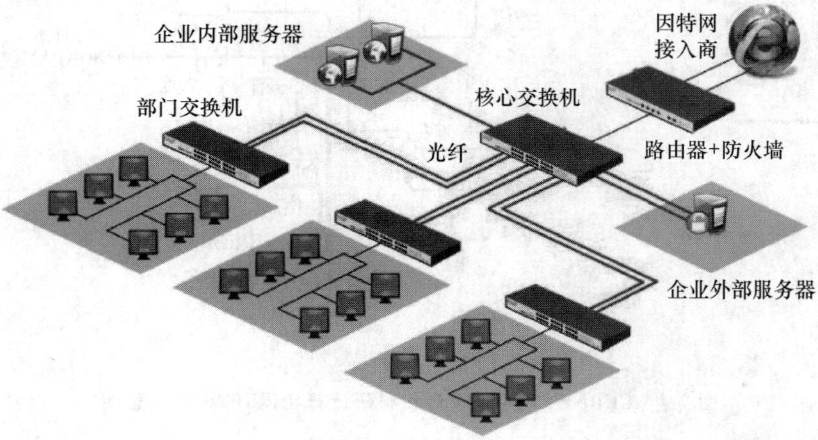

图 7-2 企业局域网的应用案例

2)城域网

城域网(MAN)的覆盖范围为数百平方千米的一座城市内。城域网往往由许多大型局域网组成。如图 7-3 所示,城域网主要为个人用户、企业局域网用户提供网络接入,并将用户信号转发到因特网中。城域网的信号传输距离比局域网的长,信号更容易受到环境的干扰。城域网的网络结构较为复杂,往往采用点对点、环形、树状等组合而成的混合结构。由于数据、语音、视频等信号,可能都采用同一城域网传输,因此城域网的组网成本较高。

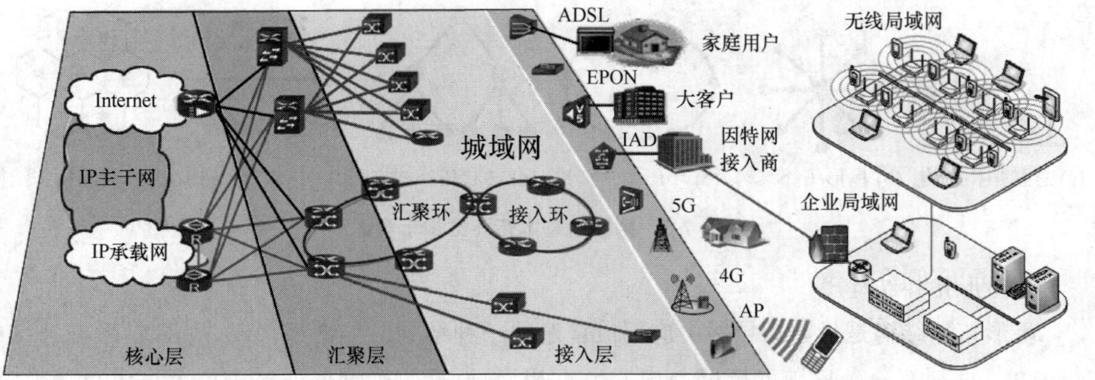

图 7-3 城域网结构示意图

3)广域网

广域网(WAN)的覆盖范围通常在数千平方千米以上,一般为多个城域网的互联(如 ChinaNet,即中国公用计算机互联网),甚至是全世界各个国家之间网络的互联(如因特网)。

因此,广域网能实现大范围的资源共享。广域网一般采用光纤进行信号传输,网络主干线路的数据传输速率非常高,网络结构较为复杂,往往是一种网状拓扑结构和其他拓扑结构的混合模式。如图 7-4 所示,广域网由于需要跨越不同城市、地区、国家,因此网络工程最为复杂。

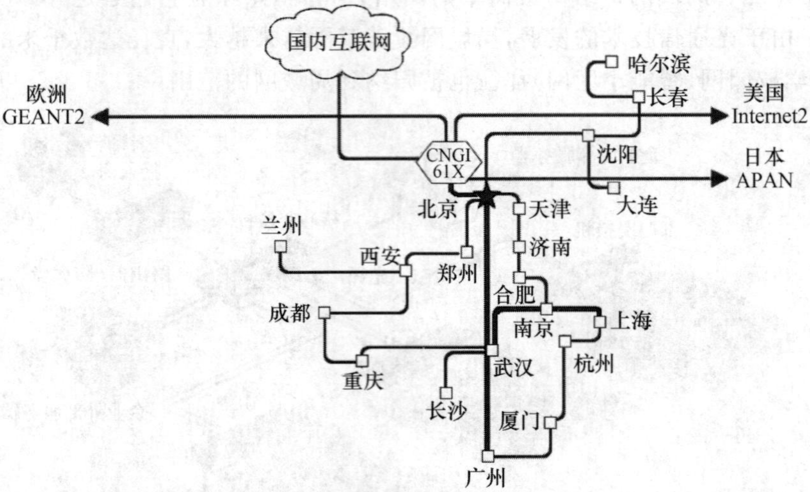

图 7-4　CERNET2(中国教育和科研计算机网)的结构示意图

4. 网络拓扑结构的类型

在计算机网络中,如果把计算机、服务器、交换机、路由器等网络设备抽象为点,把网络中的传输介质抽象为线,这样就可以将一个复杂的计算机网络系统抽象为由点和线组成的几何图形,这种图形称为网络拓扑结构。

如图 7-5 所示,网络的基本拓扑结构有总线拓扑结构、星形拓扑结构、环形拓扑结构、树状拓扑结构、网状拓扑结构和蜂窝形拓扑结构。大部分网络结构是这些基本拓扑结构的组合形式。

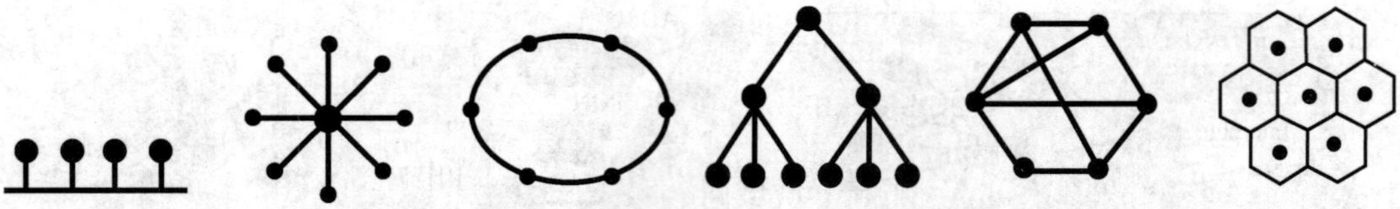

(a) 总线拓扑结构　(b) 星形拓扑结构　(c) 环形拓扑结构　(d) 树状拓扑结构　(e) 网状拓扑结构　(f) 蜂窝形拓扑结构

图 7-5　网络的基本拓扑结构示意图

1)星形拓扑结构

星形拓扑结构是目前局域网中应用最普遍的一种结构。如图 7-6(a)所示,星形拓扑结构的每个节点都有一条单独的链路与中心节点相连,所有数据都要通过中心节点进行交换,因此,中心节点是星形拓扑结构的核心。

星形拓扑结构采用广播通信技术,网络的中心节点通常采用交换机。如图 7-6(b)所示,在交换机中,每个端口都挂接在交换机内部背板的总线上,因此,星形以太网虽然在物理上呈现星形拓扑结构,但在逻辑上仍然是总线拓扑结构。

(a) 星形拓扑结构　　(b) 100BASE-T以太网

图 7-6　星形拓扑结构和以太网

星形拓扑结构简单，建设和维护费用少。一般采用双绞线作为传输介质，中心节点一般采用交换机，这样集中了网络信号流量，提高了链路利用率。

2) 环形拓扑结构

如图 7-7 所示，在环形拓扑结构中，各个节点（如交换中心）通过环接口，连接在一条首尾相接的闭合环形通信线路中。环形拓扑结构细分还有单环、环相切、环内切、环相交、环相连等结构。在环形拓扑结构中，节点之间的信号沿环路顺时针方向或逆时针方向传输。

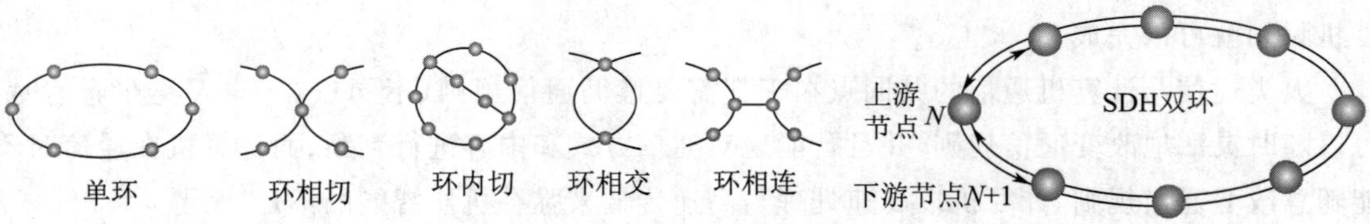

图 7-7　环形拓扑结构

环形拓扑结构的特点是每个节点都与两个相邻的节点相连，因而是一种点对点通信模式。环形拓扑结构网络采用信号单向传输方式，如图 7-7 所示，如果 $N+1$ 节点需要将数据发送到 N 节点，几乎要绕环一周。因此，环形拓扑结构网络在节点过多时，会产生较大的信号时延。

环形拓扑结构的建设成本较高，也不适用于多用户接入，主要用于城域传输网和国家大型主干传输网。

7.1.2　网络体系结构

计算机网络体系结构

1. 通信过程中的计算思维方法

例 7-1　人类通信是一个充满了智能化的过程，下面以一个企业技术讨论会为例，说明通信的计算思维方法，如图 7-8 所示。技术人员在开会时必须进行很多智能化的通信，这些通信不一定是以语言方式进行的。参加会议的人员都必须知道在哪里开会（目的地址）；如何到会议室（路由）；会议什么时候开始（通信确认）；会议主讲人通过声音（传输介质为声波）和视频（传输介质为光波）表达自己的意见（传送信息）；主讲人必须关注与会人员的反应（监听），其他人员必须关注主讲人的发言（同步）；有时主讲人会受到会议室外的干扰（环境噪声），会议室内其他人员说话的干扰（信道干扰）；如果与会人员同时说话，就会造成谁也听不清对方在说什么（信号冲突）；主讲人保持恒定语速（通信速率）等。

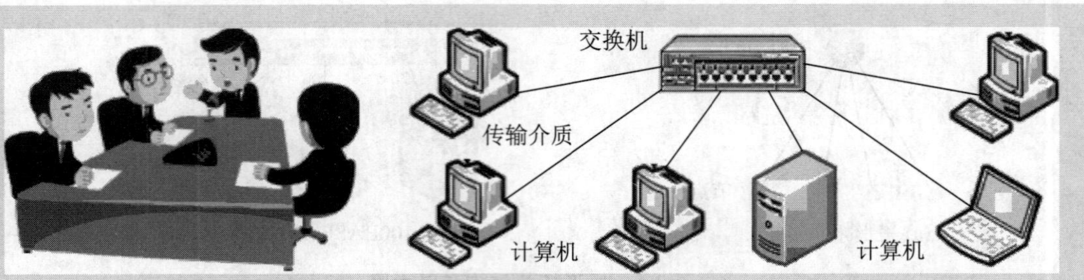

图 7-8　会议讨论和计算机通信的比较

计算机之间的数据传输是一个复杂的通信过程。计算机的通信过程与人们开会的情况类似,需要解决的问题很多。例如,本机与哪台计算机通信(本机地址与目的地址)?通过哪条路径将信息传送给对方(路由)?对方开机了吗(通信确认)?信号传输采用什么传输介质(微波或光纤)?通信双方如何在时钟上保持一致(同步)?信号接收端怎样判断和消除信号传输过程中的干扰(检错与纠错)?通信双方发生信号冲突时如何处理(通信协议)?如何提高数据传输效率(复用技术)?网络通信虽然有许多工作要做,但是网络处理时间以毫秒计,这些工作计算机瞬间就可以完成。

人类通信与计算机通信的共同点在于都需要遵循通信规则,不同点在于:人类在通信时,可以随时灵活地改变通信规则,并且智能地对通信方式和内容进行判断;而计算机在通信时不能随意改变通信规则,计算机以高速处理与高速传输来弥补机器智能的不足。

2."三次握手"与协议安全性

网络通信过程分为建立连接→数据传送→关闭连接 3 个步骤。"三次握手"发生在建立连接阶段。**"三次握手"的目的是在不可靠的信道上可靠传输信息**,因为在不可靠的信道中,通信双方需要就某个问题达成一致时,"三次握手"是理论上的最小值。如图 7-9 所示,一个完整的**"三次握手"过程是请求→应答→确认**。

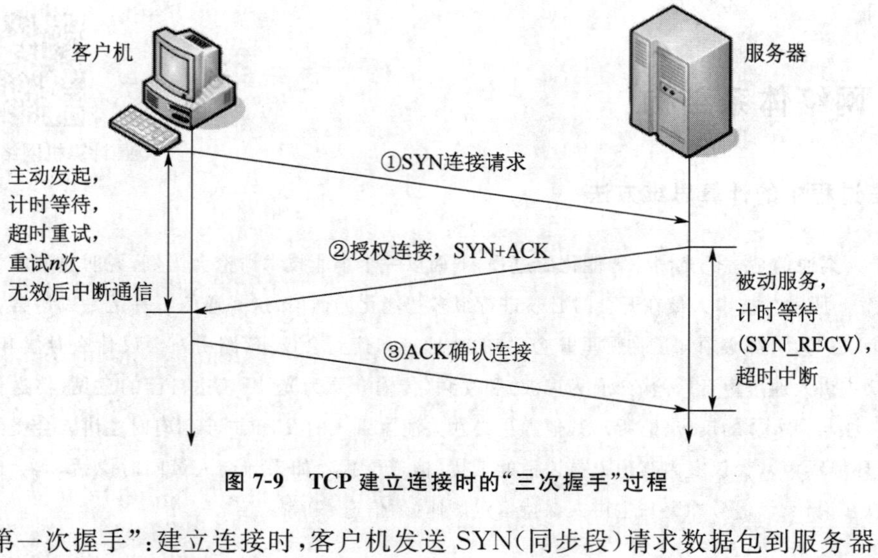

图 7-9　TCP 建立连接时的"三次握手"过程

● "第一次握手":建立连接时,客户机发送 SYN(同步段)请求数据包到服务器,并进入等待计时状态,等待服务器确认请求。

●“第二次握手”：服务器收到 SYN 包，并且确认是客户机的 SYN 包，同时自己也发送一个 SYN＋ACK（肯定应答）包作为应答，然后服务器进入计时等待状态（SYN_RECV）。

●“第三次握手”：客户机收到服务器的 SYN＋ACK 包后，向服务器发送 ACK 包，此数据包发送完毕后，客户机和服务器进入连接状态，完成“三次握手”过程。这时客户机与服务器就可以开始传送数据了。

在以上过程中，服务器发送完 SYN＋ACK 包后，如果未收到客户机的确认包，则服务器进行首次重传；等待一段时间仍未收到客户机的确认包，则进行第二次重传；如果重传次数超过系统规定的最大重传次数，服务器将该连接信息从半连接队列中删除。

在以上讨论中可以看到，TCP 存在一些安全隐患，如“三次握手”连接需要消耗的资源包括数据包信息、条件状态、序列编号等。如果客户机是攻击者（黑客），他故意发送大量伪造源地址的 SYN 包，这样 ACK 包永远不会送达服务器，这会造成服务器忙于应付，连接队列很快被填满，服务器最终因为资源耗尽而崩溃。

3. OSI-RM 网络体系结构

网络层次模型和通信协议的集合称为网络体系结构。常见的网络体系结构有 OSI-RM（开放系统互连参考模型）、TCP/IP（传输控制协议/互联网协议）等。如图 7-10 所示，ISO（国际标准化组织）提出的 OSI-RM 将网络体系结构划分为 7 个层次，分别为物理层、数据链路层、网络层、传输层、会话层、表示层和应用层。OSI-RM 还规定了每层的功能，以及不同层之间如何进行通信协调。由于各方面的原因，OSI-RM 网络体系结构并没有在计算机网络中得到实际应用，它往往作为一个理论模型进行网络分析。

计算机网络层次模型

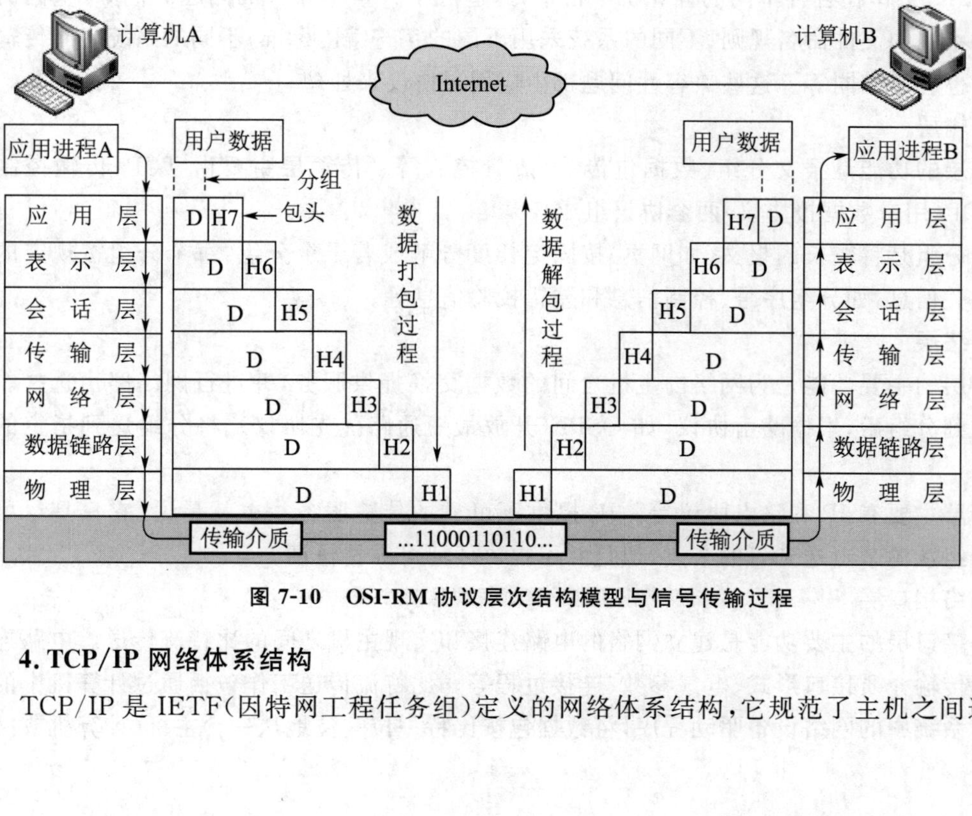

图 7-10　OSI-RM 协议层次结构模型与信号传输过程

4. TCP/IP 网络体系结构

TCP/IP 是 IETF（因特网工程任务组）定义的网络体系结构，它规范了主机之间通信的数据包格式、主机寻址方法和数据包传送方式。如图 7-11 所示，TCP/IP 模型定义了 4 个层次：应用层、传输层、网络层和网络接口层。

网络协议的要素

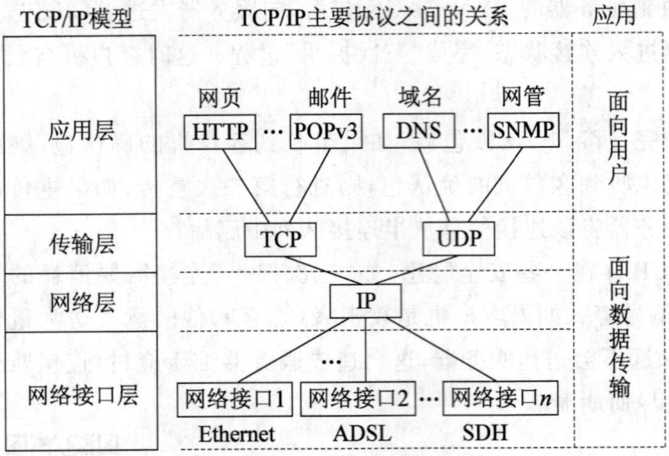

图 7-11　TCP/IP 层次结构模型和主要协议

网络协议的计算思维

1）应用层

应用层的主要功能是为用户提供各种网络服务和解决各种系统之间的兼容性。

应用层提供了各种网络服务，因此这层的网络协议非常多。例如，网页服务［HTTP（超文本传送协议）、HTML（超文本标记语言）等］、电子邮件服务［SMTP（简单邮件传送协议）、POPv3（邮局协议第 3 版）］、文件传输服务［FTP（文件传送协议）］、域名服务（DNS）、即时通信服务等。

TCP/IP 工作在各种不同的计算机平台中，这造成了大量不兼容的问题。例如，不同的文件系统有不同的文件命名规则；不同的系统采用不同的字符编码标准；不同的系统之间传输文件的方式也各不相同等。这些兼容性问题都由应用层协议来处理。

2）传输层

传输层的功能是报文分组、数据包传输、流量控制等。传输层主要由 TCP（传输控制协议）和 UDP（用户数据报协议）两个协议组成。

报文分组是将较长的报文（如网页）按固定长度分解成若干个分组，每个分组按规定的格式加上相关信息，如分组序号、控制信息和差错校验信息等。

3）网络层

网络层的主要功能是为网络内主机之间的数据交换提供服务，并进行网络路由选择。网络层接收到分组后，根据路由协议［如 OSPF（开放最短通路优先协议）］将分组送到指定的目的主机。

网络层主要有 IP 和路由协议等。IP 提供不可靠的传输服务。也就是说，它只是尽可能快地把分组从源节点送到目的节点，但是并不提供任何可靠性保证。

4）网络接口层

网络接口层的主要功能是建立网络的电路连接和实现主机之间的比特流传送。电路连接工作包括传输介质接口形式、电气参数、连接过程等。比特流传送工作包括通过计算机中的网卡和操作系统中的网络设备驱动程序，将数据包按比特一位一位地从一台主机（计算机或网络设备)，通过传输介质(电缆或微波)送往另一台主机。

由于因特网设计者注重的是网络互联，所以网络接口层没有提出专门的协议，并且允许采用当时已有的通信子网(如 X.25 交换网、以太网等)，以及将来的各种网络通信协议。这一设计思想使得 TCP/IP 可以通过网络接口层连接到任何网络中，如目前的 100 GB 以太网、DWDM(密集波分复用)光纤网络、WLAN(无线局域网)等。

分组交换技术

7.1.3　分组交换技术

在网络通信中，数据通过网络节点的某种转发方式，实现从一个端系统到另一个端系统之间传输的技术称为数据交换技术。数据交换技术有电路交换、报文交换和分组交换 3 种，计算机网络采用分组交换技术。

1. 分组交换的工作原理

如图 7-12 所示，分组就是源主机(如服务器)将一个待发送的长报文(如网页内容)分割为若干个较短的分组(分组 1、分组 2……分组 n)，每个分组(也称为数据包)除报文信息外，还在首部携带了源主机地址和目的主机地址、分组序号、通信协议等信息，然后源主机把这些分组逐个发送出去。节点之间数据的相互传送过程称为交换。

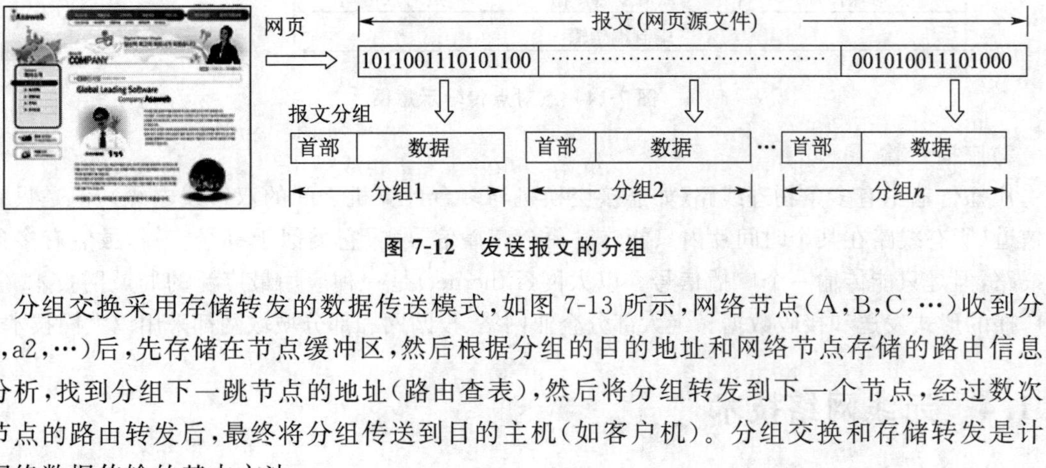

图 7-12　发送报文的分组

分组交换采用存储转发的数据传送模式，如图 7-13 所示，网络节点(A,B,C,…)收到分组(a1,a2,…)后，先存储在节点缓冲区，然后根据分组的目的地址和网络节点存储的路由信息进行分析，找到分组下一跳节点的地址(路由查表)，然后将分组转发到下一个节点，经过数次网络节点的路由转发后，最终将分组传送到目的主机(如客户机)。分组交换和存储转发是计算机网络数据传输的基本方法。

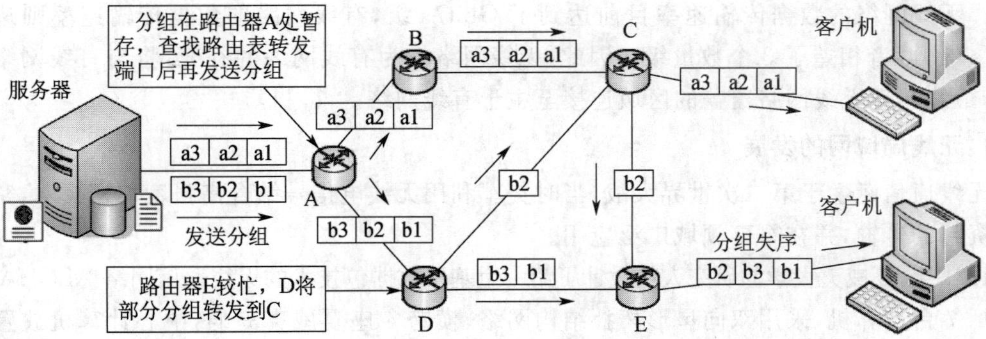

图 7-13　网络数据包分组交换和存储转发的工作原理示意图

分组在传输过程中,可能会出现数据包丢失、失序、重复、损坏、路由循环等问题,需要一系列网络协议来解决这些问题。在分组到达目的主机后,需要对分组按序号重新进行编排等工作,这也增加了处理时间。

2. 网络信号的传输模式

按照信号的发送和接收模式,可以将信号传输分为点对点传输和广播传输。

1)点对点传输

点对点传输是将网络中的主机(如计算机、路由器等)以点对点方式连接起来,如图7-14所示,网络中的主机通过单独的链路进行数据传输,并且两个节点之间可能会有多条单独的链路。点对点传输主要用于城域网和广域网中。点对点传输的优点是网络性能不会随数据流量的增加而降低。但网络中任意两个节点通信时,如果它们之间的中间节点较多,就需要经过多跳后才能到达,这加大了网络数据传输的时延。

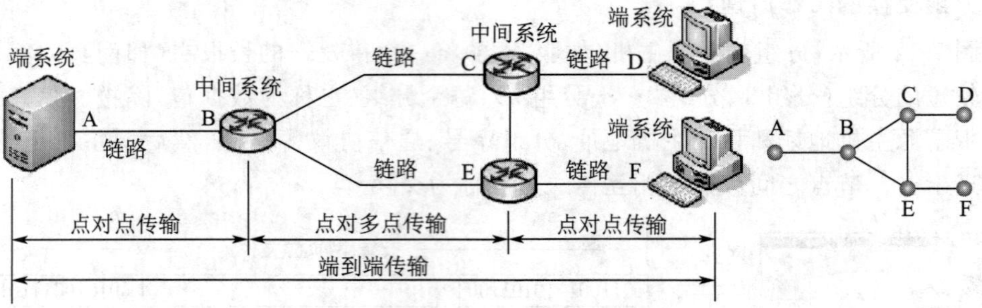

图7-14 点对点传输示意图

2)广播传输

广播传输中有多条物理线路(如连接交换机与多台计算机之间的双绞线电缆),但是只有一条信道(所有线路在某个时间片内只能传输一个广播信号)。它类似于有线广播,虽然有多条广播线路,但是只能传输一个广播信号。以太网(Ethernet)是一种应用最广泛的局域网技术,它采用广播的形式发送和接收数据。绝大部分企业网络、校园网和部分城域网都采用以太网技术。

7.1.4 无线网络技术

无线网络的最大优点是让人们摆脱了有线网络的束缚,可以自由地进行移动通信和移动计算。无线网络的数据传输速率目前达到了Gbit/s级,有线网络的数据传输速率则达到了Tbit/s级,两者相差了3个数量级。因此,无线网络作为有线网络的补充,将与有线网络长期并存,最终实现无线网络覆盖的区域连接至主干有线网络。

1. 无线局域网的发展

无线通信诞生于第二次世界大战,当时美军利用无线电信号结合高强度加密技术,实现了文件资料的传输,并在军事领域广泛应用。

1971年,夏威夷大学的研究人员设计了第一个基于数据包技术的无线通信网络ALOHANET,它包括7台计算机,采用双向星形拓扑结构网络,横跨4座夏威夷岛屿,中心计算机放置在瓦胡岛上,这标志着无线局域网(WLAN)的诞生。

1990年,IEEE启动了无线网络标准IEEE 802.11系列项目的研究和标准制定,提出了

802.11a、802.11b、802.11g、802.11n 等 WLAN 标准。1999 年，无线以太网兼容性联盟（WECA）成立，后来更名为 Wi-Fi（无线保真，读为 wai fai）联盟，Wi-Fi 联盟建立了用于验证 IEEE 802.11 产品兼容性的一套测试程序。2004 年起，经过 Wi-Fi 联盟认证的 IEEE 802.11 系列产品就使用 Wi-Fi 这个名称。

无线网络的类型

2. 无线网络技术参数

无线网络的基本技术参数如表 7-1 所示。

表 7-1　无线网络的基本技术参数

网络类型	网络技术	通信标准	工作频率	最大传输速率	覆盖半径	应用领域
5G	CCFD	ITU/3GPP	3.3～5.0 GHz	10 Gbit/s	100～150 m	移动互联网，物联网
4G	LTE-TDD	ITU/IEEE	1.8～2.6 GHz	100 Mbit/s	1 000 m	移动通信，移动互联网
3G	CDMA2000	ITU	1.9～2.1 GHz	3.1 Mbit/s	2～3 km	移动通信，移动互联网
2.5G	GPRS	ITU	800/1 800 MHz	115 kbit/s	2 km	移动通信，移动互联网
2G	GSM	ITU	800/1 800 MHz	9.6 kbit/s	35 km	移动通信，移动互联网
1G	AMPS	ITU	450/800 MHz	—	50 km	移动通信（模拟信号）
WLAN	Wi-Fi	IEEE 802.11n	2.4/5 GHz	270 Mbit/s	300 m	无线局域网
WPAN	WUSB	IEEE 802.15.3	2.5 GHz	110 Mbit/s	10 m	无线 USB，家庭网络
WPAN	蓝牙	IEEE 802.15.1	2.4 GHz	1 Mbit/s	10 m	语音和数据传输
WPAN	ZigBee	IEEE 802.15.4	2.4 GHz	250 kbit/s	75 m	无线传感网络，工业检测
WWAN	WiMAX2	IEEE 802.16m	10～66 GHz	300 Mbit/s	50 km	无线 Mesh 网络，4G 标准

说明：传输速率指用户数据下行传输速率。覆盖半径指基站或无线接入点（AP）与终端设备之间的最大直线传输距离。

3. 5G

1）高频段传输

移动通信的传统工作频段主要在 3 GHz 以下，这使得频谱资源十分拥挤。5G（第 5 代移动通信技术）采用高频段（3.3～5.0 GHz）频谱资源，缓解了频谱资源紧张的现状，实现了极高速短距离通信。高频段移动通信的优点是可用带宽大、天线和设备小型化、天线增益较高；其缺点是传输距离短、信号穿透和绕射能力差、容易受气候环境影响等。

4G 移动通信网络技术

2）新型多天线传输

多天线技术经历了从无源到有源，从二维到三维，从 MIMO（多输入多输出）到大规模阵列的发展。由于引入了有源天线阵列，基站可支持的天线数量达到 128 根。这可以减少用户之间的信号干扰，进一步改善无线信号的覆盖性能。

3）同时同频全双工

同时同频全双工（CCFD）技术是在相同的频谱上，通信的收发双方同时发射和接收信号。与传统的 TDD（时分双工）和 FDD（频分双工）方式相比，CCFD 技术理论上可使频谱效率提高 1 倍。然而，该技术需要极高的干扰消除能力，同时存在相邻小区同频干扰的问题。

4)设备到设备通信

传统的移动通信系统以基站为中心实现小区覆盖,而基站无法移动,网络结构在灵活性上有限制。设备到设备(D2D)通信技术无须借助基站就能够实现通信终端之间的短距离直接通信。D2D 通信技术是指通信网络中,近邻设备之间短距离直接交换数据。D2D 通信的信道质量高,能够实现较高的数据传输速率和较低的功耗,这大大提升了网络容量。

5)密集网络

无线通信网络正朝着网络多元化、宽带化、综合化、智能化的方向演进。未来数据业务主要分布在室内和热点地区。密集网络能够改善网络覆盖性能,大幅度提升系统容量,并且对业务进行分流,具有更灵活的网络部署和更高效的频率复用。但是,密集网络的部署导致网络结构更加复杂,小区之间的干扰已经成为制约系统容量增长的主要因素。

6)新型网络架构

集中化无线接入(C-RAN)是基于集中化处理,协作式无线电和实时云计算构架的无线接入网构架。C-RAN 利用低成本高速光传输网络传送无线信号,其本质是通过减少基站的机房数量来减少能耗。集中处理有利于降低成本,便于维护,可减少运营支出。

4. 无线局域网的基本组成

1)无线局域网模型

IEEE 802.11 标准定义的无线局域网基本模型如图 7-15 所示。WLAN 的最小组成单元是基本服务集(BSS),它包括使用相同通信协议的无线站点。一个 BSS 可以是独立的,也可以通过一个 AP(**接入点**,又称为无线路由器)连接到主干网络。

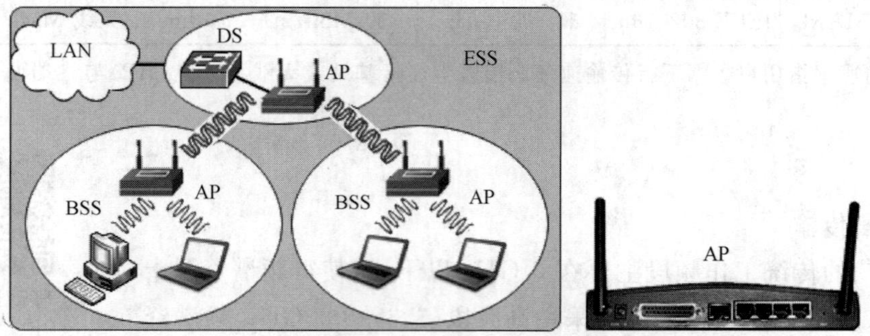

图 7-15　IEEE 无线局域网模型和接入点

如图 7-15 所示,扩展服务集(ESS)由多个 BSS 单元以及连接它们的分布式系统(DS)组成。DS 结构在 IEEE 802.11 标准中没有定义,DS 可以是有线 LAN,也可以是 WLAN,其功能是将 WLAN 连接到主干网络(园区局域网或城域网)。

AP 的功能相当于局域网中的交换机和路由器,它是一个无线网桥。**AP 也是 WLAN 中的小型无线基站,负责信号的调制与收发**。AP 的覆盖半径为 20～100 m。

2)无线局域网的组建方法

建立 WLAN 需要一台 AP,它提供多台计算机同时接入 WLAN 的功能。无线网络中的计算机需要安装无线网卡,台式计算机一般不带无线网卡,笔记本计算机、智能手机和平板计算机通常自带无线网络模块。无线网络设备的连接方法如图 7-16 所示。

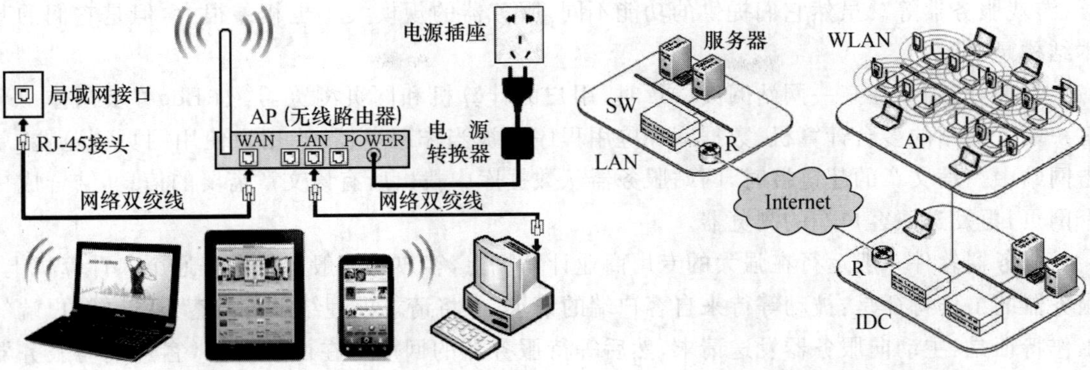

(a) 个人WLAN的构建方法 (b) 企业WLAN的构建方法

图 7-16 无线网络设备的连接方法

AP 的位置决定了整个无线网络的信号强度和数据传输速率，建议选择一个不容易被阻挡，并且信号能覆盖房间内所有角落的位置。线路连接好后，第一次使用 WLAN 时，需要对 AP 进行初始设置。不同厂商的 AP 设置方法不同，但是基本流程大同小异。

7.2 因特网的服务

因特网是全球信息资源的一种发布和存储形式，它对信息资源的交流和共享起到了不可估量的作用，甚至改变了人类的一些工作和生活方式。

7.2.1 网络服务模型

1. 客户/服务器模型

用户访问因特网获得的信息绝大部分存放在网站的某个服务器主机上，当用户访问某些网络资源时，本机通过因特网向服务器发出请求，服务器运行相应的程序以获取数据，并将数据发送到客户端。客户/服务器(client/server，C/S)模型是大部分网络服务的基本模型。客户端和服务器指通信中涉及的两个应用程序进程，**客户端指网络服务请求方，服务器指网络服务提供方**。如图 7-17 所示，在客户/服务器模型中，客户端主动发起通信，服务器被动等待通信的建立。

图 7-17 客户/服务器模型

客户/服务器模型采用主从式网络结构，每一个客户端的软件都可以向服务器或服务器应用程序发出请求。服务器有很多不同类型，如网站服务器、聊天服务器、邮件服务器、办公服务器、游戏服务器等。虽然它们提供的功能不同,服务器的规模大小也相差很大,但是它们的基本结构是一致的。

例如,当用户在某一网站阅读文章时,用户的计算机和网页浏览器(如 Edge)被当作一个客户端。网站的多台计算机、数据库和应用程序就被当作服务器,当用户使用网页浏览器,单击网站中一篇文章的超链接时,网站服务器从数据库中找出所有该文章需要的信息,结合成一个网页,再发送回客户端的浏览器。

服务器软件一般运行在强大的专用商业计算机上,客户端一般运行在普通个人计算机上。服务器的工作特征是:被动等待来自客户端的请求,并将请求处理结果传回客户端。客户端的工作特征是:主动向服务器发送请求,然后等待服务器的回应。在因特网中,客户端与服务器的交互过程使用 TCP/IP 来完成。

2. 对等网络模型

对等网络(peer-to-peer,P2P)又称为端到端技术。如图 7-18 所示,对等网络的所有参与者都提供和共享一部分资源,这些资源包括网络带宽、存储空间、计算能力等。这些共享资源能被对等网络中的其他节点直接访问,无须经过中间服务器。因此,对等网络中的参与者既是资源提供者(服务器),又是资源获取者(客户端)。

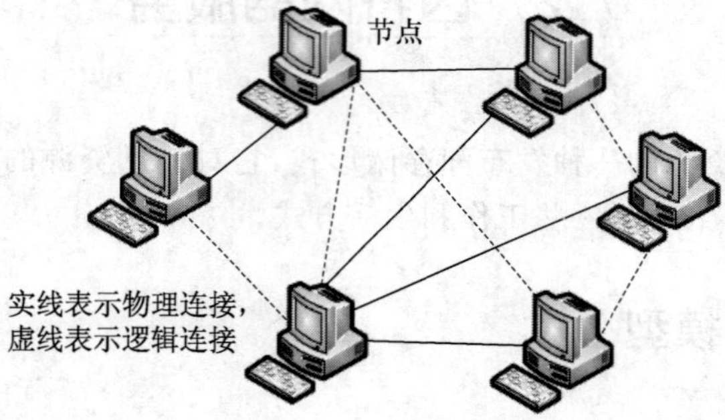

图 7-18　对等网络模型

例如,多个用户采用 P2P 技术下载同一个文件时,每台用户计算机只需要下载这个文件的一个片段,然后用户之间互相交换不同的文件片段,最终每个用户都得到一个完整的文件。对等网络中参与进来的用户越多,单个用户下载文件的速度也就越快。

对等网络中任意两个节点都可以建立一个逻辑连接,它们对应物理网络上的一条 IP 路径。对等网络中的节点在行为上是自由的,用户可以随时加入和退出网络,而不受其他节点的限制。对等网络的节点在功能上是平等的,不管是大型计算机还是微型计算机,它们实际计算能力的差异并不影响服务的提供。

技术上,一个纯对等网络的应用只有对等协议,没有服务器和客户端的概念。但这样的纯对等网络的应用和网络很少,大部分对等网络的应用和网络实际上包含了一些非对等单元,如 DNS 等。同时,实际应用也采用了多个协议,使节点可以同时或分时作为客户端和服务器。

对等网络有许多应用,如文件下载中的 BitTorrent、eMule、迅雷等,多媒体应用中的 Skype(语音)、PPLive(视频)等,实时通信中的 QQ、微信等。

对等网络这种无中心的管理模式,提供给用户更多的自由。但是可以想象,缺乏管理的对等网络很容易成为计算机病毒、色情内容及非法交易的温床。

7.2.2 因特网地址

计算机网络中,一项非常重要的工作是数据包寻址。如果数据传输仅在两台计算机之间进行,而且传输距离非常短,传输内容基本固定,计算机的寻址工作也许比较简单。但是,互联网中计算机数量巨大(数亿台),传输距离变化很大(几米到数万千米),网络结构复杂(网状拓扑结构、环形拓扑结构、星形拓扑结构等),提供的服务繁多(网页、即时通信、邮件、在线视频等),使用方法灵活(多业务、突发性、实时性等),这给网络的数据包寻址带来了挑战。网络地址是解决网络寻址的基本方法之一。

1. 计算机的物理地址

每台计算机内部都有一个全球唯一的物理地址,这个地址又称为 MAC 地址。IEEE 802.3 标准规定了 MAC 地址为 48 位,这个 MAC 地址固化在计算机网卡中,用以标识全球不同的计算机。MAC 地址由 6 个字节的数字串组成,如 00-60-8C-00-54-99。

2. IP 地址

因特网中的每台主机都分配有一个全球唯一的 IP 地址,IP 地址是一个 32 位的标识符,一般采用“点分十进制”的方法表示,如 192.168.10.6。

IP 地址与域名

IETF 早期将 IP 地址分为 A、B、C、D、E 五类,其中 A、B、C 类是主类地址,D 类为组播地址,E 类地址保留给将来使用。IPv4 地址的网络数和主机数如表 7-2 所示。

表 7-2 IPv4 地址的网络数和主机数

类型	IP 地址格式	IP 地址结构				段 1 的取值范围	网络数	每个网络中的主机数(最多)
		段 1	段 2	段 3	段 4			
A	网络号.主机.主机.主机	N.	H.	H.	H	1~126	126	1 677 万
B	网络号.网络号.主机.主机	N.	N.	H.	H	128~191	1.6 万	6.5 万
C	网络号.网络号.网络号.主机	N.	N.	N.	H	192~223	209 万	254

说明:表中的 N 由因特网信息中心指定,H 由企业网络工程师指定。

例 7-2 某大学一台计算机的 IP 地址为 222.240.210.100,地址的第一个字节在 192~223 范围内,表示它是一个 C 类地址;按照 IP 地址分类的规定,它的网络地址为 222.240.210,它的主机地址为 100。

在 IPv4 中,由于地址分配不合理,目前可用的 IPv4 地址已经分配完了。为了解决 IP 地址不足的问题,IETF 先后提出了多种技术解决方案。

3. IPv6 网络地址

目前使用的 TCP/IP 为 IPv4(第 4 版互联网协议),为了解决因特网中存在的问题,IETF 推出了 IPv6(第 6 版互联网协议)。我国电信网络运营商已于 2005 年开始向 IPv6 过渡,第二代中国教育和科研计算机网(CERNET2)的大部分网络节点也采用了 IPv6。

IPv6 有以下特点:IPv6 的每个地址为 128 位,地址空间为 3.4×10^{38},是 IPv4 的 2^{96} 倍;IPv6 还采用了一种全新的分组格式,简化了报头结构,减少了路由表长度,但是也导致了 IPv6 与 IPv4 不兼容;IPv6 还简化了协议,提高了网络服务质量(QoS);IPv6 的其他改进有安全性、优先级、支持移动通信等。

IPv6 采用“冒分十六进制”的方式表示 IP 地址。它将地址中每 16 位分为一组,写成 4 位十六进制数,两组之间用冒号分隔(如 x:x:x:x:x:x:x:x),地址中的前导 0 可不写。例如,69DC:8864:FFFF:FFFF:0:1280:8C0A:FFFF。

由于 IPv6 与 IPv4 互不兼容,因此从 IPv4 到 IPv6 是一个逐渐过渡的过程,而不是立刻改变的过程。要实现 IPv6 的全球网络互联,仍然需要很长一段时间。

7.2.3 因特网服务

1. 网页服务

WWW(万维网)的信息资源分布在全球数亿个网站上,网站的服务内容由 ICP(因特网内容提供者)进行发布和管理,用户通过浏览器软件(如 Edge),就可浏览网站上的信息,网站主要采用网页的形式进行信息描述和组织,它是多个网页的集合。

1)超文本

网页是一种超文本文件,超文本有两大特点:一是内容可以包括文字、图片、音频、视频、超链接等(见图 7-19);二是采用超链接的方法,将不同位置(如不同网站)的内容组织在一起,构成一个庞大的网状文本系统。超文本普遍以电子文档的方式表示,网页都采用超文本形式。

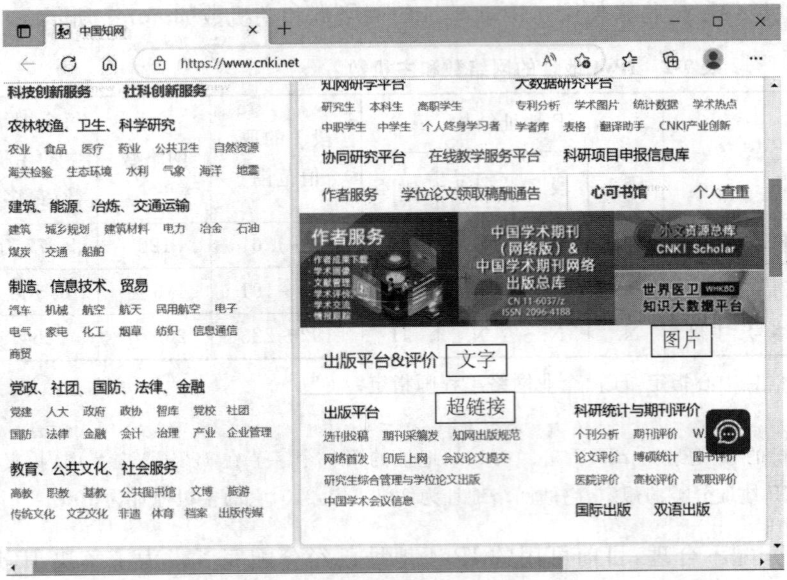

因特网服务

用户访问网站的过程

图 7-19 网页的超文本形式

2)超链接

超链接是指向其他网页的一个指针。超链接允许用户从当前阅读位置直接切换到网页超链接所指向的位置。超链接属于网页的一部分,是一种允许与其他网页或站点之间进行链接的元素。各个网页链接在一起后,才能构成一个网站。超链接是指从一个网页指向一个目标的连接关系,这个目标可以是另一个网页,也可以是相同网页上的不同位置,还可以是一幅图片、一个电子邮件地址、一个文件,甚至是一个应用程序。浏览者单击已经添加链接的文字或图片后,链接目标将显示在浏览器上,并且根据目标的类型来打开或运行。网页的超链接访问过程如图 7-20 所示。

图 7-20 网页的超链接访问过程

浏览器通常会用一些特殊的方式来显示超链接，如不同的文字颜色、大小或样式。而且，鼠标指针移动到超链接上时，也会转变为“手形”标记。超链接在大部分浏览器里显示为加下划线的蓝色文字，当这个超链接被访问后，文字变为紫色。当使用者单击超链接时，浏览器将调用超链接的网页。如果超链接目标并不是一个 HTML 文件，而是其他文件（如一个 RAR 压缩文件），浏览器将自动启动外部程序打开这个文件。

3）网页的描述和传输

网页文件采用 HTML 进行描述；网页采用 HTTP 在因特网中传输。HTTP 是网站服务器与客户端之间的文件传送协议，HTTP 以在客户端与服务器之间相互发送消息的方式工作，客户端通过应用程序向服务器发出服务请求，并访问网站服务器中的数据资源，服务器通过公用网关接口程序返回数据给客户端。

2. 电子邮件服务

电子邮件（E-mail）是一种利用计算机网络交换电子信件的通信方法。电子邮件服务可以将用户邮件发送到收信人邮箱中，收信人可随时读取。电子邮件不仅能传送文字信息，还可以传送图像、声音等多媒体信息。

如图 7-21 所示，电子邮件系统采用客户/服务器工作模式，邮件服务器包括接收邮件服务器和发送邮件服务器。发送邮件服务器一般采用 SMTP 通信协议，当发送方发出一封电子邮件时，发送邮件服务器按照电子邮箱地址，将邮件送到接收方的接收邮件服务器中。接收邮件服务器为每个用户的电子邮箱开辟了一个专用的硬盘存储空间，用于存放对方发来的邮件。当接收方计算机连接到接收邮件服务器（登录邮件服务器网页），并发出接收操作后，接收方通过 POPv3 或 IMAP（交互式邮件存取协议）读取电子邮箱内的邮件。当采用网页方式进行电子邮件收发时，必须登录到电子邮箱后才能收发邮件；如果采用邮件收发程序（如微软公司的 Outlook），则邮件收发程序会自动登录电子邮箱，将邮件下载到本地计算机中。

图 7-21 电子邮件的收发过程

3. 即时通信服务

即时通信（IM）服务也称为聊天服务，它可以在因特网上进行即时的文字信息、语音信息、视频信息、电子白板等方式的交流，还可以传输各种文件。在个人用户和企业用户的网络服务中，即时通信越来越重要。即时通信软件分为服务器软件和客户端软件，用户只需要安装客户端软件。即时通信软件非常多,常用的客户端软件主要有腾讯公司的QQ、微信,以及微软公司的MSN。QQ主要用于在国内进行即时通信,MSN可以用于国际因特网的即时通信。

4. 搜索引擎服务

搜索引擎是某些网站免费提供的用于网上查找信息的程序,是一种专门用于定位和访问网页信息,获取用户希望得到的资源的导航工具。搜索引擎通过关键词查询或分类查询的方式获取特定的信息。搜索引擎并不即时搜索整个因特网,它搜索的内容是预先整理好的网页索引数据库。为了保证用户搜索到最新的网页内容,搜索引擎的大型数据库会随时进行内容更新,得到相关网页的超链接。用户通过搜索引擎的查询结果,获得信息所处的站点,再通过单击超链接,就可以转接到用户需要的网页上。

当用户在搜索引擎中输入某个关键词(如计算机)并单击搜索按钮后,搜索引擎数据库中所有包含这个关键词的网页都将作为搜索结果以列表形式显示。用户可以自己判断需要打开哪些超链接的网页。常用的搜索引擎有百度、必应等。

7.2.4 HTML

1. HTML的基本概念

HTML是一种网页设计的标准化语言,它消除了不同计算机之间信息交流的障碍。目前,人们很少直接使用HTML设计网页,而是通过Adobe公司的Dreamweaver、微软公司的Sharepoint Workspace等软件,进行网页设计工作。HTML的常用版本为2013年推出的HTML 5.1,这个版本推出了很多新功能。

在网站中,一个网页对应一个HTML文件,HTML文件以"htm"或"html"为扩展名。HTML是一种文本文件,可以使用任何文本编辑软件(如记事本)进行编辑。HTML文件通过标记符告诉浏览器如何显示网页内容,如文字如何处理、图片如何显示等。浏览器按顺序阅读HTML文件,然后根据标记符解释和显示其标记的内容。

2. 利用HTML建立简单网页

例7-3 利用HTML建立一个简单的测试网页。

打开"记事本"程序,编辑以下代码(注意://后的注释内容不需要输入),编辑完成后,选择"文件"→"另存为"命令,文件名为test.html,保存类型为所有文件,单击"保存"按钮,一个简单的网页就编辑好了。

```
<HTML>                          //声明 HTML 文件开始//
<HEAD>                          //标记页面首部开始//
<TITLE>测试</TITLE>             //定义页面标题为"测试"//
</HEAD>                         //标记页面首部结束//
<BODY>                          //标记页面主体开始//
<font size="8" >                //设置字号大小为 8//
<P>这是我的测试网页</P>          //主体部分,显示具体内容//
<P>这是第 2 行信息</P>           //P 为段落换行//
</font>                         //字体设置结束//
</BODY>                         //标记页面主体结束//
</HTML>                         //标记 HTML 文件结束//
```

双击"test.html"文件,就可以在浏览器中显示"这是我的测试网页"信息了。

3. 脚本语言

HTML 主要用于文本的格式化和链接文本，但是 HTML 的计算和逻辑判断功能非常差。例如，HTML 不能进行 1+2 这样简单的加法运算。因此，需要在网页中加入脚本语言。

脚本(script)是一种简单的编程语言，由程序代码组成。网页脚本语言一般嵌在网页 HTML 语句之中，完成一些判断和计算工作，增强对网页的控制功能。

常用的网页脚本语言有 JavaScript、PHP 等，它们与编程语言非常相似，但是脚本语言的编程方式、语法规则更加简单。脚本语言是一种解释性语言，不需要编译，但是需要由相应的脚本引擎(如 IE 中的脚本解释器)来解释执行。脚本程序分为客户端脚本和服务器端脚本，它们分别运行在客户端或服务器的计算机中。

7.3　网络安全防护

信息系统的安全一直是计算机专家努力追求的目标，目前，计算机在理论上还无法消除病毒和黑客的攻击对系统造成的破坏，最好的方法是尽量减少这些攻击给系统带来的影响。

7.3.1　安全问题

信息系统不安全的主要原因是程序设计漏洞、用户操作不当和外部攻击。外部攻击形式主要有计算机病毒、恶意软件、黑客攻击等。信息安全具有不可证明的特性，只能说系统在某些已知攻击下是安全的，对于将来的新的攻击，系统是否安全仍然很难断言。

1. 程序存在的安全问题

1)程序安全漏洞

网络安全与信息加密

由于程序的复杂性和编程方法的多样性，程序中很容易留下一些不容易发现的安全漏洞。程序漏洞包括操作系统、数据库、应用软件、网络协议等的安全漏洞。这些漏洞平时看不出来，但是一旦遭到病毒和黑客的攻击就会带来灾难性的后果。随着软件系统越做越大且越来越复杂，系统中不可避免地存在安全漏洞或"后门"。程序设计中的安全漏洞有溢出、边界检查和程序授权。

溢出是指数据在存储过程中，超过数据结构允许的实际长度而造成的数据错误。例如，黑客将一段恶意代码通过各种方法插入正常的程序代码(入侵)，这会导致两种后果：一是由于代码长度是固定的，插入恶意代码后就会有一部分正常代码溢出，导致程序执行时崩溃；二是插入的恶意代码会被当作正常代码执行，黑客可以修改函数的返回地址，让程序跳转到任意地址并执行一段恶意代码，以达到攻击的目的。

大部分编程语言(如 C、Java 等)没有数据边界检查功能，当数据被覆盖时不能被发现。如果程序员总是假设用户输入的数据是有效的，并且没有恶意，那么就会造成很大的安全隐患。大多数攻击者会向服务器提供恶意编写的数据，信任任何输入可能会导致缓冲区溢出、跨站点脚本攻击等问题。对于外部输入的数据，永远要假定它是任意值。安全的程序设计应当对输入的数据按有效性进行过滤。

最小授权原则认为:要在最短的时间内授予程序代码所需的最低权限。除非必要,否则不要允许使用管理员权限运行应用程序。部分程序员在编制程序时,没有注意到程序代码的运行权限,长时间打开系统核心资源,会导致用户有意或无意的操作对系统造成严重破坏。在程序设计中,应当使用最少和足够的权限去完成任务。在不同的程序或函数中,不同时间只给出最需要的权限,即应当给用户最少的共享资源。

2)操作系统漏洞

Windows操作系统一贯强调易用性、集成性、兼容性,而在设计时对系统安全性考虑不足。在安全的操作系统(如FreeBSD)中,最重要的安全概念是权限。每个用户有一定的权限,一个文件有一定的权限,特别是可执行代码,其权限控制更为严格。只有系统管理员才能执行某些特定程序等。例如,微软公司在Windows操作系统中捆绑许多额外的服务,这些额外的服务大多是以默认的访问权限进行安装的,关闭或者使用更低的权限运行这些服务会使系统更加安全。

3)网页中的脚本程序

大多数Web服务器都支持脚本程序,以实现网页的交互功能。黑客可以利用脚本程序来修改Web页面,为未来的攻击设置"后门"等。例如,用户在浏览网站、阅读电子邮件时,通常会单击其中的超链接。黑客在超链接中插入恶意代码,黑客网站在接收到包含恶意代码的请求后,会生成一个包含恶意代码的页面,而这个页面看起来就像是一个合法页面。假设黑客发表了一个包含恶意脚本的网页,那么用户在浏览这个网页时,恶意脚本程序就会被执行,此时黑客就可以盗取用户的账户信息、修改设置、做虚假广告等。

2. 用户操作存在的安全问题

● 操作系统默认安装:大多数用户在安装操作系统和应用软件时,通常采用默认的安装方式。这样会带来两方面的问题:一是安装了大多数用户不需要的组件和功能;二是默认安装的目录、用户名、密码等非常容易被黑客利用。

● 激活软件的全部功能:大多数操作系统和应用软件在启动时,会激活尽可能多的功能。这种方法虽然可以方便用户,但会产生很多安全漏洞。

● 没有密码或弱密码:大多数系统都把密码作为唯一的防御,没有密码或弱密码是一个很严重的问题。安全专家通过分析泄露的数据库信息,发现用户弱密码的重复率高达93%。根据某网站对600万个账户的分析,其中采用弱密码、生日密码、电话号码、QQ号码作为密码的用户账户约有590万个。图7-22所示是中国版的常见弱密码。很多企业的信息系统也存在大量的弱密码,这为黑客攻击提供了可乘之机。

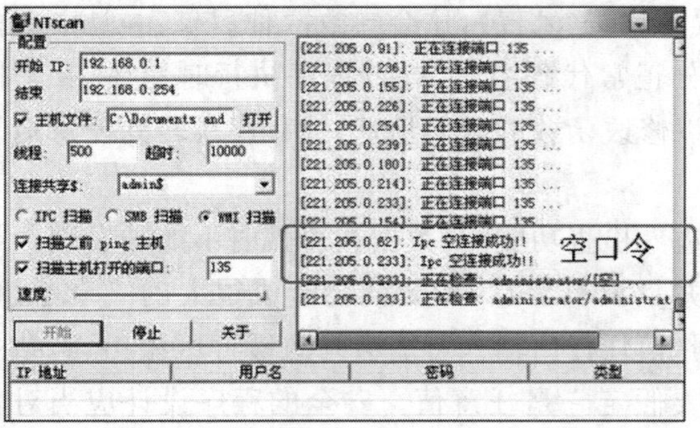

简单数组组合	顺序字符组合	邻近字符组合	特殊含义组合
000000	abcdef	123qwe	admin
111111	abcabc	qwerty	password
11111111	abc123	qweasd	p@ssword
112233	a1b2c3		passwd
123123	aaa111		iloveyou
123321			5201314
123456			
12345678			
654321			
666666			
888888			

图7-22 利用软件进行密码扫描和常见弱密码

设置密码的一个好的建议是选取一首歌中的一个短语或一句话，将这些短语单词的第一个或第二个字母，加上一些数字来组成密码，在密码中加入一些符号将使密码更难被破解。

7.3.2 病毒防护

1.计算机病毒的定义

计算机病毒（以下简称“病毒”）是一段人为编制的程序代码，它寄生在计算机程序中，破坏计算机的功能或毁坏数据，给信息安全带来危害。病毒具有自我复制的能力，感染能力很强，可以很快蔓延，并且有一定的潜伏期，往往难以根除，这些特性与生物意义上的病毒非常相似。

我国颁布实施的《中华人民共和国计算机信息系统安全保护条例》第二十八条中明确指出：“计算机病毒，是指编制或者在计算机程序中插入的破坏计算机功能或者毁坏数据，影响计算机使用，并能自我复制的一组计算机指令或者程序代码。”

病毒具有传染性、寄生性、隐蔽性、破坏性、未经授权性等特点，其中最大的特点是具有传染性。病毒可以侵入计算机的软件系统，而每个受到感染的程序又可能成为一个新的病毒，继续将病毒传染给其他程序，因此是否具有传染性成为判定一个程序是不是病毒的首要条件。

2.计算机病毒的防护

计算机病毒防护的关键是做好预防工作。从用户的角度来看，要做好计算机病毒的预防工作，应从以下方面着手。

计算机病毒的特点

1）安装计算机病毒防护软件

在计算机中安装杀毒软件，可将病毒的入侵率降到最低，同时也可将病毒造成的危害减小到最低。计算机病毒防护软件需要监视、跟踪系统内的操作，提供对系统的保护，最大限度地避免各种计算机病毒的传染、破坏。

2）切实可行的预防措施

新购置的计算机可能携带计算机病毒。因此，在条件许可的情况下，要用检测计算机病毒的软件检查计算机病毒，并在证实没有计算机病毒感染和破坏迹象后再使用计算机。新安装的计算机软件也要先进行计算机病毒检测再使用。有些软件商发布的软件，可能有意或无意地被计算机病毒感染，需要用杀毒软件进行病毒检测。

3）对重要的数据文件备份

硬盘分区表、引导扇区等的关键数据应及时备份，并妥善保管。在进行系统维护和修复工作时可作为参考。重要数据文件应定期进行备份。使用U盘时要尽可能将数据文件和应用软件分开保存。

4）网络的安全使用

不要随便直接运行或打开电子邮件中的附件，不要随意下载软件，尤其是一些可执行文件。文件下载后，要先用计算机病毒防护软件进行检查。网络病毒流行期间，应尽量减少接收电子邮件，避免感染来自其他邮件的病毒。

7.3.3 黑客攻击

信息安全

1. 黑客攻击的类型

美国国家安全局(NSA)制定的IATF(信息保障技术框架)标准认为,有5种攻击类型:被动攻击、主动攻击、物理临近攻击、内部人员攻击和分发攻击。

1)被动攻击

被动攻击是指对信息的保密性进行攻击,包括分析通信流、监视没有保护的通信、破解弱加密通信、获取口令等。被动攻击会造成在没有得到用户同意或告知的情况下,将用户信息或文件泄露给攻击者,如泄露个人信用卡号码等。

2)主动攻击

主动攻击是指篡改信息来源的真实性、信息传输的完整性和系统服务的可用性,如图7-23所示。主动攻击包括试图阻断或攻破安全保护机制,引入恶意代码,偷窃或篡改信息等。主动攻击会造成数据资料的泄露、篡改和传播,或导致拒绝服务。

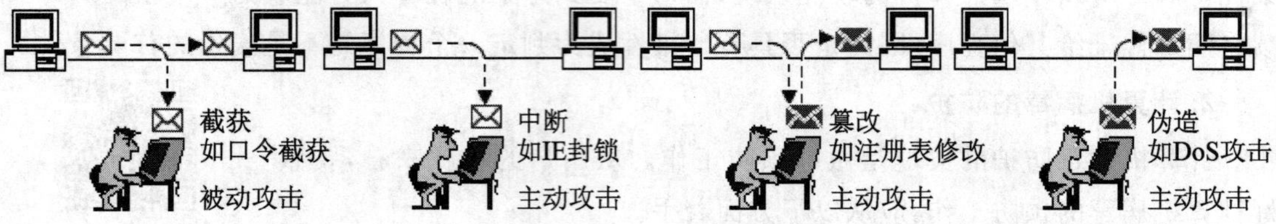

图7-23 黑客对网络安全的攻击

3)物理临近攻击

物理临近攻击指未被授权的个人,在物理意义上接近网络系统或设备,试图改变和收集信息,或拒绝他人对信息的访问。例如,未授权使用计算机、复制U盘数据、电磁信号截获后的屏幕还原等。

4)内部人员攻击

内部人员攻击分为恶意攻击或无恶意攻击。前者是内部人员对信息的恶意破坏或不当使用,或使他人的访问遭到拒绝;后者是粗心、无知或其他非恶意的原因造成的破坏。

5)分发攻击

分发攻击指在工厂生产或分销过程中,对硬件和软件进行恶意修改。这种攻击可能是在产品中引入恶意代码,如手机中的后门程序等。

2. 分布式拒绝服务攻击

黑客最常见的攻击形式有DDoS(分布式拒绝服务)、SPAM和钓鱼网站。DDoS攻击由来已久,由DDoS攻击造成的经济损失已经跃居第一。

1)DDoS攻击过程

DDoS是一种最常见的网络攻击手段,攻击的主要目的是让目标无法提供正常服务。通俗地说,每一个网络应用(网站、APP、游戏等)就好比一个线下的商店,而DDoS攻击就是派遣大量故意捣乱的人去一个商店,占满这个商店所有的位置,和售货员聊天,在收费处排队,让真实顾客无法正常购物。

如图 7-24 所示，黑客会使用大量的傀儡机（被黑客程序控制的计算机）对目标服务器进行攻击，让目标应用无法正常运行。例如，2013 年，欧洲反垃圾邮件公司 Spamhaus 网站遭遇史上最大流量的 DDoS 攻击，攻击流量峰值高达 300 Gbit/s。

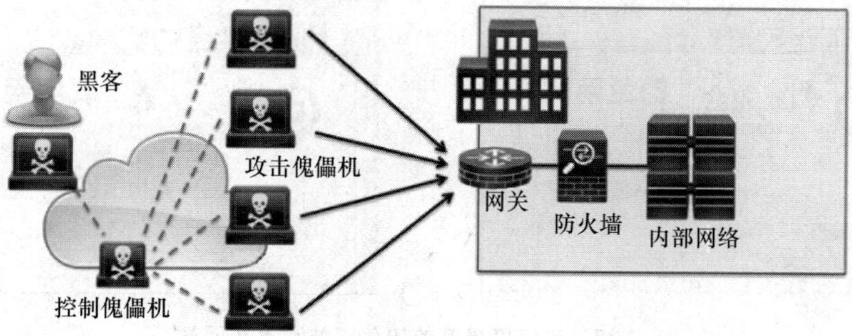

图 7-24　DDoS 攻击过程示意图

2）DDoS 攻击技术

从技术角度分析，DDoS 攻击针对网络通信协议的各层，手段大致有：TCP 类的 SYN Flood（同步洪水）攻击、ACK Flood（确认洪水）攻击，UDP 类的 Fraggle 攻击、Trinoo 攻击、DNS Query Flood（DNS 查询洪水）攻击、ICMP Flood（ICMP 洪水）攻击等。DDoS 攻击和木马、病毒等不同，病毒必须是最新代码才能绕过杀毒软件，而 DDoS 可以说不需要新技术，一个 10 年前的 SYN Flood 攻击就可以让 90%以上的网站瘫痪。这也是 DDoS 难以防范的原因。

3）DDoS 攻击的预防

从理论上讲，没办法完全防御 DDoS 攻击。如果用户网络正在遭受攻击，用户所能做的抵御工作非常有限。因为在用户没有准备好的情况下，巨大流量的数据包冲向用户主机，很可能在用户还没回过神之际，网络就已经瘫痪。

要预防这种灾难性的攻击，需要进行以下工作。

- 屏蔽假 IP 地址：通常黑客会通过很多假 IP 地址发起攻击，可以使用专业软件检查访问者的来源，检查访问者 IP 地址的真假，如果是假 IP，将它进行屏蔽。
- 关闭不用的端口：使用专业软件过滤不必要的服务和端口。例如，黑客从某些端口发动攻击时，用户可把这些端口关闭，以阻止入侵。
- 利用网络设备保护网络资源：网络保护设备有路由器、防火墙、负载均衡设备等，利用它们可将网络有效地保护起来。如果被攻击时最先宕机的是路由器，其他机器没有宕机，宕机的路由器重启后会恢复正常，而且启动很快，没有什么损失。如果服务器宕机，其中的数据就会丢失，而且重启服务器是一个漫长的过程，网站会受到无法估量的重创。

3. 钓鱼网站攻击

如图 7-25 所示，钓鱼网站伪装成银行及电子商务网站，窃取用户提交的银行账号、密码等私密信息。钓鱼网站的欺骗原理是：黑客先建立一个网站的副本，使它具有与真正网站一样的页面和链接。由于黑客控制了钓鱼网站，用户与网站之间的所有信息交换全都被黑客所获取，如用户访问网站时提供的账号、密码等信息。黑客可以假冒用户给服务器发送数据，也可以假冒服务器给用户发送消息，这样黑客就可以监视和控制整个通信过程。

图 7-25　相似度极高的钓鱼网站和真实网站

7.3.4　防火墙技术

防火墙原理

实际生活中的防火墙是为了防止火灾蔓延而设置的防火障碍。网络系统中的防火墙则是用于隔离本地网络与外部网络的一道防御系统。客户端用户一般采用软件防火墙;服务器端用户一般采用硬件防火墙,关键性的服务器一般都放在防火墙之后。

1. 防火墙的功能

防火墙用来在两个网络之间实施访问控制策略,解决内网和外网之间的安全问题。防火墙应具备以下功能。

(1)所有内部网络和外部网络之间交换的数据都必须经过该防火墙。例如,学生宿舍的计算机既接入校园网,又接入电信外部网络时,就会造成一个安全后门,攻击信息会绕过校园网中的防火墙,攻击校园内部网络。

(2)只有防火墙安全策略允许的数据,才可以出入防火墙,其他数据一律禁止通过。例如,可以在防火墙中设置内部网络中某些重要主机(如财务部门)的 IP 地址,禁止这些 IP 地址的主机向外部网络发送数据包;又如,阻止上班时间浏览某些网站(如游戏网站)或禁止某些网络服务(如 QQ),以及阻止接收已知的不可靠信息源(如黑客网站)。

(3)防火墙本身受到攻击后,应当仍然能稳定有效地工作。例如,设置防火墙对外部突然增加的巨大数据流量进行数据包丢弃处理。

(4)防火墙应当有效地过滤、筛选和屏蔽一切有害的服务和信息。例如,在防火墙中检测和区分正常邮件与垃圾邮件,屏蔽和阻止垃圾邮件的传输。

(5)防火墙应当能隔离网络中的某些网段,防止一个网段的故障传播到整个网络。例如,在防火墙中对外部网络访问区和内部网络访问区采用不同的网络接口,即使外部网络崩溃,也不会影响内部网络的使用。

(6)防火墙应当可以有效地记录和统计网络的使用情况。

2. 防火墙的类型

防火墙可以分为硬件防火墙和软件防火墙。硬件防火墙可以是一台独立的硬件设备,也可以在一台路由器上,经过软件将其配置成一台具有安全功能的防火墙。防火墙还可以是一个纯软件，如 360 个人防火墙软件等。一般软件防火墙的功能强于硬件防火墙，硬件防火墙的性能高于软件防火墙。防火墙按技术类型可分为包过滤防火墙、代理防火墙和复合型防火墙。

硬件防火墙大部分采用 PC 服务器结构，这些服务器运行一些经过裁剪和简化的操作系统，如 Linux、FreeBSD 等。这类防火墙采用开源的操作系统内核，因此会受到操作系统本身安全性的影响。国外硬件防火墙产品有美国 Cisco 公司的 PIX、美国杰科公司的 NetScreen 等；我国防火墙设备生产公司有天融信、深信服、绿盟、联想等。

3. 防火墙的局限性

防火墙技术存在以下局限性：一是防火墙不能防范网络内部的攻击，如防火墙无法禁止内部间谍将敏感数据复制到 U 盘上；二是防火墙不能防范那些伪装成超级用户的黑客，劝说没有防范心理的用户公开口令或权限；三是防火墙不能防止传送已感染病毒的软件或文件，不能期望防火墙对每一个文件进行扫描以查出潜在的计算机病毒。

7.4　信息加密技术

7.4.1　加密原理

1. 加密技术原理

加密技术的基本原理是伪装信息，使非法获取者无法理解信息的真正含义。伪装就是对信息进行一组可逆的数学变换。伪装前的原始信息称为明文，伪装后的信息称为密文，伪装的过程称为加密，对信息进行加密的一组数学变换方法称为加密算法，某些只被通信双方所掌握的关键信息称为密钥。密钥是一种参数，密钥长度以二进制数的位数来衡量，在相同条件下，密钥越长，破译越困难。数据加密过程如图 7-26 所示。

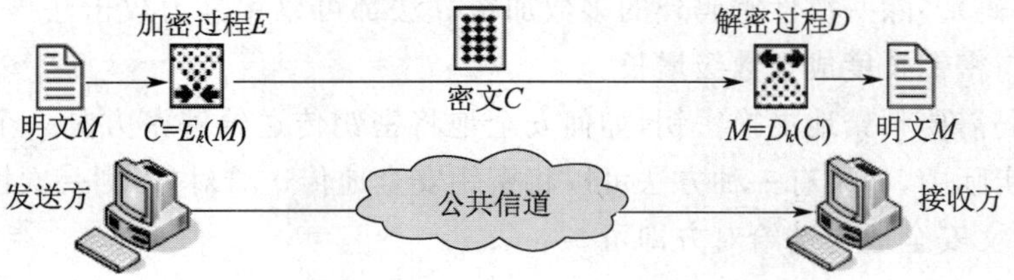

图 7-26　数据加密过程

1883 年，荷兰密码学家 A. 柯克霍夫(A. Kerckhoffs)在《军事密码学》一书中提出了密码学的基本原则：“密码系统中的算法即使为密码分析者所知，也对推导出明文或密钥没有帮助。也就是说，密码系统的安全性不应取决于不易被改变的事物(算法)，而应只取决于可随时改变的密钥。”简单地说，**加密系统的安全性基于密钥，而不是基于算法**。很多优秀的加密算法都是公开的，所以密钥管理是一个非常重要的问题。

古典密码算法

2. 对称密钥加密

对称密钥加密(简称对称加密)是信息的发送方和接收方使用同一个密钥

来加密和解密数据,而且通信双方都要获得密钥,并保持密钥的秘密。它的优点在于加密/解密的速度快,以及使用长密钥时难以破解。常见的对称加密算法有 DES、3DES、IDEA 等。

1)对称加密案例

下面采用替换加密算法,说明对称加密的过程。

例 7-4 假设明文为"good good study, day day up.";密钥为"google"(密钥必须与明文无关,长度为明文的 5 倍以上);替换加密算法为"将明文中所有字母'd'替换成密钥"。

加密过程是将明文"good good study, day day up."中的所有字母"d"替换成"google",于是得到的密文为"googoogle googoogle stugoogley,googleay googleay up."。

解密过程就是将密文中所有与密钥(google)相同的字符串替换成"d";替换后的明文为"good good study, day day up."。

在以上加密和解密过程中,必须使用相同的密钥"google",所以这种替换加密算法称为对称加密算法。

2)对称加密存在的问题

采用对称加密时,如果企业有 n 个用户进行通信,则共需要 $n\times(n-1)/2$ 个密钥。例如,企业有 10 个用户就需要 45 个密钥,因为每个人都需要知道其他 9 个人的密钥才能进行相互通信。这么多密钥的管理是一件非常困难的事情。如果整个企业共用一个密钥,则整个企业文档的保密性便无从谈起。

对称加密最大的弱点是密钥分发,即发送方必须把加密规则告诉接收方,否则接收方无法解密,这样传递密钥就成了最头疼的问题。密钥分发实现起来十分困难,发送方必须安全地把密钥护送到接收方,不能泄露其内容。如果密钥能够安全地送到接收方,那为何不把通信内容(明文)用同一方法安全地发送出去呢?

3. 一次性密码

大众普遍误认为所有加密算法都可以被破解。信息论创始人香农曾经证明:只要密钥完全随机,不重复使用,对外绝对保密,与信息等长或比信息更长的**一次一密是不可能被破解的**(简称一次性密码)。除一次性密码外的多数加密算法都可以用暴力攻击法破解,但是破解所需的时间可能与密钥长度成指数级增长。

一次性密码需要频繁地更换密钥,如何安全地将密钥传送给解密方是一个非常困难的问题。在理论或实际中,如果有一种方法可以将密钥安全地传送给对方,则一次性加密变得毫无意义,直接将明文安全地传送给对方即可。

7.4.2 非对称加密

1. 非对称密钥加密

1976 年,美国斯坦福大学的 W. 迪菲(W. Diffie)和 M. 赫尔曼(M. Hellman)提出了公钥密码的新思想,他们把密钥分为加密的公钥和解密的私钥,这是密码学的一场革命。

非对称密钥加密(公钥密码或公开密钥)是加密和解密使用不同密钥的加密算法。如图 7-27 所示,非对称加密的特征是:密钥为一对,一把密钥用于加密,另一把密钥用于解密。用公钥(公共密钥)加密的文件只能用私钥(私人密钥)解密,而用私钥加密的文件也只能用公钥解密。

公钥可以公开，而私钥必须保密存放。发送一份保密信息时，发送方使用接收方的公钥对数据进行加密，一旦加密，只有接收方用私钥才能解密。与之相反，用户也能用私钥对数据加密处理。换句话说，密钥对可以任选方向。

非对称加密机制灵活，如果企业有 n 个用户，只需要生成 n 个密钥对，并分发 n 个公钥。由于公钥可以公开，用户只要保管好自己的私钥即可，因此密钥分发变得十分简单。同时，每个用户的私钥是唯一的，其他用户可以通过信息发送方的公钥来验证信息来源的真实性（用于用户认证），还可以确保发送方无法否认曾发送过该信息（用于数字签名）。

(a) 对称加密 (加密、解密使用同一密钥)

(b) 非对称加密 (加密、解密使用不同密钥)

图 7-27 对称加密与非对称加密示意图

常见的非对称加密算法有 RSA、SSL（传输层安全标准）、ECC（移动设备安全标准）、S-MIME（电子邮件安全标准）、SET（电子交易安全标准）、DSA（数字签名安全标准）等。

2. RSA 算法特征

在数论中，反运算问题往往极难求解。例如，给出两个素数 p 和 q，求两者的乘积 N，即使 p 和 q 很大，计算它们的乘积仍然是可行的。但反过来，给出 N，要求出素数 p 和 q 就极为困难了。公钥加密算法就利用了数论上的反运算难度原理。

1977 年，美国麻省理工学院的 R. 李维斯特（R. Rivest）、A. 萨莫尔（A. Shamir）和 L. 阿德曼（L. Adleman）提出了一个较完善的公钥密码算法 RSA，RSA 算法的安全性建立在大数因子分解的困难性（反运算原理）的基础上。RSA 是被研究得最广泛的公钥密码算法，经历了各种攻击的考验，逐渐为人们接受，普遍认为它是目前最优秀的加密算法之一。

1994 年，一个采用 RSA-129（129 位）的著名密码，由一些密码破译志愿者组成的松散性国际小组，动用了 1 600 台计算机，600 多名志愿者，耗时 8 个月才将其破译。统计数据表明，目前使用 512 位的密钥已不安全，需要采用 1 024 位的密钥。

3. RSA 算法的密钥生成原理

选择一对不同的、足够大的素数 p 和 q，进行如下计算：

$$n=p\times q \tag{7-1}$$

计算 n 的欧拉函数
$$\Phi(n)=(p-1)(q-1) \tag{7-2}$$

同时对 p 和 q 严加保密。

找一个与 $\Phi(n)$ 互质的数 e，且 $1<e<\Phi(n)$。

计算 d，$d=e^{-1} \bmod \Phi(n)$，即
$$d\times e\equiv 1 \bmod \Phi(n) \tag{7-3}$$

说明：“≡”是同余运算符号，表示“≡”符号两边运算的余数相同。

公钥为 KU＝(n,e)；私钥为 KR＝(n,d)。

4. RSA 加密/解密过程案例

1)加密和解密算法模型

加密时,先将明文变换成 0~$n-1$ 的一个整数 M。若明文较长,可先将其分割成适当的组,然后再进行加密。

设密文为 C,加密过程为　　$C \equiv M^e \pmod n$　　(7-4)

设明文为 M,解密过程为　　$M \equiv C^d \pmod n$　　(7-5)

2)明文的公钥加密过程

例 7-5　如果鲍勃要与爱丽丝进行加密通信,鲍勃应当怎样进行明文加密?

首先通过 RSA 算法进行大量计算,假设得到的公钥为($n=3\ 233$,$e=17$),私钥为($n=3\ 233$,$d=2\ 753$)。有了公钥和私钥,就能进行加密和解密通信了。

如果鲍勃要向爱丽丝发送信息 M(明文),他就要用爱丽丝的公钥(n,e)对明文 M 进行加密。这里需要注意:M 必须是整数(字符串可以取 ASCII 值),且 M 必须小于 n。鲍勃知道爱丽丝的公钥是(n,e)=(3 233,17),假设鲍勃的明文 M 是 65(字母 A 的 ACSII 值),那么鲍勃根据加密公式(7-4),计算出密文为

$$C \equiv M^e \pmod n = 65^{17} \pmod{3\ 233} = 2\ 790$$

鲍勃把密文 2 790 发给爱丽丝。

3)密文的私钥解密过程

例 7-5 中,爱丽丝收到鲍勃发来的密文 $C=2\ 790$ 后,用自己的私钥(n,d)=(3 233,2 753)进行解密。爱丽丝根据解密公式(7-5),计算出明文为

$$M \equiv C^d \pmod n = 2\ 790^{2\ 753} \pmod{3\ 233} = 65$$

爱丽丝知道了鲍勃明文 M 的 ASCII 值是 65,即字母 A。至此加密和解密过程完成。

从以上案例可以看到,如果不知道 d,就没有办法从密文 C 求出明文 M。前面已经说过,要知道 d 就必须分解 n,这是极难做到的,所以 RSA 算法保证了通信安全。

公钥 KU(n,e)只能加密小于 n 的整数 M。例如,密钥 n 为 512 位时,加密数据的长度必须小于 64 字节。如果要加密大于 n 的信息怎么办?有两种解决方法:一是把长信息分割成若干段短消息,对每段短信息分别加密;二是先选择一种对称性加密算法(如 DES),用这种算法的密钥对大量数据加密,然后再用 RSA 加密对称加密系统的密钥。

5. RSA 加密技术的缺点

RSA 加密技术的缺点:一是安全性依赖于大数的因子分解,但并没有从理论上证明破译 RSA 的难度与大数分解难度等价,而且多数密码学专家倾向于认为因子分解不是 NP(非确定性多项式时间复杂性类)问题,即无法从理论上证明它的保密性能;二是产生密钥很麻烦,受到素数产生技术的限制,难以做到一次一密;三是密钥长度太大,密钥 n 至少要在 512 位以上,这使得运算速度变慢,在某些极端情况下,RSA 加密比对称加密花费时间要长 1 000 倍。

7.4.3　密码破解

不是所有密文破解都有意义,当破解密文的代价超过加密信息的价值,或破解密文所花的时间超过信息的有效期时,密文破解工作都变得没有价值。从黑客角度来看,主要有 3 种破解密码获取明文的方法:密钥搜索、密码分析学、社会工程学等。

1. 密钥搜索

1)暴力破解

登录系统时一般要求输入密码,随便输入一个,居然蒙对了,这个概率就和买 2 块钱的彩票中 500 万元大奖的概率一样低。但是如果连续测试 1 万个、10 万个甚至 100 万个密码,那么猜对的概率是不是就大大增加了呢？当然不能用人工进行密码猜测,而要利用程序进行密码自动测试。这种利用计算机连续测试海量密码的方法称为暴力破解。

密码或密钥的暴力破解虽然可以用计算机进行,但效率很低,甚至达到不可行的程度。例如,PGP 加密软件使用 128 位密钥,密钥存在 $2^{128}=3.4\times10^{38}$ 种可能的组合。即使计算机能每秒尝试 1 亿把密钥,每天 24 h 不停计算,可能需要 10^{14} 年才能完成密钥的破解。

从实用角度看,采用单台高性能计算机进行密钥破解时,40 位密钥要花费 3 h 来破解,41 位密钥要 6 h,42 位密钥要 12 h,每增加 1 位,破解时间增加 1 倍,如表 7-3 所示。

表 7-3　不同密钥长度的暴力破解时间

密钥长度/位	穷举搜索 1%时(最好情况)	穷举搜索 50%时(平均情况)
56	1 s	1 min
57	2 s	2 min
64	4.2 min	4.2 h
72	17.9 h	44.8 天
80	190.9 h	31.4 年
90	535 年	32 100 年
128	1.46×10^{5} 年	8×10^{16} 年

如果用户对密码设置的概率分布不均匀,如有些密码的符号组合根本不会出现,而另一些符号组合经常出现,那么密码的有效长度会减小很多,破译者就可能大大加快搜索的进度。例如,用户采用 8 位数字作为密码时,可能的密码组合有 108 种;如果用户采用 8 位数字的生日作为密码,则年的时间可以控制在 1900～2020,月的时间为 1～12,日的时间为 1～31,这样就大大减少了计算工作量。

2)字典式破解法

密码字典是用来穷举密码的字典文件,当字典中包含潜在密码时,就可能破解成功。提高密码破解效率的方法是建立一个包含所有可能密码的字典,可以利用一些字典生成器软件(见图 7-28)来生成一个高效的密码字典。如果每个密码的长度不超过 8 个英文字符,那么有 100 万个密码的字典文件不会超过 8 MB。假设黑客偷到了有密码的文件,就可以用密码字典对文件进行密码匹配破解,它的成功率令人吃惊。

3)密码破解工具

L0phtCrack 是 Windows 平台使用的密码破解工具。它能通过保存在操作系统中的密码列表来破解用户密码。通常为了安全起见,用户密码在经过加密之后都保存在 Hash(哈希)表中。这些敏感信息如果被攻击者获得,他们不仅可能会得到用户的权限,也可能会得到系统管理员的权限,后果将不堪设想。L0phtCrack 可通过各种不同的破解方法对用户密码进行破解。

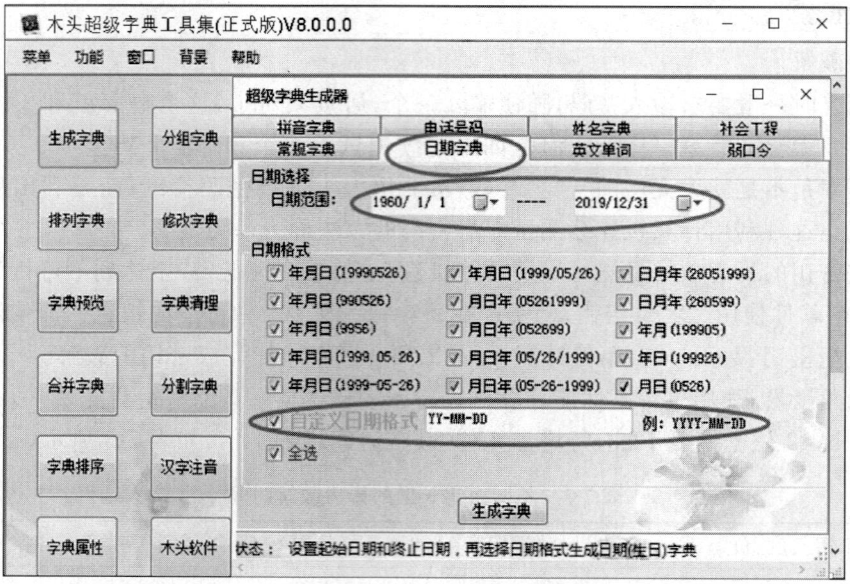

图 7-28 利用“木头超级字典工具集”生成日期字典

另一个常用的密码破解工具是协议分析器,也称为网络嗅探器(如 Sniffer Pro 或 Etherpeek)等,它能够捕获连接网段上的数据包。运行这种工具时,它可以“嗅探”出该网段上发生的每件事,如用户登录和数据传输,使黑客捕获用户密码和敏感数据。

2. 密码分析学

如果密钥长度是决定加密可靠性的唯一因素,也就不需要密码学专家来钻研这门学问,只要用尽可能长的密钥就足够了,然而实际情况并非如此。在不知道密钥的情况下,利用数学方法破解密文或找到密钥的方法称为密码分析学。密码分析学有两个基本目标:一是利用密文发现明文;二是利用密文发现密钥。

1)密码词频分析

在一份给定的文件里,词频(TF)指某一个给定的词语在该文件中出现的次数。经典密码分析学的基本方法是词频分析。在自然语言中,有些字母比其他字母出现的频率更高。用计算机对庞大的文本语料库进行统计分析,可得出准确的字母平均出现的频率,如表 7-4 所示。统计表明,英语中使用最多的 12 个字母占字母总使用次数的 80%左右;英语字母 e 是文本中出现频率最高的字母;th 两个字母连起来是最有可能出现的字母对。例如,假设密文没有隐藏词频统计信息,在字母替换加密中,每个字母只是简单地替换成另一个字母,那么在密文中出现频率最高的字母就最有可能是 e。如图灵研制的密码炸弹(Bomba)计算机就采用了词频分析的算法思想。

表 7-4 英语文本中字母出现的频率 (单位:%)

字母	首字母	平均	字母	首字母	平均	字母	首字母	平均	字母	首字母	平均
a	11.602	8.167	h	7.232	6.094	o	6.264	7.507	v	0.649	0.978
b	4.702	1.492	i	6.286	6.966	p	2.545	1.929	w	6.753	2.360
c	3.511	2.782	j	0.597	0.153	q	0.173	0.095	x	0.037	0.150

续表

字母	首字母	平均	字母	首字母	平均	字母	首字母	平均	字母	首字母	平均
d	2.670	4.253	k	0.590	0.772	r	1.653	5.987	y	1.620	1.974
e	2.007	12.702	l	2.705	4.025	s	7.755	6.327	z	0.034	0.074
f	3.779	2.228	m	4.374	2.406	t	16.671	9.056			
g	1.950	2.015	n	2.365	6.749	u	1.487	2.758			

说明：首字母指单词中第一个字母出现的频率。统计语料库不同，相应频率值会有所差别。

2）现代密码分析学

密码分析技术有线性密码分析、差分密码分析、通用攻击方法等。目前，很多密码系统都不能被已知的密码分析方法破解。但是，其他攻击方式的可能性增加了，如间谍、拦截攻击、窃听、信道攻击、逆向工程，以及用量子计算机进行密码分析。

3. 社会工程学

除了对密钥的穷尽搜索和进行密码分析外，黑客经常利用社会工程学破译密码。社会工程学是美国著名黑客K.米特尼克（K. Mitnick，第一个被美国联邦调查局通缉的黑客）在《欺骗的艺术》中提出的攻击方法。**社会工程学是黑客针对人机系统的弱点进行攻击，而不是攻击加密算法本身**。例如，可以欺骗用户，套出密钥；在用户输入密钥时，应用各种技术手段"偷窃"密钥；利用加密系统实现中的缺陷或漏洞；对用户使用的加密系统偷梁换柱；从用户工作和生活环境的其他方面来获得未加密的保密信息（如垃圾分析）；让通信的另一方透露密钥或信息；胁迫用户交出密钥等。虽然这些方法不是密码学研究的内容，但对于每一个使用加密技术的用户来说，这些都是不可忽视的问题，甚至比加密算法更重要。

例如，智能手机的开机指纹识别技术很流行。指纹识别的确很方便，按一下就相当于输入了一长串密码，而且是独一无二的密码。但是黑客利用社会工程学方法，会使指纹密码成为人们挥之不去的噩梦。因为获得一个人的指纹很容易，递给他一杯茶、一张纸或其他物品，他接触后就能采集到其指纹。如果别有用心的人采集了你的指纹，就相当于复制了你的手指，更严重的是字符密码可以随便修改，但手指却不能换掉。

7.4.4 数字认证

1. 单向函数

1）单向函数案例

单向函数本身并不是安全密码协议，但它对大多数密码协议来说是基本的结构模块。单向函数的思想是计算起来相对容易，但求逆却非常困难。打碎盘子就是一个很好的单向函数的例子。把盘子打碎成数千块碎片是很容易的事情，然而，要把所有碎片再拼成一个完整的盘子，却是非常困难的事情。

2）单向函数假设

单向函数听起来很好，但事实上严格地按数学的定义，我们不能证明单向函数的存在性，同时还没有实际的证据能够构造出理想的单向函数。即使这样，还是有很多函数看起来像单向函数:我们能够有效地计算它们,且至今还不知道有什么办法能容易地求出它们的逆,因此我们假定单向函数是存在的。

3)单向陷门函数

单向陷门函数是一类特殊的单向函数。它在一个方向上易于计算而在另一个方向上却难以计算。但是,如果知道相关的秘密信息,就能很容易地在另一个方向上计算这个函数。也就是说,已知 x,易于计算 $f(x)$,而已知 $f(x)$,却难以计算 x。然而,如果有一些秘密信息 y,一旦给出 $f(x)$ 和 y,就很容易计算出 x。钟表的拆卸和安装就是一个单向陷门函数的案例,很容易把钟表拆成数百个小零件,而把这些小零件组装成能够工作的钟表却非常困难。然而,通过秘密信息(如钟表装配手册),就能把钟表还原。

2. Hash 函数

1)Hash 函数的原理

Hash 函数就是把任意长度的输入,通过算法,变换成固定长度的输出(Hash 值)。Hash 值的空间通常远小于输入数据的空间,不同的输入可能会散列成相同的输出(冲突),但是不可能从 Hash 值来唯一确定输入值。

Hash 函数的数学表达式为

$$\text{Hash}=H(M)$$

其中,$H(\ )$是单向 Hash 函数;M 是任意长度的明文;Hash 是固定长度的 Hash 值。

例 7-6 假设明文为 2 500,为了便于理解,用简单的除法来构造一个 Hash 函数:Hash$=H(2\,500\div 500)=5$。那么 Hash 值 5(实际要求 128 位)就可以作为明文 2 500 的消息摘要。如果改变明文 2 500 或消息摘要 5,都无法得到 500。只给出消息摘要 5,而不给出其他信息,就无法追溯到明文信息。

常见的 Hash 算法有 MD5(消息摘要,RSA 公司的 Hash 函数)等。MD5 将任意长度的“字符串”映射为一个 128 位的 Hash 值,但是无法通过 128 位的 Hash 值反推出原始字符串。从数学原理上说,Hash 值不可逆,因为从小集合到大集合的映射是一对多的关系。

2)Hash 函数的应用

- 数据的存储和查找:Hash 表是一种高效的数据结构,可以用于数据的存储和查找,以及巨型字符串的匹配等。它大大缩短了数据查找的时间,而代价是消耗较多的内存。在当前可用内存越来越多的情况下,用空间换时间的做法是值得的。
- 文件校验:基于 Hash 函数的 MD5 算法具有数字指纹特性,MD5 是目前应用最广泛的文件完整性校验算法。
- 数字签名:由于非对称加密算法的运算速度较慢,所以在数字签名协议中,可以采用 Hash 函数值(又称为数字摘要)进行数字签名。

3. 身份鉴别

1)传统密码身份鉴别

用户登录计算机(或自动柜员机等终端)时,先输入密码,然后计算机确认密码是正确的。用户和计算机都知道这个密码,这种密码存储方式存在很大的安全隐患,如果黑客窃取了用户密码,将给计算机安全带来危害。

2)Hash 函数身份鉴别

其实,计算机没有必要知道用户密码,只需要区别有效密码和无效密码就行,可以用 Hash

函数来鉴别用户身份。现在大部分网站的数据库存储的密码都不是明文，而是用户密码的 MD5 值。当用户登录时，系统将用户输入的密码进行 MD5 运算，然后再与系统中保存的密码 MD5 值进行比较，从而确定输入的密码的正确性。系统在并不知道用户密码的情况下，就可以确定用户的合法性。

4. 数字签名

实现数字签名的方法有多种，如公钥加密数字签名、Hash 函数数字签名等技术。

1）公钥加密数字签名

在非对称加密系统中，公钥和私钥可以反过来使用，即用私钥加密，用公钥解密。因为公钥是公开的，所以用私钥加密不是为了保密，而是用于数字签名。数字签名的理论依据是：公钥能解密的东西一定是用私钥加密的，而私钥只有一个人保存，如同个人手写签名一样，不可能有人仿造出来。黑客是否能够将数字签名解密后，再对签名进行修改呢？这是不可能的，即使黑客将数字签名解密了，因为他没有私钥，所以无法再加密成数字签名。

2）Hash 函数数字签名

Hash 函数数字签名的原理是：发送方首先用 Hash 函数将需要传送的报文转换成消息摘要，消息摘要是一个 128 位（MD5）或 160 位（SHA）的单向 Hash 函数值，并且发送方用自己的私钥对这个 Hash 值进行加密，形成发送方的数字签名。然后将这个数字签名作为报文的附件和报文一起发送给接收方，如图 7-29 所示。接收方用 Hash 函数将接收到的报文转换成消息摘要，并计算出 Hash 值，再用发送方的公钥对报文附加的数字签名进行解密，如果这两个 Hash 值相同，接收方就能确认该数字签名是发送方的；如果这两个 Hash 值不同，则可以判断报文在传送过程中已被第三方修改或替换。

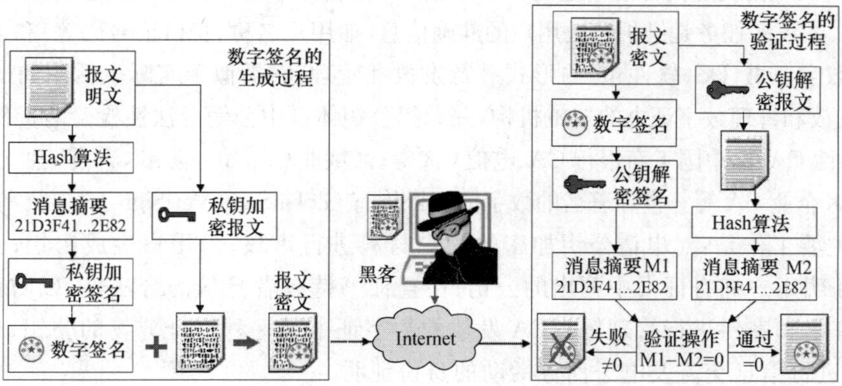

图 7-29　数字签名的生成和验证过程

3）数字签名的应用

数字签名算法主要有 Hash 签名、RSA 签名和 DSS 签名。这 3 种算法可单独使用，也可综合在一起使用。在实际应用中，采用 RSA 签名算法对长文件签名效率太低。为了节约时间，经常将数字签名协议和 Hash 函数一起使用。用户并不对整个文件签名，只对文件的 Hash 值签名。在这个协议中，单向 Hash 函数和数字签名算法是事先协商好的。

通过数字签名，能够实现对原始报文的鉴别与验证，保证报文的完整性和发送方对所发报文的不可抵赖性。数字签名机制普遍用于银行、电子贸易等领域，以解决数据文件的伪造、复制、重用、抵赖、篡改等问题。

5. 数字认证中心

1)中间人攻击

非对称加密虽然难以破解,但是应用中存在一个问题,即通信对方必须是确认的对象。例如,登录银行网站,查询自己账户的资金余额。假设不慎登录的是一个冒名顶替的钓鱼网站,并且用提供的公钥对报文进行加密,并发送给假的银行网站。这样黑客就可以根据报文破解用户的私钥,从而获取用户的银行账户名称和密码信息。如图 7-30 所示,这个过程称为**中间人攻击**。

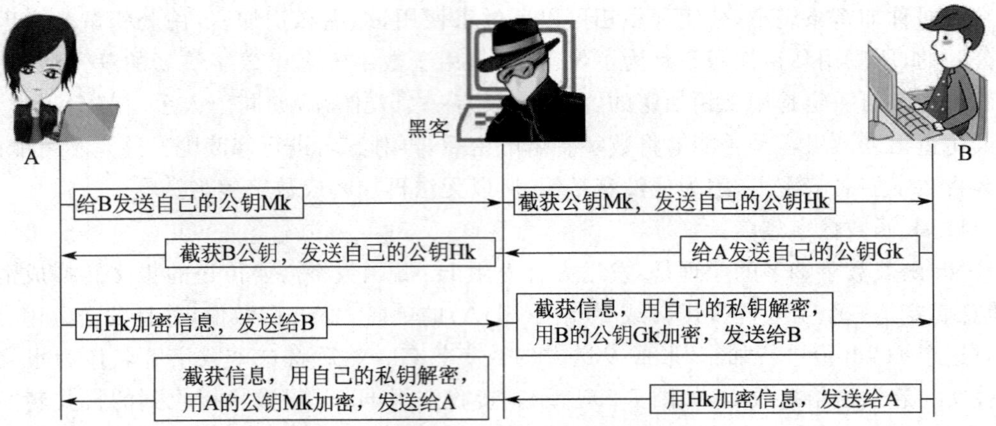

图 7-30　中间人攻击

2)数字认证中心

解决中间人攻击问题的方法是建立一个通信双方都信任的第三方网站,这个网站称为数字认证中心(CA)。CA 的任务是维护合法用户的准确信息(如用户名称、身份证号码等)和他们的公钥。这些信息用数字证书(DC,软件包)的形式进行发放和管理,它类似于实际生活中的居民身份证。CA 是负责发放和管理数字证书的权威机构,并承担公钥体系中公钥合法性检验的责任。CA 有以下类型:行业性 CA,如中国工商银行 CA、电信 CA 等;区域性 CA,如上海市 CA 等;独立 CA,如天威诚信 CA、××企业 CA 等。世界著名的数字证书机构有 GlobalSign、VeriSign、Entrust 等。

CA 的主要工作是:对申请公钥加密的用户材料进行审核;为用户生成密钥;为用户签发数字证书;证明用户拥有证书中列出的公钥;检查证书持有者身份的合法性,以防证书被伪造或篡改;对证书和密钥进行管理等。CA 发放的数字证书是一种安全分发的公钥,也是个人和企业在网上进行信息交流及电子商务活动的身份证明。

6. 数字证书

1)数字证书的生成

数字证书的生成步骤是密钥生成→注册→验证→证书生成。

● 密钥生成:用户可以通过软件自己生成密钥,如用户可以利用鼠标移动等随机信息生成密钥,这种方法很安全,但是 CA 验证操作很麻烦。也可以由 CA 统一生成密钥,这种情况下 CA 机构知道用户的私钥,但是验证操作很简单。

● 注册:用户可以通过远程操作,在 CA 网站生成密钥。如果是用户自己生成的密钥,则需要向 CA 发送公钥。用户还需要向 CA 传送关于自己的所有证明材料,证明材料有可能是纸质的,如在办理网上银行时需要提交身份证复印件等。

● 验证:CA 验证用户提交的材料,保证它们可接受。如果是由用户生成的密钥,CA 还需要验证用户发送给 CA 的与公钥对应的私钥,并且 CA 要求用户对私钥进行数字签名。

● 证书生成:CA 用程序生成 X.509 格式的证书,发给用户一份,自己保留一份。留存的证书放在证书数据库中,类似于电话簿。

2)数字证书的形式

数字证书实际上是一串很长的数字编码,包括证书申请者的名称和相关信息(如用户姓名、身份证号码、有效日期等)、申请者的公钥、证书签发机构的信息(CA 名称、序列号等)、签发机构的数字签名及证书的有效期等内容(见图 7-31)。数字证书的格式和验证方法普遍遵循 ITU-TX.509 国际标准。

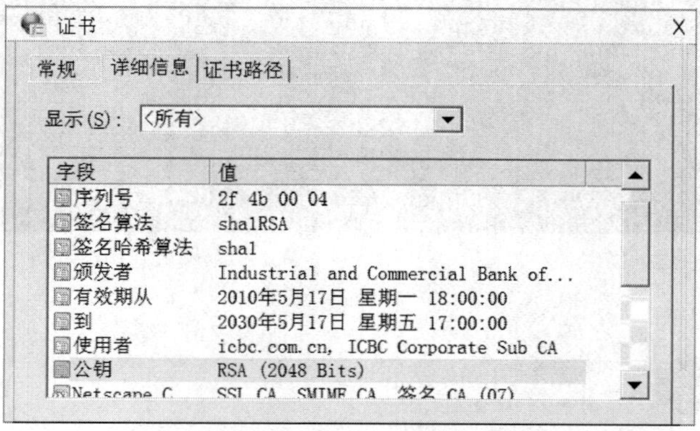

图 7-31　中国工商银行数字证书

习　题

7-1　简要说明计算机网络的功能。

7-2　简要说明广域网的特点。

7-3　简要说明分组交换的优点与缺点。

7-4　为什么说机器之间的信息传输体现了大问题的复杂性?

7-5　简要说明 TCP/IP 模型各个层次的功能。

7-6　简要说明外部对计算机的攻击形式。

7-7　简要说明非对称加密的基本特征。

7-8　简要说明破解密码的方法。

7-9　简要说明什么是中间人攻击。

7-10　能够制造出一台不受任何计算机病毒侵害的计算机吗?

专题 8
计算机新技术

专题导读

计算机新技术的研究热点有很多，如人工智能、大数据、物联网、云计算、计算社会学、量子计算机、区块链、机器学习、3D 打印、虚拟现实、增强现实、无线传感器网络、移动计算、情感计算等，本专题主要讨论几种影响较大的计算机新技术。

知识列表

8.1 人工智能
8.2 物联网
8.3 其他新技术

8.1 人工智能

8.1.1 人工智能概述

人工智能(artificial intelligence,AI)是研究、开发用于模拟、延伸和扩展人的智能的理论、方法、技术及应用系统的一门新的技术科学。

人工智能的定义可以分为人工和智能两部分,人工比较好理解,争议也不大;关于什么是智能,争议就多了。智能涉及意识、自我、心灵、无意识等精神问题。目前,人们对自身智能的理解非常有限,对构成人类智能的必要元素的了解也有限,所以很难定义什么是人工制造的智能。

J.麦卡锡(J. McCarthy)教授在 1956 年提出了人工智能的早期定义:人工智能就是要让机器的行为看起来像人所表现出的智能行为一样。

人工智能是计算机科学的一个分支,它企图了解智能的实质,并生产出一种新的能以与人类智能相似的方式做出反应的智能机器,该领域的研究包括机器人、语言识别、图像识别、自然语言处理和专家系统等。人工智能从诞生以来,其理论和技术日益成熟,应用领域也不断扩大,可以设想,未来人工智能带来的科技产品,将会是人类智慧的"容器"。人工智能是对人的意识、思维处理信息的过程的模拟。人工智能不是人的智能,但能像人那样思考,也可能超过人的智能。

人工智能是一门极具挑战的科学,从事这项工作的人必须懂得计算机、心理学和哲学等相关知识。人工智能是内涵十分广泛的科学,它由不同的领域组成,如机器学习(ML)、计算机视觉等。总的来说,研究人工智能的一个主要目标是使机器能够胜任一些通常需要人类智能才能完成的复杂工作。但不同的时代、不同的人对这种"复杂工作"的理解是不同的。

目前,人工智能的主要应用领域表现在机器翻译、智能控制、专家系统、机器人学、语言和图像理解、自动程序设计、航天应用、庞大的信息处理、储存与管理等。

什么是人工智能　　人工智能的发展简史　　人工智能的研究内容与研究方法

8.1.2 图灵测试

人工智能的研究起源于图灵。1956 年,斯坦福大学计算机科学家麦卡锡在美国达特矛斯会议上第一次提出了人工智能的概念。人工智能的研究从早期以逻辑推理为重点,经过以知识规则为重点,发展到目前的以机器学习为重点。

1. 图灵测试的方法

1947年,图灵在一次计算机会议上作了题为“智能机器”的报告,详细地阐述了他关于思维机器的思想,第一次从科学的角度指出“与人脑的活动方式极为相似的机器是可以制造出来的”。1950年,图灵发表了著名的论文《计算机器与智能》,他逐条反驳了各种机器不能思维的论点,在论文中提出了著名的图灵测试。图灵的这篇论文标志着计算机人工智能问题研究的开始。

图灵测试由3个人完成:一个男生(A)、一个女生(B)、一个性别不限的提问者(C)。提问者待在与其他两个测试者隔离的房间里。图灵测试没有规定问题的范围和提问的标准。测试的目标是,让提问者通过对比其他两个测试者的问答,鉴别其中回答问题的对象是男生还是女生。为了避免提问者通过声音、语调轻易地作出判断,规定提问者和测试者之间只能通过电传打字机进行沟通。

如图8-1所示,如果将上面测试中的男生(A)换成机器,提问者在机器与女生的回答中作出判断,如果机器足够“聪明”,就能够给出类似于人类思考后得出的答案,而且在5 min的交谈时间内,提问者如果没有识破对方,那么这台机器就算通过了图灵测试。图灵指出:“如果机器在某些现实条件下,能够非常好地模仿人回答问题,以致提问者在相当长的时间里误认为它不是机器,那么机器就可以认为是能够思维的。”

图8-1　图灵测试示意图

2. 图灵测试的尝试与实现

图灵测试不要求接受测试的机器在内部构造上与人脑一样,只是从功能的角度判定机器是否存在思维,也就是从行为主义的角度对机器思维进行定义。图灵预言,2000年左右将会出现足够好的计算机,在长达5 min的交谈中,提问者在图灵测试中的准确率会下降到70%或更低(或者说机器欺骗的成功率达到30%以上)。

例8-1　2014年,在国际图灵测试挑战赛中,俄罗斯人V.维西罗夫(V. Veselov)设计的人工智能软件尤金·古斯特曼(Eugene Goostman)通过了图灵测试。这个程序欺骗了33%的评判者,让其误以为屏幕另一端是一位13岁的乌克兰男孩。尤金程序的成功也带来了一些争议,有专家认为:尤金的设计思路并不是“一台在智力行为上表现得和人无法区分”的机器,而是一台“能够在5 min的对话内尽可能骗过人类”的机器。

例8-2　在博弈领域,图灵测试也取得了成功。1997年,IBM公司的“深蓝”计算机战胜了俄罗斯国际象棋世界冠军G.卡斯帕罗夫(G. Kasparov)。在与卡斯帕罗夫的博弈中,“深蓝”计算机采用了最笨、最简单的办法:搜索再搜索,计算再计算。我们可以嘲笑计算机的愚蠢,但必须承认这很有效。计算机试图用一种勤能补拙的方式与人类抗衡,通过不厌其烦地将最简单的逻辑不断重复,完成人类的智力分析过程。

例 8-3　AlphaGo(阿尔法狗)围棋程序由谷歌公司开发。2016 年，AlphaGo 与围棋世界冠军、职业九段选手李世石(韩国)进行人机大战，并以 4∶1 的成绩获胜；2017 年初，AlphaGo 在网站上与中国、日本、韩国数十位围棋高手进行快棋对决，连续 60 局无一败绩。

AlphaGo 程序的核心技术是蒙特卡洛树搜索＋深度学习。它成功的秘诀是巧妙地利用了两个深度学习模型：一个用于预测下一手棋的最佳走法；另一个用于判断棋局形势。预测的结果降低了搜索的宽度，而棋局形势判断则减小了搜索的深度。深度学习技术从人类的经验中学习到了围棋的“棋感”和“大局观”这些主观性很强的经验。

8.1.3　研究流派

1955 年以来，人工智能研究领域形成了三大学派：符号主义学派，以斯坦福大学的麦肯锡、卡内基梅隆大学的 A. 纽厄尔(A. Newell)和 S. 海肯(S. Haykin)为代表；连接主义学派，以麻省理工学院的 M. 明斯基(M. Minsky)为代表；行为主义学派，以麻省理工学院的 N. 维纳(N. Wiener)为代表。

1. 符号主义学派

符号主义又称为逻辑主义。符号主义认为，人类认知和思维的基本单元是符号，而认知过程就是在符号表示上的一种运算。从符号主义的观点看，知识是构成智能的基础，知识表示、知识推理、知识运用是 AI 的研究核心。符号主义希望通过对符号的演绎和逆演绎进行结果预测。如图 8-2 所示，符号主义认为可以根据“2＋2＝？”预测“2＋？＝4”中的未知项。符号主义的思想源头和理论基础是定理证明，初衷是把逻辑演算自动化。简单地说，符号主义的思想可以归结为“认知即计算”。

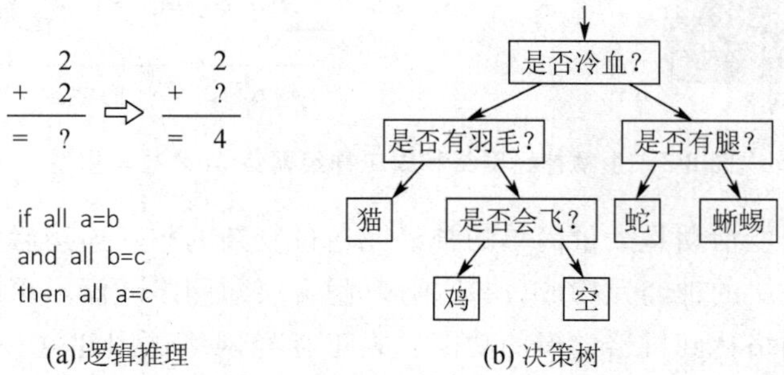

图 8-2　知识的符号推理

符号主义致力于用计算机的符号操作模拟人的认知过程，其实质就是模拟人脑的抽象逻辑思维。通过研究人类认知系统的功能机理，用某种符号描述人类的认知过程，并把这种符号输入能处理符号的计算机，从而模拟人类的认知过程，实现人工智能。

1957 年，纽厄尔和海肯等成功开发了第一个数学定理证明程序 LT(逻辑理论家)，LT 程序证明了 38 条已经存在的数学定理，这也表明了可以用计算机研究人的思维过程，模拟人类的智能活动。1968 年，美国斯坦福大学的 M. 费根鲍姆(M. Feigenbaum)等在总结通用问题求解系统的成功与失败经验的基础上，成功开发了世界上第一个专家系统 DENDRAL，用于帮助化学家判断某个待定物质的分子结构。

符号主义学派的发展经历了定理证明自动化→启发式算法→专家系统→知识工程的过程,为人工智能的发展做出了重要贡献。尤其是专家系统的成功开发与应用,对人工智能走向工程应用和实现理论联系实际具有特别重要的意义。

符号主义不要求明白进化论和大脑的工作原理,这避免了数学复杂性。符号主义从最少数量的假设和公理出发,用逻辑演绎推理的方法解释最大量的经验事实。

符号主义存在以下问题:一是难于表示过程和启发式知识;二是当事实数量增大时,证明过程中可能会产生组合爆炸;三是表示内容与推理过程分离,使得处理效率很低。

2. 连接主义学派

生物学家认为,人类大脑的思维方式分为抽象思维(逻辑思维)、直观思维(形象思维)和灵感思维(顿悟思维)3 种。连接主义学派(也称为仿生学派)的主要方法是采用人工神经网络(ANN)模型模拟人的直观思维方式。

1943 年,生物学家 W. 麦科洛克(W. McCulloch)和数理逻辑学家 W. 皮茨(W. Pitts)发表了论文《神经活动中内在思想的逻辑演算》,论文中提出了神经元的数学模型 M-P,如图 8-3 所示。该论文奠定了人工神经网络的基础,神经元数学模型一直沿用至今。

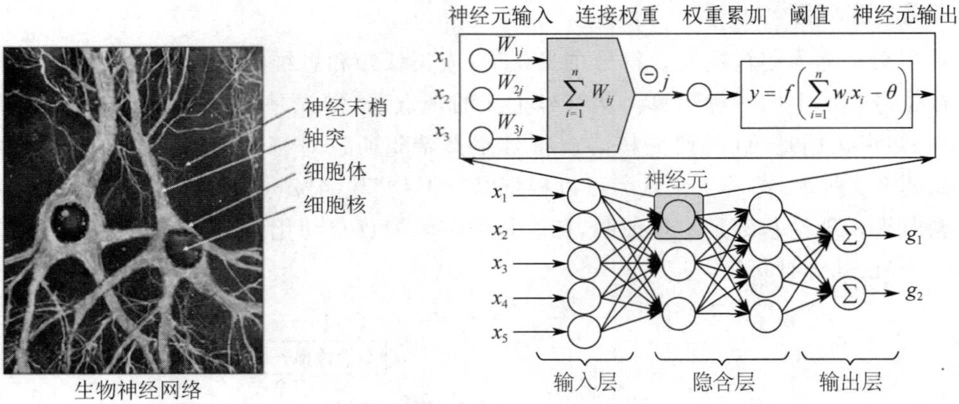

图 8-3 生物神经网络和人工神经网络 M-P 数学模型

连接主义认为智能活动是大量简单的神经元通过复杂的相互连接后并行运行的结果。人工神经网络由一层一层的神经元构成,层数越多(隐含层),网络越深。深度学习就是用很多层神经元构成的神经网络达到机器学习的功能。人工神经网络试图建立一个通用模型,然后通过数据训练,不断改善模型中的参数,直到输出的结果符合预期。简单地说,连接主义的思想可以归结为智能源于学习。

人工神经网络的特色在于信息的分布式存储和并行协同处理。国际象棋的博弈过程就类似于一个人工神经网络。人工神经网络的代表性研究成果是 AlphaGo 围棋程序。

目前,人工神经网络的智能需要依靠大规模的数据训练,而且在认知层面(如图像理解、语义理解等领域)还没有达到预期效果,缺乏解释性与逻辑推理能力。在训练多层人工神经网络的路径时,很难找到与之对应的生物学知识和相应的生物实体。

3. 行为主义学派

行为主义又称为进化主义或控制论。行为主义认为,智能行为的基础是“感知—行动”的反应机制。所以,智能无须知识表示,无须推理。智能是在与环境交互作用中表现出来的,需要具有不同的行为模块与环境交互，以此产生复杂的行为。

行为主义的理论目标在于预见和控制行为。维纳和麦科洛克等提出了控制论和自组织系统，钱学森等提出了工程控制论和生物控制论。控制论把神经系统的工作原理与信息理论、控制理论、逻辑及计算机联系起来。早期研究的工作重点是模拟人在控制过程中的智能行为和作用，对自寻优、自适应、自校正、自镇定、自组织和自学习等控制论系统进行研究，并进行“控制动物”的研制。

行为主义学派采用自下而上的研究策略，把注意力集中在现实世界中可以自主执行各种任务的物理系统上，如移动机器人、自动驾驶汽车等，如图 8-4 所示。行为主义学派的代表作首推布鲁克斯(Brooks)制作的六足行走机器人，它是一个基于“感知—行动”模式，模拟昆虫行为的控制系统。布鲁克斯认为，机器人设计只需要“先感觉，后行动”两个步骤。机器人在给定的时间和环境中，根据接收到的信息的不同，选择适当的行为。从本质上看，机器人的行为类似于一个巨大的有限状态自动机。

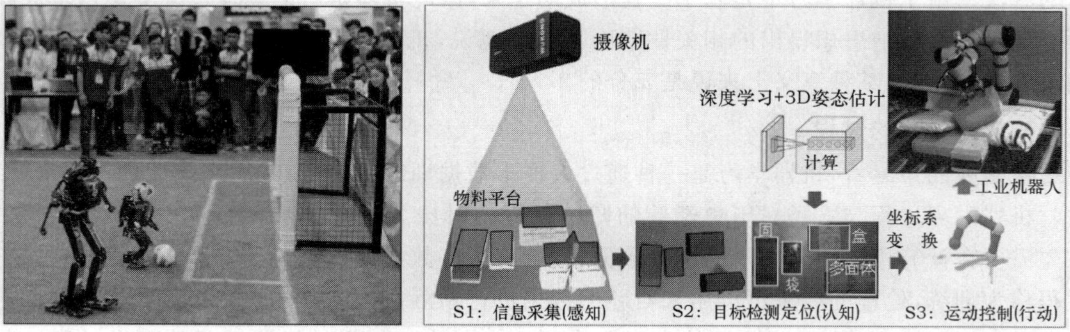

图 8-4　足球机器人和工业机器人的“感知—行动”过程

8.1.4　机器学习

机器学习与深度学习

1. 机器学习的案例

计算机的能力是否能超过人类？很多持否定意见的人的主要论据是：机器是人造的，其性能和动作完全由设计者规定，因此无论如何其能力也不会超过设计者本人。这种意见对不具备学习能力的计算机来说也许是正确的，但是对具备学习能力的计算机就不一定正确了，因为具备学习能力的计算机可以在应用中不断地提高它们的智能，一段时间之后，设计者本人也不知道它的能力到了何种水平。

例 8-4　20 世纪 50 年代，美国 IBM 公司的工程师 A. 塞缪尔(A. Samuel)设计了一个“跳棋”程序，这个程序具备学习能力，它可以在不断的对弈中提高自己的棋艺。“跳棋”程序运行于 IBM704 大型通用电子计算机中，塞缪尔称它为跳棋机，跳棋机可以记住 17 500 张棋谱，实战中能自动分析猜测哪些棋步源于书上推荐的走法。最开始塞缪尔自己与跳棋机对弈，让跳棋机积累经验；1959 年，跳棋机战胜了塞缪尔；3 年后，跳棋机一举击败了康涅狄格州的前跳棋冠军；后来它被世界跳棋冠军击败。这个程序向人们展示了机器学习的能力，提出了许多令人深思的社会与哲学问题。

2. 机器学习的基本特征

海肯曾对“学习”下了一个定义:“如果一个系统能够通过执行某个过程来改进性能,那么这个过程就是学习。”在形式上,机器学习可以看作一个函数,通过对特定的输入进行处理(如统计方法或推理方法),得到一个预期的结果。例如,计算机接收了一串语音信号,它怎样判断这个语音信号是“你好”,而不是其他内容呢?这就需要构建一个评估体系,判断计算机通过学习是否能够输出预期的结果。

例 8-5 一个识别手写数字的分类算法,通过大样本数据训练后(如文字识别中汉字偏旁部首特征的数据训练),不用修改程序就可以将电子邮件分为垃圾邮件和普通邮件。算法没有变,但是输入的训练数据变了,因此机器学习到了不同的分类逻辑。

传统的计算机按照程序指令一步一步执行,最终结果是确定的。例如,编程计算学生的平均成绩时,最终的计算结果是确定的。机器学习是一种让计算机利用数据而不是指令进行工作的方法。由于机器学习不是基于编程形成的结果,因此机器学习的处理过程不是因果逻辑,而是通过统计归纳思想得出的相关性结论。简单地说,机器学习得到的最终结果可能既不精确也不最优,但从某种意义上来说是充分的。

3. 机器学习的过程

从实践的角度看,机器学习是一种通过大样本数据训练出模型,然后用模型进行预测的方法。机器学习过程与人类对历史经验的归纳过程的对比如图 8-5 所示。在机器学习过程中,首先需要在计算机中存储大量的历史数据,接着将这些数据通过机器学习算法进行处理,这个过程称为训练,处理的结果可以用来对新的数据进行预测,这个结果称为模型[如神经网络、支持向量机(SVM)等]。对新数据的出现称为预测。训练与预测是机器学习的两个过程,训练产生模型,模型指导预测。通俗地说,机器学习=数据+模型+特征。

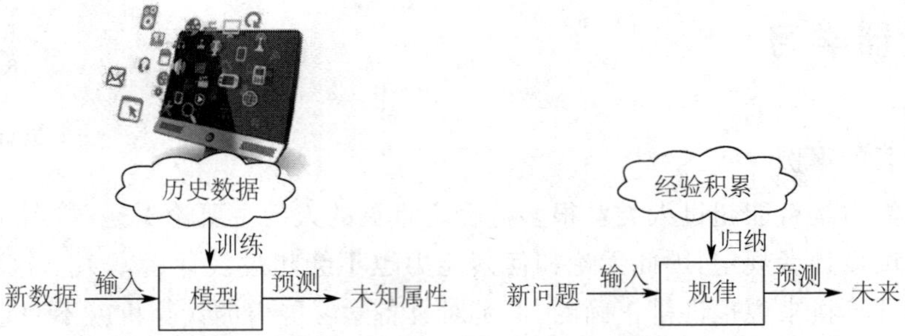

图 8-5 机器学习过程与人类对历史经验的归纳过程的对比

机器学习需要经过模型、评价、优化 3 个步骤,其中会用不同的算法(或数学公式)来分别解决遇到的问题。

1)模型

模型是可以由输入产生正确输出的函数或者概率统计方法。在机器学习中,首先,需要对实际问题进行抽象处理,将要解决的问题抽象成一个数学问题(数学模型),再进一步解决这个数学问题;其次,还要对数据进行抽象,要对某些数据进行判别时,需要先找出一些特征,或者表示成其他形式,然后再寻找合理的算法。

机器学习中,主要采用生成和判别两类概率统计模型。常见的生成模型有高斯混合模型、隐马尔可夫模型、朴素贝叶斯模型等；常见的判别模型有逻辑回归、支持向量机、神经网络、决策树、线性回归等。例如，支持向量机在文本分类、图像分类、生物序列分析、生物数据挖掘、手写字符识别等领域有很多应用。通俗来说，支持向量机是一种分类模型，它将机器学习过程转化为一个二次规划问题的求解。

例 8-6 设计一个算法，判断一个邮件是不是垃圾邮件，输出结果为"是"或者"否"。例如，对这个问题进行抽象，它实际上就是二分类问题。可以把垃圾邮件定义为 0，把非垃圾邮件定义为 1，所以，这个问题最终要解决的是输出 0 还是 1。另外，还需要对数据进行抽象。例如，判定一个邮件是不是垃圾邮件时，需要根据邮件的特征进行判断，如检查邮件内容是否有推销、产品、销售商名称等关键字。可以把这些关键字表示成一个特征或者其他形式，这就是对数据进行抽象。

2)评价

给定模型之后，需要对这个模型进行评价。这时需要设定一个目标函数来评价这个模型的性质。目标函数的选取有多种形式，一般来说，错误率在分类问题中是一个常用指标，或者说是常用的目标函数。例如，在回归分析中，使用最小均方误差(MMSE)这个常用的目标函数。此外，还有最大似然估计(MLE)、最大后验概率(MAP)等指标。

3)优化

有了目标函数后，需要求解这个目标函数在指定模型下的最优解，看看这个模型在解决问题时，最好能达到什么程度。目标函数的求解通常都会转化为最优问题的求解，常用的优化算法有快速梯度下降法、迭代法、牛顿法、概率计算公式等。

4. 机器学习的技术难点

规模庞大且高频变化的特征和样本，给机器学习带来了挑战。机器学习的难点可以归结为数据样本、特征提取和计算规模 3 个方面。

(1)在数据样本方面，机器学习面对的是百亿规模以上的训练数据。显然，多轮迭代的机器学习算法需要消耗的计算资源极多。

(2)在特征提取方面，大规模样本下特征总量轻易就会超过千亿量级。给特征编号需要消耗极多的机器资源且耗费很长的计算时间。

(3)在计算规模方面，大规模特征给存储和计算性能带来了巨大的压力。例如，100 亿个 32 位浮点数就需要 372 GB 的存储空间，再加上需要保留的历史数据等，往往需要数十台服务器才能使各个进程的内存占用控制在一个合理范围内。服务器数量成倍增长，导致并行请求数也线性增长，这给集群通信、调度、容错、网络、I/O 带来很大的压力。

人工智能要达到广泛应用，还需要提高易用性。例如，数据需要进行归集、整理、清洗、拼接、导入、特征提取等工作。另外，模型要保证稳定性和时效性等指标。

8.1.5 深度学习

1. 深度学习的基本概念

深度学习(DL)是机器学习领域的一个研究方向，而机器学习是实现人工智能的必经之路。深度学习的概念源于人工神经网络的研究，一般来说，有一两个隐含层的神经网络称为浅层神经网络，隐含层超过 5 层就称为深度神经网络，利用深度神经网络进行特征识别就称为深度学习。卷积神经网络(CNN)和循环神经网络(RNN)的结构一般都有很多层,因此不需要特别指明深度。

深度学习通过组合低层特征来形成抽象的高层特征,以发现数据的分布特征。研究深度学习的目的是模仿人脑的机制来解释数据,深度学习过程中获得的信息对文字、图像、声音等数据的解释有很大的帮助。它的最终目标是让机器能够像人一样具有分析、学习的能力,能够识别文字、图像、声音等数据。

深度学习通过多层处理后,逐渐将初始的低层特征转化为高层特征,用简单的模型即可完成复杂的分类等学习任务,因此也可以将深度学习简单理解为进行特征学习。典型的深度学习模型有基于卷积运算的神经网络模型、深度信任网络(DBN)模型、基于多层神经元的自编码器(AE)等。例如,微软研究人员将受限玻尔兹曼机(RBM)和深度信任网络模型引入语音识别训练中,在大词汇量语音识别系统中获得了巨大成功,使语音识别的错误率降低了30%。

深度学习与传统浅层学习的区别在于:一是强调了模型结构的深度,通常有五六层,甚至十多层以上的隐含层节点;二是明确了特征学习的重要性,也就是说,通过逐层特征变换,将样本在原空间的特征变换到一个新特征空间,从而使分类或预测更容易。

深度学习适用于处理大数据,其计算量很大(如矩阵运算、卷积运算等),依赖高端硬件设备(如GPU、NPU)。数据量小时,宜采用传统的机器学习方法。

2. 深度学习的神经网络模型

1)传统神经网络的对象识别

传统神经网络一般采用梯度下降算法,通过输入大量的样本特征数据,学习识别与分类不同的目标样本。这些传统的模式识别方法包括k近邻、支持向量机等。它们有一个无法避免的问题,就是需要手工设计算法以实现从输入图像到特征提取,而且在特征提取过程中要考虑各种不变性问题,如图片的旋转不变性、光照不变性、尺度不变性等。这些方法的最大弊端就是特征提取过程完全依赖于人。

2)卷积神经网络

在各种深度神经网络结构中,卷积神经网络是应用最广泛的一种,在机器视觉识别和其他领域,卷积神经网络取得了当前最好的效果。卷积神经网络是一种监督学习的神经网络模型,适合处理结构化数据。

如图8-6所示,卷积神经网络由输入层、卷积层、全连接层、输出层组成。

由于色彩对图片识别的帮助不大,故首先将输入图片转换成灰度值,图片中的像素是一种二维表格结构的数据(由列和行组成)。如果按时间序列抽取数据,就相当于一维的队列数据。视频数据可以理解为三维数据(帧的水平分辨率、垂直分辨率,时间)。

卷积运算常用于图像去噪、图像增强、边缘检测,以及提取图像特征。卷积是一种数学运算,卷积运算是两个变量在某范围内相乘后求和的结果。

图像处理中的卷积运算是用一个称为卷积算子的矩阵,在输入的图像数据矩阵中自上而下、自左向右滑动,将卷积算子矩阵中的各个元素与它在输入图像数据上对应位置的元素相乘,然后求和,得到输出像素值。经过卷积运算之后,图像尺寸变小了。

卷积操作完成了对输入图像数据的降维和特征提取,但是特征图像的维数还是很高,计算还是非常耗时。为此引入池化操作(下采样技术),池化操作的方法是对图像的某一个区域用一个值代替,如最大值或平均值。

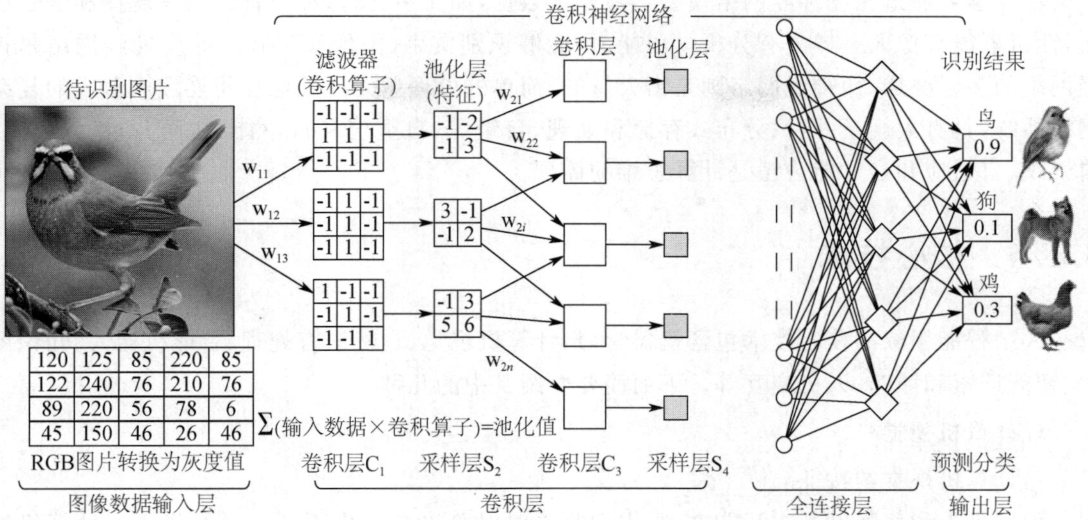

图 8-6 卷积神经网络模型结构示意图

池化操作的具体实现是在卷积操作之后，对得到的特征图像进行分块，图像被划分成多个不相交的子块，计算这些子块内的最大值或平均值，就得到了池化后的图像。池化操作除减小了图像尺寸外，还保证了图像平移、旋转的不变性，因为输出值由图像的一片区域计算得到，所以对于图像的平移和旋转并不敏感。

图像处理中，这些卷积算子矩阵的数值可以人为设计，也可以通过机器学习的方法来自动生成，从而描述各种不同类型的图像特征。卷积神经网络就是通过这种自动学习的手段来得到各种有用的卷积算子。

3）玻尔兹曼机和受限玻尔兹曼机

玻尔兹曼机（BM）是无监督学习的预训练神经网络模型，它是马尔可夫无向图中的一种，以节点表示随机变量，以边表示变量之间的依赖关系，如图 8-7 所示。玻尔兹曼机是深度学习中常见的预训练模型。玻尔兹曼机是一个完全图结构，所有节点通过无向边相连，节点分为可视层节点集 V 和隐含层节点集 H。其中，可视层节点也称为输入层，用于接收可观察的样本数据集合；隐含层节点则是对输入数据的抽象，通常起到特征提取、降维等作用。

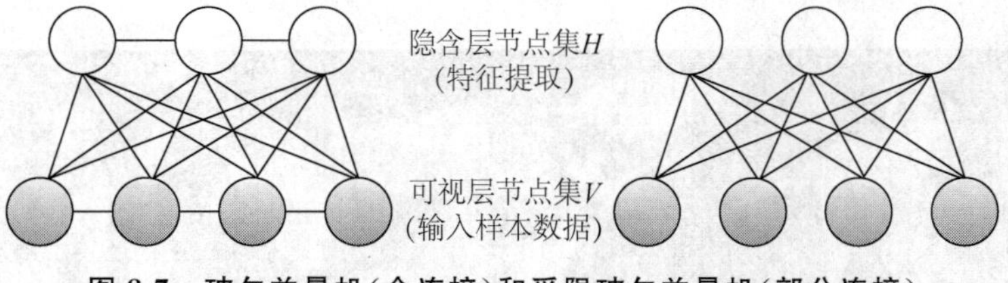

图 8-7 玻尔兹曼机（全连接）和受限玻尔兹曼机（部分连接）

玻尔兹曼机具有强大的无监督学习能力，能够学习到输入数据中蕴含的特征。但是，无差别的全连接结构使得训练的计算量非常高。因此，在实际应用中，更多采用的是一种简化版的神经网络：受限玻尔兹曼机。这种神经网络结构保留了可视层神经元与隐含层神经元之间的连接，但可视层神经元之间，以及隐含层神经元之间互不相连，这样就把神经网络结构从完全图（全连接）简化为完全二分图（部分连接）。

深度学习通过深度神经网络模型学习样本数据,如文字、图像和声音的内在规律和表示层次,让机器能够像人一样具有分析学习能力,能够识别文字、图像和声音。深度神经网络是神经网络的多层叠加,而神经网络则是由大量的、简单的处理单元广泛地互相连接而形成的复杂网络系统,具有大规模并行、分布式存储和处理、自组织、自适应和自学能力,而并行、分布式、自组织、自适应和自学能力正是计算思维的体现。

8.1.6 核心技术

人工智能领域的核心技术包含机器学习、计算机视觉、自然语言处理、智能机器人、知识图谱、智能搜索和博弈、人机交互等。下面简要介绍其中的几种。

1. 计算机视觉

1)计算机视觉的特征

识别是人和生物的基本智能之一,人们几乎时时刻刻在对周围环境进行识别。计算机视觉的主要任务是对采集的图片或视频进行处理,以获得相应场景的信息。通俗地说,计算机视觉就是给计算机安装上眼睛(照相机)和大脑(算法),让计算机能够感知环境。计算机视觉中包括图像识别、场景分析、图像理解等。

2)计算机视觉的应用

计算机视觉的应用领域包括人脸识别(如身份验证)、控制过程(如工业机器人)、自主导航(如自动驾驶汽车)、检测事件(如视频监控和人数统计)、组织信息(如建立图像索引数据库)、对象造型(如创建医学图像或地形地貌)、自动检测(如工业制造中的物体分拣)。

3)人类视觉的特点

人类对视觉和听觉信号的感知很多时候是下意识的,它主要基于大脑皮层神经网络的学习。如图8-8所示,毕加索的名画《格尔尼卡》中充满了抽象的牛头马面、痛苦号哭的人脸、扭曲破碎的肢体,但是人们可以毫不费力地辨认出这些夸张的人物和动物。其实,画中有大量信息丢失,但是提供了足够的整体模式。可见,人类视觉神经中枢忽略了色彩、纹理、光照等局部细节,侧重整体模式匹配和上下文关系,并且会主动补充大量缺失的信息。如果用计算机来识别画中有多少个人物,将是一项非常困难的工作。可见,人工智能还远远没有达到人们的预期目标。

图8-8 毕加索的名画《格尔尼卡》

人工智能的应用成果　　校园人脸识别及测温门禁系统　　智能武术人体动作图像识别

4)计算机视觉案例:人脸识别的关键技术及原理

人脸识别系统由 4 部分组成:人脸检测和图像采集、人脸图像预处理、人脸图像特征提取、人脸匹配与识别。

(1)人脸检测和图像采集。

人脸检测算法输入的是图片,输出的是人脸框坐标序列。一般情况下,人脸检测输出的人脸框为正方形或者矩形,如图 8-9 所示。人脸检测算法是一个扫描并判别的过程,即算法在图像范围内扫描,再逐个判定候选区域是不是人脸的过程。

(2)人脸图像预处理。

人脸图像预处理包括人脸对齐、人脸矫正等。人脸对齐算法中输入的是人脸图片加人脸框坐标,输出的是人脸五官位置的特征点坐标序列。五官特征点的数量是预先设定好的(如 5 点、68 点、90 点等,可以根据需要定义)。人脸对齐算法会根据五官特征点坐标将人脸对齐(如图 8-10 所示,图中白色点为人脸配准结果),对人脸图像进行特征点定位时,需要将得到的特征点利用仿射变换进行人脸矫正(如旋转、缩放、抠图等操作,将人脸调整到预定的大小和形态)。如果不矫正,对非正面人脸进行识别时准确率就会下降。

(3)人脸图像特征提取。

人脸图像预处理的数据将被送入人脸识别神经网络(如 CNN)。人脸识别神经网络是一个分类网络,会提取网络中某个层作为人脸特征层,这时的特征才是人脸特征。

表示人脸特点的数值称为人脸特征,人脸特征提取就是将人脸图像转化为一连串固定长度的数值,如图 8-11 所示。特征提取在保证识别率的前提下,会对图像数据进行降维处理。人脸特征的提取方法有几何特征提取、统计特征提取、频率特征提取、运动特征提取等。

图 8-9 人脸检测

图 8-10 人脸图像预处理

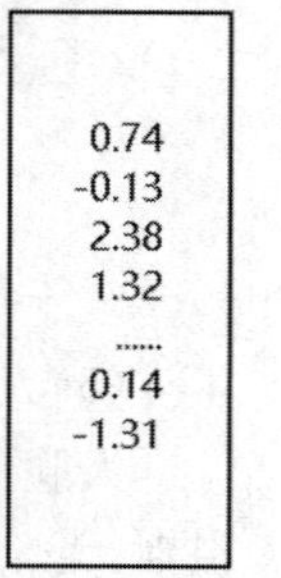

图 8-11 人脸特征提取

①几何特征提取是对人脸的显著特征(如眼睛、眉毛、鼻子、嘴巴等)进行定位和测量,并计算其大小、距离、面积、相对比例等。具体方法是先根据五官特征点坐标将人脸对齐预定模型,然后计算特征值。如图 8-11 所示,数值串为提取的人脸特征。几何特征提取法可以减少输入数据的量,加快识别速度,适用于静态人脸图像识别。

②统计特征提取是尽可能保留原始人脸图像中像素的统计信息,并允许分类器发现表情图像中的相关特征,对人脸图像的统计特征进行识别。统计特征提取会受光照、角度等因素的干扰,导致识别率下降,主要适用于静态人脸表情识别。

③频率特征提取是将图像从空间域转换到频率域,然后提取人脸特征。这种方法主要通过小波变换算法实现,它可以提取不同方向的图像细节特征。频率特征提取适用于动态人脸表情识别,如影视演员表情识别。

④运动特征提取是提取动态图像序列的运动特征。它主要利用光流法,光流是指运动引起的亮度变化,是图像中某点位置的瞬时变化。光流法将运动图像作为基本函数,根据图像亮度守恒原理建立光流约束方程,通过求解约束方程来计算运动参数。这个方法反映了表情变化的实质,受光照不均性的影响较小,但是计算量较大。光流法主要适用于快速运动状态下的人脸识别,如高速公路上汽车驾驶员识别、野生动物识别等。

(4)人脸匹配与识别。

将人脸识别神经网络(如 CNN)输出的人脸特征值输入人脸数据库,然后在人脸数据库中与 N 个人物的特征值进行逐个比对(见图 8-12),在数据库中找出一个与输入的特征值相似度最高的值。将这个相似度最高的值和预设的判别阈值比较,如果大于判别阈值,则返回对应的人物身份,否则提示"此人不在人脸数据库中"。

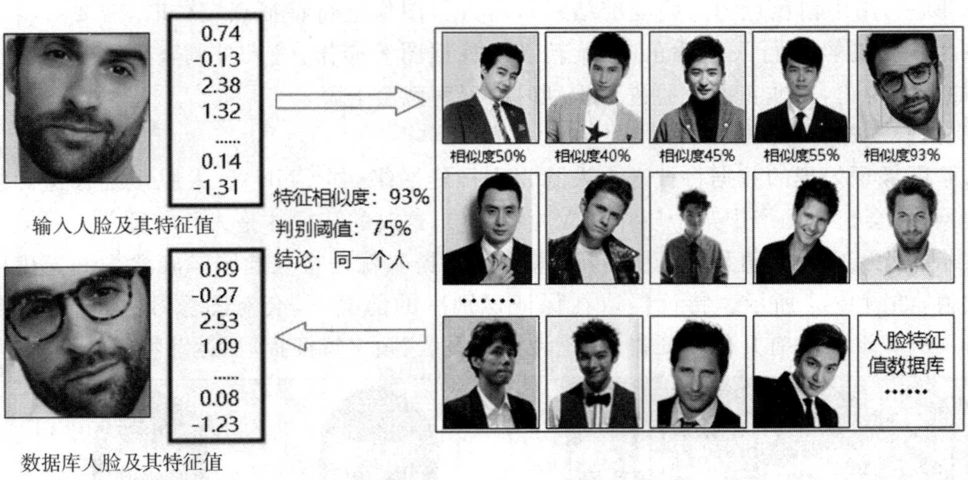

图 8-12　人脸识别检索

(5)人脸识别技术的优点和缺点。

人脸识别技术的优点是不需要被识别者配合识别设备,在人物行进过程中即可进行比对识别;人物不需要接触设备,用户易接受;成本适中,安全性高等。其缺点是受光线(如强光、弱光、逆光、彩色光等)、遮蔽物(如帽子等)、运动模糊等因素的影响较大。

例 8-7　智慧小区人脸识别门禁系统是人脸识别技术在门禁系统中的典型应用。人脸识别技术是生物识别技术中最高级的一种,优于普通的传统方法,如指纹识别、IC 卡、口令、钥匙等,同时可以使门禁的管理具有较高的安全等级。人脸识别门禁系统使用方便,不需要携带任何附加物品,直接"刷脸"开门,非常方便、快捷。智慧小区人脸识别门禁系统节省了成本,不需要任何媒介开门,在人员变动的情况下也不需要更换门锁、钥匙、IC 卡等任何物理部件。它可以根据不同情况,包括不同时段、不同门禁点等,设置人员的门禁权限；能够查询各种报表，包括正常事件、异常事件等；具有强大的数据接口功能，可以与其他智能楼宇系统，如信息系统、监控系统、可视对讲系统等很好地融合在一起，实现统一管理。该系统采用模块化结构和标准的可更换电子元件，便于系统的升级和扩展，从而降低了维护成本。智慧小区人脸识别门禁系统如图 8-13 所示。

图 8-13　智慧小区人脸识别门禁系统

例 8-8　智能车牌识别系统是计算机视频图像识别技术在车辆牌照识别中的一种应用，是现代智能交通系统的重要组成部分之一。智能车牌识别系统以数字图像处理、模式识别、计算机视觉等技术为基础，对摄像机所拍摄的车辆图像或视频序列进行分析，得到每辆汽车唯一的车牌号码，从而完成识别过程。通过一些后续处理手段可以实现停车场收费管理、交通流量控制指标测量、车辆定位、汽车防盗、高速公路超速自动化监管、闯红灯电子警察、公路收费站收费等功能。这对于维护交通安全和城市治安、缓解交通堵塞、实现交通自动化管理有着现实的意义。

车牌识别技术要求能够将运动中的汽车牌照从复杂背景中提取并识别出来，通过车牌提取、图像预处理、特征提取、车牌字符识别等技术，识别车牌号码、颜色等信息，最新的技术水平对字母和数字的识别率可达到 99.7%，对汉字的识别率可达到 99%。

在停车场管理中，车牌识别技术也是识别车辆身份的主要手段。车牌识别技术结合电子不停车收费系统(ETC)识别车辆，过往车辆通过道口时无须停车，即可实现车辆身份的自动识别、自动收费。在停车场管理中，为提高出入口车辆通行效率，车牌识别技术针对无须收停车费的车辆(如月卡车、内部免费通行车辆等)，建设了无人值守的快速通道。智能车牌识别系统在无人停车场出入口的应用如图 8-14 所示。

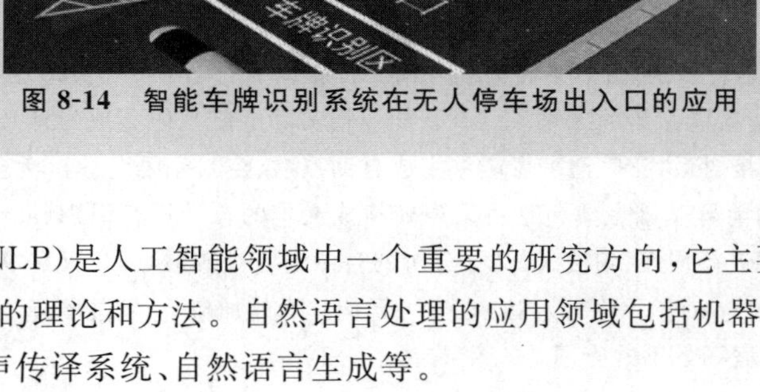

图 8-14　智能车牌识别系统在无人停车场出入口的应用

2. 自然语言处理

自然语言处理(NLP)是人工智能领域中一个重要的研究方向，它主要研究人与机器之间用自然语言进行通信的理论和方法。自然语言处理的应用领域包括机器翻译、语音识别、机器阅读理解、全自动同声传译系统、自然语言生成等。

1)自然语言处理的发展

1950年以来,科学家一直致力于研究如何让机器对语言做最好的理解和处理。早期人们认为只要用一部双向词典和一些语法知识就可以实现两种语言文字之间的机器互译,结果遇到了挫折。

1955年,A.乔姆斯基(A. Chomsky)提出形式语言理论后,人们发现可以利用语法规则进行机器翻译。科学家尝试让机器学习语法知识,学习分析语句的方法,然后进行机器翻译。遗憾的是,让机器依靠语法规则理解自然语言的研究始终进展不大。

20世纪70年代初,美国计算机专家F.贾里尼克(F. Jelinek)提出了统计语言模型。统计语言模型是基于概率的模型,计算机借助大容量语料库的概率参数,估计出自然语言中每个句子出现的可能性(概率),这是目前计算机自然语言处理的主流方法。基于统计的机器翻译方法突破了之前基于语法规则翻译方法的局限性,使翻译性能得到了巨大提升。

2)统计语言模型的原理

统计语言模型依赖于单词与上下文(本词与上一个词和下一个词的关系)的概率分布。例如,短语片段为“他正在认真……”,下一个词可以是“学习、工作、思考”等(概率大),而不可能是“美丽、我、中国”等(概率小)。

统计语言模型描述了任意语句S属于某种语言集合的可能性[概率$P(S)$]。例如,P(他/认真/学习)=0.02(概率值),P(他/认真/读书)=0.03,P(他/认真/坏)=0等。这里并不要求语句S在语法上是完备的,该模型需对任意语句S都给出一个概率统计值。

统计语言模型应用广泛。如例8-9～例8-11所示,前面语句出现的概率,大大高于后面的语句,因此,根据统计语言模型,正确的选择是前面的语句。

例8-9 中文分词。对语句“已结婚的和尚未结婚的青年”进行分词时,P(已/结婚/的/和/尚未/结婚/的/青年)$>P$(已/结婚/的/和尚/未/结婚/的/青年)。

例8-10 机器翻译。对语句“The box is in the pen.”进行翻译时,P(盒子在围栏里)$\gg P$(盒子在钢笔里)。

例8-11 语音识别。语音“gong-ji-yi-zhi-gong-ji”转换为汉字时,P(共计一只公鸡)$>P$(攻击一只公鸡)。

例8-12 智能客服机器人是一种利用机器模拟人类行为的人工智能实体形态,它能够实现语音识别和自然语义理解,具有业务推理、话术应答等能力。当用户访问网站并发出会话时,智能客服机器人会根据系统获取的访客地址、IP地址和访问路径等,快速分析用户意图,回复用户的真实需求。同时,智能客服机器人拥有海量的行业背景知识库,能对用户咨询的常规问题进行标准回复,提高应答准确率。智能客服机器人广泛应用于商业服务与营销场景,为客户解决问题、提供决策依据,同时,在应答过程中,它可以结合丰富的对话语料进行自适应训练,因此,其在应答话术上将变得越来越精确。

例8-13 智能音箱是语音识别、自然语言处理等人工智能技术的电子产品类应用与载体,随着智能音箱的迅猛发展,其也被视为智能家居的未来入口。智能音箱实际上就是能完成对话环节的拥有语音交互能力的机器。通过与它直接对话,家庭消费者能够完成自助点歌、控制家居设备和唤起生活服务等操作。支撑智能音箱交互功能的前置基础主要包括将人声转换成文本的自动语音识别(automatic speech recognition,ASR)技术,对文字进行词性、句法、语义等分析的自然语言处理技术,以及将文字转换成自然语音流的语音合成技术(text to speech,TTS)技术。在人工智能技术的加持下,智能音箱也逐渐以更自然的语音交互方式创造出更多家庭场景下的应用。

3. 活体机器人

2020 年 1 月,《美国国家科学院院刊》发表了一篇 J. 邦加德(J. Bongard)教授的研究论文《用于设计可重构生物体的可扩展性管线研究》。该论文展示了全球首个用非洲爪蟾细胞制造的活体机器人。这项研究由美国佛蒙特大学、塔夫茨大学、哈佛大学的科学家共同合作完成,研究的目的是证明计算机可以设计生物体的概念。

这个用非洲爪蟾细胞制造的活体机器人是一种由生物细胞组成的可编程机器人,它可以自主移动。这个活体机器人不是新物种,但是不同于现有的器官或生物体,它是活的生物体。

科学家将非洲爪蟾早期胚胎中的皮肤细胞和心肌细胞组装成这个全新的生命体,这些毫米级的活体机器人可以定向移动,还可以在遇到同类时"搭伙"合并。它们还可以被定制成各种造型,如四足机器人、带有口袋的机器人。这些机器人还可以用来寻找危险的化合物或放射性污染物,在人体动脉中移动刮除斑块,拆除引发心脑血管病的定时炸弹。

图 8-15(a)所示为超级计算机设计的细胞模型,以及由非洲爪蟾早期胚胎中的皮肤细胞和心肌细胞构建的活体机器人,活体机器人的直径为 700 μm 左右。图 8-15(b)所示为活体机器人的移动轨迹。

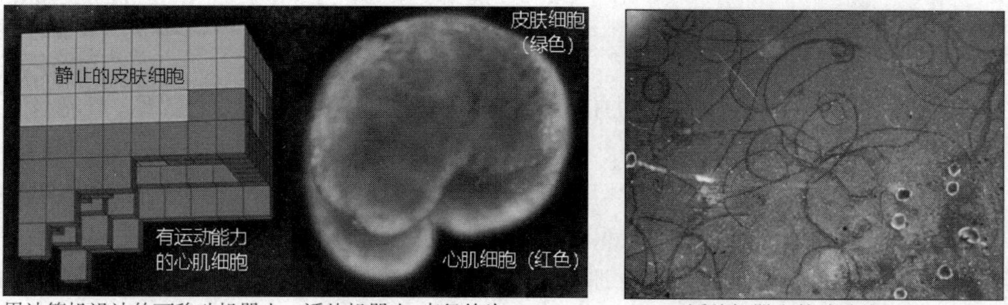

用计算机设计的可移动机器人　活体机器人(直径约为700 μm)　　活体机器人的移动轨迹

(a)　　(b)

图 8-15　活体机器人

活体机器人由佛蒙特大学的超级计算机设计。邦加德说,这个活体机器人是基于进化算法,也就是基于计算机模拟进化的过程进行设计的。具体方法是计算机首先利用 500～1 000 个虚拟细胞创建出一组随机设计的生物体,每种设计都有皮肤细胞和心肌细胞的随机排列。毫无疑问,这些设计的细胞绝大部分没有动静,但是总会有例外。因为心肌细胞会自发收缩和舒张,这是细胞运动的引擎,如果这些心肌细胞的收缩和舒张行为协调得好,极少数雏形细胞就会产生微弱的运动能力。研究人员将这些有运动能力的雏形细胞进一步复制,下一代有可能会出现移动速度更快的细胞。如此反复复制多代后,就会出现能快速移动的机器人版本。研究人员说,进化算法为新的生命形式创建了多代、数千个候选设计,最终筛选出可定向移动的机器人形态。

邦加德采用计算机设计的细胞模型由塔夫茨大学的生物学家实际操作实现。研究人员利用显微工具从非洲爪蟾胚胎中刮下皮肤细胞和心肌细胞,并将它们分离成单个细胞,然后对细胞进行孵育。组成新的形态后,这些细胞开始协同工作。本来是随机收缩的心肌细胞出现了自组织模式的协调,实现了移动前行。

邦加德认为,这种运动来自计算机的设计。例如,将活体机器人翻转后,它就像乌龟翻转过来一样,四脚朝天不再运动。这说明运动是人工设计的结果,而不是偶然发生的。

这种毫米级的活体机器人通常含有 500～1 000 个细胞,能在培养皿中快速移动。这种可编程的活体机器人不仅能维持形态,还能在遭受破坏时自我愈合。研究人员把活体机器人切成两半,它会自己缝合起来,然后继续前进。活体机器人可在水性环境中存活长达 10 天。有的活体机器人自发地在中间凹陷形成一个中心孔,可以将颗粒物聚集到中心位置,这意味着这些活体机器人有药物递送的潜力。

当活体机器人停止工作(死亡)时,它们通常会无害降解。相比用金属和塑料等其他材质制造的机器人,这是活体机器人的巨大优势,只是这些应用前景尚未得到验证。这项研究的主要目的是证明计算机设计生物体的概念,而并非实现药物递送的应用。

生物体形态和功能的关系一直是重大的科学研究问题,其中细胞通信非常关键,通信通过生物电、生物化学和生物力学实现。M. 莱文(M. Levin)教授认为,如果人类对控制生命的生长和形态的方法足够了解,那么出生缺陷、癌症、衰老等难题就有望解决。

8.1.7 人工智能发展现状及存在的问题

人工智能的研究及应用领域

1. 人工智能发展现状

人工智能可以对人的意识、思维的信息过程进行模拟,虽然不是人的智能,但能像人那样思考,也可能超过人的智能。

自 2013 年以来,中、美、英、日、欧盟等国家和地区组织陆续出台关于人工智能发展的整体战略或具体政策,不同国家或地区组织的发展侧重点不同,比如美国重点关注人工智能对科技、经济等领域的加持作用和影响,欧洲部分主要国家则研究 AI 道德伦理、社会风险方面的趋势;我国的人工智能整体发展趋势,被许多学者认为是从着力人工智能产业化快速发展转向为整体发展与社会治理并重的格局。

进入 21 世纪后,我国的人工智能产业逐渐发展,在政策推动和战略布局下逐步加快发展速度。自 2013 年起,我国颁布了一系列与人工智能有关的政策文件,发表了一系列意见、建议与研究报告;2017 年,也就是被媒体称为"AI 元年"的一年,国务院发布了《新一代人工智能发展规划》,开始了对新时期我国人工智能发展的顶层设计与政策环境的营造;2018 年,新一代人工智能发展规划推进办公室与新一代人工智能战略协调专家委员会成立;自 2018 年起,相关部门与主要研究机构陆续发布了《中国人工智能发展报告 2018》《中国人工智能发展报告(2019—2020)》《中国人工智能 2.0 发展战略研究》等重要研究成果。

欧洲方面,法国、德国、英国等主要欧洲国家,后期普遍转向关注人工智能的伦理风险与社会影响,发展战略设计与政策环境塑造方面侧重于应对此类风险威胁、加强立法规范与提升社会治理等。自 2013 年起,欧盟先后集中发布了《衡量欧洲研究与创新的未来》《欧盟机器人民事法律规则》等一系列重要战略规划或政策文件。和我国相似,欧盟在 2019 年进入更加注重人工智能社会影响和社会治理的新发展阶段,发布了一系列政策文件、准则规范和计划意见,如 2019 年 2 月 18 日,欧盟理事会审议通过了《关于人工智能开发与使用的欧洲协同计划》,就 15 个方面的重点内容和 4 个关键领域(增加投资、数据供给、人才培养、信任确保)提出要加强欧洲各国的开发推进与共同协作。

目前,全球主要经济体在人工智能领域发展迅速且竞争激烈。当前的国际环境对于我国发展人工智能来说既是一大挑战,也是难得的机遇。我国只有抓住这个机遇,在支持和鼓励应用层和技术层发展的同时,重视基础研发,培养人工智能领域相关人才,保持经济高速发展,才能在国际竞争中处于有利地位。

2. 人工智能存在的问题

1)人类的直觉思维

人类擅长形象思维,灵感和直觉有时候也很管用,对分析和推理也非常在行,但是对大量数据的处理非常头疼。而计算机擅长逻辑思维,即使长时间重复做同一件事,也不会出错和感到疲劳,但是在形象思维和创新思维方面,计算机比人类要“笨拙”得多。

2)逻辑推理的不足

机器定理证明经常对已知定理给出令人匪夷所思的新颖的证明方法,但是迄今为止,机器并没有自行发现深刻的未知数学定理。例如,人类借助计算机完成了地图四色定理的证明,但是这一证明的意义一直有争议。首先,四色定理的证明是人类将所有可能的情形进行分类,由机器验证各类情形;其次,这种暴力证明方法没有提出新的概念和新的方法;另外,这个证明没有将这个问题与其他数学分支进行深刻内在的联系。因此,许多人认为地图四色定理的证明实际上只是“验证”了一个事实,而非“证明”了一个定理。

3)机器学习的不足

围棋是信息博弈游戏的巅峰,但并不是人类智力的巅峰。理性思维的巅峰还是数学物理理论的创立。许多抽象的数学定理,本身就存在概念嵌套概念的情况,并且在现实的物理世界中找不到示例,因此机器学习方法不再适用。例如,高斯曲率处处为负的封闭曲面无法嵌入三维欧氏空间中。这一命题的证明无法用符号计算,也就无法用机器学习的方法证明。

人类大脑能够快速适应不断变化的环境,而机器在不确定性较高的环境中,性能会大幅下降。在学习效率上,人类大脑与机器智能大相径庭。谷歌的机器识别算法,在无监督的情况下自动学习识别“猫”的视觉图像,需要 1 000 台计算机联网计算,然而一个幼儿园的小孩很容易就能识别出猫与狗的区别。

可见,与人类智慧相比,人工智能依然处于相对幼稚的阶段。

3. 计算机会超过人类吗

人的能力可以分为体力和脑力。从最能代表人类体力极限的世界纪录(如跳高、举重等)可以看到,人类的体力是相当有限的。同样地,人类的脑力也是有限的。

目前,计算机在计算速度、计算准确度、记忆能力、逻辑推理方面已经超过人类。例如,“深蓝”计算机与卡斯帕罗夫的较量。既然国际象棋是人类发明的用来一较智力高下的游戏,那么就不得不承认这台机器拥有了智力,甚至已经超过人类。然而在计算机创新思维、自我意识等方面的研究目前进展不大。计算机的智能最终是否会超过人类?图灵在《计算机器与智能》一文中给出的答案是:“有可能人比一台特定的机器聪明,但也有可能别的机器更聪明,如此等等。”

8.2 物联网

8.2.1 物联网概述

2005年,国际电信联盟(ITU)发布了《ITU互联网报告2005:物联网》报告,正式提出了物联网(internet of things,IoT)的概念。该报告指出:无所不在的"物联网"通信时代即将来临,世界上所有的物体,从轮胎到牙刷、从房屋到纸巾,都可以通过物联网主动进行信息交换。RFID技术、传感器技术、智能嵌入技术将得到更加广泛的应用。

1. 物联网的概念

物联网的早期(1999年)定义是:将物品通过射频识别信息、传感设备与互联网连接起来,实现物品的智能化识别和管理。

以上定义体现了物联网的3个主要本质:一是互联网特征,物联网的核心和基础仍然是互联网,需要联网的物品一定要能够实现互联互通;二是识别与通信特征,即纳入物联网的"物"一定要具备自动识别(如RFID)与机器到机器(M2M)通信的功能;三是智能化特征,即网络系统应具有自动化、自我反馈与智能控制的特点。

物联网中的"物"要满足以下条件:要有相应信息的接收器;要有数据传输通路;要有一定的存储功能;要有专门的应用程序;要有数据发送器;遵循物联网的通信协议;在网络中有被识别的唯一编号等。物联网核心技术及应用如图8-16所示。

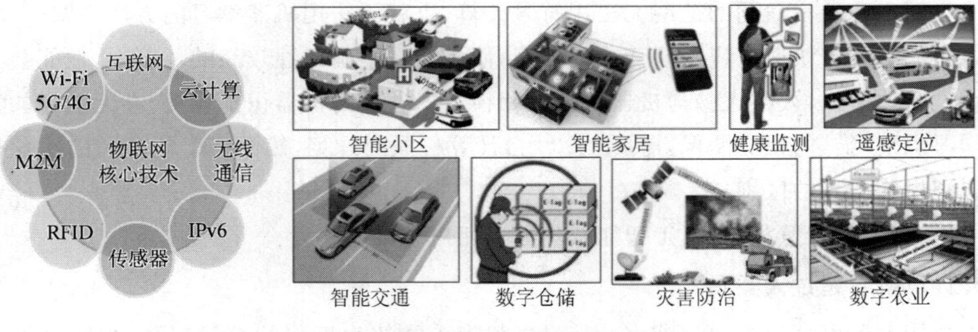

图8-16 物联网核心技术及应用

通俗地说,物联网就是物物相连的互联网。这里有两层含义:一是物联网是在互联网的基础上延伸和扩展的网络,其核心和基础仍然是互联网;二是用户端延伸和扩展到物品与物品之间进行信息交换和通信。物联网包括互联网上所有的资源,兼容互联网所有的应用,但物联网中所有的元素(设备、资源及通信等)都是个性化和私有化的。

2. 物联网的基本特征

1)全面感知

利用RFID、传感器、定位器和二维码等手段随时随地对物体进行信息采集和获取。感知包括传感器的信息采集、协同处理、智能组网,甚至信息服务,以达到控制、指挥的目的。

2)可靠传递

通过将各种电信网络、移动通信网络和因特网融合，对接收到的感知信息进行实时远程传送，实现信息的交互和共享，并进行各种有效的处理。在这一过程中，通常需要用到现有的电信网络(包括无线网络和有线网络)、因特网(包括无线网络和有线网络)和移动通信网络(3G、4G、5G 网络)。此外，物联网在网络信息传输方面还可以使用自组织网络、无线传感器网络、异构网络协同通信。

3)智能处理

利用云计算、模糊识别等各种智能计算技术，对随时接收到的跨地域、跨行业、跨部门的海量数据和信息进行分析处理，提升对物理世界、经济社会各种活动和变化的洞察力，实现智能化的决策和控制。

3. 物联网的应用前景

物联网通过智能感知、识别技术和普适计算，广泛应用于社会各个领域之中，因此被称为继计算机、互联网之后，信息产业发展的第三次浪潮。物联网并不是一个简单的概念，它联合了众多对人类发展有益的技术，为人类提供着多种多样的服务。IBM 公司认为，IT 产业下一阶段的任务是把新一代 IT 技术充分运用在各行各业中，具体地说，就是把感应器嵌入和装备到电网、铁路、桥梁、隧道、公路、建筑、供水系统、大坝、油气管道等各种物体中，并且被普遍连接，形成物联网。在这一巨大的产业中，需要技术研发人员、工程实施人员、服务监管人员、大规模计算机提供商，以及众多领域的研发者与服务提供人员。可以想象，这一庞大技术将派生出巨大的经济规模。

8.2.2 物联网关键技术

基于 RFID 技术的身份证开锁

1. RFID 技术

RFID 技术是一种无接触自动识别技术，由一个读写器和很多电子标签组成。电子标签由感应元件和芯片组成，每个电子标签具有唯一的编码，它附着在物体上以标识目标对象，将射频信息传递给读写器，读写器是读取信息的设备。RFID 技术给物品赋予了可跟踪特性，人们可以随时掌握物品的准确位置及其周边环境。据零售业分析师估计，物联网 RFID 技术使沃尔玛每年节省约 83.5 亿美元，大部分是因为不需要人工查看进货的条码而节省的劳动力成本。RFID 技术帮助零售业解决了商品断货和损耗两大难题。物联网 RFID 结构示意图如图 8-17 所示。

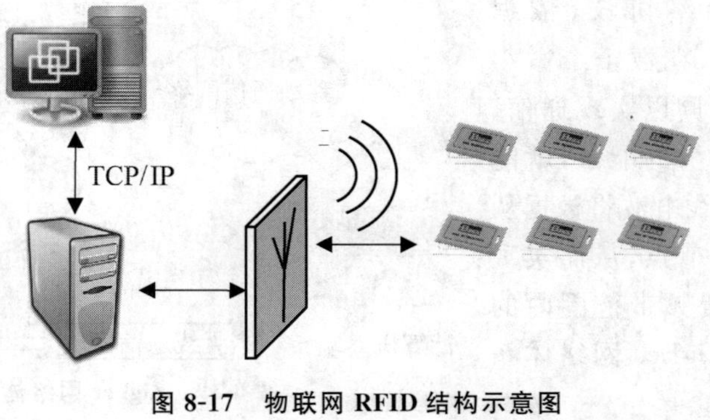

图 8-17 物联网 RFID 结构示意图

2. 无线传感器网络

无线传感器网络(WSN)综合了传感器技术、嵌入式技术、无线通信技术、分布式信息处理技术。WSN 能够通过各类集成化微型传感器协作地实时监测、感知和采集各种环境信息,这些信息通过无线方式发送,并以自组多跳的网络方式传送到用户终端,实现物理世界、计算世界和人类社会的连通。

无线传感器网络的三要素是传感器、感知对象和观察者。无线传感器可探测地震、电磁场、温度、湿度、噪声、光照、压力、土壤成分等环境信息,以及改变物体的大小、速度和方向等。WSN 广泛用于军事、智能交通、智能家居、环境监控、医疗卫生、精细农业、工业自动化等领域。

例 8-14 矿井环境监测的无线传感器网络由传感器节点和中心节点组成,不同的监测区域均有中心节点。每个中心节点负责处理本区域内传感器节点传送过来的数据,而基站模块负责接收来自各个监测区域内中心节点发送的无线信号,基站模块可接入互联网,使得无线传感器网络的信息能够被远程终端访问。矿井无线传感器网络的系统结构如图 8-18 所示。

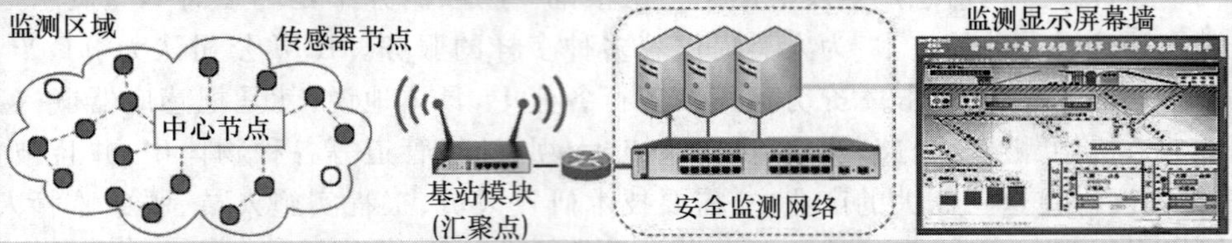

图 8-18 矿井无线传感器网络的系统结构

3. M2M 技术

M2M(机器到机器)是一种以智能终端为核心,以无线传感网络进行数据传输,使设备实现智能化控制的系统框架。M2M 技术的重要组成部分是机器、M2M 硬件、通信网络、中间件、应用。例如,智能停车场,当车辆驶入或离开通信区域时,天线以微波通信方式与电子识别卡进行双向数据交换,从电子车卡上读取车辆的相关信息,在司机卡上读取司机的相关信息,自动识别电子车卡和司机卡,并判断电子车卡是否有效和司机卡的合法性,核对车道控制计算机显示与该电子车卡和司机卡一一对应的车牌号码,以及驾驶员信息等资料;车道控制计算机自动将时间、车辆和驾驶员等信息存入数据库中。车道控制计算机根据读到的数据判断是正常卡还是非法卡,据此做出相应的提示。

4. ZigBee 技术

ZigBee 技术是一种具有统一技术标准的短距离无线通信技术。它是为低速率控制网络设计的标准无线网络协议,依据 IEEE 802.15.4 标准,在数千个微小的传感器之间相互协调以实现通信。这些传感器只需要很少的能量,就能以接力的方式通过无线电波将数据从一个节点传到另一个节点,从而实现在全球 2.4 GHz 免费频带范围内的高效、低速率通信。ZigBee 网络体系结构如图 8-19 所示。

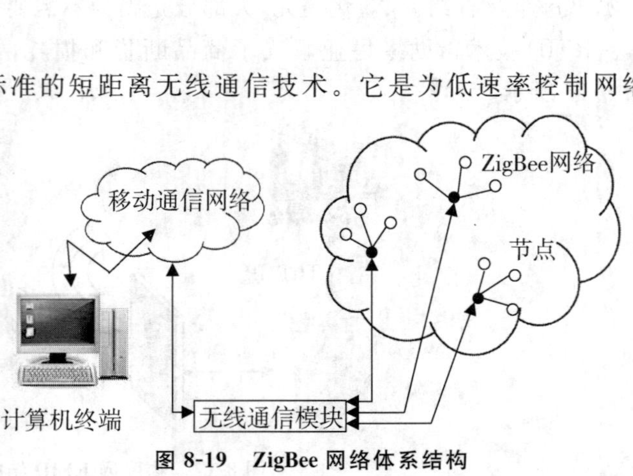

图 8-19 ZigBee 网络体系结构

5. 近场通信技术

近场通信(NFC)是一种短距高频的无线电技术，使用了 NFC 技术的设备(如移动电话)可以在彼此靠近的情况下进行数据交换，是由非接触式 RFID 及互联互通技术整合演变而来的，通过在单一芯片上集成感应式读卡器、感应式卡片和点对点通信的功能，能在短距离内与兼容设备进行识别和数据交换。近场通信业务结合了近场通信技术和移动通信技术，实现了电子支付、身份认证、票务、数据交换、防伪、广告等多种功能，是移动通信领域的一种新型业务。近场通信业务增强了移动电话的功能，使用户的消费行为逐步走向电子化，建立了一种新型的用户消费和业务模式。NFC 的工作模式分为卡模式和点对点模式，如图 8-20 所示。

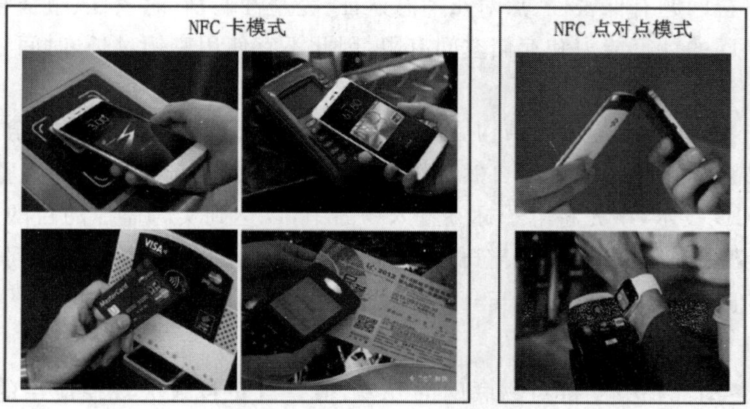

图 8-20 NFC 的工作模式

8.2.3 物联网技术难题

物联网在技术、标准、安全、成本等方面，仍然存在许多需要攻克的难题。

1. 存在的技术困难

目前，物联网应用仍然受到微型化、能源供给、标准化等方面的制约。另外，这些技术之间还彼此制约。一是微型化使网络节点的通信距离变短，路径长度增加，数据时延难以预期；二是能源获取和存储容量与设备的体积成正比，充足的能源和微型化设计之间的矛盾难以调和；三是现有电子技术还很难做到可降解的绿色设计，微型化给回收带来困难，从而威胁到环境健康。

一些物联网只连接了 100 个以下的节点，更多的节点及通信线路会使网络变得十分复杂而无法正常工作。另外，物联网接收的数据量将会越来越大，目前的技术对庞大数据量的管理能力非常有限。如何进一步加快数据处理和提高管理能力，将是需要研究的问题。

物联网需要数量众多的传感器，而且传感器类型多样化，它们相互连接时会导致耗电量加大。目前，电池的使用寿命在最好的情况下也只能维持几个月，这难以维持传感器的长时间室外监测。因此，利用太阳能、风能、机械振动发电等技术正在研究之中；传感器节点的低功耗和休眠技术也是延长传感器使用时间的重要技术。

2. 技术标准不统一问题

不同行业和不同应用,对物联网的要求各不相同。例如,感知层有不同的传感器和不同的接口,如温度、压力、速度、浓度等传感器,它们的接口不同。又如,网络层的通信协议和通信技术也有不同标准,如 RFID、NFC、ZigBee、蓝牙、Wi-Fi、5G/4G 等。再如,应用层的嵌入式操作系统有 TinyOS、Brillo、Mbed OS、RIOT 等。目前,物联网的感知层、网络层、应用层的技术和标准千姿百态,碎片化严重,没有一个主流标准。因此,建立统一的物联网体系架构和技术标准是现在的难题。

3. 安全性问题

物联网的安全问题有保密性、点对点消息认证、完整性鉴别、时效性、组播和广播的安全管理等。由于物联网的计算能力和存储空间有限,因此不宜使用密钥过长、时间复杂度和空间复杂度较大的安全算法。

作为新兴产物,物联网的体系结构更复杂且没有统一标准,各方面的安全问题更加突出。例如,在传感网络中,传感器暴露在自然环境下,这对如何长期维持网络的完整性提出了新的要求。又如,RFID 技术,事先将电子标签置入物品中,以达到实时监控的目的,对于部分标签物的所有者,这势必会造成一些个人隐私的暴露,即个人信息的安全性存在问题。因此,如何在使用物联网的过程中保证信息的安全性至关重要。

4. 成本问题

目前,世界各国都积极支持对物联网的开发,但是真正投入大规模应用的物联网项目很少。这个现状在一定程度上是由成本问题导致的,如基本的 RFID 技术,其成本价格一直无法达到企业的预期,性价比不高;无线传感网络是一种多跳自组织网络,极易遭到环境因素或人为因素的破坏,如果要保证网络通畅,并能实时安全地传送可靠信息,网络维护成本就要达到普遍接受的范围。

市场不会向技术妥协,如果一项技术不能在方方面面做到完美,就很难被市场接受。物联网技术要想在未来有所发展,一方面要在关键支撑技术上有所突破,另一方面要在成熟的市场中寻找应用,构思更有趣、更高效的应用模式。

8.2.4 物联网应用领域

智能防火报警系统

物联网的大规模应用还有待时日,但是中小规模的物联网在市场上已经开始商用。其应用主要集中在以下领域。

1. 智能交通领域

物联网智能生态康养环境监控系统

物联网技术在道路交通方面的应用比较成熟。随着汽车的普及,交通拥堵已成为城市的一大问题。对道路交通状况实时监控,并将信息及时传递给驾驶人,让驾驶人及时做出出行调整,可以有效缓解交通压力。在高速路口设置 ETC 系统,免去进出口取卡、还卡的时间,提升了车辆的通行效率。在公交车上安装定位系统,使乘客能及时了解公交车的行驶路线及到站时间,免去不必要的等待时间。车辆的增多使停车难日益成为一个突出问题,不少城市推出了路边停车智慧管理系统,该系统基于云计算平台,结合物联网技术与移动支付技术,共享车位资源,提高了车位利用率。另外，该系统兼容手机模式，通过手机端 APP，用户可以及时了解车位信息、车位位置，提前做好车位预订等操作，很大程度上解决了停车难的问题。

2. 智能家居领域

随着宽带业务的普及，智能家居产品涉及方方面面。用户可利用手机等设备远程操作智能空调，调节室温。智能家居产品甚至可以学习用户的使用习惯，从而实现全自动的家电控制操作。通过手机 APP，用户能够实现智能灯泡的开、关，调控灯泡的亮度和颜色。在电源插座中内置 Wi-Fi 模块，可实现电源插座的定时通断，甚至可以监测设备用电情况，安排资源使用。智能身体监测仪器可以监测人体的血压、心跳、呼吸等健康指标，并且根据身体状态提出健康建议。智能摄像头、窗户传感器、智能门铃、烟雾探测器、智能报警器等都是家庭的安全监控设备，通过物联网，可以在任意时间和地点查看家中的实时状况。

例 8-15 美国罗切斯特大学的科学家使用无线传感器创建了一个智能医疗房间，可以利用微尘测量居住者的重要体征(如血压、脉搏和呼吸等)、睡觉姿势以及每天 24 h 的活动状况。Intel 公司也推出了基于物联网的家庭护理系统，该系统通过在鞋、家具和家用电器中嵌入半导体传感器，了解老龄人士以及残障人士的家庭生活状况。

3. 环境监测领域

近年来，全球气候异常情况频发，灾害的突发性和危害性进一步加大。物联网可以实时监测环境的不安全因素，提前预防灾害。另外，利用物联网技术，还可以智能感知大气、土壤、森林、水资源等环境数据，为改善人类的生活环境发挥巨大作用。

例 8-16 2013 年，美国布法罗大学进行了深海互联网研究，将特殊传感器置于深海处，随时分析水下相关情况，从而实现海洋污染监测、海底资源探测、对海啸提供更加可靠的预警等。该项目在当地湖水中进行试验，获得了成功，为进一步扩大其使用范围提供了基础。

例 8-17 Intel 公司的研究人员将 32 个小型传感器接入互联网，以监测美国缅因州大鸭岛上一种海燕的巢附近的环境。物联网还可以跟踪候鸟和昆虫的迁移，研究环境变化对农作物的影响，监测海洋、大气和土壤的成分等。物联网也可以应用在精细农业中，监测农作物中的害虫、土壤的酸碱度和施肥状况等。

物联网可用于一些危险的工业环境，如矿井、核电厂等，工作人员可以通过物联网实施安全监测。

4. 防伪检测领域

防伪工作每年都花费了大量的人力和财力，传统的防伪方法可大略分为生物、光学、化工、数码及微电子科技五类。采用物联网技术作为新防伪方法，主要是利用物联网关键技术中的 RFID 技术来实现的。

RFID 技术用于产品防伪的基本原理是：通过基于 RFID 技术的产品防伪系统解决方案，完成生产、流通各个环节信息的获取及加工处理。在此基础上，打造出一套管理流程合理、功能可拓展、信息编码一致、数据自动标识与采集、信息记录统一的产品防伪信息系统，真正实现产品在流通中的防伪和信息追溯，从而为企业的管理和产品信用带来不可估量的价值。

相对于传统防伪方法，利用 RFID 技术防伪具有革新性的特点：一是电子标签的核心是一块具有高安全性的集成电路芯片，其安全设计和生产制造的巨大投入，决定了 RFID 技术门槛高的特点，难以进行仿制；二是电子标签具有唯一的 ID 号码，ID 号码固化在芯片中，无法修改、无法仿造；三是电子标签除密码保护外，数据部分可用加密算法实现安全管理，读写器与标签之间具有相互认证的过程，安全级别更高。

例 8-18 上海世博会的门票就采用了 RFID 技术。门票内含一块拥有自主知识产权的“世博芯”，它采用特定的密码算法技术，确保数据在传输过程中的安全。RFID 电子门票无须接触、无须对准即可验票，持票人只需手持门票在离读写设备 10 cm 的范围内刷一下，即可轻松入场。此外，“世博芯”还可记录不同信息并可用于不同类别的门票，可以为参观者提供多种类型的服务，比如夜票、多次出入票等。通过 RFID 芯片采集到的参观者的信息进一步汇聚到票务系统的中枢，进行数据处理和分析，便于园区的管理，比如，管理方可据此了解园区内的人员分布密度，并进行科学的人群分流引导。

5. 公共安全领域

物联网技术以计算机技术、互联网技术和移动通信技术为基础，是公众信息服务能力以及信息感知、海量数据、网络传输智能处理和分析等不断提高的产物。物联网技术可以为公共安全管理提供先进的技术支持，从而提高其管理水平。主要的公共安全领域包括智能门禁管理系统、矿井安全管理系统、食品安全管理系统等领域。

例 8-19 食品的安全监控和跟踪追溯也可以借助 RFID 技术。RFID 技术的使用就像给食品制作了一个户口本，食品的户口本上记录的内容包括食品供应链各阶段的信息。通过 RFID 标签可实现食品安全追溯。在具体的实施过程中，利用 RFID 标签，通过追踪和追溯两种方法实现整个食品供应链上的信息跟踪。追踪指自上游往下游方向跟踪，即按照农场养殖(种植)环节—加工环节—运输环节—销售环节的流程追踪，如图 8-21 所示。这种方法主要用于查找造成质量问题的原因，确定产品的原产地和特征。追溯指自下游往上游方向回溯。若消费者在销售环节发现购买的食品存在安全问题，则可以层层向上进行回溯，最终确定问题的源头，如图 8-22 所示。这种方法主要用于问题产品的召回。

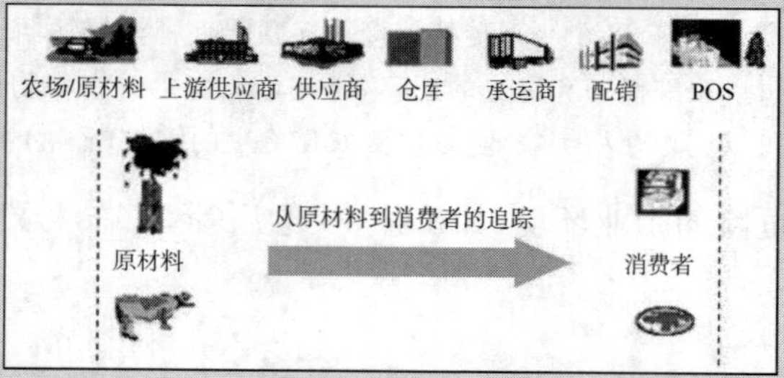

图 8-21　追踪

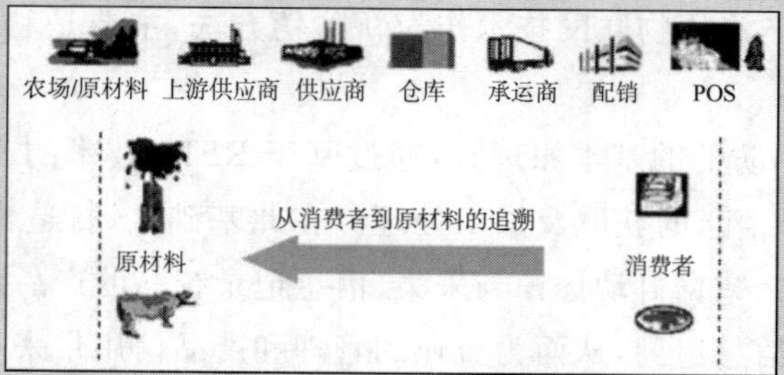

图 8-22　追溯

6. 医疗卫生领域

随着 RFID 技术的高速发展和其显而易见的技术优越性，医疗医药行业也越来越多地开始使用 RFID 技术。RFID 技术在医疗卫生行业的应用，具体体现在以下几个环节。

(1)制药打假。利用 RFID 防伪技术，可有效规避假冒伪劣药品。

(2)快速高效的药品管理。RFID 技术是现代医药物流配送中心的工具，有了它的辅助，医疗配送可以实现自动化拣选，提高了操作效率和准确率，而且货物拣选差错率几乎为零。同时，高速垂直输送和水平输送装置相结合，大大降低了员工的劳动强度，缩短了配送时间，极大地提高了工作效率。

(3)患者信息管理。病人的家族病史、既往病史、治疗记录和过敏药物等信息可被保存在电子芯片中，急诊时无须再次询问和输入相关信息，节约时间，在关键时刻甚至可以挽救生命。RFID 技术的成本正在逐渐降低，这也为急诊室使用 RFID 技术创造了条件。

(4)患者身份鉴别。通过使用特殊设计的病人标识腕带来记录病人的重要信息，能够有效保证随时对病人进行快速准确的识别。

(5)现场监护。采用 RFID 无线监护探头，减少了活动场地环境对病人的监护的限制，可随时测量、采集病人的体征数据，并通过 RFID 接收器网络将数据传递给医护管理平台进行实时监护管理，使得病人能在移动中受到医护关怀，保护病人的生命安全。

(6)实时定位追踪。通过病人佩带的电子标签和医院内的 RFID 识别网络系统，可以实时获取病人在医院的活动信息，便于医护人员快速找到病人。

8.2.5　物联网技术的发展现状

物联网技术最早于 1999 年在麻省理工学院被提出，2005 年开始普及，在 2009 年获得快速发展，之后搭载计算机技术、感应技术和智能化技术，在各个经济发展领域发挥着越来越重要的作用。

尽管我国的物联网技术相对于国外起步较晚，在核心技术的掌握能力上稍落后于发达国家，但如今物联网在社会生活中的应用变得越来越多。共享单车、移动 POS 机、电话手表、移动售卖机等产品都是物联网技术的实际应用。智慧城市、智慧物流、智慧农业、智慧交通等场景中也用到了物联网技术。

8.3　其他新技术

8.3.1　量子计算机

20 世纪 70 年代，人们发现能耗会导致计算机中的芯片发热，这极大地影响了芯片集成度，从而限制了计算机的运行速度。目前，集成电路内部的制程线宽达到 12 nm。当晶体管元件尺寸小到一定程度时，单个电子将从线路中逃逸出来，这种单电子的量子行为将产生干扰作用，使集成电路芯片无法正常工作。这些物理学及经济成本方面的制约因素，激励科学家必须进行新型计算机的研究和开发。在计算机体系结构方面,专家提出的非冯·诺依曼结构的计算机主要有哈佛结构计算机、数据流计算机、并行计算机、量子计算机、面向信息处理的智能计算机等。

量子计算机同样由存储元件和逻辑门元件构成。在现有计算机中,每个存储单元(cell)只能存储一位二进制数据,非 0 即 1。在量子计算机中,数据采用量子位存储。由于量子的叠加效应,一个量子位可以同时存储 0 和 1。所以,一个量子位可以存储 2 位二进制数据,也就是说,对同样数量的存储单元,量子计算机的存储量比半导体计算机的大。量子计算机的优点:一是能够实现并行计算,加快解题速度;二是大大提高了存储容量;三是可以对任意物理系统进行高效率的模拟仿真;四是量子计算机的发热量极小。

2007 年,加拿大 D-Wave Systems 公司宣布成功研制出世界上第一台 16 qubits(量子位)的量子计算机样机,如图 8-23 所示。2013 年,D-Wave Systems 公司又研制出拥有 512 qubits 的 D-Wave2 计算机。

(a) D-Wave量子计算机　(b) 量子处理器　(c) 量子纠缠原理示意图

图 8-23　量子计算机样机

量子计算机也存在一些问题:一是对微观量子态的操作非常困难,需要在超低温环境下进行;二是量子计算的本质是利用了量子纠缠的性质,但是在实际系统中,受到环境的影响,量子的纠缠状态只能维持几十毫秒;三是量子编码纠错复杂,效率不高。迄今为止,世界上还没有真正意义上的通用量子计算机(D-Wave 系列为专用量子计算机)。

8.3.2　云计算技术

1. 云计算的概念

计算机可能是人类制造的效率最低的机器,全球 99%的计算机都在等待指令,而云计算可以将平时闲置的资源利用起来。云计算是一种商业计算模型,它将计算任务分布到由大量计算机构成的资源池上,使用户能够按需获取计算能力、存储空间和信息服务。为什么叫"云"呢?因为云一般比较大(如百度云提供巨大的存储空间),规模可以动态伸缩(如大学的公共计算云则规模较小),而且边界模糊,云在空中飘忽不定,无法确定它的具体位置(如计算设备或存储设备在不同的国家或地区),但是它确实存在于某处。

云计算将计算资源与物理设施分离,让计算资源"浮"起来,成为一朵"云",用户可以随时随地根据自己的需求使用云资源。云计算实现了计算资源与物理设施的分离,数据中心的任何一台设备都只是资源池中的一部分，不专属于任何一个应用，一旦资源池设备出现故障，则马上退出该资源池，进入另外一个资源池。云计算的服务模式称为 SPI[SaaS(软件即服务)、PaaS(平台即服务)、IaaS(基础设施即服务)]。

2. 云计算的特征

云计算将网络中的各种资源集中起来，以虚拟化的方式为用户提供方便、快捷的服务。云计算是一种基于因特网的超级计算模式，在远程数据中心，几万台服务器和网络设备连接成一片，各种计算资源共同组成了若干个庞大的数据中心。

云计算中最关键的技术是虚拟化，此外还包括自动化管理工具，如可以让用户自助服务的门户、计费系统以及自动进行负载分配的系统等。云计算目前需要解决的问题有降低建设成本、简化管理难度、提高灵活性、建立“云”之间互联互通的标准等。

3. 云计算的应用

目前，云计算已有很多应用。例如，Amazon(亚马逊)提供的专业云计算服务包括弹性计算云(Amazon EC2)、简单储存服务(Amazon S3)、简单队列服务(Amazon SQS)等；Amazon 云提供全球计算、存储、数据库、分析、应用程序和部署服务，有免费服务，也有按月收费的服务；Google Earth(谷歌地球)提供包括卫星地图、Gmail(邮箱)、Docs(在线办公软件)等免费服务；微软 Azure 云计算提供“软件和服务”等。

在云计算模式中，用户通过终端接入网络，向“云”提出请求；“云”接受请求后组织资源，通过网络为用户提供服务。用户终端的功能可以大大简化，复杂的计算与处理过程都将转移到用户终端背后的“云”中完成。在任何时间和任何地点，用户只要能够连接至互联网，就可以访问云，用户的应用程序并不需要运行在计算机、手机等终端设备上，而是运行在互联网的大规模服务器集群中。用户处理的数据也无须存储在本地，而是保存在互联网上的数据中心中。这意味着计算能力也可以作为一种商品通过互联网进行流通。

8.3.3　计算社会科学

1. 社会可以计算吗

社会可以计算吗？一些观点认为，个体行为与社会活动规律如此复杂，很难运用严谨的科学方法进行逻辑推理或精确的定量计算。2009 年 2 月，以哈佛大学的教授 D. 拉泽尔(D. Lazer)为首的 15 位来自美国不同学科的教授联名在《科学》杂志上发表了题为《计算社会科学》的论文。这被看作一个新兴研究领域诞生的标志。计算思维的方法融入人文社会科学目前虽然不乏争议，但是深刻地改变了传统人文社会科学的研究模式。

计算社会科学是利用大规模数据收集和分析能力，揭示个人和群体行为模式的科学。对计算社会科学家而言，大数据时代不仅需要“记录”，更需要“计算”，从看似日常而随机的个体行为与社会运转中，获得对人类社会、经济、政治等更深刻、更具前瞻性的解读。

如图 8-24 所示，从计算角度看，微博就是一个矩阵，在特定的研究范围内，就是 n 个博主之间的关系矩阵，可以采用线性代数、矩阵运算、图论等方法建立数学模型。

计算社会科学彻底打破了人们对人文科学的传统观念和原有的学科划分。它需要人文学家和计算机科学家的团队合作工作。

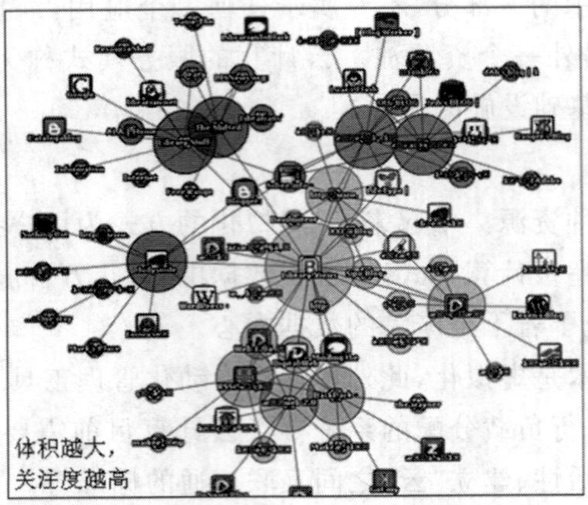

图 8-24　微博点击量数学模型

2. 海量数据的获取与分析

目前,人们广泛地以各种不同方式生活在各种网络中,如频繁地检查电子邮件和使用搜索引擎,随时随地拨打移动电话和发送微信,每天刷卡乘坐交通工具,经常使用信用卡购买商品,写博客、发微博、通过聊天软件来维护人际关系。在公共场所,监视器可以记录人们的活动情况;在医院,人们的医疗记录以数字形式保存。以上的种种事情都留下了人们的数字印记。通过这些数字印记可以描绘出个人和群体行为的综合图景,这有可能改变人们对生活、组织和社会的理解。

Facebook 是世界上较大的社交网络平台,截至 2008 年存储了 30 PB 的数据,2009 年,Facebook 每天产生 25 TB 的日志数据。这些数据中蕴含着关于个人和群体行为的规律。

中国人民大学的孟小峰教授认为,传统社会科学一般通过问卷调查的方式收集数据,以这种方式收集的数据往往不具有时间上的连续性,对连续的、动态的社会过程进行推断的准确性有限。计算社会科学以数据挖掘与机器学习为核心技术,使用人工智能技术从大量数据中发现有趣的模式和知识,在数据的驱动下,进行探索式的知识发现和数据管理。通过数据挖掘,计算社会科学家可以处理非线性、有噪声、概念模糊的数据,分析数据的质量,从而聚焦于社会过程和关系,以分析复杂的社会系统。

可以通过电子邮件,研究一个群体是趋向稳定还是趋向变化,成员之间什么样的交流模式有利于提高效率,接收信息的多样化是否会提高成员的活力和表现等问题。

可以通过电子商务网站的查询和交易记录,以及网上电话记录等范围覆盖全球的人际互动数据,研究人际互动在经济生产力、公众健康等方面产生的影响。

可以利用互联网上的搜索和浏览记录,研究什么是当前公众最关心的焦点问题。

3. 计算社会科学的制约因素

计算社会科学的发展中还有很大的体制性障碍。从研究方法层面分析,在物理学和生物学中,夸克和细胞既不会介意人们发现它们的秘密,也不会对人们在研究过程中改变它们的环境提出抗议。而从社会学到计算社会科学的变化中,很大程度上需要解决分布式监控、许可权获取和加密等问题。

最棘手的挑战在于数据的访问和隐私问题。社会科学家感兴趣的大部分是私有数据(如移动电话号码和金融交易信息等)。因此,迫切需要一种由技术(如同态加密)和规则(如隐私法)构成的自律机制来实现既降低风险又保留进行研究的可能性。

8.3.4 区块链技术

区块链本质上就是一个共享数据库,存储在其中的数据具有不可伪造、全程留痕、可以追溯、公开透明、集体维护等特征。基于这些特征,区块链技术具有坚实的信任基础,创造了可靠的合作机制,具有广阔的运用前景。

1. 区块链的起源

区块链起源于比特币,2008 年 11 月 1 日,一位自称中本聪(Satoshi Nakamoto)的人发表了《比特币:一种点对点的电子现金系统》一文,阐述了基于 P2P 网络技术、加密技术、时间戳技术、区块链技术的电子现金系统构架理念,这标志着比特币的诞生。两个月后,序号为 0 的创世区块诞生,几天后出现了序号为 1 的区块,并与序号为 0 的创世区块连接形成了链,这标志着区块链的诞生。截至 2019 年 11 月,比特币的区块链账本上共产生了 602 941 个区块,所有区块的数据量总和为 232.6 GB。

2. 区块链的工作过程

电子现金永远存在两个问题:一是怎么证明这笔钱是你的(真伪问题);二是如何保证同一笔钱没有被多次支付给不同的人(双重支付问题)。现金具有唯一性,而对于计算机来说,数据的复制品和原始数据是完全等价的。

区块链是为了实现比特币交易而发明的一种技术。支付的本质是“将账户 A 中减少的金额增加到账户 B 中”。如图 8-25 所示,账户 A 将转账信息通过哈希算法(SHA-256)生成一个区块,然后账户 A 将区块广播到网络中,网络中的区块链参与者同意这次交易有效,并且将新区块添加到公共账本上,这个公共账本就形成了一个区块链。

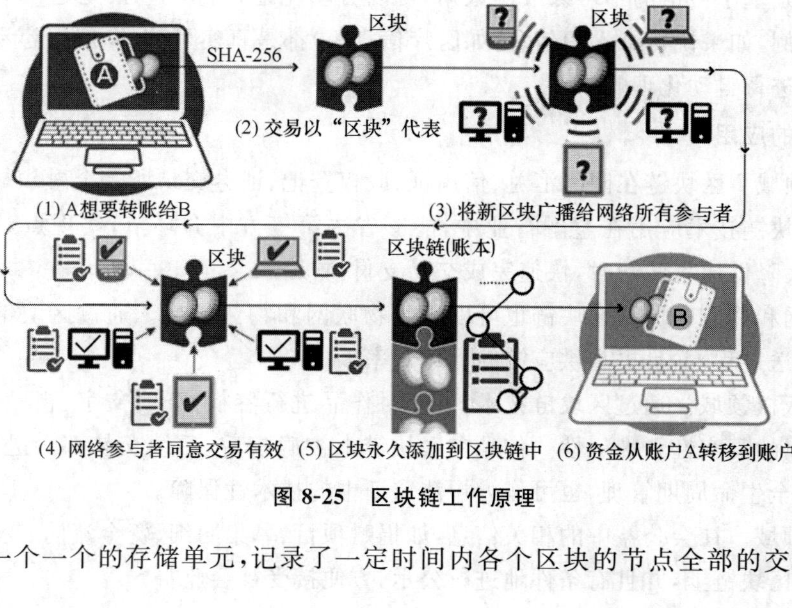

图 8-25 区块链工作原理

区块是一个一个的存储单元,记录了一定时间内各个区块的节点全部的交流信息。各个区块之间通过哈希算法实现连接，后一个区块包含前一个区块的哈希值，随着信息交流的扩大，一个区块与一个区块相继接续，就形成了区块链的结构。

从技术角度看，区块链相当于定义了一条时间轴，确保记录在这条时间轴上的数据可以查询，但是不可更改。区块链建立了一种基于算法、可被验证的信任。

3. 区块链的核心技术

1)分布式账本

分布式账本指交易记账由分布在不同地方的多个节点共同完成，而且每个节点记录的是完整的账目，因此它们都可以参与监督交易的合法性，同时也可以共同为其作证。

区块链的分布式存储体现在两个方面：一是区块链每个节点都按照块链式结构存储完整的数据；二是区块链每个节点的存储都是独立的、地位等同的，依靠共识机制存储。没有任何一个节点可以单独记录账本数据，从而避免了单一记账人被控制或记假账的可能性。由于记账节点足够多，理论上讲，除非所有节点被破坏，否则账目就不会丢失，从而保证了账目数据的安全性。

2)非对称加密

存储在区块链上的交易信息是公开的，但是账户的身份信息和交易信息被高度加密，只有在数据拥有者授权的情况下才能被访问，从而保证了数据的安全和个人的隐私。

3)共识机制

共识机制是所有记账节点之间怎么达成共识，认定一个记录的有效性，这既是认定的手段，也是防止篡改的手段。区块链提出了 4 种不同的共识机制，适用于不同的应用场景，在效率和安全性之间取得了平衡。

只有在控制了全网超过 51%的记账节点的情况下，才有可能伪造出一条不存在的记录。当加入区块链的节点足够多时，这基本上不可能实现，从而杜绝了造假的可能。

4)智能合约

智能合约是基于可信的不可篡改的数据，可以自动化地执行一些预先定义好的规则和条款。以保险为例，如果说每个人的信息(如医疗信息等)都是真实可信的，就很容易在一些标准化保险产品中进行自动化理赔。

4. 区块链的应用

(1)金融领域。区块链在国际汇兑、信用证、股权登记、证券交易所等金融领域有巨大的应用价值。将区块链技术应用在金融行业中，能够省去第三方中介环节，实现点对点的直接对接，从而在大大降低成本的同时，快速完成交易支付。

(2)物联网和物流领域。区块链也可以用于物联网和物流领域。通过区块链可以追溯物品的生产和运送过程，并且提高供应链的管理效率。

(3)数字版权领域。通过区块链技术，可以对作品进行鉴权，证明文字、视频、音频等作品存在，保证权属的真实性和唯一性。作品在区块链上被确权后，后续交易都会进行实时记录，实现数字版权全生命周期管理，也可作为司法取证中的技术性保障。

(4)公益领域。社会公益中的相关信息，如捐赠项目、募集明细、资金流向、受助人反馈等，都可以存放在区块链上，并且有条件地进行公示，方便接受社会监督。

习　题

8-1　简要说明人工智能研究领域三大学派的主要思想。

8-2　简要说明机器学习的特点。

8-3　简要说明机器学习的技术难点。

8-4　简要说明自然语言处理的统计语言模型。

8-5　简要说明物联网的主要本质。

8-6　简要说明云计算的特征。

8-7　简要说明区块链的特征。

8-8　计算机的智能最终是否会超过人类？

参考文献

[1] 吴文俊.中国数学史大系:第1卷[M].北京:北京师范大学出版社,1998.

[2]《历代碑帖法书选》编辑组.大盂鼎铭文[M].北京:文物出版社,1994.

[3] 王焕林.里耶秦简九九表初探[J].吉首大学学报:社会科学版,2006(1):46-51.

[4] 华印椿.论中国算盘的独创性[J].数学的实践与认识,1979(1):76-80.

[5] NEUMANN V J. First draft of a report on the EDVAC[J]. IEEE Annals of the History of Computing,1993,15(4):27-75.

[6] TURING A M. Computing machinery and intelligence[J]. Mind,1950,59(236):433-460.

[7] 周以真.计算思维[C].//中国科学技术协会学会学术部.新观点新学说学术沙龙文集7:教育创新与创新人才培养.北京:中国科学技术出版社,2007:122-127.

[8] 郭艳华,马海燕.计算机与计算思维导论[M].北京:电子工业出版社,2014.

[9] 唐培和,徐奕奕.计算思维:计算学科导论[M].北京:电子工业出版社,2015.

[10] 布鲁克希尔.计算机科学概论:第11版[M].刘艺,肖成海,马小会,等译.北京:人民邮电出版社,2011.

[11] 帕森斯,奥贾.计算机文化:原书第15版[M].英文版.北京:机械工业出版社,2013.

[12] 阿瑟·奥肯.平等与效率:重大的抉择[M].王奔洲,叶南奇,译.北京:华夏出版社,1987.

[13] 普雷斯曼.软件工程:实践者的研究方法:原书第7版[M].郑人杰,马素霞,等译.北京:机械工业出版社,2011.

[14] 麦克洛克林.计算机体系结构:嵌入式方法[M].王沁,齐悦,译.北京:机械工业出版社,2012.

[15] IEEE. 754-1985-IEEE Standard for Binary Floating-Point Arithmetic[S]. IEEE,1987.

[16] 沃法德.计算机系统:核心概念及软硬件实现:原书第4版[M].龚奕利,译.北京:机械工业出版社,2015.

[17] 塔嫩鲍姆,等.计算机组成:结构化方法:原书第6版[M].刘卫东,宋佳兴,译.北京:机械工业出版社,2014.

[18] 伯格丁.信号完整性分析[M].李玉山,李丽平,等译.北京:电子工业出版社,2005.

[19] 塔嫩鲍姆.现代操作系统:原书第3版[M].陈向群,马洪兵,等译.北京:机械工业出版社,2009.

[20] 特南鲍姆,韦瑟罗尔.计算机网络:原书第5版[M].严伟,潘爱民,译.北京:清华大学出版社,2012.

[21] 斯托林斯.密码编码学与网络安全:原理与实践:原书第6版[M].唐明,李莉,杜瑞颖,等译.北京:电子工业出版社,2015.

[22] 大卫·拉泽尔,等.计算社会科学[J].孟雷,秦兵,译.中国计算机学会通讯,2011,7(6):70-73.

[23] KRIEGMAN S, BLACKISTON D, LEVIN M, et al. A scalable pipeline for designing reconfigurable organisms[J]. PNAS, 2020, 117(4): 1853-1859.

[24] 易建勋,史长琼,付强.计算机硬件技术:结构与性能[M].北京:清华大学出版社,2011.

[25] 易建勋,范丰仙,刘青,等.计算机网络设计[M].3版.北京:人民邮电出版社,2016.

[26] 易建勋.计算机导论:计算思维与应用技术[M].2版.北京:清华大学出版社,2018.

[27] 耿国华.算法设计与分析[M].2版.北京:高等教育出版社,2020.

[28] 雷莉霞,刘媛媛.C语言程序设计基础教程[M].北京:电子工业出版社,2019.

[29] 陈立潮,曹建芳.大学计算机基础教程:面向计算思维和问题求解[M].北京:高等教育出版社,2018.